国家一流课程建设配套教材

应用化学导论

INTRODUCTION TO APPLIED CHEMISTRY

张光华 编著

西安交通大学出版社
XI'AN JIAOTONG UNIVERSITY PRESS

图书在版编目(CIP)数据

应用化学导论 / 张光华编著. --西安:西安交通大学出版社,2025.2. -- ISBN 978-7-5693-0331-5

Ⅰ.O69

中国国家版本馆 CIP 数据核字第 2024F7D004 号

书　　名	应用化学导论
	YINGYONG HUAXUE DAOLUN
编　　著	张光华
责任编辑	郭鹏飞
责任校对	王　娜
封面设计	任加盟
出版发行	西安交通大学出版社
	(西安市兴庆南路1号　邮政编码 710048)
网　　址	http://www.xjtupress.com
电　　话	(029)82668357　82667874(市场营销中心)
	(029)82668315(总编办)
传　　真	(029)82668280
印　　刷	西安五星印刷有限公司
开　　本	787mm×1092mm　1/16　印张 16.875　字数 368千字
版次印次	2025年2月第1版　2025年2月第1次印刷
书　　号	ISBN 978-7-5693-0331-5
定　　价	48.00元

如发现印装质量问题,请与本社市场营销中心联系。
订购热线:(029)82665248　82667874
投稿热线:(029)82665397
读者信箱:banquan1809@126.com

版权所有　侵权必究

编 写 说 明

该教材以精细化学品为特色，以化学助剂在日化、造纸、皮革、材料、能源、食品、资源、农业、环境等领域生产中的应用及作用原理为主线，重点介绍轻工、能源、资源、材料等领域所需化学品制备及生产、应用等内容，强化学生所学化学知识与行业生产技术结合度，并向学生展示出化学知识应用于国民经济生产以及人民生活的方方面面。应用化学在工业生产领域中具有广泛的理论指导意义、实用的工业价值以及广阔的发展前景，可为学生后续专业课学习和职业规划奠定基础，教学中利用本教材的化学助剂为线索，充分引导学生了解和掌握各类化学品的工业应用背景，通过查阅文献、实习参观、分析思考、归纳总结等自主学习，能起到抛砖引玉的作用，对学生深度学习能力提升、创新思维能力拓展均具有积极作用。

本书适用于化学、应用化学以及化工类相关专业的教学或参考，也可供相关领域技术人员参考，该教材也是我校应用化学教材方面一次新的探索与尝试，由于应用化学学科的广泛性、交叉性、边缘性、综合性，同时由于作者水平与专业知识所限，本书在内容取舍、深度把握等方面可能不准确，甚至有错误之处，敬请批评指正！

本教材参考和引用了多位作者的著作及论文，无法一一具体标注，在此一并表示衷心的感谢。

编　者

2024 年 4 月于 陕西科技大学

目 录

第 1 章 绪 论 ... 1
1.1 应用化学产生与发展 ... 1
1.2 应用化学的意义及特点 ... 3
1.3 应用化学与其学科的关系 ... 4
1.4 应用化学与化工生产 ... 5
1.5 应用化学的前沿与挑战 ... 6
习题 ... 7

第 2 章 化学与轻工 ... 8
2.1 日用化学品 ... 8
2.2 造纸化学品 ... 32
2.3 皮革化学品 ... 41
2.4 纺织化学品 ... 49
习题 ... 61

第 3 章 化学与材料 ... 62
3.1 金属材料及防护 ... 63
3.2 硅酸盐材料及助剂 ... 75
3.3 高分子材料及助剂 ... 85
习题 ... 106

第 4 章 化学与能源 ... 107
4.1 化石能源 ... 108
4.2 新能源 ... 118
4.3 化学电源 ... 126
4.4 能源化学助剂 ... 131
习题 ... 143

第 5 章　化学与资源 … 144

5.1　自然资源及利用 … 144
5.2　无机资源化工 … 153
5.3　有机资源化工 … 164
5.4　生物质资源化工 … 173
习题 … 183

第 6 章　化学与食品 … 184

6.1　食品与营养 … 184
6.2　食品加工及添加剂 … 196
6.3　化学与健康 … 211
习题 … 223

第 7 章　化学与农业 … 224

7.1　农药 … 225
7.2　化学肥料 … 233
7.3　饲料添加剂 … 237
习题 … 241

第 8 章　化学与环境 … 242

8.1　化学污染物对环境的影响 … 242
8.2　大气化学污染物及治理 … 245
8.3　水体化学污染物及治理 … 254
8.4　土壤化学污染物及治理 … 258
8.5　环境友好化学 … 260
习题 … 262

参考文献 … 263

第1章 绪 论

应用化学是根据化学的基本理论和方法对与化学有关的实际问题进行应用基础理论和方法研究以及实验开发的一门科学。应用化学按研究的对象来分,包括冶金化学、石油化学、煤化学、天然气化学、材料化学、食品化学、能源化学、海洋化学、地球化学、药物化学、放射化学、工业分析、农业化学等。同时,其研究范围也随着科学技术的发展不断变化,有些学科如环境化学、药物化学、生物化学、食品化学、军事化学和海洋化学也逐渐归入其他相应学科,发展成为独立的学科。

1.1 应用化学产生与发展

人类社会的发展其实就是一部应用化学发展史。从公元前7000年人们开始制陶,公元前3500年有冶铜,公元前2500年开始制造玻璃,公元前2000年左右已有染色、酿酒和炼铁的工艺等,这些具有实用性、经验性的工艺正是化学产生的萌芽。公元前2世纪出现的炼金术、炼丹术以及煤、石油的应用扩大了人类实际的化学知识。公元6世纪中叶,我国北魏农学家贾思勰所著的《齐民要术》中就介绍了有关酿造、淀粉制造、食盐精制、煮胶、染色、香料加工和应用等知识。宋代沈括(1031—1095)所著《梦溪笔谈》中第一次介绍了"石油",另外还介绍了提炼胆矾、铁置换制铜等方法,并首次鉴定了陨石的主要成分中含有铁。明代李时珍所著的《本草纲目》和宋应星所著《天工开物》,可以说是世界上最早的药物化学和化学工艺的百科全书。

后来被化学史家称为"医药化学"时期的15、16世纪,是化学发展的重要时期,1556年德国医生阿格里柯拉(Agricola,1494—1555)出版了《论金属》。1540年意大利实用化学家毕林古乔(Biringuccio,1480—1530)出版了《烟火术》,1648年德国化学家格劳贝尔(Glauber,1604—1668)在《新的哲学炉》中叙述了硝酸和盐酸的制法。同时期最著名瑞士医生帕拉塞斯(Paracelsus,1493—1541)就极力批驳了炼金术,号召医生要研究药物的化学性质,认为化学研究的目的不在于炼金而是制药,并提出化学就是"把天然原料转变成对人类有益产品的科学",同时也研究了不少化学变化并制备出了一些药物。

可以说,在化学作为科学出现以前,人们对食品、染料、冶金、香料、医药通过探索总结出大量的应用化学知识,并推动和指导了生产和生活,正是这些应用化学的相关知识积累,从而孕育出了现代化学。

18世纪后期纺织工业的出现,促使了漂白和染色技术的改进,从而推动了近代硫酸工业的出现。18世纪初期以三酸二碱为基础的化学工业开始形成,19世纪中期以苯胺染料生产为代表的有机合成工业出现,这进一步孕育了工业化学的雏形。例如1831年英国人菲利普斯发现将二氧化硫和空气通过一个安装铂丝的热管反应器后,再导入水中可获得硫酸,但要实现硫酸的工业生产尚需进一步确定二氧化硫获取的方式、二氧化硫与空气的比例和导入方法、杂质的影响、催化剂的用量和加工形态与催化效率的关系、催化剂中毒的防止,以及硫酸浓度的控制等实际问题都需要化学家进行研究。1840年德国化学家李比希出版的《化学在农业和生理学中的应用》一书是应用化学的第一部名著。逐渐成熟的化学理论和知识,已开始向生产力转化,越来越多的化学家从事着与生产有关的实际工作而被称为"实用化学家",应用化学的发展也就成为历史的一种必然。

1888年,德国化学会创办了《化学工业杂志》,后改名为《应用化学》(Angewandte Chemie)正好反映了这一历史现实;1910年英国化学家索普编写了《应用化学词典》,之后该书再版还包含了燃料化学、材料化学等内容。1919年第一次世界大战后成立的国际组织国际纯粹与应用化学联合会(International Union of Pure and Applied Chemistry, IUPAC),则进一步确定了应用化学在国际上的地位和意义,显然,这里的应用化学是相对于理论或基础化学研究而言的。国际纯粹与应用化学联合会是世界上规模最大、学术上最有权威的化学家组织,有关化学的基本数据、化学术语和规定,如原子量等均由该会认定后公布。该会下属七个专业委员会:无机、有机、分析、物化、高分子、应用化学和临床化学。这里应用化学所涉及的领域不仅包括了工业化学,还包括了油脂化学、农业化学、食品化学、生物工程、环境化学等研究内容,到了1995年,其应用化学委员会和临床化学委员会则分别改名为化学与环境、化学与人类健康委员会,但IUPAC仍保留原名,这说明应用化学的含义更为广泛。

19世纪末,人们已能从规模化生产中总结出基本过程和生产要素。1880年英国戴维斯等首先发起成立了"化学工程师协会",并在多次演讲和著作中阐述了"应用化学""化学工艺"和"化学工程"的区别,这使得应用化学的学科意义更加明确;化工生产过程逐渐涉及混合、蒸发、过滤、干燥等操作过程,并在1901年出版了著名的《化学工程师手册》;化学工程师协会为促进化学与工业的结合,于1916年开始每年出版《应用化学进展报告》。其内容包括了无机、有机、染料、黏合剂、合成高分子、燃料动力、生物产品、农业和食品等,这不仅涉及化学和化学工艺学而且包括了化学工程及设备等。苏联在1928年也创办了《应用化学杂志》,其内容亦包括硅酸盐、无机盐类、炼焦、木材化学、橡胶、塑料、油漆、染料以及化工过程,如干燥、吸附等内容。

从历史的发展来看,应用化学研究更多的是注重实际物质效益,特别是与工业生产有关的化学研究。其范围虽没有明确的界定,但其内涵较化学工艺宽,目的与方法也与化学工程不同,其方法和内容基本上是理学的范畴。

1.2 应用化学的意义及特点

1.2.1 应用化学的意义

从科学分类和社会发展来看,应用化学是化学的一个分支,具有理科属性,但应用化学的实用性又决定了其工科属性。科学是指认识自然现象,探索物质运动的客观规律所形成的基本理论、概念或原理;技术则是运用科学理论,为提高效率、节约资源和开辟新生产领域而发展的方法和手段;工程是指综合运用科学技术和经验在生产实际中产生的设计、工艺、流程、装备和质量控制等,所以,应用化学也可以说是一门技术科学。

新产品开发的一般过程大致要经过基础研究、应用研究、设计、试制、试用、产品定型六个阶段。从工程学的角度看,化工产品的开发过程可大致分为三个基本阶段,即基础研究、应用研究、工程设计与施工。基础研究则是化学科学的任务,而应用研究(应用化学)则是进一步进行工艺优化、参数确定、检测方法等一系列研究,将化学的理论研究成果快速转化为实用产品与技术的一门实用学科;工程设计与施工(化学工程学)则是完成化工生产过程的相关设计、实施的工程科学。

实质上,应用化学应是理论化学与化学工程学之间的桥梁;是将化学理论变成大规模化工过程之间的过程开发研究;是化学研究的一种延伸与拓展;是将化学研究成果快速转化为实际产品和产生实际效果的研究。

综上所述,应用化学是指根据化学原理及方法并结合其他科学技术对人类生产、生活中与化学相关问题进行应用研究以及实验开发的一门科学。

1.2.2 应用化学的特点

化学本身是一门实验科学,它不仅与人类实践密切相关,而且其中不乏技术成分。作为化学学科分支之一的应用化学虽然更重视实用性,但与纯化学一样,其主要研究的内容仍是物质的结构、性质关系、化学反应以及监测控制方法。而应用化学必须重视工业生产实际的可行性、经济效益、环境效益以及社会效益。因此,应用化学与纯化学、化学工程学之间的研究范围有特定内容,也有相互重叠的部分。从以下辩证描述就可以看出应用化学的特点。

1. 应用化学与化学或理论化学

应用化学的研究方向不在于发现新物质,新反应或探讨反应机理,而是基于已知的化学理论和方法去解决实际问题。因而,其具有明显的目的性和领域性。应用化学不仅综合了各类化学知识而且必须吸收非化学学科的理论基础和研究方法,因此更具有综合性和边缘性。应用化学着重研究大规模工业化生产化工产品的具体方法,具有技术科学的性质,以取得实际社会效益和经济效益为根本目的,具有很强的功利性。

由于重视实际效益,经济效益成为应用化学研究成果生命力的基本指标。因此,应用化学的研究中涉及原料来源、成本、贮运,反应的可操作性,工艺过程的可行性、产品的商品化、工艺和产品的社会可接受性、社会经济评价和环境评价等。

2. 应用化学与化学工程学

应用化学是化学的一个分支,其基本研究过程是观察、实验和思维加工,具有理学的特点。除了着重研究原料的选择、工艺路线和工艺条件以外,也研究其他实际问题,并特别重视开发新产品和确定分析方法。目前,应用化学特别重视精细化工产品、专用化学品和功能材料的开发;应用化学还在不断开拓新的边缘科学。

应用化学的成果一般要经过工程设计才能物化为具体生产过程。其成果形式主要是生产工艺、测试技术和产品理化指标;而且经常和纯化学理论成果一样表现为论文和专利。

化学工程学是一门工程科学,其基本研究的内容可概括为动量传递、热量传递和质量传递及化学反应工程,其目的是将已确定的特定产品的生产工艺转变为工业实际生产过程中的具体操作与控制、反应器设计、工艺设备的优化组合以及能量的转化和利用。其主要过程是规划、模拟、工程设计、评价和试运转。化学工程学是化学工业发展研究的基础,是将化学和应用化学研究成果直接物化为生产的最终过程。

1.3 应用化学与其学科的关系

1.3.1 化学与材料

材料是人类生产和生活的物质基础,材料、能源和信息是人类文明的三大支柱。人类社会的发展也可以说是一部材料应用与发展的历史;石器、陶器、青铜器和铁器的出现都曾代表着人类社会进步的里程碑。钢铁的生产奠定了近代工业基础,半导体的出现开启了信息技术革命。新材料的出现不仅是科技进步的先导,也往往会导致新产业的兴起。材料科学是一门研究材料的结构、组成与其性能的关系,并从微观的角度阐明材料性能的本质,同时探索材料的制备及其应用的科学。材料的制备需要在深刻理解物质的结构、组成和化学键的基础上,采用化学技术进行结构设计、加工及表征,这些均是材料化学的主要任务,也是应用化学研究的重要内容,目前材料科学与技术已成为应用化学最活跃的领域之一。

1.3.2 化学与环境

随着现代工业的快速发展,环境污染日趋严重并引发了一系列社会问题。研究化学污染物质在大气圈、水圈、土圈分布、迁移、变化的规律及其分析、监测和防治技术也是应用化学的研究任务之一。不难理解环境化学是化学原理和技术在环境状况分析和治理方面的应用,是应用化学的一个重要分支。化工污染也是主要的环境污染源之一,研究绿色可持续化工技术也属于应用化学的研究任务。

1.3.3 化学与健康

生命科学是研究生命现象的科学。化学在生命科学中的应用导致了生物化学和分子生物学的出现,开辟了生命科学的新纪元。化学与生命科学的关系源远流长,这不仅表现在人类的衣、食、住、行离不开化学的应用,而且生命本身就是以化学变化为基础的,化学的发展又促进了食品和医疗卫生事业的发展;生物科学与化学结合则促进了生物化工、食品化学的发展,生物化工不仅已用于生产酶、激素、氨基酸、药物,也用于基本化工产品的生产,如丁醇、有机酸、烟酰胺等。生命的本质、疾病的诊断与治疗、化学药物的研发都可能改善人类的健康、提升人们的生活水平。

1.3.4 化学与能源

能源工业在很大程度上依赖于化学过程。如何控制低品位燃料的化学反应(既能保护环境又能使能源的成本合理)是应用化学面临的一大命题。现阶段化石能源的综合利用至关重要,可再生新能源的开发离不开以化学为核心的相关技术的发展。目前,人类主要使用煤、石油、天然气等化石燃料作为能源,其就是利用化学能与其他能量形式间的转换,这个过程必然涉及化学反应。通过化学反应制造需要的化学物质又必然伴随着化学能与其他能量形式的转换。生物质能只有通过气化或液化等化学过程转化成气体燃料后才能高效而方便地使用。太阳能制氢也是一个复杂的光化学问题。总之,能源的开发、转换、贮存、输送和合理使用都涉及大量的化学化工问题,均需要化学工作者去研究完成。能源化学的研究和应用将对提高生产效率、提高人们生活水平起到重要作用,特别是能源短缺情况下,降低能耗、提高能源利用率、开发新能源将是应用化学的重要研究内容之一。

1.3.5 化学与农业

化学对现代农业的发展影响深远。特别是 20 世纪合成氨、尿素、有机氯、有机磷农药等化工产品对农业粮食增产发挥了重大作用。化学工业已经融入了农业的方方面面。据联合国粮农组织(FAO)统计,化肥在对农作物增产的总份额中占 40%~60%;中国能以占世界 7% 的耕地养活了占世界 22% 的人口,化肥起到了举足轻重的作用。化学农药的使用也是农业增产的重要措施之一,根据相关资料,农作物因受病、虫、草、害的影响所导致的人均粮食损失达 1/3。未来的生物技术、信息技术将成为"高效、低耗、持续"的农业发展新模式。例如,减量高效施肥可提高化肥肥效和减少对土壤污染;推广高效低毒低残留农药,如高效低毒有机磷和氨基甲酸酯类农药、低毒杀菌剂等;分子生物学、遗传工程学,这些学科的发展对农作物病虫害的防治,农作物增产等具有重要作用。

1.4 应用化学与化工生产

从化工生产角度看,应用化学研究的主要对象是化学品的生产原理、工艺流程与参数条件探索与优化、生产技术和应用方法与效果评价等。可以看出应用化学贯穿了整个化工产品的产品设计、研发、生产、检测以及产品应用等全过程。

化工产品按基本属性可分为无机化学品、有机化学品和高分子化合物三大类。依据应用范围可分为通用和专用化学品两大类,通用化学品主要包括原料和中间体等。世界各国分类方法差别很大。从19世纪下半叶开始,大规模的制造化学品的需求促使化学工业形成了一个重要的经济部门,并逐渐形成了无机化工、基本有机化工、高分子化工和精细化工等化学工业部门。著名的分类要属美国的Kline分类法,它是以产量大小、产品规格有无差别进行分类,共可分4大类:第一类是大吨位无差别化学品,也称通用化学品,如硫酸、烧碱、盐酸等;第二类是大吨位有差别化学品,也称拟通用化学品,如PVC、PU、PE等;第三类是小吨位无差别化学品,也称精细化学品,如染料、颜料、香料、试剂等;第四类是小吨位有差别化学品,也称专用化学品,如催化剂、胶黏剂、化妆品等。日本通产省将化工产品生产分为42个行业,到1965年又提出将17个化工产品生产划为精细化工;日本提出的"精细化学品"概念主要是从附加值考虑的,其范围大致相当于Kline分类中的小吨位产品,这种分类法对我国影响很大,我国对精细化工产品的分类也基本沿用了这种分类方法。另外,日本还提出了化工产品"精细化率"的概念,以表示精细化工产品占化工总产值的百分率,目前精细化率已经成为衡量一个国家化学工业发展水平的一个重要标志。

1.5　应用化学的前沿与挑战

1. 新兴技术与创新研究

(1)纳米材料与纳米技术。纳米技术主要研究的是物质在纳米尺度下的特性及应用。如基于纳米技术开发的化妆品、护肤品,具有更好的吸附性、更高的稳定性以及很小的刺激性。纳米技术在能源材料、医药、环保等领域应用也逐渐增多。应用纳米技术制备的锂离子纳米电极材料,具有更高的储能密度和更长的使用寿命;纳米技术制备的纳米药物,能更精确地靶向治疗疾病。

(2)绿色化学与化工技术。随着环境问题的日益加剧,绿色化学技术也成为应用化学领域的一个新方向。绿色化学技术的目的是开发出无毒、高效、低成本的化学物质以减少对环境的污染和人类健康的危害。

(3)人工智能应用技术。随着人工智能技术的发展,人工智能在各领域的应用越来越广泛。其中应用化学领域也不例外。从物质化学结构的预测、化学反应设计、新材料、新药的研发、智能文献分析等,人工智能正在为化学家带来更高效、更准确的工具和方法。

(4)生物工程与基因技术。生物工程与基因技术将会在医学领域进行早期诊断和治疗遗传性疾病以及器官移植。生物技术在药物研发领域能产生高效、低副作用的新药,加速新药的研发进程。在农业领域可利用基因编辑技术改良作物品种,增强抗病虫能力和耐逆性。转基因技术使农作物有更高的产量和品质,同时可减少农药使用、保护环境。利用微生物功能还可以处理和降解污染物等。

2. 环境与社会问题的挑战

(1)气候变化与环境污染。气候变化与环境污染是目前威胁人类生存和生命健康的巨大威胁,如何应对也是应用化学领域面临的主要挑战之一,能源转型、传统能源清洁化利用、绿色化工技术、循环经济、零排放等措施的采用与开发在应对环境问题方面具有重要意义。

（2）可持续发展与资源利用。资源短缺与过度开发是影响可持续发展的关键问题之一，发展可再生能源、生物资源，对化石资源的高效清洁利用等应对措施是一种行之有效的途径。化石能源使用引起的碳排放和污染是影响可持续发展的重要源头，钢铁、建材、交通运输等都是高碳排放的主要行业。当前，清洁能源和碳中和技术已成为国际科学技术发展的热点方向，同时，低碳消费理念的推行也是全社会高质量发展所需要的。

（3）化学品安全与食品安全。食品是人类生存的基础。化学与食品安全的关系密切，生活中时刻离不开化学。我国是世界上最大的食品生产和消费国，食品原料用量庞大，仅仅食品用化学添加剂就有上千种。滥用食品添加剂会引起多种食品安全问题。农业生产、食品加工等过程产生的化学污染问题也是当前食品健康安全的最大威胁之一。发展有机食品、安全食品、减少食品污染具有重要的意义。

▶ 习　题

1. 试述应用化学的产生与发展。
2. 试述应用化学的意义及其与理论化学、化学工程之间的关系。
3. 试述化工产品的精细化率的概念及其未来发展。
4. 分析应用化学的研究前沿及挑战。

第 2 章　化学与轻工

　　轻工业是指生产生活资料的工业生产部门,轻工业与日常生活息息相关,包含衣、食、住、行、娱乐等方方面面,如食品、烟酒、家电、家具、五金、玩具、乐器、陶瓷、纺织、造纸、皮革、印刷、生活用品、文化用品、体育用品等。

　　轻工业是人们生活消费品的主要来源,按其所用原料不同,可分为三大类:①以农牧产品为原料的加工生产工业,如棉、毛、麻、丝纺织,皮革及制品,造纸及制品,食品加工等。②以非农产品(如重工业产品)为原料的加工工业,如日用金属、日用化工、玻璃、日用陶瓷、生活用木制品及塑料制品、自行车、手表、汽车等工业;轻工业产品大部分是生产消费品,还有部分作为原料和半成品用于生产,如化学纤维、工业用布、工业洗涤剂等。③基于知识经济和高技术改造的轻工业,如多媒体、家用机器人、智能家电,等等。

　　相对应地,以自然资源开采、加工等物质生产的工业称重工业,包括:自然资源的开采部门,如采矿、采油等;采掘资源加工部门,如冶金、石油化工、机器制造、交通运输工具、基础建设材料等。

　　轻工业的特色是涉及面广、产品多、部分与重工业产品还有交叉,特别是涉及化学、化学工程的领域,如皮革、造纸、制糖、染整等,一般称为轻化工程,是轻工业的重要组成部分。现代轻化工产品已不再是简单的精细化工产品,而是依托化学工程、生理学、医学、药学、流变学、美学、色彩学、心理学、包装学等领域高新技术成果发展起来的多学科交叉的高新技术产业。

　　本章以轻化工程领域涉及的化学品为主线,重点介绍日用化学品、造纸化学品、皮革化学品、纺织化学品及其应用。

2.1　日用化学品

　　日用化学品是指用于人们日常生活以及个人护理的各种化学品,这些化学品通常以表面活性剂为基础原料进行制备,以用于清洁、卫生、美容和个人护理等方面,是人们日常生活不可或缺的一部分。包括各种不同种类和用途的化工产品,如洗衣粉、洗涤剂、肥皂、香皂、香水、护肤品、清洁剂、化妆品、洗发水、牙膏等。

2.1.1　表面活性剂

　　表面活性剂通常是指某种物质溶于水中浓度很小时,能显著降低水－空气的表面张力,或水与其他物质的界面张力,该物质则称为表面活性剂(surfactant, surface active agent,SAA)。

2.1.1.1 表面活性剂的特点

表面活性剂分子中同时具有亲水基和亲油基,亲油端一般是由长链烃组成,对油有亲和性。亲水基一般有磺酸基、羟基、羧基等。表面活性剂可根据亲水端的离子性来分类。表面活性剂只有溶于水等溶剂后才能发挥其能显著降低表界面张力的特性。因此,表面活性剂的性能一般是对其溶液而言的,应具有下列特点。

两亲性:表面活性剂的分子中同时含有亲水性的基团和亲油性的基因,因而使表面活性剂具有亲水、亲油的两亲性。

表面定向吸附:表面活性剂的溶解,使溶液的表面自由能降低,产生表面定向吸附,当达到平衡时,表面活性剂溶液内部的浓度小于溶在表面的浓度,吸附在表界面上的表面活性剂分子会定向排列成单分子膜,如图2-1-1所示。

形成胶束:当一种表面活性剂溶于水并达到一定浓度时,表面活性剂的分子就会开始在溶液相形成有序聚集体,这种有序聚集体就称为胶束,如图2-1-2所示。

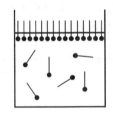

图 2-1-1 表面活性剂的定向排列

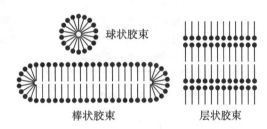

图 2-1-2 表面活性剂形成的胶束

2.1.1.2 表面活性剂的主要类型及用途

表面活性剂的分类主要根据在水溶液中解离后亲水端的亲水基团离子性,再结合其功能来分类。一般可分为阴离子表面活性剂、阳离子表面活性剂、两性表面活性剂、非离子表面活性剂、高分子表面活性剂,以及功能表面活性剂等,见表2-1-1。

表 2-1-1 表面活性剂的分类及特性

类别	结构特点	特性及用途
阴离子型	长链羧酸盐 脂肪醇硫酸酯盐 烷基(芳基)磺酸盐 烷基磷酸盐	特点:原材料易得,泡沫丰富,去污力强等特点 用途:乳化剂、分散剂、润湿剂、渗透剂、洗涤剂、发泡剂等
阳离子型	伯、仲、叔胺盐 长链季铵盐 杂环季铵盐	特点:具有柔软、抗静电、杀菌等 用途:柔软剂、抗静电剂、杀菌剂、固色剂等
非离子型	多元醇 烷基醇(酚)聚氧乙烯醚 烷基醇聚氧乙烯酯	特点:去污和脱脂能力强、泡沫小等 用途:低泡洗涤、匀染剂、乳化剂、胶体保护剂等

续表

类别	结构特点	特性及用途
两性型	氨基酸型 甜菜碱型（羧酸型，磺酸型） 杂环型（咪唑啉、吡啶盐）	特点：去污、乳化、杀菌、抗静电、耐盐、低刺激 用途：化妆品、高档洗涤剂、柔软整理剂
元素型	含氟表面活性剂：烷基长链的氢被氟取代	特性：具有高活性、高耐温、高化学稳定性 用途：防油防污剂、隔离剂、超低表界面张力等
	含硅表面活性剂：以聚硅氧烷链为憎水链的表面活性剂	特点：表面能低、耐水性、润滑性、柔软性好 用途：防水剂、柔软剂、抗静电剂等
高分子型	相对分子质量大于1000，也称水溶性高分子	特点：不形成胶束、有增稠、成膜、黏结性 用途：增稠剂、黏合剂、成膜剂、乳液稳定剂等
特殊功能型	双子表面活性剂 双头表面活性剂 螯合型表面活性剂 冠醚型表面活性剂 可降解型表面活性剂	特点：除降低表面张力外，还兼有其他功能，如可螯合金属离子、包合小分子有机物、可降解等 用途：增稠剂、相转移催化剂、介孔材料制备等

2.1.1.3 表面活性剂的作用

1. 润湿和渗透作用

润湿是指液体与固体表面接触时，液体沿固体表面扩展的现象，称为润湿，能使某液体加速润湿固体表面的表面活性剂称为润湿剂。同理，能加速液体渗透进固体内部的表面活性剂称为渗透剂；其实两者所用表面活性剂基本相同，润湿与渗透作用本质是水溶液表面张力下降产生的结果，液体对固体表面的润湿效果可用润湿接触角表示，接触角是指在固、液、气三相交界处，液－气表面切线与液－固界面之间的夹角，接触角越小，表明液体对固体表面润湿越好。

2. 乳化和分散作用

乳化是液－液界面现象，即两种互不相溶的液体（如油和水之间）在容器中自然分为两层，若在其中加入合适的表面活性剂，在强烈搅拌下油层被分散，表面活性剂的憎水端吸附到油珠的界面层，降低了界面张力，使其形成相对均匀而稳定的油水混合体系，这一过程称为乳化。乳化作用在洗涤剂、食品加工、化妆品生产、乳液聚合等领域广泛应用。而能使固体微粒均匀地分散在另一液体中的物质则称为分散剂，分散剂在分散过程中起到了促进润湿及防止凝聚的作用，例如染料、颜料分散在涂料、油墨中；其实两者所用的表面活性剂也基本相同，乳化与分散作用的本质是水溶液与另一液体或固体界面张力降低的结果。

3. 起泡和消泡作用

泡沫是气体分散在液体中的粗分散体系，气体成为许多气泡被连续相的液体分隔开来，气体是分散相，液体是分散介质。例如，纯净的水不易起泡，但加入表面活性剂（肥皂）后，就可以产生泡沫,这实质上是泡沫微观结构显示,肥皂分子在气泡液膜整齐排列,且亲水基向着气泡液膜、疏水基向着气泡内空气排列,等气泡上升离开水面后形成的完整的双分子膜结构,如图2-1-3所示,泡沫液不只局限于水溶液体系,还存在于非水液体系。一般为阴离子、非离子和两性的表面活性剂具有高起泡力。

相反,有部分表面活性剂可降低泡沫形成的稳定双液膜结构或强度,即起到消泡作用。该类表面活性剂(也称为消泡剂)在溶液表面铺展,带走邻近表面层的溶液使液膜局部变薄而破裂,泡沫破坏。利用表面活性剂发泡的性能可制造灭火剂等,在泡沫灭火剂中表面活性剂的作用主要是起泡,以隔离空气,起到灭火效果。

4. 增溶作用

表面活性剂在水溶液中形成胶束后,具有使不溶或微溶于水的有机化合物的溶解度显著增大的能力,溶液呈透明状,即增溶作用。例如室温下苯在水中的溶解度只有0.07,但在10%的油酸钠水溶液中,苯的溶解度可达7,是纯水溶解度的100倍。表面活性剂通过形成大量胶束,可使有机物更多地溶于胶束中,如图2-1-4所示。

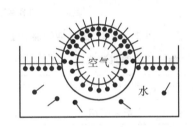

图2-1-3 表面活性剂形成气泡示意图

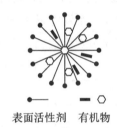

图2-1-4 胶束增溶

5. 洗涤作用

从固体表面除去污垢物称为洗涤。洗涤作用是表面活性剂降低了表面张力而产生的润湿、渗透、乳化、分散、增溶等作用的综合结果。

6. 其他作用

柔软作用:表面活性剂在纤维表面形成一层油膜,可降低纤维与纤维之间的摩擦阻力,起到柔软作用。

抗静电作用:表面活性剂在纤维表面定向吸附形成一层亲水膜,其中亲水端的离子可起到传递分散电荷的作用。

杀菌作用:利用阳离子或两性表面活性剂与蛋白质的吸附作用,从而影响细胞膜的正常生物活性,起到杀菌作用。

浮选作用:利用表面活性剂在矿物表面的选择性吸附,使其矿物表面表现出疏水性,从而随气泡一起上浮起到分离作用,可达到选矿的目的,如图2-1-5所示。

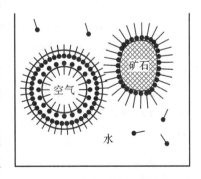

图2-1-5 表面活性剂的浮选作用

2.1.1.4 表面活性剂的物性常数

表面活性剂的物性参数对其应用具有指导意义,主要包括临界胶束浓度、亲水亲油平衡值、克拉夫点、浊点等。

1. 临界胶束浓度

表面活性剂的临界胶束浓度(critical micelle concentration,通常简称 c.m.c. 或 CMC),是指当表面活性剂溶于水中并达到一定浓度时,表面张力、渗透压、电导率等溶液性质会发生急剧变化。此时,表面活性剂的分子会开始形成有序聚集体,这种有序聚集体称为胶束,这时的表面活性剂浓度称为临界胶束浓度,一般表面活性剂应用时其溶液浓度应在临界胶束浓度之上,胶束犹如表面活性剂的仓库一样,胶束可以通过解离补充表面活性剂在表界面上的饱和定向吸附,从而发挥最大效能(见图 2-1-6)。表 2-1-2 是部分典型表面活性剂的临界胶束浓度。

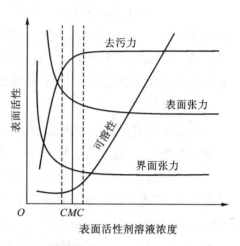

图 2-1-6 表面活性剂 CMC 与性能关系

表 2-1-2 典型表面活性剂的临界胶束浓度

表面活性剂	CMC/(mol·L^{-1})	表面活性剂	CMC/(mol·L^{-1})
月桂酸钠	25 ℃,2.6×10^{-2}	十二烷基硫酸钠	40 ℃,8.7×10^{-3}
月桂酸钾	25 ℃,1.3×10^{-2}	十二烷基磺酸钠	40 ℃,9.7×10^{-3}
硬脂酸钾	55 ℃,4.5×10^{-4}	十二烷基苯磺酸钠	60 ℃,1.2×10^{-3}
壬基酚聚氧乙烯(10)醚	25 ℃,8.6×10^{-4}	十二烷基三甲基氯化铵	25 ℃,1.6×10^{-2}
十二醇聚氧乙烯(8)醚	25 ℃,1.1×10^{-4}	全氟辛酸钾	25 ℃,2.7×10^{-2}

2. 克拉夫点

离子表面活性剂在水中的溶解度随温度升高至某一温度时,其溶解度急剧升高,该温度称为 Krafft 点。离子表面活性剂的 Krafft 点与 CMC 的关系密切,也就是离子表面活性剂在 Krafft 点时的浓度其实就是该温度下的临界胶束浓度,离子表面活性剂应在 Krafft 点以上使用。例如常用的十二烷基硫酸钠的 Krafft 点为 9 ℃,十二烷基苯磺酸钠的 Krafft 点小于 0 ℃,而十二烷基磺酸钠的 Krafft 点为 70 ℃,在室温条件下使用十二烷基硫酸钠、十二烷基苯磺酸钠增溶效果好;又如椰油酸甲酯磺酸钠、软脂酸甲酯磺酸钠、硬脂酸甲酯磺酸钠的 Krafft 点分别为 6 ℃、17 ℃、30 ℃,月桂醇聚氧乙烯硫酸钠的 Krafft 点为 -1 ℃,十六烷基三甲基溴化铵的 Krafft 点为 25 ℃,这些表面活性剂在室温下一般都具有较好的增溶效果。

3. 浊点

非离子表面活性剂水溶液随温度的升高,由完全溶解转变为部分溶解或者析出,这一转变温度就称为浊点(cloud point),对于非离子表面活性剂使用温度最好在浊点以下,以发挥表面活性剂的最大性能。表面活性剂的浊点,如 OP-10 的为 68～78 ℃,OS-10 的为 72～76 ℃,一般随 EO 链的增加而升高。

浊点一般会随着非离子表面活性剂浓度的升高,先降低后升高;浊点影响因素:浓度、无机电解质和极性有机物等。

阳离子除 Na^+、K^+、Cs^+、NH_4^+、Rb^+ 外,所有阳离子都具有升高浊点作用。

电负性强、极化率低的阴离子可降低浊点,电负性弱、极化率高的阴离子可升高浊点。

水溶性好的极性有机物可使浊点升高,反之可使其浊点降低。

4. 亲水亲油平衡值

亲水亲油平衡值(HLB)是表示表面活性剂的亲水基和疏水基之间在大小和力量上的平衡程度的量。HLB 值越大表示亲水越强,HLB 值越小表示亲油性越强,一般规定石蜡的 HLB 值为 0,油酸 HLB 值为 1、油酸钾 HLB 值为 20,十二烷基硫酸钠的值以 40 为标准,阴、阳离子型表面活性剂的 HLB 值为 1～40,非离子型表面活性剂的 HLB 值为 1～20。根据 HLB 值就可了解表面活性剂的大致用途,见表 2-1-3。常见的表面活性剂的 HLB 值列于表 2-1-4。一般认为 HLB 小于 10 的为亲油性好,大于 10 的则亲水性好。

表 2-1-3 表面活性剂的 HLB 值和用途的关系

HLB 值	用 途	HLB 值	用 途
1.5～3.0	消泡作用	8～18	O/W 型乳化作用
3.0～6.0	W/O 型乳化作用	13～15	洗涤作用
7～9	润湿、渗透作用	15～18	增溶作用

表 2-1-4 常见表面活性剂的 HLB

表面活性剂	HLB	表面活性剂	HLB
油酸	1	十二烷基苯磺酸钠	11.7
油酸钠	18	十二烷基三甲基氯化铵	15
油酸钾	20	壬基酚聚氧乙烯(10)醚	12.8
十二烷基硫酸钠	40	十二醇聚氧乙烯醚	10.8
十二烷基磺酸钠	12.3	十六烷醇聚氧乙烯醚	10.3
丙二醇单硬脂酸酯	3.4	丙二醇单月桂酸酯	4.5

HLB 值的估算有以下几种方法。

(1)水溶性经验法:水溶液法是根据表面活性剂在水中的溶解状态来确定其 HLB 值,可参考表 2-1-5 所示。

表 2-1-5　水溶法估算 HLB 值参考

HLB 值	水中状态	HLB 值	水中状态
1～4	不分散	8～10	稳定的乳白色分散体
3～6	分散不好	10～13	半透明至透明分散体
6～8	震荡后呈乳白色	>13	透明溶液

(2) Davis 计算法：一般用于离子型表面活性剂，依据其基团数值（见表 2-1-6），计算公式如下

$$HLB = 7 + \sum 亲水基团数 - \sum 疏水基团数;$$

(3) Griffin 计算法：一般用于非离子表面活性剂，依据其质量分数，计算公式如下

$$HLB = 20 \times 亲水基质量/(亲水基质量 + 亲油基质量)$$

(4) 混合表面活性剂的 HLB 计算法：多种表面活性剂混合后 HLB 值具有加和性，可按各表面活性剂的质量分数计算：

$$HLB = \sum X_i \times HLB_i;$$

式中，X_i 为表面活性剂 i 所占质量分数。

表 2-1-6　表面活性剂某些基团的 HLB 数值

亲水基团	HLB 数值	亲水基团	HLB 数值	亲油基团	HLB 数值
—SO_4Na	38.7	—COOH	2.1	—CH—	
—COOK	21.1	—OH（自由）	1.9	—CH_2—	
—COONa	19.1	—O—	1.3	—CH_3	0.475
—SO_3Na	11	—N—	9.4	=CH—	
酯（失水山梨醇环）	6.8	—(C_2H_4O)—	0.33	—(C_3H_6O)—	0.150
—OH（失水山梨醇环）	0.5	酯（自由）	2.4	—CF_2—，—CF_3	0.870

2.1.1.5 各类常用的表面活性剂

1. 阴离子表面活性剂

阴离子表面活性剂的分子结构中，亲水基主要有磺酸基的钠盐、钾盐等水溶性盐类；亲油基主要是烃基类，也有含酰胺和酯键的其他衍生物。

(1) 长链脂肪酸盐：通式为 RCOOM，其中 R=$C_{8\sim22}$，M=K、Na、N(CH_2CH_2OH)$_3$ 等。钠盐、钾盐在软水中具有丰富的泡沫和较高的去污力。但其水溶液的碱性高，而胺皂可在 pH=8 左右时使用，因而有其特殊优点。

月桂酸钾：$C_{11}H_{23}COOK$，水溶性好，泡沫丰富，可用作乳化剂、发泡剂，但不耐硬水。

硬脂酸钠：$C_{17}H_{35}COONa$，水溶液显碱性，刺激性较强，可作洗涤剂、乳化剂使用，具有

洗涤效果好、价格低廉的优点,但不耐硬水。

(2)烷基硫酸酯盐:通式为$ROSO_3M$,具有洗涤效果好、泡沫丰富,在硬水中稳定,溶液呈中性或微碱性。可作为液体洗涤剂的主要原料。常用品种为

十二烷基硫酸钠:$C_{12}H_{25}OSO_3Na$,白色粉末,能溶于水;可用作发泡剂、洗涤剂、乳化剂。具有乳化性能好、洗涤效果好、泡沫丰富细腻等优点。

月桂醇聚氧乙烯醚硫酸钠:$C_{12}H_{25}(OCH_2CH_2)_nOSO_3Na$,其$n=3$,又称AES,环氧乙烷摩尔数越高,浊点就越高,去油污力强,AES可配制液体洗涤剂,也可用作增稠剂等。

(3)烷基磺酸盐:通式为RSO_3M,比烷基硫酸盐的化学稳定性好,表面活性强,可作乳化剂、润湿剂、渗透剂、发泡剂等使用,广泛应用于各种洗涤剂中。

十二烷基苯磺酸钠:去污力强,综合洗涤性好,常用做清洗剂、乳化剂等。

α-烯基磺酸钠:稳定性好,与其他表面活性剂配伍性好,具有优越的洗涤性能。

2. 阳离子表面活性剂

阳离子表面活性剂早已被用作杀菌剂,也被用作柔软、抗静电等目的。阳离子表面活性剂不具有洗涤能力,与阴离子表面活性剂的配伍性能差。

(1)长链脂肪胺类:有伯、仲、叔三类脂肪胺,不属于真正的阳离子表面活性剂,只有与质子酸(HX,H_2SO_4,即在酸性条件下)结合后才呈现出阳离子特性。

(2)长链季铵盐类:季铵盐阳离子表面活性剂主要用作柔软剂、抗静电剂、杀菌剂、破乳剂、金属缓蚀剂等。无毒无臭,对皮肤无刺激,在沸水中稳定、不挥发。常用的有十二烷基二甲基苄基氯化铵(1227),十六烷基三甲基溴化铵(1631)、十八烷基三甲基氯化铵、十六烷基三甲基氯化铵、双十八烷基二甲基氯化铵等。

(3)杂环季铵盐类:包括吡啶季铵盐和咪唑啉季铵盐等,如十二烷基吡啶氯化铵、十七烷基咪唑啉;咪唑啉化合物主要用作头发的滋润剂、调理剂、杀菌剂和抗静电剂,也可作为织物柔软剂使用和金属缓蚀剂等。其咪唑啉典型的化学结构如下:

咪唑啉　　　　阳离子咪唑啉　　　　两性咪唑啉

3. 两性离子表面活性剂

常用的两性离子表面活性剂有咪唑啉衍生物、甜菜碱衍生物、氧化胺等。使用时主要与各类表面活性剂配伍,这类表面活性剂还具有良好的杀菌性和洗涤性。

(1)甜菜碱型:甜菜碱衍生物可用$RN(CH_3)_2^+CH_2COO^-$表示,也是一类很有实用价值的两性表面活性剂。根据阴离子端的不同通常有羧酸盐型、磺酸盐型和磷酸盐型,可在很宽的pH值范围内使用,其水溶性很好,耐硬水力强,对皮肤刺激性低。

(2)咪唑啉型:咪唑啉两性表面活性剂有羧酸盐型、磺酸盐型,属低刺激性表面活性剂,可作为抗静电剂、柔软剂、调理剂、消毒杀菌剂使用。

4. 非离子表面活性剂

非离子表面活性剂在水溶液中不解离呈离子状态，其稳定性高，不易受强电解质、酸、碱的影响，与其他类型的表面活性剂的相容性好，在水和有机溶剂中皆有较好的溶解性能。依据 HLB 值的不同，其湿润性、乳化性、增溶性等也不相同。非离子表面活性剂主要有多元醇类和聚醚类两大类。

(1) 多元醇类表面活性剂：多元醇类表面活性剂主要有脂肪酸多元醇酯和烷基酰胺两大类。

脂肪酸多元醇酯类：是将多元醇的部分羟基与 $C_{8\sim18}$ 脂肪酸生成酯，剩余羟基为亲水基，常见的多元醇有丙二醇、丙三醇、季戊四醇、山梨醇等。还可将其进一步磺化制成高黏度、去污力超强的阴离子表面活性剂。常用的有单硬脂酸甘油醇酯、单硬脂酸二甘油酯、单月桂酸丙二醇酯、单硬脂酸失水山梨醇酯、单油酸失水山梨醇酯、单月桂酸蔗糖酯等。这类表面活性剂主要用作乳化剂。

烷醇酰胺类：由脂肪酸与醇胺直接缩合而成烷醇酰胺类表面活性剂，醇胺有一乙醇胺、二乙醇胺、三乙醇胺和异丙醇胺等，脂肪酸有月硅酸、椰子油酸等。其有发泡、稳泡、增溶、增稠等作用，常见的有月桂酸二乙醇酰胺(俗称 6501、尼纳尔)等。

烷基糖苷类：通常由脂肪醇与葡萄糖或多糖苷合成(简称 APG)。其一般亲水基为多元醇羟基，水溶性好，HLB 值为 10～19，其与各类表面活性剂复配性好、活性高、去污力强、泡沫丰富、无毒无刺激、可生物降解、绿色环保等优点。可用于食品、日化、制药等行业。

$$\text{HO}\overset{\text{CH}_2\text{OH}}{\underset{\text{OH}}{\bigcirc}}\text{OH}\!\!-\!\!\text{O}\!\!-\!\![(\text{CH}_2)_m\text{CH}_3]_n$$

$n=1\sim3, m=7\sim15$

(2) 聚醚类表面活性剂：环氧乙烷加成物表面活性剂是一类用途最广的表面活性剂。其亲油基有长链脂肪醇、长链脂肪酸、长链烷基酚、长链脂肪酰胺等，亲水基则是不同链长的环氧乙烯基聚醚(也有不同聚合度的聚乙二醇合成)，HLB 值变化范围较宽。

脂肪醇聚氧乙烯醚(AEO)：通式为 $RO(CH_2CH_2O)_nH$，其中 $n=3\sim9$。$n=9$ 时产品用作洗涤剂主要原料，常用的有 AEO-9，AEO-7 等。

烷基酚聚氧乙烯醚(APE)：通式为 $RC_6H_4O(CH_2CH_2O)_nH$，常用的有壬基酚聚氧乙烯醚(乳化剂 OP-10)和辛基酚聚氧乙烯醚(TX-10)。其最大特点是化学稳定性强、耐酸碱、耐高温。因此可用于强酸、强碱介质中使用的洗涤剂。

脂肪酰胺聚氧乙烯醚：通式为 $RCONH(CH_2CH_2O)_nH$，$n=5\sim20$。这类产品主要用作发泡剂和稳泡剂，比烷醇酰胺的水溶性强，与阴离子表面活性剂配伍使用。

2.1.2 洗涤剂

从织物、墙面、地板等各种固体表面除去污垢物的过程统称为洗涤。洗涤时一般利用水、有机溶剂、表面活性剂等化学品辅助实现，以便快速去除污垢。洗涤剂就是专门用于洗净的一类专用化学品，其主要由表面活性剂、助洗剂和添加剂等组成。最早出现的洗涤剂是皂角类天然产物，其中含有的皂素有助于水的洗涤作用。

自20世纪60年代，洗涤剂工业生产随着石油化工的发展而快速发展。一些发达国家合成洗涤剂与肥皂比约为96∶4，我国洗涤剂中二者之比约为75∶25，近年来我国合成洗涤剂也得到了快速发展，特别是随着新能源、新材料、电子信息等领域的发展，工业用洗涤剂的市场需求也将持续增长。

2.1.2.1 洗涤概念

1. 污垢及特性

污垢的种类和数量多种多样，污垢的载体也各不相同。所以，充分了解污垢和其载体的特性对洗涤剂原料生产、配方设计生产具有重要意义。污垢一般分为液体污垢与固体污垢两种。液体污垢是附着在载体上的污垢，其仍然以液体状存在。如织物、餐具上的动植物油和矿物油等。固体污垢则是常温下以固体形态附着在织物等载体上，如尘土、泥、灰、炭黑、染料等。

污垢也有极性污垢和非极性污垢之分，非极性污垢本身不带电荷，如炭黑、矿物油等，极性污垢则带有一定的电荷，如黏土、粉尘、动植物油脂等。

2. 污垢载体

纤维素纤维：常见有棉纤维和麻纤维，主要是多糖类结构，其易变形、强度低、不耐磨。

蛋白质纤维：蚕丝和羊毛等，主要由角蛋白组成，遇水软化，高温变性变形，遇酸性、碱性溶液易发生水解。

合成纤维：包括混纺纤维，具有强度高、耐水洗，耐磨等特点。

3. 洗涤原理

洗涤原理一般是利用表面活性剂来降低油污与织物间的表界面张力，对污垢产生润湿、渗透、乳化、分散、增溶、悬浮等作用过程，达到洗涤结果。实际上，表面活性剂的洗涤性体现了表面活性剂的润湿性、渗透性、乳化性、分散性、增溶性和发泡性等全部基本特性，故洗涤性能是表面活性剂综合性能的体现。

4. 洗涤剂的分类

洗涤剂的产品种类很多，按洗涤剂外观形态分为粉状洗涤剂、液体洗涤剂、膏状洗涤剂和固体洗涤剂等；也可按洗涤对象分为织物洗涤剂、毛发洗涤剂、硬表面洗涤剂等。

2.1.2.2 洗涤剂的组成

1. 表面活性剂

阴离子表面活性剂：烷基苯磺酸钠（LAS）、烷基磺酸钠（AOS）、脂肪醇硫酸酯盐（AS）、脂肪醇聚氧乙烯醚硫酸钠（AES）等。

非离子表面活性剂：烷基酚聚氧乙烯醚（OP,OS,TX）、脂肪醇聚氧乙烯醚（AEO）、烷醇酰胺(6501)等。

两性表面活性剂：如甜菜碱等，一般用于低刺激的洗涤剂、洗发香波中。

2. 硬水软化剂

无机磷酸盐类：主要有三聚磷酸钠、六偏磷酸钠、焦磷酸钠。其中应用最多的是三聚磷酸钠(STPP,五钠)，水溶液呈碱性，其作用是络合钙、镁离子，降低水的硬度，分散污垢，一般用于制备粉状洗涤剂、去污粉等，洗涤剂中用量20%～40%。

有机螯合物类：一般有乙二胺四乙酸钠(EDTA)和氮川三乙酸钠(TNA)，主要通过螯合作用将金属离子封闭在螯合剂分子中而使水软化。

分子筛类：也称人造沸石，是硅铝酸盐结晶体；具有软化硬水、吸附污垢等功能。

3. 碱性缓冲剂和无机电解质

碱性缓冲剂常用的有碳酸钠和硅酸钠，碳酸钠能使污垢皂化，有助于去污，其缺点是碱性较强，常用于中低档洗衣粉。硅酸钠对污垢、油污有乳化、分散作用。

无机电解质一般有氯化钠、硫酸钠等，其中硫酸钠用量最大，廉价便宜，可使阴离子表面活性剂的表面吸附量增加，促使在溶液中形成胶团，有利于润湿、去污等作用，可降低料液的黏滞性，有助于降低洗衣粉的成本，添加量约20%～45%。

4. 漂白与增白剂

漂白剂一般有过氧化物类，如过硼酸钠和过碳酸钠等，易溶于热水，在水溶液中受热释放出H_2O_2，H_2O_2是一种漂白能力很强的氧化剂。

荧光增白剂：是一种利用互补色原理的增白方式，属于一种物理增白方式，荧光增白剂吸收紫外光而发出蓝紫光，与织物表面微黄色形成了补色关系，视觉上感觉织物的白度提高了，一般洗涤用品中添加量少，约为洗涤剂活性物质的1%左右，可起到增白、增艳的作用。

5. 酶制剂

洗涤剂中主要用的酶有蛋白酶、脂肪酶、纤维素酶、淀粉酶等，这些酶有助于分解油污使其容易从织物表面脱落。

6. 抗静电剂和柔软剂

阳离子、两性表面活性剂都具有抗静电、柔软作用，常用于高档毛料织物、丝绸的洗涤剂中，常用的有二硬脂酸二甲基氯化铵、硬脂酸二甲基辛基溴化铵、高碳烷基吡啶盐、长链烷基咪唑啉盐等。

7. 溶剂及助溶剂

常用的溶剂主要有三类：①松油，本身不溶于水，但能使有机溶剂和水相混合，适用于配制溶剂-洗涤剂混合物；②醇、醚和酯，如乙醇、乙二醇、乙二醇醚和酯等极性溶剂，有一定的水溶性，能使水和溶剂结合起来；③氯代烃溶剂，如三氯乙烯、四氯乙烯等，广泛用于干洗剂和特殊清洁剂。洗涤中常用的助溶剂有甲苯磺酸钠、二甲苯磺酸钠和尿素。

2.1.2.3 块状洗涤剂

块状洗涤剂一般根据配方及功能不同，细分为肥皂、透明皂、大理纹皂、药皂、复合皂、液体皂、香皂等。

1. 肥皂

肥皂是以至少含有 8 个碳原子的脂肪酸盐类为主要组分的一类块状洗涤剂,具有良好洗涤功能的长链脂肪酸盐,具有洗涤、去污、清洁等作用的皂类主要是脂肪酸钠盐、钾盐和铵盐,最常用的是硬脂酸盐。

肥皂配方组成:油脂、脂肪酸、松香、碱、盐、脱色剂、着色剂、香料、透明剂、表面活性剂,肥皂的生产分为间歇式和连续式生产工艺,其主要分为以下四步。

皂化:精炼油脂的皂化是将油脂与碱液在皂化锅中加热使之充分发生皂化水解反应。

盐析:在皂胶中加入电解质氯化钠水溶液,使肥皂与水、甘油、杂质分离的过程。

碱析:将盐析皂加水煮沸后,再加入过量氢氧化钠碱液处理,使皂化反应剩下的少量油脂完全皂化,进一步除去色素及杂质。

整理:对皂基进行最后一步净化后,加入各种助剂,如表面活性剂、着色剂等辅料,使之达到最佳比例,最后进行成型。

2. 透明皂

透明皂是目前比较流行的块状洗涤剂,其配方中要加入防止脂肪酸结晶的阻化剂和透明剂。典型配方如牛油 13%、椰子油 13%、蓖麻油 10%、丙二醇 12.5%、氢氧化钠 6%、蔗糖 10%、甘油 3.5%、结晶阻化剂 2%、香精适量、蒸馏水余量。

3. 香皂

香皂是兼有护肤、除臭等功能,且刺激性小的块状洗涤剂,香皂的组成一般以牛油、椰子油和羊油等高级脂肪酸盐为主,再加入少量香精、杀菌剂、稠化剂、着色剂等。

2.1.2.4 粉状洗涤剂

洗衣粉是目前产量最大的一类粉状洗涤剂,具有方便、速溶、去污力强等优点,洗衣粉属于复配产品,其配方优劣决定产品的质量,目前还没有系统的理论依据来指导配方设计,只能依靠反复试验,其配方应重点考虑活性物选择、泡沫大小、pH 值和添加剂等,洗衣粉参考配方见表 2-1-7。

表 2-1-7 各种洗衣粉的参考配方

轻垢洗衣粉		重垢洗衣粉		低泡洗衣粉		浓缩洗衣粉	
组分	含量	组分	含量	组分	含量	组分	含量
LAS	12%	LAS	1%	LAS	10%	LAS	25%
AEO-9	6%	AEO-9	20%	皂粉	5%	AEO-9	10%
三聚磷酸钠	18%	碳酸钠	30%	三聚磷酸钠	38%	AES	4%
CMC	1%	CMC	1%	CMC	2%	CMC	1%
硅酸钠	5%	硅酸钠	8%	硅酸钠	6%	硫酸钠	10%

续表

轻垢洗衣粉		重垢洗衣粉		低泡洗衣粉		浓缩洗衣粉	
组分	含量	组分	含量	组分	含量	组分	含量
硫酸钠	48%	硫酸钠	20%	硫酸钠	20%	碳酸钠	5%
增白剂	0.1%	4A沸石	10%	聚醚消泡剂	4%	硅酸钠	13%
复合酶	适量	增白剂	0.1%	增白剂	0.1%	过硼酸钠	5%
香精	适量	酶制剂	适量	对甲苯磺酸钠	3%	三聚磷酸钠	20%
水	余量	水	余量	水	余量	水	余量

洗衣粉的成型也是非常重要的一个生产环节。粉状洗涤剂的成型方法主要有吸收法、附聚成型法、喷雾干燥法,其中附聚成型和喷雾干燥最为常见。过程如图2-1-7和图2-1-8所示。喷雾干燥成型法颗粒松散、溶解快、洗涤效果好,附聚成型法具有简单、能耗低等优点。

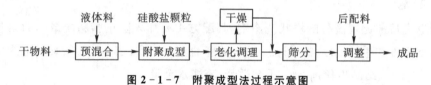

图2-1-7 附聚成型法过程示意图

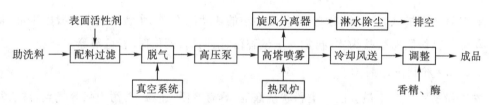

图2-1-8 喷雾干燥成型法示意图

2.1.2.5 液体洗涤剂

液体洗涤剂是以水或其他有机溶剂为基料的洗涤用品,它具有表面活性剂溶液的特性,一般只将具有洗涤作用的液体产品称为液体洗涤剂。

1. 织物用液体洗涤剂

近年来,织物洗涤剂正朝着系列化、多功能化、液体化、低成本化等方向发展,如在重垢洗涤剂配方中加入硅酸盐以减少表面活性剂的用量,降低生产成本,加入复合酶、漂白剂、荧光增白剂等功能助剂以提高洗涤效能。织物液体洗涤剂按产品用途可分为以下几类。

(1)重垢织物液体洗涤剂:以洗涤粗糙织物、内衣等重垢物为目的,配方中以阴离子表面活性剂为主体,pH值一般为高碱性。

(2)轻垢织物液体洗涤剂:以洗涤轻薄织物、毛、丝类织物为主,配方中以非离子表面活性剂为主,表面活性剂有效物含量小于20%,pH值为中性或偏酸性,要求对织物无损伤。

(3)织物柔软抗静电剂:以柔软、整理为目的,以阳离子或两性表面活性剂为主,一般为专用产品,用于织物洗涤后的漂洗和整理,织物液体洗涤剂参考配方见表2-1-8所示。

表2-1-8 液体洗涤剂参考配方

重垢液体洗涤剂		轻垢液体洗涤剂		柔软抗静电洗涤剂	
组分	含量	组分	含量	组分	含量
LAS	9%	LAS	13.5%	双十八烷基二甲基氯化铵	6%
AES	5%	油酸钾	2.5%	AEO-9	1%
三聚磷酸钠	10%	烷醇酰胺	1.0%	乙二醇	3%
碳酸钠	5%	硫酸钠	1.0%	异丙醇	2%
荧光增白剂	0.2%	荧光增白剂	0.1%	香精	适量
水	余量	水	余量	去离子水	余量

2. 织物用干洗剂

干洗剂是指以有机溶剂为主要成分的液体洗涤剂。由于许多天然纤维吸水后会膨胀,干燥时又会收缩,导致织物出现褶皱、变形、缩水等问题,尤其是羊毛织物干燥时发生缩绒,纤维变硬,手感色泽变差等,采用干洗就可避免此类问题。干洗剂主要成分是各种有机溶剂与表面活性剂、润湿剂。织物干洗剂参考配方见表2-1-9。

表2-1-9 各类织物干洗剂参考配方

轻垢织物干洗剂		重垢织物干洗剂配方		抗静电柔软整理剂	
组分	含量	组分	含量	组分	含量
石油磺酸钠	1%	LAS	10%	咪唑啉季铵盐	5%
Tween-60	1%	石油磺酸钠	1%	烷醇酰胺	5%
烷醇酰胺	1%	月桂酸二乙醇酰胺	5%	AEO-9	1%
苯并三氮唑	适量	Tween-20	5%	异丙醇	5%
去离子水	2%	去离子水	5%	去离子水	5%
200号汽油	余量	四氯乙烯	余量	三氯乙烷	余量

3. 厨房用液体洗涤剂

厨房餐具、果蔬洗涤剂均与人体健康有关,餐具清洗剂属于轻垢型洗涤剂,而果蔬清洗剂与人直接接触,甚至食用等,一般应该选用安全无毒、绿色天然的表面活性剂及助剂进行复配。此类洗涤剂应符合无残留、不霉变、无刺激等要求,其参考配方见表2-1-10。

表 2-1-10 厨房液体洗涤剂参考配方

餐具洗涤剂		蔬菜清洗剂		油垢清洗剂	
组分	含量	组分	含量	组分	含量
LAS	22.5%	十四酸蔗糖酯	15%	LAS	1%
椰油酸基谷氨酸钠	2%	柠檬酸钠	10%	氢氧化钠	6%
OP-10	2%	葡萄糖酸	5%	磷酸三钠	6%
尿素	7%	乙醇	9%	三乙醇胺	3%
乙醇	10%	丙二醇	1%	碳酸钠	6%
EDTA 二钠	0.1%	CMC	0.15%	硅酸钠	7%
水	余量	水	余量	水	余量

4. 卫生间清洗剂

卫生间清洗剂要求不伤瓷砖釉面、具有除臭、除垢和陈尿渍等功能，洗手液还要求具有不伤手、杀菌等功能，其参考配方见表 2-1-11 所示。

表 2-1-11 卫生间清洗剂参考配方

浴盆、瓷砖清洗剂		马桶清洗剂		洗手液	
组 分	含量	组 分	含量	组 分	含量
AES	6%	OP-10	4%	AES	10%
LAS	12%	盐酸(32%)	30%	AEO-9	6%
AEO-9	3%	苯乙烯吡咯烷酮共聚物	1%	三乙醇胺	1%
焦磷酸钾	6%	二氯异氰尿酸钠	6%	十二烷基甜菜碱	5%
草酸	2%	咪唑啉缓蚀剂	适量	乙二醇	适量
摩擦剂	适量	香精	适量	香精	适量
水	余量	水	余量	水	余量

2.1.3 化妆品

随着人们对日用品需求的不断增加，同时也对其质量和功能提出了更高的要求。日用品包括化妆品、洗涤剂、香精香料等，其中化妆品是最大的一类日用品，化妆品指能保持人体皮肤光滑、毛发清洁、口腔卫生，具有美化人体、修饰容貌等作用的一系列化学品。

2.1.3.1 化妆品及其作用

化妆品应用对象的特殊性要求化妆品必须对人体安全、卫生、舒服，并能够在皮肤上较长时间柔和地起作用。

清洁作用：去除皮肤、毛发、口腔和牙齿上面的脏物，以及人体分泌与代谢过程中产生的不洁物质。如清洁霜、净面面膜、清洁化妆水、泡沫浴液、洗发香波、牙膏等。

保护作用:保护皮肤及毛发等,使其滋润、柔软、光滑、富有弹性,以抵御寒风、烈日、紫外线辐射等的损害,增加分泌机能活力,防止皮肤皲裂、毛发枯断。

营养作用:补充皮肤及毛发营养,增加组织活力,保持皮肤角质层水分,减少皮肤皱纹,减缓皮肤衰老以及促进毛发生理机能,防止脱发。

美化作用:美化、修饰皮肤表面以及毛发,使之增加魅力或散发香气。

防治作用:预防、抑制面部、口腔疾病及脱发等作用。

2.1.3.2 主要类别及用途

1. 按剂型分类

乳液类:雪花膏、清洁霜(蜜)、润肤霜、粉底霜、香脂、减肥霜等。

香粉类:香粉、粉饼、爽身粉、痱子粉等。

香水类:香水、花露水、古龙水、化妆水等。

香波类:透明香波、珠光香波、调理香波、护发素等。

其他剂型:唇膏、睫毛膏、眼线液(笔)、眼影粉、胭脂、指甲油、面膜、染发剂、烫发剂、发蜡等。

2. 按用途分类

皮肤用化妆品:清洁霜、化妆水、洗面奶、雪花膏、润肤霜、粉饼等。

毛发用化妆品:发乳、护发素、染发液、烫发液、剃须膏、脱毛霜等。

口腔清洁用品:牙膏、漱口水、洁口素等。

芳香类化妆品:香水、花露水等。

2.1.3.3 人体皮肤的生理特性

化妆品直接与人体的皮肤、毛发相接触,安全舒适的化妆品对人的皮肤、毛发应有一定的保护和美化作用,而劣质化妆品会引起皮肤过敏甚至疾病等不良后果。所以,在化妆品配方设计时,应对人皮肤的构造和特点有一定了解。这里只对皮肤的作用、类型以及毛发的化学性能等简要介绍。

1. 皮肤的功能及类型

人类皮肤一般分为干性皮肤、油性皮肤和中性皮肤三种类型。干性皮肤由于皮脂分泌少、毛孔不明显、皮肤细嫩、角质层含水少,对外界刺激的抵御能力差,易衰老;油性皮肤毛孔明显、分泌多、抵御力强;正常皮肤介于两者之间。人类皮肤的 pH 值为 $4.5\sim6.5$,平均为 5.75,在遇碱时,皮肤因生理保护需要在 $1\sim2$ h 后可恢复其弱酸性特点。皮肤是人体最大的器官,是人体的第一道防线,一般有以下 6 大功能。

保护功能:皮肤结构紧密,弹性大,可防止机械、化学、紫外线等外界的破坏作用;

调节功能:通过皮肤血管的收缩、扩张和汗腺的分泌调节体温和酸碱平衡;

排泄功能:可排泄体内的代谢废物如 CO_2、尿素、乳酸以及盐分等;

知觉功能:皮肤可感知到冷、热、痛、触、压等外界刺激以及感知瘙痒等;

吸收功能:皮肤一般通过细胞膜、皮脂孔、汗腺、细胞间隙等吸收一些小分子物质；

呼吸功能:皮肤可透过氧气、二氧化碳等,故经常保持皮肤清洁很重要。

2. 毛发的特性

毛发的成分为蛋白质,含有 C、H、O、N、S 等元素,主要由各种氨基酸组成,其中胱氨酸高达约 12%,毛发对沸水、酸、碱、氧化剂、还原剂等较敏感,胱氨酸中含有二硫键,酸碱盐的水溶液都可以破坏氢键,所以发用化妆品配方设计中应重点考虑。

3. 口腔生理特性

口腔的表面被一层黏膜所覆盖,在唇部、颊部、软腭内的黏膜下层有许多小腺分泌唾液,牙齿表面覆盖着牙釉质,化学成分 95% 为无机物,大部分是羟基磷灰石,牙齿本身也只含 19%～21% 的有机物,其余也为羟基磷灰石。人们为了保持口腔卫生开发了牙膏、漱口水等产品来清洁牙齿,以防止细菌繁殖和产生酸性物质破坏牙齿。

4. 紫外线与皮肤健康

紫外线根据波长范围以及对人体皮肤的伤害程度,可分为 UVA、UVB、UVC。

UVA(320～400 nm):全天候都有,波长较长,穿透力很强,可直达皮肤的真皮层,UVA 照射可使肤色变红再转黑(晒黑);长期暴露在 UVA 下,也会引起皮肤缺水、老化,使皮肤变得粗糙,日常生活中最易遇到 UVA,故称为生活紫外线。

UVB(280～320 nm):不能穿透表皮,长久照射皮肤会出现红斑、炎症、老化,严重者可引起皮肤癌、晒伤等。UVB 在一天中 10:00—14:00 最强,特别是在海边、草地等阳光折射率很强的地方,UVB 射线也最强,故称为休闲紫外线。

UVC(200～280 nm):短波紫外线,在经过地球表面同温层时臭氧层会吸收使其不能到达地面,它对人体会产生严重的伤害,如造成皮肤癌等,人类一定要保护好臭氧层。

凡能遮挡、吸收、折射紫外线的化妆品均可称为防晒霜类化妆品,可通过防晒指数(SPF,Sun Protection Factor)的大小来衡量其防晒功效的优劣,防晒指数 SPF 就是可延长人在户外的活动时间的倍数,SPF 越大,防晒时间越长,一般以皮肤暴露在户外直至泛红的时间(用 t 表示,大小因人而异)为基数,涂抹防晒剂之后,就可以使人在户外活动的时间延长到该基数 t 的 SPF 倍,即户外最长活动时间为 $T=t\times SPF$。例如某人在户外日光暴露 15 min 后皮肤就开始泛红,如果涂 SPF 为 20 的防晒霜后,该防晒霜对其皮肤有效保护时间可达 300 min。

2.1.3.4 化妆品原料与制备

化妆品是一类通过复配技术生产的具有特殊功效的化学品。化妆品的原料主要包括基质原料和辅助原料等。

1. 基质原料

天然油脂类:对皮肤起柔软、保水、防止干燥、粗糙等保护作用,常用的植物油脂有椰子油、花生油、蓖麻油、橄榄油等,动物油脂有牛油、猪油、貂油、海龟油等。

蜡类:用于提高产品稳定性,与天然油脂类的作用相近,常用的植物蜡有巴西棕榈蜡、小烛树蜡、棉蜡等;动物蜡有羊毛脂、蜂蜡、鲸蜡、虫蜡等。

高碳烃类：保护皮肤和助溶剂，主要有角沙烷、液体石蜡、凡士林、微晶蜡等。

粉质类：用于遮盖、杀菌、增白等，主要有滑石粉、高岭土、钛白粉、氧化锌、硬脂酸锌镁、碳酸钙等。

溶剂类：主要有水、乙醇、丁醇、戊醇、异丙醇、多元醇、丙酮、丁酮等。

2．辅助原料

辅助原料为除基质原料以外的原料，包括香料、颜料、防腐剂、抗氧化剂、保湿剂、水溶性高分子、表面活性剂、营养添加剂等。

香精香料：天然香料、合成香料；

色料：天然色料、有机合成色料、无机颜料等；

防腐剂：对羟基苯甲酸酯类、酸类、酚类、季铵盐类、醇类等；

抗氧化剂：苯酚系列、醌类、胺类、有机酸酯类、硫磺类；

水性高分子：天然高分子有纤维素及衍生物、植物胶及衍生物、合成高分子有聚乙烯醇、聚乙烯吡咯烷酮、聚丙烯酸钠、聚氧化乙烯等；

保湿剂：多元醇、有机酸类、玻尿酸；

营养添加剂：氨基酸提取液、中草药提取液、花粉、果蔬等；

表面活性剂：润湿、乳化、增溶、分散、杀菌作用等。

3．化妆品的生产

化妆品的生产，大多是物料间的混合，各组分间一般会有物理化学现象发生，剧烈化学反应较少，所用生产设备无需耐高压、高温，多采用间歇操作。

(1)霜膏类化妆品生产方法：霜膏类化妆品以乳化体为主，常用设备有配料锅、乳化机、过滤机、储存罐、灌装机等。如香水生产是将香料、乙醇等配料加入配料锅，搅拌混合均匀，再在储存罐中熟化数天到数月后，过滤去除杂质灌装即可。不同乳化对象要求乳化剂的 HLB 值如表 2-1-12 所示，霜膏类化妆品生产工艺流程如图 2-1-9 所示。

表 2-1-12　不同乳化对象要求乳化剂的 HLB 值

乳化对象	HLB 值		乳化对象	HLB 值	
	O/W	W/O		O/W	W/O
植物油	7~9	—	固体石蜡	11~13	—
牛脂	7~9	—	脂肪酸酯	11~13	—
石蜡	9	4	液体石蜡	12~14	6~9
轻质矿物油	10	4	羊毛脂	14~16	6~8
重质矿物油	10.5	4	油酸	16~18	7~11
凡士林	10~13	—	油醇	16~18	6~7
挥发油	13		硬脂酸	17	
鲸蜡油 C16	13	—	蜂蜡	10~16	—

图 2-1-9　霜膏类化妆品生产工艺流程

(2) 粉状化妆品生产方法:常用的设备有粉碎机、筛粉机、粉饼压制机、灭菌器、包装机等。其工艺过程:首先将粉体原料粉碎到所需粒度,过筛将符合要求的细粉(一般大于300目)加入灭菌器中用环氧乙烷气体灭菌,再用粉饼压制机压制成一定形状的粉饼,包装即可。为了使粉料与辅助原料混合均匀,可采用球磨机研磨、混合等操作。

2.1.3.5　肤用化妆品

肤用化妆品的主要功能是清洁皮肤、调节和补充皮肤的油脂、使皮肤表面保持适量的水分,并通过皮肤表面吸收适量的滋补剂和治疗剂,保护皮肤和营养皮肤、促进皮肤的新陈代谢。肤用化妆品可分为清洁皮肤用化妆品、保护皮肤用化妆品、营养皮肤用化妆品、祛斑美白化妆品、抗衰老化妆品。

1. 洁肤用化妆品

清洁皮肤用化妆品有香皂、清洁霜、泡沫清洁剂、磨砂膏、面膜、沐浴露和化妆水等,香皂脱脂能力强,洗面膏和清洁霜脱脂力适中并有护肤作用,深受消费者欢迎。清洁霜一般由油相、水相、乳化剂、保湿剂、防腐剂、香精等组成,一般 W/O 型清洁霜适用于干性皮肤的清洁,O/W 型则用于油性皮肤。

(1) 清洁类:清洁霜、洗面奶的配方结构是由油相 30%~70% 的 O/W 型或 W/O 型的乳化系组成,而沐浴露则是以表面活性剂为主,再添加少量的油相组分,配方举例见表 2-1-13。

表 2-1-13　清洁化妆品参考配方举例

清洁霜配方		洗面奶配方		沐浴液配方	
组分	含量	组 分	含量	组 分	含量
石蜡	8.0%	液体石蜡	25.0%	AES	18.0%
蜂蜡	3.0%	单硬脂酸聚乙二醇(600)酯	10.0%	醇醚磺基琥珀酸单酯二钠盐 AMES	8.0%
凡士林	15.0%	三丙乙醇胺	1.5%	椰子油酰胺基丙基甜菜碱	10.0%
液体石蜡	25.0%	羟丙基纤维素	0.5%	十二醇二乙酰胺	4.0%
Span-80	4.0%	防腐剂	适量	水溶性羊毛脂	2.0%
Tween-80	3.0%	香料	适量	甘油	4.0%
丙二醇	5.0%	精制水	余量	香精、防腐剂	各适量
香精、防腐剂	适量			柠檬酸	适量
精制水	余量			精制水	余量

(2)调理类:主要指化妆水,是一类透明状的液体化妆品,通常在皮肤清洁后给皮肤角质层补充水分及保湿,促进皮肤的生理机能。一般有以保持皮肤柔软润湿为目的的柔软性化妆水(营养性化妆水),以抑制皮肤过多油分,收敛而调整皮肤为目的的收敛化妆水,以及具有清洁皮肤作用的洗净用化妆水三种。

(3)面膜类:在面部皮肤上敷一层薄薄的物质形成面膜,其作用是使皮肤与外界空气隔绝,当皮肤温度上升时敷在皮肤上的面膜中其他成分如维生素、水解蛋白以及其他营养物质可有效地渗进皮肤中,起到增进皮肤机能的作用。经过 20 min 左右后,再除去面膜,皮肤上的皮屑等污垢也会随之去除,可起到滋润皮肤,促进新陈代谢的作用。

面膜的种类很多,一般分为清洁面膜和美容面膜两类。面膜一般由成膜剂、保湿剂、粉质、油类以及溶剂等组分组成。成膜剂一般有聚乙烯醇、聚乙烯吡咯烷酮、CMC、果胶、动物胶等;保湿剂一般可选用甘油、丙二醇、聚乙二醇、山梨醇等;粉质有高岭土、滑石粉、钛白粉、氧化锌等;油性组分有橄榄油、麻油等;溶剂由水、醇类组成混合溶剂。

2. 护肤用化妆品

保护皮肤用化妆品可提供给皮肤充分的水分和脂质,有滋润、保护、营养、美化皮肤的功效;一般由柔软剂、保湿剂、乳化剂、增稠剂、活性成分等组成;有水包油、油包水两种乳液类型。表 2-1-14 为几种护肤化妆品的参考配方。

表 2-1-14 护肤化妆品参考配方举例

水包油润肤霜		油包水润肤霜		雪花膏	
组分	含量	组分	含量	组分	含量
杏仁油	8.0%	液体石蜡	25%	硬脂酸	25.0%
液体石蜡	8.0%	橄榄油	30%	羊毛醇	5.0%
鲸油	5.0%	石蜡	1.0%	氢氧化钾	3.0%
鲸蜡醇	2.0%	凡士林	2.0%	甘油	5.0%
羊毛脂	2.0%	羊毛脂	2.0%	丙二醇	8.0%
单硬脂酸甘油酯	14.0%	Span-80	2.5%	防腐剂	适量
甘油	5.0%	甘油	3.0%	香料	0.5%
精制水	余量	精制水	余量	精制水	余量

2.1.3.6 美容化妆品

美容化妆品主要用来美化面部皮肤、眼睛、眉毛、嘴唇及指甲等。用以遮盖瑕疵,美化容貌,同时对皮肤起到一定的保护作用。美容化妆品主要分为脸部美容化妆品、眼部美容化妆品、唇部美容化妆品、指甲美容化妆品和香水类美容化妆品。

1. 脸部美容化妆品

脸部美容化妆品主要包括粉底类化妆品、香粉类化妆品、胭脂类化妆品,其主要原料包括着色颜料、白色颜料、珠光颜料,也有加入润肤作用的油脂类、保湿剂、防晒剂、防腐剂、香精、表面活性剂等,液状粉底还需去离子水,脸部美容化妆品参考配方见表2-1-15。

表2-1-15 美容化妆品参考配方举例

粉底霜配方 O/W		粉饼配方		胭脂配方	
组分	含量	组分	含量	组分	含量
三压硬脂酸	5.0%	滑石粉	45.0%	滑石粉	60%
十六醇	1.0%	高岭土	20.0%	高岭土	20%
液体石蜡	7.0%	氧化锌	15.0%	钛白粉	4%
肉豆蔻酸异丙酯	8.0%	轻质碳酸钙	10.0%	硬脂酸锌	5%
单硬脂酸甘油酯	5.5%	硬脂酸镁	3.0%	米淀粉	5%
三乙醇胺	1.2%	大米淀粉	2.0%	色料	3%
丙二醇	3.0%	着色颜料	适量	液体石蜡	3%
滑石粉	15.0%	液体石蜡	3.5%	香精	适量
着色颜料	2.0%	肉豆蔻酸异丙酯	1.5%	防腐剂	适量
防腐剂、香精	适量	防腐剂	适量		
精制水	余量	香精	适量		

2.眼部美容化妆品

眼部美容化妆品有眼影、睫毛膏、眼线笔、眉笔等。眼部美容化妆品配方见表2-1-16。

表2-1-16 眼部美容化妆品参考配方举例

眉笔配方		眼影粉配方		眼影膏配方		睫毛油配方	
组分	含量	组分	含量	组分	含量	组分	含量
石蜡	30.0%	滑石粉	48.0%	硬脂酸	12.0%	棕榈蜡	7.0%
蜂蜡	16.0%	硬脂酸锌	10.0%	蜂蜡	5.0%	蜂蜡	1.0%
虫蜡	13.0%	高岭土	15.0%	三乙醇胺	3.5%	微晶蜡	10.0%
液体石蜡	7.0%	钛白粉	5.0%	羊毛脂	4.5%	羊毛脂	0.4%
矿脂	12.0%	着色颜料	15.0%	甘油	5.0%	聚异丁烯	60.6%
羊毛脂	10.0%	珠光颜料	25.0%	颜料	10.0%	炭黑	10.0%
炭黑	12.0%	液体石蜡	6.0%	去离子水	余量	防腐剂	适量

3.唇部美容化妆品

唇部美容化妆品主要是指唇膏(又称口红),唇膏是锭状唇部美容化妆品,主要由油、脂、蜡类、色素、香料等组成。唇膏中使用的颜料多数由两种或两种以上的颜料调配而成,主要有可溶性染料、不溶性颜料、珠光颜料三类。唇膏的香料要气味芳香、口味舒适、安全无毒。

唇部美容化妆品参考配方(质量百分数):蓖油45.3%、十六醇25.0%、羊毛脂4.0%、黄色蜂蜡7.0%、微晶蜡4.0%、小烛树蜡7.0%、二氧化钛2.0%、红色202号5.5%、橙色201号0.2%、抗剂、防腐剂、香料均适量。

4. 指甲美容化妆品

指甲美容化妆品主要有指甲油,其配方主要由成膜剂(如硝化纤维素,合成树脂)、增塑剂(如乙酰柠檬酸三丁酯类)、色素、珠光剂、溶剂等复配而成。其制造过程一般是将成膜剂溶解于溶剂中,加入增塑剂、颜料等组分,经搅拌后通过研磨机细磨制成。指甲油的参考配方(质量分数):硝化纤维素15.0份,醇酸树脂12.0份,乙樟脑6.0份,乙酸乙酯23.0份,乙酸丁酯9.0份、乙醇7.0份、甲苯28.0份、色料适量。

5. 香水类化妆品

目前,香水类化妆品应用扩大至皮肤表面清洁、杀菌、消毒、收敛、柔软及剃须后保护皮肤、防晒、防止皮肤长粉刺等多个方面。制造香水类化妆品的主要原料是香精、乙醇和水,香水类产品的质量关键是原料质量和调香水平。香水的香型很多,有清香型、草香型、花香型、粉香型、果香型、东方型、美加净香型等。花露水是一种用于淋浴后除汗臭的良好夏季卫生用品,制作工艺同香水。花露水也是乙醇、香精、蒸馏水为主体,有少量螯合剂,抗氧化剂。几种香水化妆品类配方见表2-1-17所示。

表2-1-17 几种香水化妆品类配方

古龙水		花露水	
组分	质量/%	组分	质量/%
香柠檬油	1.8%	香精	59
迷迭香油	0.1%	乙醇	70%
苦橙花油	0.5%	柠檬酸钠	少量
薰衣草油	0.05%	叔丁基对甲酚	少量
唇形花油	0.05%	EDTA-2Na	适量
龙涎香酊	0.5%	水	余量
橙花水	5.0%		
乙醇	余量		

2.1.3.7 毛发用化妆品

1. 洗发香波

洗发香波是洗发用的一类化妆洗涤用品。它是一种以表面活性剂为主的加香产品,因此,洗发香波不单是一种良好的洗涤剂,而且有良好的化妆效果。其按发质的适应性可分为通用型洗发香波,干性头发用、油性头发用和中性洗发香波;按液体状态可分为透明香波、乳化香波、胶状香波,透明香波比较通用。

洗发香波一般由多种表面活性剂进行复配制成,复配用料以阴离子表面活性剂、非离子表面活性剂和两性表面活性剂为主。洗发香波去污力强、泡沫丰富细腻,并能改善头发梳理性。洗发香波的添加剂要能赋予香波特殊效果,如选用去头皮屑药物、固色剂、稀释剂、螯合剂、防腐剂、染料和香精等。香波pH值为6~9,丰富的泡沫是洗发香波最重要的指标,通用洗发液参考配方见表2-1-18。

表2-1-18 通用洗发液参考配方举例

通用洗发香波		珠光香波		调理香波	
组分	含量	组分	含量	组分	含量
AES	15%	AES	10%	咪唑啉甜菜碱	7%
6501	3%	十二烷基硫酸钠	6%	椰油酰胺丙基甜菜碱	5%
柠檬酸	0.1%	乙二醇硬脂酸酯	4%	十二醇醚磺基琥珀酸盐	5%
二苯甲酮	0.1%	脂肪酸二乙醇酰胺	2%	水解胶原蛋白	1%
防腐剂、香精	各适量	防腐剂、香料	各适量	防腐剂、香精	各适量
水	余量	去离子水	余量	去离子水	余量

2. 护发剂

乌黑光亮稠密的头发使人显得精神饱满,容光焕发,是健康美的标志之一。护发剂按用途可分为护发用品、美发用品、营养疗效用品、清洁毛发用品四大类。护发剂包括发油、发蜡、发乳、发膏和护发素等。

(1)发乳:用动植物油或矿物油、表面活性剂与水等制成的洁白膏状乳剂,其质地均匀、稠度适宜,可使头发滋润、有光泽。发乳的参考配方(质量分数):凡士林12.0%、液体石蜡41.0%、水溶性羊毛脂3.0%、Span-80 1.6%、Tween-60 4.2%、硬脂酸单甘油酯2.2%、硼砂0.5%;紫外吸收剂、卵磷脂、丙二醇、抗氧剂、防腐剂、香精各适量、精制水余量。

(2)护发素:护发素配方的主要组分是阳离子表面活性剂。阳离子表面活性剂能吸附于毛发表面,形成一层薄膜,从而使头发柔软,并赋予头发自然光泽,同时还能抑制静电产生,减少脱发脆断,使头发易于梳整。其膏体应细腻,不分离,稀释液不刺激皮肤和眼睛。护发素参考配方(质量分数):十六烷基三甲基溴化铵4%、十八醇2%、硬脂酸单甘油酯1%、脂肪醇聚氧乙烯醚1%、三乙醇胺1%、甘油3%、香精适量、精制水余量。

3. 美发剂

美发剂是专供头发卷曲和染色用的,具体如下。

(1)卷发剂:从化学原理分析,人的头发是由不溶性的角蛋白组成的,角蛋白是由多种氨基酸通过肽链形成的长纤维链。由于其中胱氨酸的含量较大,胱氨酸是一种含二硫键的氨基酸,当其二硫链被打开时,头发就变得柔软,容易被卷成各种形状,化学烫发剂的原理就是通过打开二硫键,使头发卷曲成型后,再把二硫键重新接上,使头发又恢复原来的刚韧性。卷发剂一般由打开二硫键化合物和接上二硫键的化合物组成,目前应用最广的打开二硫键的化合物是巯基乙酸盐类。例如巯基乙酸铵在碱性下,可使头发卷曲成各种形状。

待头发成型后可用氧化剂或借助空气中的氧使半胱氨酸再氧化成原来的肽链物质重新接上二硫键。卷发剂配方有一剂型和二剂型之分(质量分数)。

一剂型卷发液参考配方:巯基乙酸 8.0%、十二烷苯磺酸钠(30%)1.5%、亚硫酸钠 1.5%、甘油 3.0%、尿素 1.5%、氨水(25%)17.5%、香精、去离子水适量,pH=9.2～9.5。

二剂型卷发液参考配方:组分Ⅰ 巯基乙酸铵 7%,氨水(25%)24%,聚氧乙烯月桂基醚磷酸钠 5%,水余量;组分Ⅱ 溴酸钠 5%,氨水(25%)0.5%,柠檬酸 0.5%,阳离子纤维素 2%,水余量。

(2) 发胶与摩丝:发胶涂于头发上经过一定时间溶剂挥发后便在头发上形成一层膜,起到固定发型作用,如果在配方中加入喷射剂则称喷发胶,在配方中加入少量的起泡剂则称摩丝。常用的成膜物有聚乙烯吡咯烷酮(PVP)等高分子;溶剂,如去离子水、乙醇等;调理剂有抗静电、柔软等作用,如改性有硅油等。喷射剂常用异丁烷、氟利昂等;表面活性剂常用 AES、吐温等。喷发胶参考配方(质量分数):聚乙烯吡咯烷酮 3%、聚乙烯醇 1%、AES 0.4%、甘油 0.5%、紫外吸收剂 0.1%、去离子水 75.0%、抛射剂(F11/F12)20%。

(3) 染发剂:染发剂的作用是把白发染黑或染成别的颜色,借以修饰容貌。染发剂分为暂时染发剂和长效染发剂。染发剂都应具备下列性能:着色良好,不伤头发,对身体无害,暴晒于空气,不褪色,使用发油、护发水、香波等护发用品时,既不变色也不溶出,对于碱、酸、氧化剂、还原剂也不变色、不褪色。

植物染发剂:无毒、无刺激性、色调较稳定,其主成分是植物提取物。

金属染发剂:一般不渗透头发内层,仅附着在头发表面。其基料是铅盐和银盐,少数铋盐、铜盐和铁盐。染发用金属盐溶液,在光和空气的作用下生成不溶的硫化物和氧化物沉积在头发上,这种染发经摩擦、梳刷、洗涤均易出现脱色。

合成染发剂:合成染发剂主要由二芳胺、酚胺类衍生物组成,是目前使用最多的染发剂,具有色彩丰富(如黑色、棕色、金色等)、染色迅速、牢固、光泽好等优点。其染色原理是小分子氧化型染料中间体和其他成分渗透到头发中间,在头发内进行氧化反应生成色素而染色。但也要注意其化学染发剂对皮肤的致癌作用。

2.1.3.8 口腔清洁用品

口腔清洁用品一般包括漱口水和牙膏等,牙膏是口腔卫生用品中用量最大的品种,牙膏按功能分为洁齿型和疗效型两大类。疗效型牙膏含有各种药物,如针对口腔常见疾病制成的添加中草药提取物的牙膏。一般牙膏配方有摩擦剂、保湿剂、增稠剂、发泡剂、甜味剂、防腐剂、香精等。

抗菌牙膏参考配方(质量分数):磷酸氢钙 50%、甘油 25%、羧甲基纤维素 1%、月桂硫酸钠 2.0%、4-氨基甲基环己烷-1-羧酸 0.2%、糖精 0.3%、香精、防腐剂适量、水余量。

药物牙膏参考配方(质量分数):磷酸氢钙 49%、丙二醇 25%、羧甲基纤维素 1.7%、月桂硫酸钠 2.6%、中草药提取物 0.1%、糖精 0.3%、香精、防腐剂适量、水余量。

2.2 造纸化学品

造纸工业是以木材、芦苇、甘蔗渣、稻草、麦秆、棉、麻等为原料制造纸张的加工工业,主要产品包括文化用纸、生活用纸及工业包装用纸等品种。造纸技术是我国古代的四大发明之一,东汉时期蔡伦就使用树皮、麻头、破布等原料进行造纸,大大推动了手工造纸业的发展。中国造纸工业在改革开放以来取得跨越式发展,目前年产量已经位居世界前列,中国造纸协会资料显示,2019年时我国纸及纸板生产企业约2700家,纸及纸板生产量达到10765万吨。

在纸张的生产过程中需加入大量的化学品,一类属基本化工原料,如烧碱、矾土、硫化钠、氯气、次氯酸钙、瓷土等;另一类则属添加量较少的化学品,如施胶剂、消泡剂、染料、助留剂、增强剂、胶乳等,这些基本属于精细化学品的范畴,用量小、附加值高、功能性强,对提高纸张的质量、功能、生产等都有非常重要的作用,造纸工作者称其为造纸助剂。

2.2.1 造纸原料及性质

造纸工业所用纤维原料,绝大部分是植物纤维原料。植物纤维原料一般分为木材和非木材纤维原料两大类。常用木材纤维原料有针叶木和阔叶木两种,即针叶木如云杉、冷杉、马尾松、落林松、红松等;阔叶木如杨木、桦木、桉木等。常用的非木材纤维原料有禾本植物、韧皮植物和棉纤维3种:①禾本科植物,如麦草、稻草、芦苇、甘蔗渣、竹等;②韧皮植物,如胡麻、亚麻、桑皮、棉茎皮等;③棉纤维,如棉短线、破布等。造纸用的植物纤维由于化学组分会随产地、品种的不同而有差异。

(1)纤维素:是纤维细胞最基本的结构组分,由D-葡萄糖基聚合而成的直链状高分子化合物,分子式为$(C_6H_{10}O_5)_n$。例如,木材中纤维素占总组分的40%~50%,是制浆过程中需要尽可能保留的组分,纤维素在大气环境中非常稳定,所以纸张一般能够保存多年而不变质。

(2)半纤维素:是由不同的几种糖基组成并带支链的高分子,主要含聚木糖类和聚甘露糖类。如木材中半纤维素占总组分的20%~35%,是制浆过程中需要适当保留的组分。

(3)木质素:是一种芳香族高分子化合物,由苯基丙烷单元构成,结构复杂,针叶木、阔叶木、草类原料中的木素结构也有较大差异,木质素单元侧链上带有多种功能基团,能够与OH^-、HSO_3^-、SO_3^-、HS^-、S^{2-}、H_2SO_3及氯水、ClO^-、ClO_2、过氧化物等发生化学反应,这些反应构成了制浆工艺的理论基础。一般木材中的木素含量高达35%以上,所以,在制浆过程中,会根据纸浆的种类和要求考虑除去不同程度的木质素。

(4)抽出物:可溶于某些溶剂的物质,有低分子碳水化合物、萜烯类、有机酸、丹宁和色素等。这类物质在制浆过程中大部分被溶出,例如,木材的抽出物约占总组分3%~10%。

(5)灰分及其他:不溶于中性有机溶剂中的物质,包括无机灰分、淀粉、果胶质和蛋白质等;木材的灰分约占总组分的0.5%。

2.2.2 制浆造纸主要工序

制浆造纸过程可分为制浆工序、造纸工序以及纸的二次加工，制浆工段和造纸工段流程如图 2-2-1 所示。

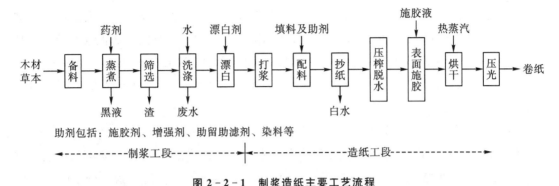

图 2-2-1 制浆造纸主要工艺流程

2.2.2.1 制浆目的及方法

制浆的目的是指在纤维尽量不受或少受损失的前提下，将植物纤维分离成单体纤维，使浆料具备一定的比表面积和交织性能，为纤维之间的重新结合形成纸而创造条件。

制浆方法一般有机械法、化学法、化学机械法、生物法 4 种，另外还有废纸回用制浆法。除机械法外，化学法及化学机械法、生物法都需要加入一定的化工原料和助剂。

(1) 化学制浆法：制得的纸浆大致保留了纤维的天然长度，去除了大部分木素，能用来生产强度高、柔软的高档纸，其缺点是得率低，污染大。

(2) 机械制浆法：生产过程中不使用任何化学药品，通过机械摩擦、剪切、撕裂、切割等作用将原料分散成纤维；其特点是得率高、污染小。因保留了所有成分(杂细胞、木素)及对纤维的切断，使得用这种浆生产的纸强度低、发脆，漂后返黄等。

(3) 化学机械制浆法：先用温和的化学法处理原料，然后磨解成浆。其特点是得率高、污染小，一般经过化学预处理和机械后处理两个阶段，采用亚硫酸钠等化学品使其木素磺化，非纤维成分分解，使纤维软化、组织松弛，更利于磨浆，也称高得率制浆法。

(4) 生物制浆法：以微生物或其制品(酶)对木片进行预处理，然后用机械法或化学机械法制浆。有选择性地分解(降解)原料中的木素，尽可能减少碳水化合物的损失。从而降低磨浆能耗，减轻废水污染，提高纸浆强度。主要酶：白腐菌、漆酶等。

(5) 废纸回用制浆：回收的废纸经过除去杂质、再进行脱墨，可得到清洁的纸浆；脱墨方法一般有洗涤法和浮选法两种，脱墨剂主要由表面活性剂、螯合剂、漂白剂等组成。

洗涤法脱墨以阴、非表面活性剂作为洗涤剂进行洗涤脱墨，得率低、损失大。浮选法脱墨是利用浮选原理实现脱墨，脱墨剂以阴离子、非离子表面活性剂为主，再辅助酶制剂等组成，具有得率高、可连续生产等特点。脱墨剂主要为长链脂肪酸盐、脂肪醇聚氧乙烯醚等，酶制剂主要有脂肪酶、果胶酶、半纤维素酶、纤维素酶和木素降解酶。

2.2.2.2 制浆主要工序

目前主流采用化学法制浆,为了提高得率、减少污染,机械浆、化学机械法等高得率制浆法被广泛采用,废纸回收制浆也受到重视。化学法制浆基本工艺流程与主要工序如下。

备料→蒸煮→洗涤→筛选→漂白→纸浆(造纸备用)

(1)蒸煮:蒸煮是使原料中木素和蒸煮剂、蒸煮助剂发生化学反应将其木素网状分子破坏以便于分离出纤维素。蒸煮一般在高温高压的蒸煮器中进行。蒸煮方法根据所用化学品分别称为石灰法[$Ca(OH)_2$]、烧碱法($NaOH$)、硫酸盐法($NaOH+Na_2S$)、亚硫酸盐法(M_2SO_3,$M=Na^+$,NH_4^+)。目前碱法蒸煮仍是各国制浆的主要方法,且大多采用硫酸盐法,其蒸煮条件为温度160~170 ℃,压力1.0 MPa,蒸煮时间3~6 h。

蒸煮原理:用化学药液蒸煮料片,在高温下化学药剂与料片中的木素反应生成可溶物,使纤维分离分散成为浆料,主要通过木素大分子中的芳环、酚羟基、羰基、α-氢等活性基团与蒸煮剂氢氧化钠、硫酸盐等进行酚羟基化、磺化、氧化降解等反应,使木素大分子降解为碎片、小分子衍生物等分散、溶于水中,从而实现纤维的分离。

SO_3^{2-} 或 HSO_3^-、HS^-、OH^- 等和木素发生亲核反应,生成木素磺酸,木素磺酸与溶液中的盐基结合,生成木素磺酸盐,从木片中溶解出来,蒸煮过程中产生的甲硫醇和甲硫醚等导致纸厂有一种特殊臭味。

(2)洗选:主要目的是蒸煮后分离出去一些枝节、糖、脂肪、杂细胞等以净化纤维。通过大量的水进行洗涤,可加入少量的表面活性剂提高效率,四段逆流洗是最常用的一种洗涤工艺,其一段洗涤排放的废水是下一段洗涤用水,这样采用循环使用的方式,减少排放。最初分离出的废水(称黑液)可以进行浓缩的方式回收木素或者采用燃烧回收碱。

③漂白:除去浆中的残留木素或者改变木素发色基团结构以提高纸浆的白度,根据加入的漂白化学品不同漂白方法可分为氧化性漂白和还原性漂白两种。

氧化性漂白:利用氧化剂除去浆中残留木素及发色物质,其优点是白度高,稳定性好,保持持久,纸和纸板长期存放不褪色,漂白剂一般有氯气、次氯酸盐($MClO^-$)、二氧化氯(ClO_2)、双氧水(H_2O_2)等。

还原性漂白:利用化学药剂破坏纸浆中的发色基团,使纸浆变白。特点是漂白剂不起脱木素作用,只能脱色,稳定性差,易产生"返黄"现象。一般有连二亚硫酸盐(MS_2O_4)、硼氢化钠等,由于价格高而很少用。

2.2.2.3 造纸主要工序

制浆完成以后还要通过打浆、调浆、除渣、抄纸、干燥、涂布等过程才能获得需要的纸张,造纸阶段的主要工序如下。

纸浆→打浆→调料→造纸机→表面施胶→干燥→压光→成纸

(1)打浆:经过制浆工段获得的纸浆还不能直接用于造纸。首先要经过打浆处理,打浆处理一般在打浆机进行,通过机械切断、搓揉等手段使粗纤维产生细化、溶胀,实现纤维束尺寸均匀、比表面积增大、纤维束柔软,从而有利于成纸时纤维的交织,以提高纸张的强度。

(2)调料:调料过程是造纸的重要过程,纸张的强度、色调,印刷性的优劣,纸张的保存期长短都与其有关。一般会加入施胶剂、填料,以及染料进行调色,同时为了增加纸张强度还加入湿强剂、干强剂,以及为了减少细小纤维和填料流失加入助留助滤剂等。

施胶的目的是对纸张进行化学处理,使其获得抗水渗透的性能。大多数纸和纸板不需要施胶,施胶根据方式不同,可分为浆内施胶和表面施胶两种。

加填是在浆料中加入无机填料,加填可提高纸张的不透明度、平滑度及印刷性能等,加填可降低生产成本,填料含量一般为5%~45%。填料有滑石粉、高岭土、碳酸钙、钛白粉等。

调色是在纸浆中加入染料使纸张产生所需的颜色。常用染料有碱性染料、酸性染料、直接染料等。另外,纸张的染色亦可通过表面压光染色、浸渍染色和涂布染色等方法实现。

(3)抄纸:有干法和湿法抄纸两种。干法以空气为介质将纸浆纤维通过胶黏剂成型;湿法造纸以水为分散介质,根据抄纸方法、设备、化学助剂的不同,可得到不同品种的纸。以湿法造纸为例,造纸机根据纸页形成方式可分为圆网纸机、长网纸机和叠网纸机3种,造纸机结构一般包括网部、压榨部、烘干部、压光部、卷取部等,如图2-2-2所示。

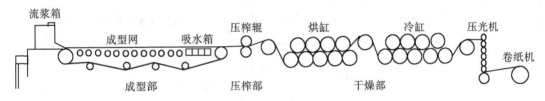

图2-2-2 长网纸机结构示意图

网部是指通过成型网,将调制好的浆料(浓度约2%~5%)通过流浆箱均匀地分布在成型网上(铜网或塑料网,60~80目),并使其纤维均匀地分布与交织。

压榨部是指造纸机的压榨脱水部,将网面移开的湿纸引到附有毛毯的辊筒之间再通过辊筒挤压、毛毯吸水进一步脱水(此时含水50%~70%),获得一定强度的湿纸。

烘干部是纸张经过压榨脱水再无法进一步脱水,只能通过多个内通入热蒸汽(130℃以上)的烘缸表面进行强制干燥,得到干燥的纸张(含水约10%)。

压光部是指纸张连续通过多辊压光机进行纸张表面压光整理,得到光滑平整的纸张。

2.2.2.4 涂布加工工序

纸张表面可通过涂布、浸渍等方式赋予纸张表面一些特殊性能,根据不同方法又细分为涂布加工、浸渍加工、机械加工、复合加工等方式。生产的纸品种如铜版纸、涂布白板纸、铸涂纸、热敏纸、离型纸等,所用化学品有高分子黏合剂、功能填料等各种功能添加剂。特种涂布加工纸工序一般为纸张→涂布机→干燥→压光→涂布加工纸。

2.2.3 造纸助剂分类及作用

1.造纸助剂的分类

除了前面提到的第一类基本化工原料外,对于制浆造纸助剂也可根据其性能分为制浆助剂、造纸助剂、涂布助剂三类;也可根据使用目的将其分为功能助剂和过程助剂两大类。

过程助剂:包括助留剂、助滤剂、消泡剂、防腐剂、树脂控制剂、毛毯清洗剂、烘缸防黏剂等,以提高纸张成形过程效率为主,达到纸机清洁、防止生产波动的目的。

功能助剂:包括干强剂、湿强剂、施胶剂、染料、增白剂、柔软剂、防油施胶剂、涂布加工纸助剂、防水剂、防锈剂、阻燃剂等,以提高纸张质量和改善最终使用性能。

2. 造纸助剂的功能及其作用

制浆工段用主要助剂及作用见表2-2-1,造纸工段主要用助剂及作用见表2-2-2,涂布工段主要用助剂及作用2-2-3。

表2-2-1 制浆工段用主要助剂及作用

助剂类别	功能	主要品种及组成
蒸煮助剂	渗透、润湿、保护纤维素降解	蒽醌及其衍生物;高分子助剂,表面活性剂,AOS、ABS等
消泡剂	消泡、抑泡,防止浆料溢出	乳化煤油、乳化脂肪酸酯、乙二胺硬脂酸双酰胺、低碳醇等
废纸脱墨剂	起到洗涤作用、浮选作用	表面活性剂:脂肪酸盐、脂肪酸聚氧乙烯酯、脂肪醇聚氧乙烯醚、磷酸酯等; 其他助剂:螯合剂DTPA、EDTA;分散剂硅酸钠;漂白剂双氧水、酶制剂纤维素酶等
漂白助剂	增强漂白剂的渗透,络合有色离子,防止返黄等	pH调节剂:各种酸、碱等; 络合剂:DTPA、EDTA等各类螯合剂; 返黄抑制剂:羟甲基次磷酸、甲脒亚磺酸
树脂控制剂	去除树脂、胶料、油墨等干扰	表面活性剂:阴离子表面活性剂、阳离子表面活性剂等; 无机填料、盐类:滑石粉、硫酸铝等
防腐剂	防止纸浆霉变、发臭	异噻唑啉酮、有机卤素、阳离子表面活性剂等

表2-2-2 造纸工段主要用助剂及作用

用途	主要作用	主要品种及组成
浆内施胶剂	在纸张表面形成一定的憎水膜、提高纸张对油墨的抗渗透性	一般有松香皂化胶、强化松香胶、分散松香胶(阴离子分散松香胶、阳离子分散松香胶)、合成中性施胶剂、石油树脂施胶剂、反应性施胶剂(AKD、ASA)等
表面施胶剂	提高纸张的表面强度、防止纸张表面掉毛掉粉现象,并获得一定的抗水性	变性淀粉类:氧化淀粉、醋酸酯淀粉、交联淀粉等; 合成高分子:如PVA,聚丙烯酸酯、苯乙烯-马来酸酐共聚物; 其他高分子类:如壳聚糖、明胶、纤维素等

续表

用途	主要作用	主要品种及组成
湿强剂	提高纸张的湿强度、主要用于果袋纸、包装纸等	三聚氰胺甲醛树脂,脲醛树脂,聚酰胺环氧氯丙烷树脂,双醛淀粉类,乙二醛聚丙烯酰胺类等
干强剂	提高纸张的干强度、提高车速、改善纤维间结合强度	聚丙烯酰胺类:阴、阳、非、两性离子等; 淀粉类:阳离子淀粉、磷酸酯淀粉、两性淀粉等; 壳聚糖及其改性物:壳聚糖接枝丙烯酰胺等
助留助滤剂	防止纤维和填料随白水从网下流失、提高原料利用率、降低成本等	矾土类:硫酸铝、膨润土等; PAM类:阴、阳、非等,如聚二烯丙基二甲基氯化铵; 淀粉改性物类:阳离子淀粉、接枝共聚淀粉
柔软剂	提高纸张纤维间的滑动性、松软度,生活用纸	阳离子表面活性剂、两性表面活性剂、高碳醇、高分子蜡、有机硅高分子、硬脂酸聚乙烯酯等
分散剂	提高纤维间的松软度、纸张均匀度等	聚氧化乙烯、阴离子聚丙烯酰胺、海藻酸钠等
染料	获得高白度的纸张,或者获得一定颜色的纸张	酸性染料、直接染料、活性染料 荧光增白剂、液体显白剂

表 2-2-3 涂布工段主要用助剂及作用

用途	主要品种及组成
涂布胶乳	天然高分子:干酪素、羧甲基淀粉、羧甲基纤维素等; 合成高分子:丁苯胶乳、苯丙胶乳、聚乙烯醇、聚醋酸乙烯酯、聚丙烯酸酯等
涂布助剂	消泡剂:如有机硅类、酰胺类等; 润滑剂:硬脂酸钙分散液; 防腐剂:异噻唑啉酮、对氯间甲苯; 分散剂:如六偏磷酸钠、聚丙烯酸钠等; 防水剂:三聚氰胺甲醛、乳化蜡、乳化聚乙烯等; 防霉剂:异噻唑啉酮、戊二醛等
其他助剂	防油剂:有机氟施胶剂; 防黏剂:有机硅; 防锈剂、隔离剂、阻燃剂;显色剂等

2.2.4 典型制浆造纸化学助剂

2.2.4.1 造纸过程用助剂

1. 浆内施胶剂

纸张施胶的目的是赋予纸张一定抗水(油墨)渗透性。施胶剂一般通过加入纸浆中,并辅助加入一定量的硫酸铝溶液来实现对纸张的施胶,称为浆内施胶。

松香类施胶剂:利用松香中的羧基可定向吸附固定在纸张表面,使纸张具有一定的抗水性。松香胶可改性成皂化松香胶、马来松香、分散松香胶等。其中通过马来酸酐与松香高温180~200 ℃反应得到的强化松香胶施胶效果更好,马来酸强化松香反应式如图2-4-3所示。将松香或强化松香与碳酸钠反应称熬胶,得到松香酸钠,再与硫酸铝在纸张纤维表面反应形成定向吸附、沉淀,使其萜三环疏水端朝外,可达到抗水的目的。

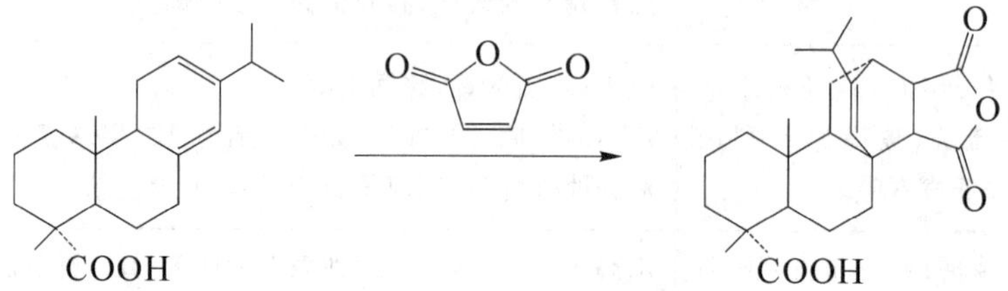

图2-2-3 马来酸强化松香反应

如果施胶pH值为4.5~5.5时,称其为酸性施胶。松香胶、强化松香胶就属于酸性施胶,需要一定量硫酸铝水解形成的高阳离子与松香形成沉淀固定,硫酸铝溶液水解显酸性;其施胶机理表示为RCOO·Al(OH)$^{2+}$·Cell,使其松香与纤维静电结合实现固着。

如果施胶pH值为6.0~9.0时,称其为中性施胶。分散松香胶特别是阳离子分散松香胶,需要硫酸铝少,其作用是破乳、松香吸附、分布、定位、固着,硫酸铝在高温下可与松香形成酯氧键实现施胶。另外反应性施胶剂可实现中碱性施胶。

反应型施胶剂:要达到高度抗水的施胶纸张,就必须利用反应型施胶剂,使其施胶剂通过与纤维羟基反应形成共价键,也称其重施胶。目前主要有长链烷基双烯酮(Alkyl Ketene Dimers,AKD)和长链烯基琥珀酸酐(Alkenyl Succinic Anhydrides,ASA)两种。

AKD施胶剂的结构式中R是$C_{14~16}$的脂肪烃链,四元内酯环与纤维素表面的羟基(HO—Cell)发生反应生成β-羰基酯,反应如下:

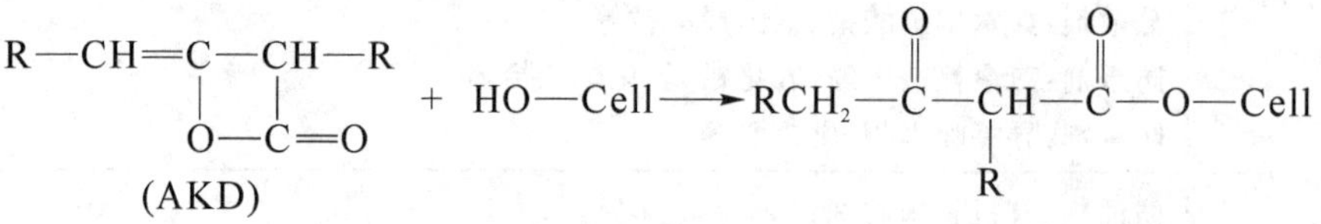

AKD通常以棕榈酸/硬脂酸为原料,制成脂肪酰氯,再在有机溶剂中进行烯酮化或二聚反应,产物为蜡状固体。施胶前采用以阳离子淀粉或乳化剂乳化,少量硫酸铝辅助完成施胶,但AKD与纤维素反应速度较慢,要在卸下纸机后一段时间才达到最佳施胶效果(称为熟化)。

ASA施胶剂是指使用石脑油裂解中C_9以上馏分和$C_{4~5}$馏分共聚得到的多聚体,末端含有双键,用马来酸酐双烯加成得到ASA;ASA活性高,但易水解而失去反应活性。使用前常用阳离子淀粉乳化分散,少量硫酸铝辅助施胶,施胶pH值在6.5~7.5。典型产品有十二烯基丁二酸酐、十八烯基丁二酸酐等。ASA与纸纤维表面的羟基(HO—Cell)的反应如下所示

$$\text{RCH=CHR'-CH}\underset{\underset{\text{O}}{\overset{\text{CH}_2-\text{C}}{|}}}{\overset{\overset{\text{O}}{\|}}{\text{C}}}\text{O} + \text{HO-Cell} \longrightarrow \text{RCH=CHR'-CH}\underset{\text{CH}_2-\text{CH}_2\text{COOH}}{\overset{\overset{\text{O}}{\|}}{\text{C}}}\text{-CO-Cell}$$

(ASA)

2. 表面施胶剂

表面施胶的目的是提高纸张的表面纤维之间，以及与填料之间的结合强度，消除掉粉、掉毛现象等。目前造纸工业发展趋势是浆内施胶方式逐渐向表面施胶方式转化，以实现节约成本、减少排放、获得理想施胶效果的目的。表面施胶剂主要类型如下。

天然高分子类：氧化淀粉、醋酸酯淀粉、交联淀粉、羧甲基纤维素、壳聚糖、明胶等。

合成高分子类：聚乙烯醇、苯丙乳液、苯乙烯-马来酸酐共聚物等。

3. 增湿强剂

增湿强剂用于纸张在潮湿的状态下能保持一定强度，即纸张的湿强度，增湿强剂的作用机理主要是增加纤维之间以及纤维与湿强剂之间的化学键结合而形成网络状结构，从而保持使纸张在浸入水时能保持一定的强度，主要用于湿巾纸、果袋纸、证券纸、包装纸等，一般采用造纸过程中浆内加入。

三聚氰胺甲醛树脂(MF)：通常三聚氰胺树脂是采用 3～6 mol 的甲醛与 1 mol 三聚氰胺进行反应生成多羟甲基化三聚氰胺中间体，其具有很高的反应活性，反应如下：

[三聚氰胺 + 3 HCHO → 多羟甲基化三聚氰胺反应式]

羟甲基化三聚氰胺中间体分子间或分子内失水或形成次甲基桥或醚键，进一步形成以共价键相连的三维网状结构大分子，起到增强作用。

聚酰胺多胺环氧氯丙烷(PAE)：碱固化(交联)树脂，保持严格的等摩尔量和足够的阳离子度。聚酰胺多胺环氧氯丙烷的制备分两步，第一步是合成聚酰胺，第二步环氧化。聚酰胺由二元酸和多元胺经缩聚反应生成聚酰胺，聚酰胺再进行环氧化反应：

$$\text{HOC(CH}_2)_4\text{COOH} + \text{H}_2\text{N(CH}_2)_2\text{NH(CH}_2)_2\text{NH}_2 \longrightarrow \sim\sim\text{C(CH}_2)_4\text{CNH(CH}_2)_2\text{NH(CH}_2)_2\text{NH}\sim\sim$$

$$\underset{\text{O}}{\text{ClCH}_2\text{CH-CH}_2} \longrightarrow \sim\sim\text{NH(CH}_2)_2\overset{\text{Cl}^-}{\underset{|}{\text{N}^+}}(\text{CH}_2)_2\text{NHC(CH}_2)_4\text{CNH(CH}_2)_2\overset{\text{Cl}^-}{\underset{|}{\text{N}^+}}(\text{CH}_2)_2\text{NH}\sim\sim$$

PAE在碱性介质中可形成环氧基,它具有很高的反应活性,可与纤维素直接键合交联,形成网状结构。贮存时在酸性条件下(pH值为3～4),一般不会发生交联,可溶于水。

4. 增干强剂

增干强剂使用可以提高纸张物理强度,达到提高造纸机车速、适应高速印刷机、减少长纤维用量、增加填料用量、降低成本等目的。其主要有两大类:一类是中低分子量阳离子、两性聚丙烯酰胺;另一类是高取代度阳离子淀粉、两性淀粉、丙烯酰胺接枝共聚淀粉,等等。

5. 留助滤剂

助留助滤剂属于过程助剂,用于增加填料、细小纤维、施胶剂等的留着,降低纤维、填料损失,降成本、增效益,絮凝剂一般都会有一定的助留助滤效果,最常用的有铝盐、膨润土、阳离子聚合物类等。

铝盐类有硫酸铝、聚合氯化铝等水解后可获得高价电荷中心离子的无机盐,其中硫酸铝应用最多。阳离子聚合物类一般有阳离子聚丙烯酰胺、高取代度阳离子淀粉、聚二烯丙基二甲基氯化铵等季铵盐。此外,还有超高分子量阴离子聚合物、膨润土等。

6. 纸张柔软剂

纸张柔软剂用于提高某些纸种的柔软性和手感舒服度等,主要用于生活用纸的生产,促使纤维分散均匀,使其蓬松、柔软,一般有聚氧化乙烯、阴离子聚丙烯酰胺、海藻酸钠、有机硅等,也有阳离子表面活性剂、高分子蜡、硬脂酸聚乙烯酯等。

7. 荧光增白剂

荧光增白剂用于提高纸张的白度和光学性能。一般以基于二苯乙烯型荧光增白剂VBL为主,按磺酸基的数目有二磺酸型、四磺酸型和六磺酸型荧光增白剂。荧光增白剂一般不耐酸,要在中碱性条件下使用,在酸法抄纸时,矾土调pH以后加入,荧光增白剂可选用在浆内添加或表面施胶,或结合使用。

二苯乙烯型四磺酸荧光增白剂

2.2.4.2 涂布加工纸用助剂

1. 涂布胶乳

涂布涂料的主要成膜物质,与各种填料和助剂一起形成连续的涂层,具备一定的抗水性、成膜性,主要有合成聚合物,如丁苯胶乳、丁腈胶乳、聚丙烯酸酯等。

丁苯胶乳:由丁二烯、苯乙烯乳液聚合而成,黏合性好,涂膜柔软适中、平滑光亮,受光热易变黄,一般与干酪素、聚乙烯醇等配合用于铜版纸、玻璃卡纸等。丁苯胶乳制备时加入少量丙烯酸称为羧基丁苯胶乳,黏合性、成膜性好,一般与淀粉配合用于涂布板纸加工。

苯丙乳液:由丙烯酸酯、苯乙烯采用乳液聚合制得,性能和丁苯胶相似,胶乳稳定性较好,涂膜较硬,通常与变性淀粉一起配合使用,如用于铜版纸的涂布加工。

2. 水性高分子

与合成胶乳一起配合提高涂布涂料的成膜性与黏结性,主要有聚乙烯醇、改性酪素、改性淀粉、改性纤维素等。

聚乙烯醇:为水溶性高分子,有较强的黏结力,成膜较硬且抗水、抗溶剂性好,一般和胶乳或淀粉作为黏合剂组分,也可作表面施胶剂。

羧甲基淀粉:流变性好、黏结力强,可提高涂层与纸张表面的结合力。

3. 涂布润滑剂

涂布润滑剂一般有金属皂分散液、蜡乳液、聚乙烯蜡乳液、脂肪酰胺乳液,其中最常用的是硬脂酸钙分散液和石蜡乳液。

4. 涂料抗水剂

通过自身交联或其他成膜物交联形成抗水层,提高涂料的抗湿擦性,主要品种有三聚氰胺甲醛树脂、脲醛树脂、锆盐交联剂等,均能产生一定的抗水效果。

5. 涂料分散剂

使涂料中的填料粒子充分分散,与胶乳和其他助剂混合均匀,主要有聚丙烯酸钠、六偏磷酸钠、硅酸钠等。

2.3 皮革化学品

2.3.1 概述

皮革工业是以动物生皮为主要原料进行加工的工业。史前时代人类用兽皮披身取暖和裹足等可看作是原始的皮革服装和靴鞋。公元前 1000 年前,古希腊人用革制品进行交易;公元前 9 世纪,古埃及人已使用革制品;13 世纪,中国革和毛皮的生产已较发达,马可·波罗在其游记中记述了成吉思汗军队穿着皮革铠甲护身,并用皮囊盛水和干酪;19 世纪末铬盐鞣革技术的问世,使得皮革制造由经验逐步发展成为一门工程技术,现代皮革工业发达的国家有美国、意大利、德国等。中国已经成为世界上皮革及其制品的生产大国,未来随着革制品用途的日益广泛,以及材料、技术的创新,人造革、合成革等非天然革将得到迅速发展。

生皮的基本成分是蛋白纤维和纤维间质。其中蛋白质纤维主要指胶原纤维,占真皮纤维的 95%~98%,是由多种氨基酸通过肽键连接而成的天然高分子。纤维间质主要指存在于纤维之间的脂肪、黏蛋白和类黏蛋白、糖类等。胶原纤维在真皮中相互交织,较粗的纤维束可以分为几股较细的纤维束,这些较细的纤维束又可与其他的纤维束合并成另一股较粗的纤维束,不断地纵横交错,形成三维网状结构。

制革过程实质是一个化学加工过程,生皮在制革的鞣制前须经浸水、脱毛脱脂等一系列工序,再利用各种鞣剂与胶原纤维上的氨基、羧基、羟基等基团发生化学或物理作用,使生皮结构发生变异而产生一系列新的性能,同时也经过一些物理加工(如削匀、摔软等工序),最后得到具有一定强度、柔软度、舒适度、满意外观的皮革和毛皮制品。从裸皮到成革要经过几十道工序,使用上百种化学助剂,其主要工序如图 2-3-1 所示,其中鞣制、加脂、涂饰等较为重要;干燥之前称为湿加工过程,整理和涂饰统称为整饰。

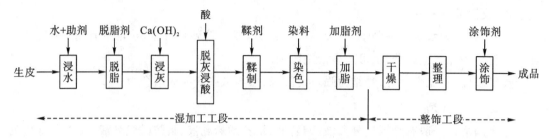

图 2-3-1 皮革加工主要流程图

皮革化学品一般根据制革工序和材料的不同,分为五大类,即鞣前助剂、鞣剂、加脂剂、涂饰剂、其他制革助剂,见表 2-3-1。

表 2-3-1 皮革助剂分类及主要品种

助剂	类别	主要配套助剂
鞣前助剂	浸水助剂	酸、碱、盐和表面活性剂等
	脱脂剂	阴离子、非离子表面活性剂、有机溶剂等
	浸灰剂	$Ca(OH)_2$、Na_2S、有机胺等
	脱灰剂	$(NH_4)_2SO_4$、NH_4Cl 等
	浸酸剂	有机酸、H_2SO_4、HCl 等
鞣剂	矿物鞣剂	铬鞣剂、铝鞣剂、锆鞣剂、稀土鞣剂等
	植物鞣剂	单宁、栲胶等
	合成鞣剂	芳香型合成鞣剂、醛鞣剂、恶唑烷鞣剂等
	树脂鞣剂	丙烯酸树脂、氨基树脂、聚氨酯、苯乙烯马来酸酐等
加脂剂	改性天然油	动物、植物油及其改性物等
	改性矿物油	矿物油、氯化烃类、石油磺酰盐、高碳醇、脂肪胺衍生物等
	复合加脂剂	油脂及其改性物加表面活性剂等
	功能加脂剂	含功能基的改性油脂加表面活性剂等
涂饰剂	成膜树脂	天然高分子涂饰剂:蛋白质、硝化纤维等
		合成树脂涂饰剂:丙烯酸酯、聚氨酯涂饰剂等
	涂饰助剂	光亮剂:硝化棉、有机硅、聚氨酯等
		柔软剂:各类蜡、有机硅、阳离子或两性表面活性剂等
		防水剂:有机硅、有机氟化合物等
		补残剂:酪素、聚氨酯等
其他助剂	防绞剂	高分子蜡、硬脂酸盐等
	防霉剂	异噻唑啉酮、戊二醛等

2.3.2 鞣前助剂

1. 浸水及浸水助剂

浸水的目的是将经防腐处理过的原皮重新充水,使纤维网络尽可能疏松,接近鲜皮状态,浸水时加入浸水助剂可缩短浸水时间。

浸水助剂主要由有机酸(如甲酸、乙酸、乳酸)和表面活性剂组成,也可加入无机盐(如 NaCl、Na_2SO_4)。浸水用的表面活性剂多是阴离子和非离子型的,主要有渗透剂、肥皂粉、拉开粉。浸水助剂有石油磺酸钠、渗透剂 JFC、扩散剂 N(亚甲基双苯磺酸钠)、OP-10、AEO-9 等。实际效果看,非离子型表面活性剂浸水效果好于阴离子表面活性剂,故 JFC、OP-10 等应用普遍。阴离子型的渗透剂 T 由于其结构特性,用作浸水助剂效果也很理想。

2. 脱脂及脱脂剂

脱脂是将表面和脂腺中的油脂清除干净,脱脂效果的好坏直接关系到鞣制、染色、加脂效果等,对革制品品质影响极大。对于含多脂肪原料皮必须经脱脂处理,传统脱脂一般采用碳酸钠、洗衣粉、肥皂等。目前表面活性剂已经成为脱脂剂的主流,特别是非离子表面活性剂,其乳化、渗透、分散能力强,同时在脱脂剂中加少量阴离子表面活性剂以达到协同效果。

脱脂用表面活性剂主要有烷基酚聚氧乙烯醚(如 OP-10、TX-10 等)、脂肪醇聚氧乙烯醚(如 JFC、AEO-3、AEO-9、平平加 O-20、O-25 等)、烷醇酰胺(如 6501 等)。

3. 浸灰、脱毛及助剂

浸灰又称为碱膨胀,是指生皮在碱溶液中进一步发生充水作用。浸灰目的一是去掉生皮上的毛(即脱毛),除去胶原纤维间的脂肪、蛋白质和其他杂质,并使纤维束松散和分离。二是增加皮子厚度有利于后续剖层,头层皮做高档服装、皮鞋等,二层皮一般做低档皮具等。

也可利用酶法脱毛,酶法脱毛是利用酶的催化作用,使连接毛与皮、表皮与真皮的蛋白质发生水解破坏,从而使毛与皮联系削弱,发生松动,再辅以机械作用,使毛脱落。

浸灰、脱毛工序中加入助剂(如表面活性剂)有利于氢氧化钠和氢氧化钙的溶解和渗透。促进脱毛,减少浸灰、脱毛剂的用量。表面活性剂本身也有疏松纤维、控制过度膨胀的作用,可使坯革膨胀适中,有利于成革丰满、柔软。表面活性剂还可缩短浸灰时间,防止皮纤维在强碱性介质中损伤。另外,皮子在转鼓中进行浸灰处理时,皮与皮和皮与转鼓之间的摩擦易造成磨损,加入表面活性剂也可增加表面润滑性,避免皮面的磨损。

4. 浸酸、脱灰及助剂

浸酸、脱灰可以去除残存 $Ca(OH)_2$,调节裸皮的 pH。对于重浸酸的皮革还要去酸,为后续鞣制工序创造条件,即有利于鞣剂的渗入和提高鞣制效果。有机酸脱灰剂可使成革更加柔软,常用的有机酸为乳酸、丁二酸、丁二酸二烷基磺酸铵、硝基苯二甲酸等。

2.3.3 鞣制及鞣剂

鞣制与复鞣：鞣制是制革和裘皮加工的重要工序，鞣制的作用就是通过鞣剂分子中的活性基团与胶原纤维上的活性基团发生各种化学、物理作用，在胶原纤维间形成新的化学键和分子间键合，使胶原的物理化学性质发生变化，增加胶原结构的稳定性、提高收缩温度、热稳定性，改善其抗酸、碱、酶等化学品的能力。鞣制后期为了提高出革率和革质量，往往鞣制后要进行复鞣，也称其为填充鞣、补充鞣，通过复鞣可有效缩小部位差，使整张革性能更加均匀，出革率提高。

鞣剂与复鞣剂：一般将能够与胶原结合的物质称为鞣质或鞣剂，鞣剂能否与皮胶原很好地发生交联反应受到胶原蛋白的氨基酸分子排列，相邻分子链间活性基团的距离以及鞣剂的分子量大小、活性基团数量和空间排列等多方面因素的影响。复鞣中一般加入具有填充作用的高分子乳液、纳米复合乳液等，称其为复鞣剂。

鞣制化学原理：鞣制主要是通过鞣剂与胶原发生的多点结合而形成交联网络结构，交联是鞣制的关键反应，各种鞣剂与胶原纤维结合方式不同而有不同的鞣制机理；如高价金属盐鞣剂主要通过与皮胶原中的羧基、氨基以及羟基等通过配位、络合作用形成交联网络结构；醛鞣剂、异氰酸鞣剂与皮胶原中的氨基、羧基通过共价键化学交联作用形成交联网络结构；植物鞣剂则更多地通过分子间作用包括填充作用等来形成交联网络结构。

2.3.3.1 无机鞣剂

无机鞣剂有金属鞣剂（如铬、铝、锆、铁等）、非金属类鞣剂（如磷、硫、硅化合物）和多金属络合物等。

1. 铬盐鞣剂

在酸性条件下，用葡萄糖将六价铬盐还原为三价铬盐，其反应式为

$$4Na_2Cr_2O_7 \cdot 2H_2O + 12H_2SO_4 + C_6H_{12}O_6 \rightarrow 8Cr(OH)SO_4 + 4Na_2SO_4 + 6CO_2 + 22H_2O$$

铬鞣剂溶于水呈深绿色溶液，可用于各种革鞣制，成革轻而薄，抗水性、抗张强度、耐热性和柔软度均好，迄今仍具有不可替代的作用。铬鞣剂的最大缺点是在制革过程中排放废铬液，给环境带来严重危害。为此各国都在致力于探寻各种无铬或少铬鞣剂。

2. 铝盐鞣剂

铝盐鞣剂主要有羟基氯化铝$[Al_2(OH)_3Cl_3]$、羟基硫酸铝$Al_2(OH)_4SO_4$或$Al_4(OH)_6(SO_4)_3$。前者由三氯化铝和碳酸钠作用而成，后者是由硫酸铝溶于定量的硫酸，再与碳酸钠、柠檬酸钠反应可得到不同碱度的羟基硫酸铝。铝鞣剂可作白色革鞣剂，亦可用于革复鞣，具有成革粒面细致，革身丰满，色淡等优点，通常是和铬鞣剂复合或制备成铬铝鞣剂使用。

3. 锆盐鞣剂

锆盐鞣剂主要成分为$Zr(SO_4)_2 \cdot Na_2SO_4 \cdot 4H_2O$，是由锆石（锆英石）与碳酸钠共熔后再用硫酸中和精制而成。锆鞣剂的功能介于铬鞣剂与植物鞣剂之间，革颜色较淡，革面耐磨

性好。

2.3.3.2 植物鞣剂

植物鞣剂中鞣质为多元酚及其衍生物,植物鞣剂填充性好,主要用于重革鞣制,成革组织紧实,厚实丰满,但抗张强度、耐水性、柔软度都不如合成鞣剂,故目前在制革中的应用日益减少,已逐渐被无机鞣剂和合成鞣剂所取代。植物鞣质主要与皮胶原通过多点的氢键结合产生鞣制作用;植物鞣质又称单宁,在水溶液中能使明胶发生沉淀,是植物鞣剂中的主要鞣革成分。不同的植物鞣剂所含鞣质的化学组成有所不同,可按化学组成和化学键特征分为3类:①水解类鞣质,具有酯键或配糖键,含有这类鞣质的鞣料植物有五倍子、漆叶、花香果等;②凝缩类鞣质,组成鞣质的各个核彼此以共价键相结合,含有这类鞣质的鞣料植物有落叶松、坚木、栲树皮、荆树皮等;③混合类鞣质,在鞣质分子中既有共价键结合的部分又有酯键结合的部分,含有这类鞣质的植物有杨梅、柚柑等。

2.3.3.3 合成鞣剂

1. 醛类鞣剂

虽然醛类化合物种类很多,但综合效果显著的目前只有甲醛和戊二醛。

(1)甲醛鞣剂:甲醛可与胶原反应,使分子链间形成交联,可显著提高革的热收缩温度,甲醛鞣制后的革色较白,耐汗、耐碱,但与染料结合的牢度变差,故常采用铬醛结合加以改善。

(2)戊二醛鞣剂:常以25%或50%水溶液剂型使用,戊二醛鞣制机理与甲醛相似,亦是和蛋白质分子链上的氨基反应,戊二醛也可与胶原中羟基反应形成缩醛。戊二醛在酸性、中性和碱性介质中均可应用,但在碱性介质中效果更好。其缺点是鞣革颜色发黄,采用改性戊二醛,其方法有用甲醛与戊二醛缩合形成低聚物,或将戊二醛和丙烯酸树脂鞣剂复合。

(3)其他醛类鞣剂:如双醛淀粉和糠醛。双醛淀粉由淀粉经高碘酸氧化制得,鞣成的革颜色纯白、丰满、革面细,兼具铬鞣革和油鞣革的特点。糠醛即呋喃甲醛,是将玉米芯等植物以稀酸水解蒸馏制得,其鞣革机理类似于甲醛。

2. 合成树脂鞣剂

合成树脂鞣剂的结构不同,其性能也不同,该类树脂一般用作复鞣剂和填充剂。

(1)酚醛树脂鞣剂:磺化酚醛树脂鞣剂是一种可溶于水的红棕色黏稠液体。鞣剂在分子骨架中引入足够多的亲水基后,可以呈水溶性,体系黏度很大,鞣制后革丰满,对克服革的部位差很有作用,一般相对分子质量在5000~20000较为合适,相对分子质量较低时则主要起鞣制作用。酚醛树脂鞣剂可用于各种革的鞣制,成革柔软、丰满,色泽浅淡而鲜艳,耐老化性和耐光性均好,和直接性染料有良好的亲和力。

(2)氨基树脂鞣剂:这类鞣剂包括脲醛树脂、双氰胺树脂和三聚氰胺甲醛等,它们都含有大量羟基,在一定条件下可和革中氨基发生缩合反应,同时更多是和胶原蛋白质纤维形成氢键。氨基树脂本身具有弱阳离子性,填充效果显著,经其鞣制或复鞣的革比较丰满。另外,氨基树脂对光稳定、颜色浅,适合于白色革。在复鞣中后期加入氨基树脂鞣剂,可使皮革表面带正电荷,有利于和带有负电荷的染料结合,增加染色牢度和均匀度。

酚醛树脂鞣剂　　　　　　三聚氰胺甲醛树脂鞣剂

(3)丙烯酸树脂鞣剂:丙烯酸树脂复鞣剂一般分为溶液型和乳液型两种;一般是丙烯酸、丙烯酸羟基酯、羟甲基丙烯酰胺等含羟基的烯类单体的共聚物。丙烯酸树脂复鞣剂填充性和鞣制性非常优异。这种复鞣剂可赋予皮革良好的柔软性、弹性和防水性,可根据其使用目的分加脂复鞣剂和防水复鞣剂,也可将硫酸化蓖麻油、丙烯酸类单体进行接枝共聚,得到一种无规共聚物,其具有良好的分散性和渗透性,是一种较理想的加脂型复鞣剂。

(4)苯乙烯-马来酸酐共聚物鞣剂(SMA):苯乙烯马来酸酐交替共聚物综合性能优良,能使粒面细致,革身丰满颜色浅淡,弹性较好,其缺点是易引起败色或染色不均匀,复鞣效果差,故通过乳液聚合法,选择具有加脂和匀染作用的极性化合物作为溶剂,制得一种具有无规结构的共聚物,能使皮革染色均匀,成革柔软;为了增加 SMA 的亲水性和耐光性,还可对其进行磺化,也可引入丙烯酸酯类单体,以提高填充效果。

丙烯酸酯共聚物　　　　　　苯乙烯马来酸酐共聚物

2.3.4　染色及助剂

染色的目的是赋予皮革一定的颜色,关键是提高染料和皮纤维的结合率、染色均匀性、结合的强度及耐水洗性。此时,可根据染料选择不同的助剂、温度、pH 值和时间等,染料一般有阳离子染料、阴离子染料及活性染料等。助剂主要有染料分散剂、固色剂、缓冲剂等。

2.3.5　加脂及加脂剂

皮革加脂的目的是使坯革重新吸收适量油脂,在胶原纤维表面形成油膜,使纤维运动变得容易,以提高革的柔软度、防水性及丰满度。为了提高加脂效果,加脂剂中一般必须引入亲水基团,便于油脂分散、渗透到胶原纤维间,形成均匀油膜。加脂剂也可按表面活性剂的类型进行分类,如阴离子型、阳离子型、非离子型、两性离子型等。

加脂的机理是利用加脂剂和皮革胶原相互作用,加脂剂可分为物理吸附型和化学结合型。物理吸附型加脂剂通过填充于纤维之间起到润滑作用,但存在易发生迁移,表面油脂易过量等缺点;化学结合型加脂剂分子中含有能够和胶原结合的各种活性基,如羧基、磺酸基、羟基、酰胺基等,但也存在渗透性不如吸附型加脂剂。所以,目前一般采用复合型加脂剂,即用多种加脂组分混合来进行加脂,在复合型加脂剂中,含有动物油、植物油、矿物油、合成油及其改性物等,综合加脂效果为最佳。

2.3.5.1 天然油脂及其改性物

天然油脂其主要成分都是高级脂肪酸甘油酯。天然油脂一般应经化学改性或与表面活性剂复配后才能分散于水中而被革很好地吸收,分布于胶原纤维之间起到润滑加脂作用。

1. 硫酸化油

利用油脂结构中含有的羟基进行硫酸酯化反应得到的产物称为硫酸化油。制革中常用的硫酸化油主要是硫酸化蓖麻油,又称土耳其红油、太古油;蓖麻油的主要成分是蓖麻油酸三甘油酯,脂肪烃链上含有一个羟基和一个双键,利用浓硫酸与脂肪链上羟基进行酯化反应,再与碱中和成盐,避免了硫酸在双键上的加成,硫酸化蓖麻油能使成革更加柔软和丰满。

2. 磺酸化油

在一定条件和催化剂存在下,可通过氧化和亚硫酸化反应将磺酸基引入油脂,再进一步制成水乳液,可渗入皮革内与皮胶原结合好,成革柔软性和丰满度优于硫酸化油加脂剂。可亚硫酸化的油脂主要有菜油、蓖麻油、亚麻仁油等。将亚硫酸化油和氯化石蜡、高碳醇及表面活性剂复配后可作为特效软革加脂剂,使成革手感舒适,革身柔软而丰满。

3. 磷酸酯化油

磷酸酯化油利用天然油脂与 H_3PO_4 或 P_2O_5 反应,引入磷酸酯基,如高碳醇、蓖麻油混合后进行磷酸酯化,加水再将其乳化制成白色乳液状加脂剂,具有阻燃、吸收快、加脂效果好等优点。

2.3.5.2 矿物油类加脂剂

1. 矿物油脂类

矿物油脂主要有机油、石蜡和凡士林等。制革用矿物油通常是 C_{16} 以上石油馏分,通常将其和天然油脂复配,可提高天然油脂的渗透性。天然油脂则因有极性基而能和革纤维产生较强的分子间力,不会迁移到革面。

2. 氯化烃类

氯化烃类主要为氯化石蜡,一般经过乳化后使用,制革行业通常将低含氯量(30%~50%)的氯化石蜡称合成牛蹄油,因其性能与天然牛蹄油相近;氯化石蜡稳定好、结合力强,加脂后成革柔软,适合于软革、浅色革和白色革的加脂组分使用。

3. 合成脂肪酸酯类

合成脂肪酸酯加脂剂,耐酸、碱、盐能力强,和其他加脂剂配伍性好,综合加脂效果理想;这类加脂剂品种很多,主要有脂肪酸甲酯、脂肪酸乙二醇酯、脂肪酸单甘油酯及聚氧乙烯酯等,脂肪酸聚氧乙烯酯效果优于其他合成酯,其本身也属于非离子表面活性剂。

4. 高碳醇及其衍生物

高级脂肪醇类,可从天然油脂中提取,如从鲸蜡中得到十六醇,从羊毛脂、巴西棕榈蜡中得到的高碳醇,具有助乳化、增稠、填充和加脂效果,且能赋予成革良好的防水性和蜡感。另外,高碳醇聚氧乙烯醚可同时兼具加脂、匀染、渗透、乳化、分散等多种功能。

2.3.6 涂饰及涂饰剂

制革的最后一道工序是表面涂饰,可分为底、中、顶层涂饰。涂饰剂应满足良好的黏合力、成膜柔软、强度和延展性好、手感舒适,还有透气、耐光、耐溶剂、防水、防污等,涂饰剂一般由成膜剂、着色材料和涂饰助剂组成,可根据成膜物质进行分类。底层涂饰要加入着色颜料和染料,中顶层涂饰要加入各种涂饰助剂,如光亮剂、蜡感剂、滑爽剂等。各种涂饰助剂的协同使用使得成革具有不同风格和特色。

2.3.6.1 天然高分子涂饰剂

1. 改性酪素涂饰剂

酪素是一种由脱脂牛乳提取得到的天然含磷脂高分子,具有两性特征,酪素涂饰剂主要用于制备揩光浆和颜料膏,揩光浆可用于皮革中层、顶层涂饰,还可以用于轻革填充。颜料膏主要用于底层、中层涂饰,可遮盖皮革缺陷。酪素的缺点是成膜性、挠曲性和耐水性差,干燥过程中必须经甲醛或其他交联剂来固定,以增加涂层耐湿擦性,铬盐对酪素也有很强的交联作用,可显著提高其防水性。为了改善成膜的柔韧性,必须加入增塑剂,常用的是硫酸化蓖麻油、聚乙二醇、油酸三乙醇胺皂等。

针对酪素的不足,可对干酪素进行化学改性,可用于酪素改性的单体很多,一般有己内酰胺、环氧乙烷、苯乙烯、丙烯酸酯等;例如利用酪素分子链末端的氨基和羧基,可与己内酰胺发生开环聚合反应,制出改性酪素涂饰剂,其综合性能优于酪素,不仅改善了酪素成膜坚硬易脆裂等缺点,还大大提高了涂层的耐湿檫性、抗水性、柔韧性及耐候性。

2. 硝化纤维素涂饰剂

硝化纤维素涂饰剂具有涂层光亮、耐湿摩擦、防水性和手感好等优点,但成膜易脆裂,易老化,久置会变黄,可加入增塑剂、防老剂及其他单体接枝共聚等改性,以提高综合性能。

2.3.6.2 合成树脂涂饰剂

合成树脂涂饰剂种类很多,用量最大、效果较好的是丙烯酸树脂和聚氨酯两大类。其他如聚酰胺、聚丁二烯等涂饰效果稍差,有机硅和有机氟高分子主要是作为手感功能助剂。

1. 丙烯酸树脂涂饰剂

丙烯酸树脂是最广泛使用的涂饰剂,对皮革具有优良的黏着力和成膜性,其膜柔韧而富有弹性,还具有透气、光亮,强度好等优点,缺点是摩擦性差,热黏冷脆和不耐有机溶剂等。一般采用丙烯酸系单体和其他共聚单体进行乳液共聚方法制得;主要单体有丙烯酸丁酯、甲基丙烯酸甲酯、丙烯酸辛酯、丙烯酸异辛酯、丙烯酸高碳醇酯等,共聚改性单体则有苯乙烯、丙烯腈、醋酸乙烯酯、丁二烯等。

2. 聚氨酯涂饰剂

聚氨酯涂饰剂由于其分子可设计,通过改变软段、硬段比例和扩链剂等方法,可得到满足所需性能的各种涂饰剂,成膜的光亮性、黏着性、柔韧性、弹性、耐干湿擦性、耐候性、耐溶剂性等都优于其他涂饰剂。聚氨酯涂饰剂分溶剂型和乳液型两种。

溶剂型聚氨酯指以有机溶剂(如等量乙酸丁酯和甲苯混合物)为溶剂,经喷涂或刷涂后溶剂挥发,聚氨酯形成薄膜。溶剂型聚氨酯又有双组分和单组分之分。双组分聚氨酯分别包装,甲组分是末端为异氰酸基的预聚体,乙组分主要是端羟基化合物或端羟基预聚体,使用时两种组分以比例混合,能够形成软硬适度的聚氨酯薄膜。

乳液型聚氨酯以乳胶颗粒形式分散于水中,根据聚氨酯分子性质或乳化剂的性质,可分为阳离子型、阴离子型和非离子型。

2.4 纺织化学品

2.4.1 概 述

2.4.1.1 纺织用纤维

纤维是指长度比直径大千倍以上(直径只有几微米或几十微米),并且具有一定柔韧性能的物质。纺织用纤维一般分为天然纤维和化学纤维,天然纤维又分为植物纤维和动物纤维;化学纤维又可分为化学再生纤维和化学合成纤维。

(1) 植物性纤维:纤维素纤维有棉、麻等。

(2) 动物性纤维:蛋白质纤维有毛、蚕丝等。

(3) 化学合成纤维:腈纶、丙纶、维纶、涤纶、氯纶、锦纶等。

(4) 化学再生纤维:利用天然原料经过化学改性与加工而制成的纤维。如粘胶纤维、铜氨纤维、大豆蛋白纤维等,其中大豆蛋白纤维是以植物油脂榨油的豆粕为原料,经过水解提取蛋白,再经过接枝改性用湿法纺丝而成,是目前我国获得完全知识产权的纤维发明,其主要成分为大豆蛋白(15%~45%)接枝聚乙烯醇(55%~85%)。

2.4.1.2 纤维织物的用途

纤维织物的用途主要包括:农林水产用纤维织物,如渔网、绳索等;产业用纤维织物,如无纺布、飞行伞、电磁波屏蔽材料等;服装用纤维;室内装饰材料用纤维,如窗帘、地毯等;安全服用纤维织物,如耐热服、防弹服等;环保用纤维织物,如空气清新器、净水器、滤材、生物降解纤维织物产品;医疗防护用纤维织物,如人工血管、杀菌手术衣、口罩等;运输用品用纤维织物,如安全带、轮胎布、球杆、帆船布等;宇航用纤维织物,如高端复合纤维、耐热纤维、耐火纤维等。

2.4.1.3 纺织品加工过程及配套助剂

从纤维开始到织物成品的加工过程包括纺丝、纺纱、织布、练漂、印染、后整理等多道加工工序，每道工序都需要添加不同的助剂，如表2-4-1所示。主要工序可描述如下：

纺丝(纱)→细纱→上浆→织造→退浆→煮练→漂白→印染→后整理→产品

表2-4-1 纺织印染主要工序及助剂

工序		主要配套助剂
纺纱织造	纺丝(纱)	纺丝油剂、和毛油、络筒油、黏附剂、抗静电剂等
	上浆	上浆剂：醚化、酯化改性淀粉，聚乙烯醇，聚丙烯酸酯乳液等
	织造	润滑剂：润滑油脂、表面活性剂等
	退浆	退浆剂：各种氧化剂、碱，润湿剂等
印染	煮练	润湿剂、煮炼剂、丝光润滑剂、络合剂、双氧水稳定剂、洗涤剂等
	染色	分散剂、匀染剂、消泡剂、固色剂、助染剂、增深剂、缓染剂、剥色剂
	印花	海藻类糊料、瓜耳胶料、混合糊料、印花黏合剂、柔软剂、增稠剂、增艳剂等
后整理	柔软整理	非离子柔软剂：主要用于棉、麻、化纤，赋予织物柔软、丰满、蓬松手感，主要品种以脂肪醇和脂肪酸的柔软环氧乙烷加成物为主； 阳离子柔软剂：具有优异的蓬松、柔软手感，适用于整理各种合成纤维、混纺及带色棉织物整理，主要品种以季铵盐和酰胺类为主； 阴离子柔软剂：用于棉、针织物，具有提高吸水性，赋予织物柔软、平滑功效，主要品种以磺化琥珀酸酯盐为主； 有机硅柔软剂：主品种氨基硅油、羟基硅油等
	功能整理	树脂整理剂、平滑柔软剂、防水剂、防油剂、防污剂、抗静电剂、纤维素酶等
	特种处理	静电剂、硬挺整理剂、层压整理剂、抗紫外整理剂、防蛀、防臭整理剂等

2.4.1.4 纺织用助剂分类

根据应用工序纺织染整助剂可分为纺丝油剂、纺织助剂和印染助剂和后整理剂四类。

纺丝油剂：主要用于化学纤维，其主要作用是调节化学纤维的摩擦性能，防止或消除静电积累，赋予纤维平滑、集束、抗静电、柔软等性能，使化学纤维顺利通过纺丝、拉伸、加弹、纺纱及织造等工序，主要有平滑剂、抗静电剂、乳化剂等。

纺织助剂：包括纺织前处理用的脱脂剂、脱胶剂、上浆剂、织造工段用润滑剂等。

印染助剂：包括染前处理退浆剂、煮炼剂、漂白剂、染料分散剂、固色剂、印花助剂等。印染助剂在纺织品加工工艺中有着重要的作用，具有缩短加工周期或减少工序、节约时间、提高效率、减少能耗、降低成本、减少污染、改善印染效果等功效。

后整理剂：包括柔软剂、抗皱剂、抗静电剂、定型剂、防油剂等，具有改善织物外观、提高内在品质，以及赋予纺织品某种特殊功能、提高纺织品的附加值等功效。

2.4.2 主要工序及助剂

2.4.2.1 纺丝及化纤油剂

化学纤维在纺丝和纺织加工过程中因不断摩擦而产生静电,必须使用助剂以防止或消除静电积累,同时赋予纤维以柔软、平滑等特性,使其顺利通过后道工序。这种助剂统称为化学纤维油剂。化学纤维油剂应具备以下的特性:平滑、抗静电、有集束等作用;热稳定性好,挥发性低;对金属无腐蚀作用;可洗性好,不影响纤维色泽;无臭无刺激性,在规定的贮藏条件下不分层、不腐败变质;调配与使用方便,原料易得,成本适宜。

化学合成纤维表面光滑、吸湿性差,特别在高速纺丝时,油剂不可缺少。化纤油剂主要由表面活性剂与油类组成,主要以平滑剂、抗静电剂、乳化剂最多,再辅助少量的杀菌剂、防臭剂、抗氧化剂、消泡剂、柔软剂等。

1. 平滑剂

平滑剂主要目的是减少摩擦,平滑剂一般选用矿物油、天然油脂、合成酯、聚醚等。

(1)矿物油类:在化纤油剂中液体石蜡被广泛用作平滑剂。但因其耐热性较差,高温下易挥发,油膜强度较差,在高速纺丝中应用受到限制。

(2)天然油脂类:有椰子油、大豆油、花生油、玉米油等,随着黏度的减小其不饱和程度增加,价格低,平滑性好,发烟少,油膜强度高,常与其他平滑剂协同使用。

(3)合成脂肪酸酯类:合成酯是纺丝拉伸、工业长丝等油剂的主要平滑剂,性能较天然油优越。具有挥发性小、抗氧化、凝固点低、相溶性高、易乳化等优点。

(4)聚醚类:聚醚通常指环氧乙烷(EO)与环氧丙烷(PO)的嵌段聚醚,环氧乙烷和环氧丙烷通过加成聚合而得到的一类高分子聚醚,一般以一元醇、多元醇为起始剂,由于起始剂、EO 与 PO 的用量比例、聚合方式以及分子量的不同可得到用途各异的嵌段聚醚。

2. 抗静电剂

静电会使丝束分散而产生毛丝和断头,也不易卷绕,利用抗静电剂的离子特性和吸湿性,能有效防止静电积累,同时抗静电剂的吸附性和配向性也有助于消除静电。

各类表面活性剂均有抗静电剂,但季铵盐有腐蚀性,氨基酸类的两性抗静电剂价格太高,故目前常用的是烷醇磷酸酯、烷醇聚醚磷酸酯、聚醚脂肪酸酯、烷基酚聚醚等。但在油剂的复配中,抗静电剂必须满足平滑剂的配伍要求,而月桂醇磷酚酯具有优良的平衡性,目前仍在广泛应用,另外聚乙二醇醚磷酸酯,由于控制分子量大小可以改变其亲水性和亲油性,容易达到乳化和分散目的,应用前景广阔。

3. 乳化油剂

油剂是一般制备成乳液形式应用在纤维表面,同时在纺丝完成后又要易于去除,故乳化剂是关键,使用最多的是烷醇聚醚、烷基酚聚醚、山梨醇脂肪酸酯、聚醚聚乙二醇脂肪酸酯等,一般采用几种乳化剂搭配使用可取得更好的乳化效果。另外,开发新型多功能性的聚醚乳化剂,其具有平滑、抗静电和乳化功能于一体。

2.4.2.2 上浆及上浆助剂

棉、毛或合成纤维纯纺或混纺纱线在织造成为坯布时,由于存在机械张力和摩擦导致纱线会断裂,所以在织造前,纱线需要做上浆处理。为了改善经纱的可织性,尽可能减少经纱断头率,保证织机的顺利操作。上浆用的浆料是由各种黏合剂、助剂复配而成。

常用的浆料黏合剂有天然高分子与合成聚合物两大类,天然高分子一般有淀粉、海藻酸钠、羧甲基纤维素、动物胶等;合成聚合物有聚乙烯醇(PVA)、聚丙烯酸酯乳液、聚丙烯酰胺和顺丁烯二酸酐共聚物等。浆料助剂主要是表面活性剂作为柔软剂、乳化剂、渗透剂、抗静电剂、消泡剂等,以提高上浆效果。

上浆后的经纱由于部分浆液浸入纤维之间,经烘干黏结而使强度提高。同时,部分浆液被覆在纱条表面,烘干后形成薄膜而使纤维表面平滑光洁,可减少断线,增加拉力,提高弹性,某些亲水性的浆料还具有良好的抗静电性等特性。

2.4.2.3 退浆及退浆助剂

经纱上浆是为了使织布顺利,但织布完成后,坯布上还残留的浆料又给织物印染等后加工造成困难,必须除去浆料,此过程称为退浆工序。退浆方法包括酶退浆、碱退浆和氧化剂退浆。退浆除了使用退浆剂外还需加入表面活性剂,以促进退浆和改进效果。

酶退浆:对以淀粉为主的浆料上浆的棉及化纤混纺织物,大多采用淀粉酶作退浆剂。

碱退浆:适用于以化学合成黏合剂(如聚乙烯醇)或淀粉黏合剂为浆料的织物进行退浆。碱退浆成本较低,可除去棉籽壳及部分纤维素共生物如果胶、色素等,碱退浆液中加入适量阴离子型渗透剂可提高退浆效率。

氧化退浆:氧化退浆也是目前采用较多的退浆工艺。氧化退浆是利用亚溴酸钠、过氧化氢-氢氧化钠、过硫酸盐、过硼酸钠等氧化剂作为退浆剂,使织物上的浆料氧化降解,形成水溶物可被水洗去,适用于任何浆料。

2.4.2.4 煮炼及煮炼剂

经退浆处理的棉及棉混纺织物在煮炼液中煮沸数小时,以去除棉纤维上的蜡质、果胶、含氮物、棉籽壳等天然杂质和残余浆料,以及化纤纺丝油剂中的油脂等的精炼过程称为煮练。煮炼可以改善织物的渗透性能和白度,使其获得良好的外观和吸水性,有效地提高印染加工质量和整理效果。

煮炼助剂:在碱性水溶液中加入煮炼助剂,利用表面活性剂良好的渗透、乳化、分散、悬浮、净洗等作用,助剂还应具有耐高温、耐硬水的性能。煮炼助剂中常采用的是非离子型表面活性剂和阴离子型表面活性,在煮炼剂中添加非离子型表面活性剂可使碱液易于渗透,使蜡质和油分解。常用于煮练的表面活性剂有阴离子型表面活性剂,如肥皂、脂肪醇聚氧乙烯醚磷酸酯盐、琥珀酸双辛酯磺酸钠、十二烷基磺酸钠、蓖麻油硫酸钠等,用量占织物质量的0.1%~0.2%,非离子表面活性剂,如脂肪醇聚氧乙烯醚或烷基酚聚氧乙烯醚等。

2.4.2.5 漂白及漂白剂

织物经退浆和精练以后,往往还残存一部分色素和杂质。为了使织物洁白,在印花或染色后色光更鲜艳,就需要对织物进行漂白处理。纤维上的色素可以通过氧化或还原反应分解为无色物,因此,漂白剂有还原性漂白剂和氧化性漂白剂两大类。目前,漂白仍然是以典型的氧化漂白为主,主要有氯漂(如次氯酸钠作氧化剂)和氧漂(如双氧水作氧化剂)。

2.4.2.6 染色及染色助剂

染料可用于棉、麻、丝、毛等天然纤维及化学纤维的染色。要得到理想的色彩和染色牢度必须熟悉各种纤维、染料以及助剂的结构、性能和相互作用的本质,根据织物类型与特点选择匹配的染料。染色助剂主要有染料分散剂、匀染剂、固色剂等。

1. 分散剂

分散剂一般用来提高染料分散液稳定性,也常称扩散剂。常用的分散剂有表面活性剂、无机电解质和水溶性高分子三大类。

(1) 表面活性剂:阴离子表面活性剂有十二烷基苯磺酸钠,月桂醇硫酸酯钠盐等;非离子型表面活性剂有烷基酚聚氧乙烯醚,聚乙二醇单月桂酸酯等,最常用的分散剂是亚甲基双萘磺酸钠(分散剂 NNO),是由萘磺酸与甲醛缩合而成,主要用作还原染料染色的分散剂。

分散剂NNO

(2) 无机分散剂:硅酸盐、聚磷酸盐等电解质,对无机颜料有较好的分散作用。

(3) 高分子分散剂:羧甲基纤维素、羟乙基纤维素、海藻酸钠、木素磺酸钠等天然产物的衍生物,以及聚乙二醇、β-萘磺酸甲醛缩合物、烷基苯酚甲醛缩合物、聚羧酸盐、马来酸酯-丙烯酸酯共聚物等。

2. 匀染剂

纺织品在浸染染色时常会出现色花、色差、条花或染斑等缺陷,匀染剂的作用就是通过缓染作用和移染作用达到均匀染色的目的。匀染剂大多数属于表面活性剂,根据匀染剂对染料扩散能力以及与染料、纤维的亲和力可分为亲纤维型匀染剂与亲染料型匀染剂两种,不同的纤维和染料采用不同种类的匀染剂。

3. 固色剂

固色剂通常是一类阳离子季铵盐化合物,与阴离子染料结合成色淀而提高水洗牢度。固色剂一般有下列三种。

(1) 季铵盐固色剂:一般含有两个及以上季铵盐,属于多烯多胺衍生物,例如固色剂 NFC。此类固色剂还有聚胺与三聚氯氰的高分子缩合物,这种固色剂不仅能提高湿处理牢度,对织物色泽、日晒牢度的影响也较小。此固色剂和铜盐混合使用能显著提高锦纶上酸性染料和活性染料的日晒牢度。典型产品如多乙烯多胺类季铵盐:

$$\left[-\underset{\underset{CH_3}{|}}{\overset{\overset{CH_3}{|}}{N^+}}-CH_2CH_2-\right]_n X^-$$

$$\begin{array}{c} CH_2-N^+(CH_2CH_2OH)_3Cl^- \\ | \\ HO-CH \\ | \\ CH_2-N^+(CH_2CH_2OH)_3Cl^- \end{array}$$

多烯多胺缩聚物　　　　　　双阳离子固色剂

(2) 树脂固色剂：主要用于直接染料染色后处理，这类固色剂是具有立体结构的水溶性树脂，由苯酚、尿素、三聚氰胺和甲醛类缩合而成，如固色剂 Y，即双氰胺与甲醛初缩体的水溶液，具有阳离子性，能与直接染料上的阴离子结合成不溶于水的色淀，达到固色目的。

(3) 反应固色剂：既含有能与纤维结合的基团，又有与染料阴离子结合的阳离子基团，因此有优良的固色作用，无醛固色交联剂 KS 在碱性中与纤维固色反应式如下：

$$Cell-OH + CH_2-CH-CH_2N^+(CH_3)_3Cl \longrightarrow Cell-O-CH_2-\underset{\underset{OH}{|}}{CH}-CH_2N^+(CH_3)_3Cl$$
$$\underset{O}{\underbrace{}}$$

2.4.2.7 染料的特性及应用

1. 直接染料

纤维素纤维（棉、麻、人造纤维等）不含有离子性基团而含有大量的羟基，直接染料就是充分利用与纤维素大量羟基可形成氢键结合的一类染料，这类染料称作直接染料。但由于氢键等分子间作用力结合强度低，不耐水洗、掉色等缺点，一般均采用金属盐处理或阳离子固色剂等方法进行固色处理，以增加直接染料的色牢度。

直接红 B

直接大红 4B

2. 冰染染料

冰染染料是由重氮组分的重氮盐（称色基）和耦合组分（称色酚），在棉纤维上生成的不溶于水的偶氮染料。实际生产中，一般先将色酚吸附在纤维上，然后用色基偶合显色，偶合显色常在冰浴中进行，故称为冰染染料，也称不溶性偶氮染料。具有色彩鲜艳、耐晒和耐洗牢度好、价格低廉等优点。广泛用于棉布的染色和印花。

第一步重氮化：$Ar-NH_2 + 2HX + NaNO_2 \longrightarrow Ar-N=N^+ X^- + NaX + 2H_2O$（重

氮盐）

第二步偶氮化：Ar—N=N$^+$ X$^-$ + Ar'—NH$_2$ ⟶ Ar—N=N—Ar'—NH$_2$（偶氮色淀）

Ar—N=N$^+$ X$^-$ + Ar'—OH ⟶ Ar—N=N—Ar'—OH（偶氮色淀）

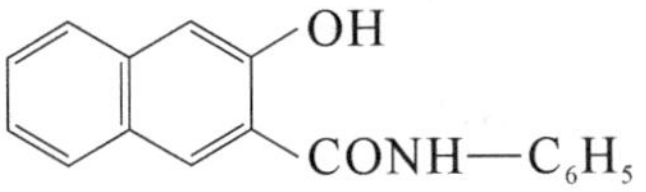

色酚AS 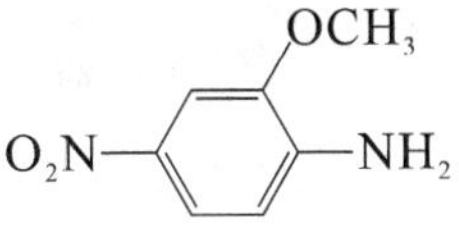 红色基B 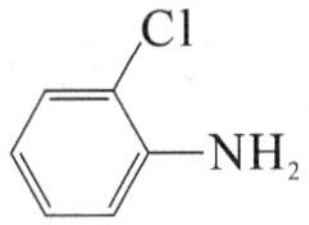 黄色基GC

3. 还原染料

还原染料是一类分子中不含磺酸基、羧基等水溶性基团，染色时在碱性溶液中借助还原剂（保险粉 $Na_2S_2O_4$）还原成为酚类可溶性的隐色体，织物浸于隐色体溶液中完成吸附，出染浴后在空气中暴露又被空气氧化为醌类不溶性结构而染色，形成类似于色淀。还原染料由于应用方式不同，母体共轭结构不同、品种丰富，主要有靛类染料和醌类等。

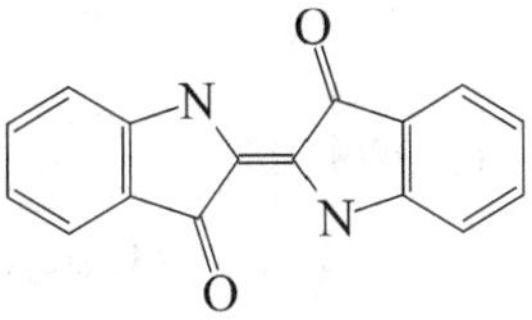

靛蓝（靛类） 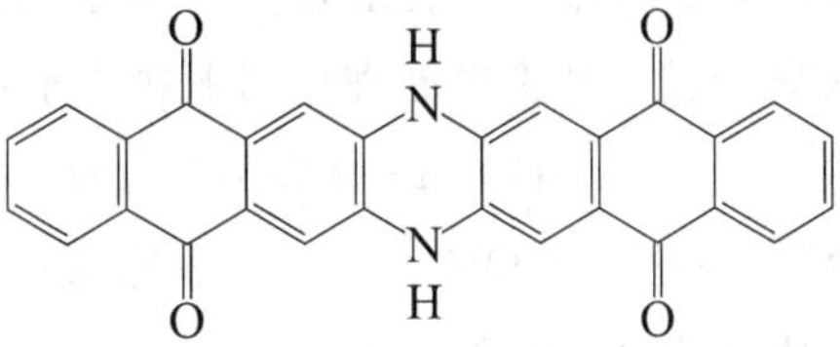   还原蓝RSN（蒽醌类）

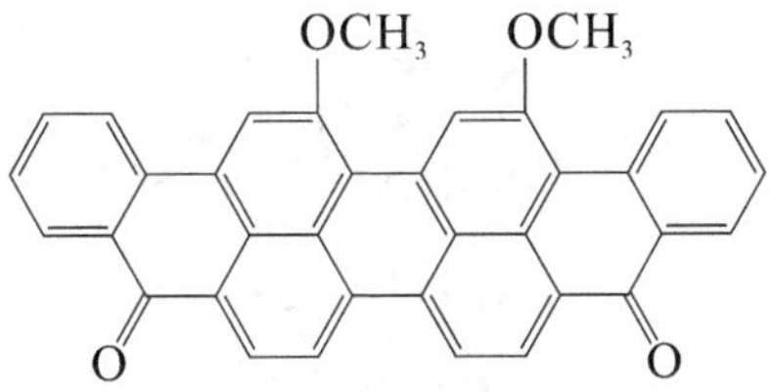

还原艳绿（稠环醌类）

靛蓝是我国古代使用的一种重要的植物染料，现在已完全被合成靛蓝所代替。蒽醌、稠环酮是还原染料中最重要的品种，具有色泽鲜艳，色谱齐全、分子量较大，不溶于水，略溶于有机溶剂、坚牢度好、耐水洗等优点，可用于棉纤维染色以及印花方面应用。

4. 硫化染料

硫化染料是一类不确定结构的化合物，确切的发色体目前还尚不清楚。首先用还原剂（硫化钠）还原成可溶态，染色后再由空气氧化而显色。重要的品种有硫化蓝染料，其由对亚硝基苯酚与邻甲苯胺缩合，经多硫化钠硫化后再经空气氧化而制得，国内生产的有硫化蓝BN（青光）、RN（红光）和BRN（青红光）三种。硫化黑BR，其制备是以2,4-二硝基苯酚和多硫化钠水溶液共热得到。

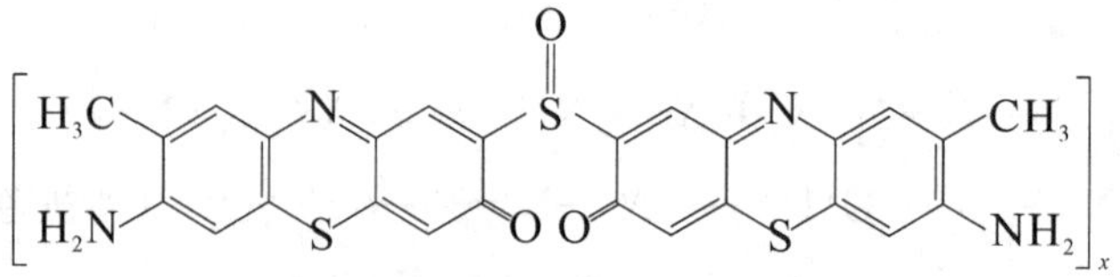

硫化蓝

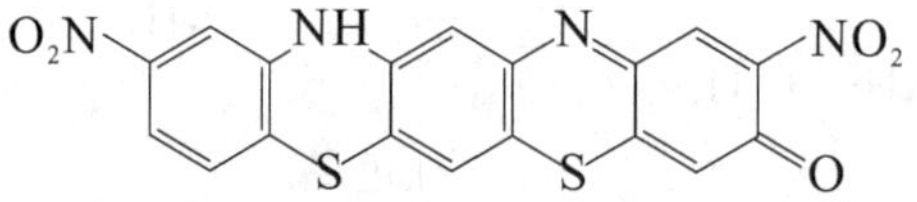

硫化黑BR

在应用时,硫化钠破坏二硫键和二硫氧键,在芳香环上留下—SNa基。这种较小的分子可溶于水,在空气中可再氧化为原来的不溶性物质,类似于还原染料。

5. 酸性染料

酸性染料分子中一般含有磺酸盐、羧基等阴离子基团,可用于蛋白类纤维的染色,如羊毛、皮革、蚕丝等纤维染色。在酸性介质中蛋白纤维中的氨基会变成带阳离子,染色时与染料分子形成离子键。其染色原理可用下式表示:

$$NH_2—P—COOH + H^+ \longrightarrow NH_3^+—P—COOH$$

$$NH_3^+—P—COOH + Dy—SO_3^- \longrightarrow Dy—SO_3^- \cdot NH_3^+—P—COOH$$

上述反应式中染料的例子有

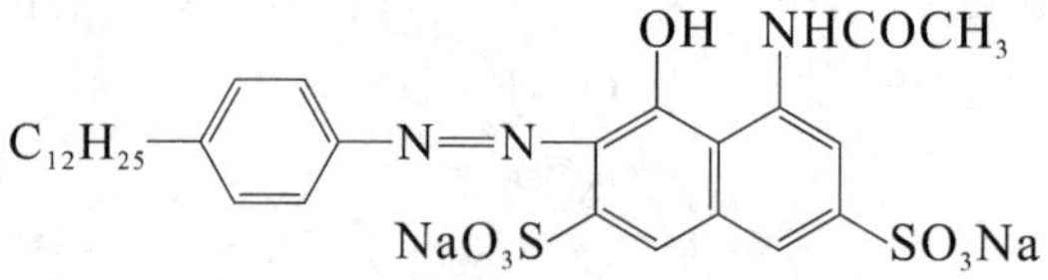

C.I.酸性红138

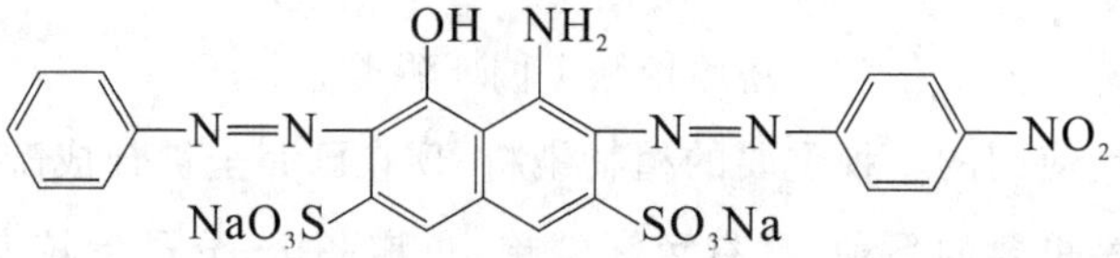

C.I.酸性黑1

为了提高酸性染料的色牢度,利用铬盐(或钴盐)在纤维与染料分子间生成络合物,从而提高染料的色牢度,该方法称为媒染染色,该类染料又称为媒染染料。媒染染料的一个典型例子是 CI 媒染黑 11、CI 酸性红 158。

6. 碱性染料

碱性染料亦称盐基性染料,在水溶液中能解离生成阳离子,故也将其归为阳离子染料,由于碱性染料色牢度和耐洗性较差,主要用于文教用品、纸张、皮革以及制备色淀等。

$$NH_2—P—COOH + OH^- \longrightarrow NH_2—P—COO^- + H_2O$$

$$NH_2—P—COO^- + Dy—NR_3^+ \longrightarrow NH_2—P—COO^- \cdot NR_3^+—Dy$$

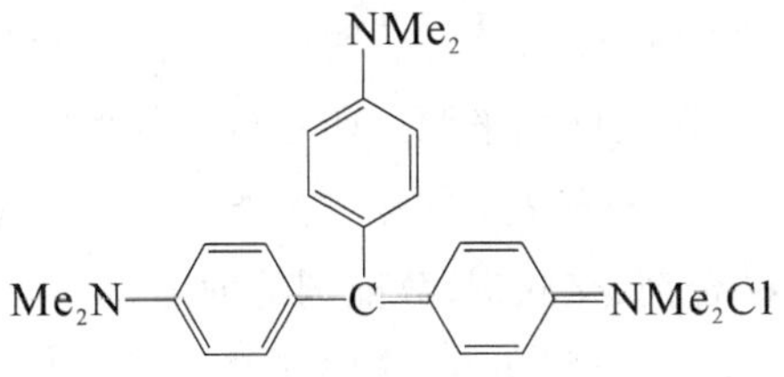

CI碱性紫3 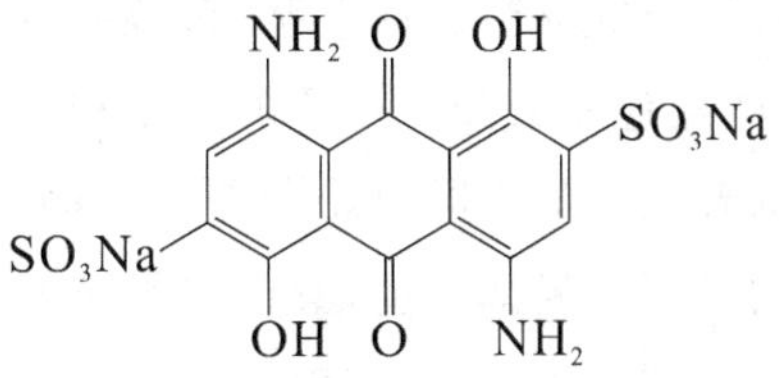　　　　　　　　酸性蓝B

7. 活性染料

1956年，英国ICI公司发明了活性染料，可与纤维上的羟基、氨基等基团以共价键方式结合，具有色泽鲜艳、匀染性好、湿牢度强、色谱齐全、耐洗等优点。广泛用于棉、麻、丝绸、羊毛以及混纺织物的染色及印花等。活性染料中的活性基团有均三嗪型、乙烯基砜型、嘧啶型以及磷酸型等，其中最常见的是均三嗪型和乙烯基砜型。乙烯基砜型一般制备成羟乙基砜硫酸酯(称KN型)，染色时变为乙烯基砜，在与纤维羟基反应机理如下：

$$Dy-SO_2-CH=CH_2 + HO-纤维 \longrightarrow Dy-SO_2-CH_2-CH_2O-纤维$$

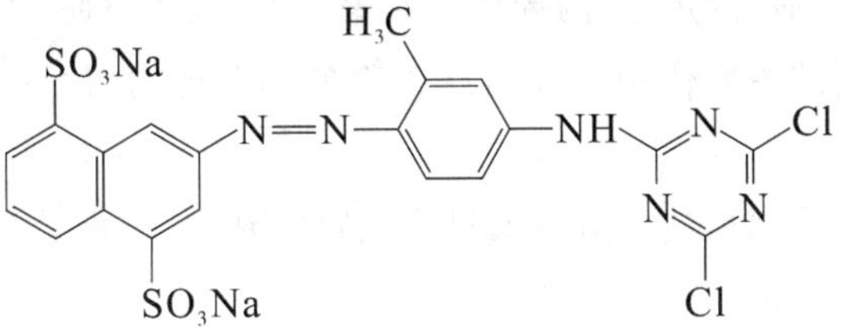

活性黄X-R（均三嗪型）

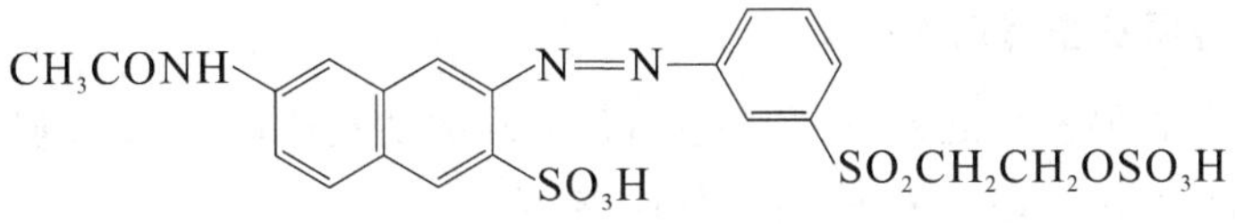

活性橙KN-4R（乙烯基砜型）

8. 分散性染料

分散染料一般水溶性差，可用于合成纤维染色，染色时必须借助分散剂(表面活性剂)将染料分散成细小微粒附着在纤维上实现对疏水性纤维(涤纶、锦纶等)的染色，染料微粒在纤维上形成色淀，并被分子间作用力固着。常见的分散染料以不溶性单偶氮染料为主，主要用于涤纶、棉纶等合成纤维的染色，其特点是产品色泽艳丽、耐洗牢度优良。

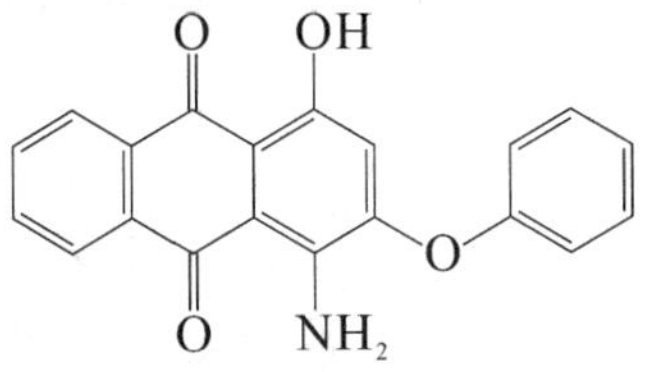

C.I.分散红60 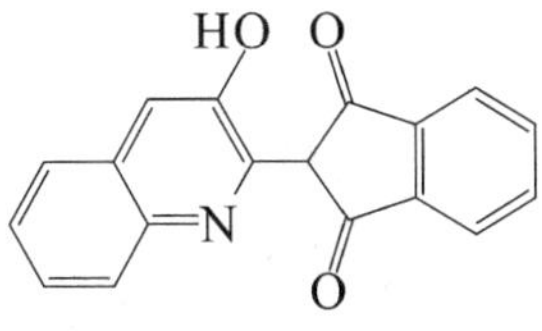　　　　　　　　C.I.分散黄54

2.4.2.8 印花及印花助剂

1. 印花

印花指使染料或涂料在织物上形成图案的过程。为了防止染料扩散保证花纹精美，印花时需将染料或颜料调成色浆,色浆一般由染料或颜料、溶剂、增稠剂、黏合剂、分散乳化剂等组成,印花色浆必须有一定的黏度和流动度,可通过助剂来调控印花色浆的性能。

根据着色料的不同可将印花分为染料印花和涂料印花,染料印花类似于局部染色而涂料印花则相当于局部涂色,其色浆中还要加入黏合剂、交联剂、分散剂等助剂。

印花方式有很多种,如数码喷墨印花、转移印花、丝网印花、涂料印花、防染印花、拔染印花、蜡染印花等。

2. 印花助剂

(1)增稠剂:增稠剂是印花色浆中的基础组分之一。天然衍生物增稠剂有糊精、淀粉醚、海藻酸盐等;合成增稠剂有非离子增稠剂,其大多是聚乙二醇醚类衍生物;合成阴离子增稠剂是一类水性高分子聚电解质,如聚丙烯酸类化合物、水性聚氨酯等。

(2)黏合剂:黏合剂是一种高分子成膜物质,通过成膜将色浆黏附在织物上,要求对织物黏着力强、耐老化、耐溶剂,成膜透明,印花后不变色、手感好。常用的涂料印花用黏合剂有丙烯酸酯-丙烯腈共聚乳液、丙烯酸-丙烯酸酯共聚乳液、丙烯酰胺-丙烯酸酯的共聚乳液等。

(3)交联剂:交联剂的主要作用是提高黏合剂的固着能力,使用后会使印花有更好的牢固性能。

(4)乳化剂:加入乳化剂可使不溶性染料或颜料的乳化、增稠效果更好,一般采用端基封闭的烷基酚聚氧乙烯醚等。

(5)其它助剂:柔软剂、扩散剂和消泡剂等。

2.4.2.9 后整理及整理助剂

后整理除一般抗皱整理之外,还有一些特殊要求的功能整理,如柔软整理、阻燃整理、抗静电整理、抗菌整理、防水防油整理、抗紫外整理等。

1. 抗皱整理剂

抗皱整理剂主要有两种方法,其一就是利用热固性树脂形成一层高弹性薄膜,在纤维之间形成黏结点来提高回弹性,从而阻止纤维内部之间的摩擦与滑动;其二是整理剂通过分子中的多个活性基团与纤维进行共价键结合实现抗皱整理,抗皱整理剂的主要品种有以下几类。

(1)氨基树脂:也叫羟甲基酰胺类,属于含甲醛整理剂,代表有二羟甲基二羟基环次乙基脲、六羟甲基三聚氰胺树脂、三羟甲基三聚氰胺(TMM)、二羟甲基乙烯脲(DMPU)、二羟甲基丙烯脲(DMPU)等。

2D树脂预聚体

TMM树脂预聚体

(2)多羧基化合物:利用多个羧基化合物分子上的羧基分别与纤维大分子的羟基进行酯化交联,属于反应型整理剂,一般先成酸酐,再与纤维上的羟基酯化反应实现抗皱的效果。

$$\begin{array}{c}|\\ CH-COOH\\ |\\ CH-COOH\end{array} \longrightarrow \begin{array}{c}|\\ CH-C\diagdown\\ |\quad\quad O\\ CH-C\diagup\\ |\quad\quad \|\\ \quad\quad O\end{array} \xrightarrow{Cell-OH} \begin{array}{c}|\\ CH-COOCell\\ |\\ CH-COOH\end{array}$$

(3) 环氧化合物：主要利用环氧树脂上的环氧基进行纤维分子间的化学交联，达到抗皱整理的目的，属于无甲醛的树脂整理剂，如缩水甘油醚等。

(4) 聚氨酯类：聚氨酯树脂是由二异氰酸酯和多元醇反应制得。用作无甲醛树脂整理剂，能在织物上形成强韧的薄膜，其耐曲性和伸缩性、耐寒性、耐干洗、耐磨损性能均良好。

2. 柔软整理剂

柔软整理剂是通过降低纤维与纤维之间摩擦力获得柔软效果的。对于平滑作用，主要指降低纤维与纤维之间的动摩擦系数；柔软作用是指降低纤维之间的动摩擦系数并更多地降低静摩擦系数。目前常用的柔软剂可分三类，即表面活性剂类、反应类和高分子聚合物类。

(1) 表面活性剂：大部分柔软剂品种属于表面活性剂。阳离子型柔软剂既适用于天然纤维，也适用于合成纤维，使用广泛；近几年，两性型柔软剂发展较快，但品种较少。季铵盐类阳离子型柔软剂的代表性结构有

$$\begin{array}{c}C_{18}H_{37}\diagdown\underset{|}{\overset{+}{N}}\diagup CH_3\\ C_{18}H_{37}\diagup\quad\diagdown CH_3\end{array} Cl^- \qquad \begin{array}{c}RCOCH_2CH_2\diagdown\underset{|}{\overset{+}{N}}\diagup CH_3\\ RCOCH_2CH_2\diagup\quad\diagdown CH_2CH_2O(CH_2CH_2O)_nH\end{array} Cl^-$$

双烷基二甲基季铵类　　　　　　　双酰胺基甲基聚氧乙烯基季铵类

(2) 反应性柔软剂：反应性柔软剂也称为活性柔软剂，其分子中含有能与纤维素纤维的羟基发生反应的活性基团，在一定条件下与纤维素大分子的羟基反应形成酯键或醚键，从而给予耐久的柔软效果，故又称耐久性柔软剂。例如，十八烷基乙烯脲（柔软剂 VS）、烷烯酮类柔软剂等，与纤维素纤维的反应原理如下：

$$C_{18}H_{37}-NHCON\diagup\overset{CH_2}{\underset{CH_2}{|}} + Cell-OH \longrightarrow C_{18}H_{37}-NHCON-CH_2CH_2-O-Cell$$

$$C_{16}H_{33}-CH=C=O + Cell-OH \longrightarrow Cell-OCOCH_2-C_{16}H_{33}$$

(3) 有机硅柔软剂：利用化学反应，在聚硅氧烷分子链上引入活性基团，可实现与纤维结合的目的。

$$\begin{array}{c}\quad CH_3\quad\quad CH_3\quad\quad CH_3\quad\quad CH_3\\ \quad|\quad\quad\quad|\quad\quad\quad|\quad\quad\quad|\\ R-Si-O-Si-O\!\!\left[-Si-O\right]_{\!m}\!Si-R\\ \quad|\quad\quad\quad|\quad\quad\quad|\quad\quad\quad|\\ \quad CH_3\quad\quad CH_3\quad (CH_2)_3\quad CH_3\\ \quad\quad\quad\quad\quad\quad\quad\quad\quad |\\ \quad\quad\quad\quad\quad\quad\quad NHCH_2CH_2NH_2\end{array}\qquad \begin{array}{c}CH_3\quad\quad CH_3\quad\quad CH_3\quad\quad CH_3\\ |\quad\quad\quad|\quad\quad\quad|\quad\quad\quad|\\ H_3C-Si-O-Si-O\!\!\left[-Si-O\right]_{\!m}\!Si-CH_3\\ |\quad\quad\quad|\quad\quad\quad|\quad\quad\quad|\\ CH_3\quad\quad CH_3\quad\quad R\quad\quad CH_3\\ \quad\quad\quad\quad\quad\quad |\\ \quad\quad\quad\quad\quad CH_2-CH-CH_2\\ \quad\quad\quad\quad\quad\quad\quad\diagdown O\diagup\end{array}$$

氨基硅油柔软剂　　　　　　　　　环氧反应型有机硅柔软剂

3. 阻燃整理剂

阻燃整理主要是借助于一般的阻燃剂进行阻燃,如含有与纤维反应基团的磷、硼、卤素等阻燃剂,磷系有磷酰胺等,硼系有硼砂、有机硼化物、卤素等。

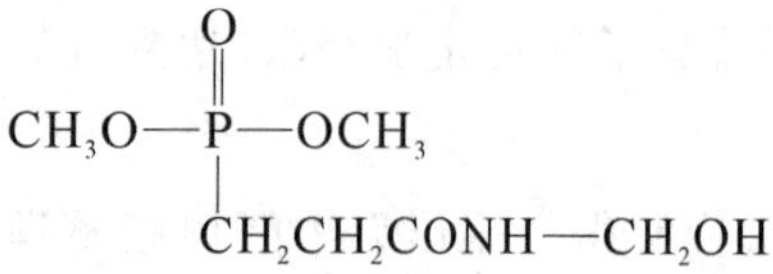

N-羟甲基磷丙酰胺 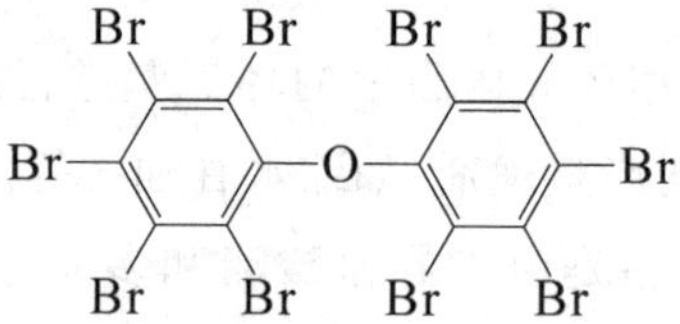　　　卤素阻燃剂 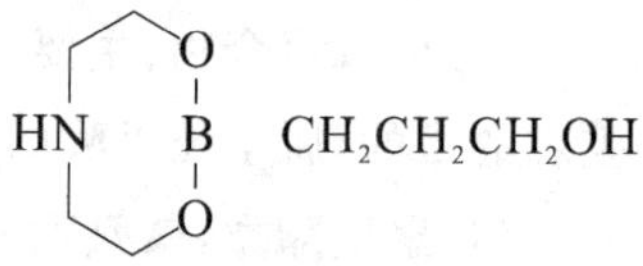　　　有机硼化物

4. 抗菌整理剂

无机抗菌整理剂可分为两大类,一类是以抗菌金属离子为主,如银、铜、锌等金属离子,抗菌性最强的是 Ag^+;有机类抗菌整理剂是目前织物整理用抗菌剂的主体,有季铵盐类、苯酚衍生物类。季铵盐类的代表有三甲氧基硅丙基二甲基十八烷基季铵盐(DC-5700)等;苯酚衍生物类的代表有 2,4,4′-三氯-2′-羟基二苯醚等。

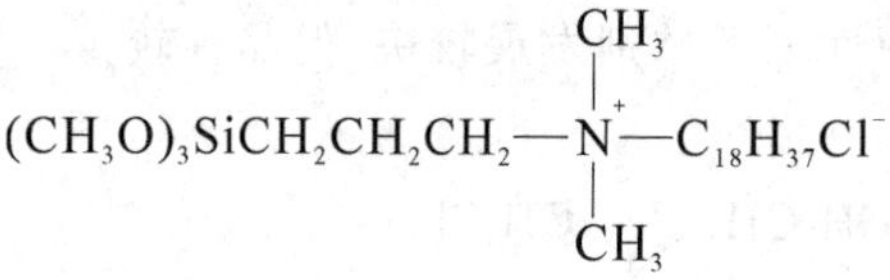

DC-5700 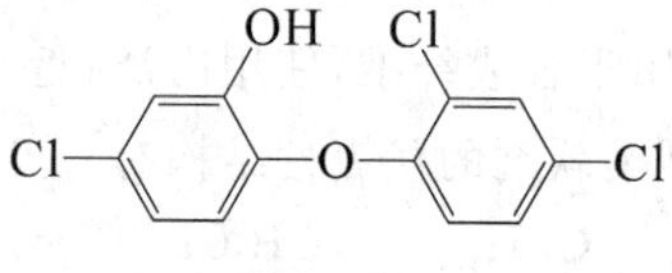　　　2,4,4′-三氯-2′-羟基二苯醚

5. 防水防油整理剂

防水防油整理剂主要有由硬脂酸和氯化铬制成的铬配合物防水剂,全氟烷基聚丙烯酸酯类有机氟防水防油剂以及有机硅防水剂、交联聚丙烯酸酯类防水剂、聚氨酯涂层防水剂等。

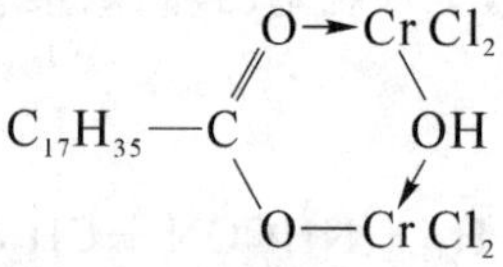

防水剂CR 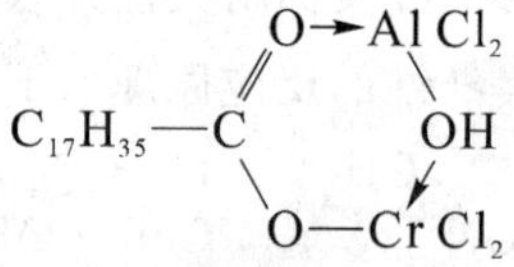　　　防水剂AC

6. 抗紫外整理剂

目前常用的有机紫外线吸收剂主要有二苯甲酮类、苯并三唑类、水杨酸酯类和金属离子螯合物等。二苯甲酮类紫外线吸收剂含有反应性羟基,能与纤维反应,苯并三唑类屏蔽紫外线效果好,易吸附在纤维上,有一定的耐洗性;金属离子螯合物类紫外吸收剂有紫外屏蔽功能,但离子有颜色,使用也有局限性。

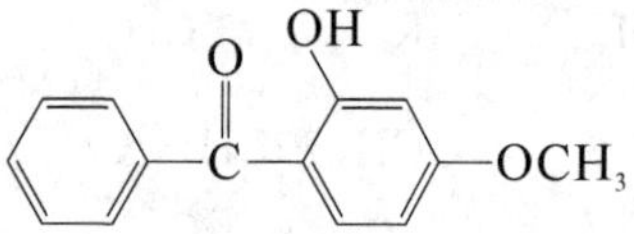

2-羟基-4-甲氧基-二苯甲酮 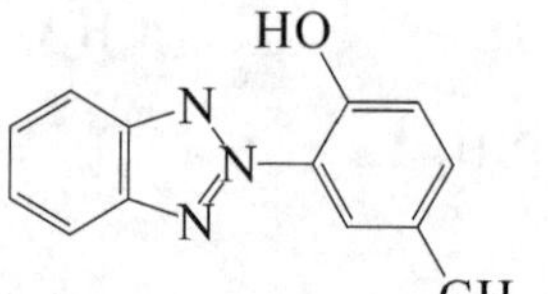　　2-(2′-羟基-5′-甲基苯基)苯并三唑 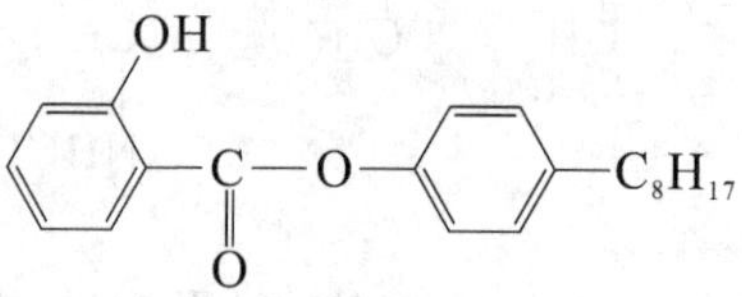　　水杨酸对辛基苯基酯

7. 抗静电整理剂

当纤维材料自身摩擦或与其他物质摩擦后往往会产生静电。目前所用的抗静电剂主要是表面活性剂，主要有烷基季铵盐类、烷基磷酸酯类、烷基酚聚氧乙烯醚硫酸酯、羧基甜菜碱、磺酸基甜菜碱、脂肪醇聚氧乙烯醚。

▶ 习　题

1. 试述表面活性剂的结构特点及其类型。
2. 讨论表面活性剂的临界胶束浓度与 HLB、浊点、克拉夫点之间的关联度。
3. 讨论表面活性剂的 CMC 的影响因素。
4. 分析表面活性剂的洗涤作用机理。
5. 试述三聚磷酸钠在洗涤剂中的作用以及无磷助剂的替代与发展。
6. 试述化妆品保湿剂特点及其保湿机理。
7. 分析干洗剂如何选用表面活性剂。
8. 试述造纸工业的制浆方法及其特点以及化学制浆的蒸煮原理。
9. 纸张施胶的目的、施胶剂及其施胶方法。
10. 试述皮革鞣制的作用、机理及鞣剂的类型。
11. 分析皮革加脂的目的与加脂剂的特点。
12. 试述纺织上浆的目的及其材料。
13. 试述纺织品的整理类型与方式。

第 3 章　化学与材料

人类社会的进步与材料的发现及应用密切相关,从远古时代冷兵器的出现、到火药和炸药的发明、交通工具的变革、航空航天技术的发展,以及各种现代新式武器的出现,每次都是材料科学技术取得突破的结果,材料科学的创新依赖化学制备技术的进一步发展,因此,化学与材料两者的发展互为促进、缺一不可,我们从化学的角度大致可将材料的发展分为以下几个阶段。

(1)初始阶段,以简单选用或简单加工为特征。远古时代,人类最早使用的是竹、木之类的天然材料,无须加工或是简单加工即可制成工具和用具,考古学上称为旧石器时代,大约在1万年以前,人类进一步对石头进行加工,使之成为更精致的工具,从而进入新石器时代。

(2)第二阶段,以青铜、铁器、陶器的制备与加工为特征。金属的冶炼、陶的烧制等都以化学反应为基础,这个阶段的特点是人类已开始从自然资源中提取有用的材料,特别是人类在找寻石料的过程中认识了矿石,在烧制陶器的过程中又还原出了金属铜与锡,从而生产出各种青铜器物,自此进入青铜器时代,尽管人类当时并不明白其中的化学原理,可人们一直在通过如炼丹术等,进行着应用化学方面的探索,金属冶炼是人类文明的里程碑。我国在商周时期就进入了青铜器冶炼的鼎盛时期,当时冶炼技术已达世界先进水平。

(3)第三阶段,随着化学理论的建立与应用为特征。材料科学与技术的发展,材料制备技术已经进入了设计、定制的新时代。例如高分子材料、精细陶瓷、超导材料、半导体材料、功能材料等是这一阶段的典型代表。

能源、信息、材料、生命技术是当前国际公认的新技术革命重点领域,因此,新材料已经成为衡量一个国家科学技术以及经济发展的重要标志之一。

材料科学主要研究材料的成分、分子或原子构成,微观及宏观组织,以及加工制造工艺和性能之间的关系。材料化学是材料科学的一个重要分支,是从化学角度出发,研究材料的化学组成、内部结构与性能之间的关系,化学是材料科学发展的根本。

关于材料的分类方法,有多种,这里从化学与性能角度介绍。

按化学键分类:按照原子结合键类型,或按物理化学属性来划分,可分为金属材料、无机非金属材料、有机高分子材料和具有复合多功能的复合材料四大类。金属材料的结合键主要是金属键,无机非金属材料的结合键主要是共价键或离子键,而高分子材料的结合键主要是共价键、氢键以及分子间力。将金属材料、无机非金属材料或高分子材料通过复合工艺组成复合材料产生协同效应,获得原组成材料不具有的特殊性能。

按材料用途分类：根据材料用途或对性能的要求，可将材料分为结构材料和功能材料两大类。当把材料的"强度"作为主要功能时，即要求某种材料制成的成品能保持其形状，而不发生变形或断裂，这种材料称为结构材料。结构材料是以力学性能为基础，用于制造受力构件的材料。当然，结构材料对物理或化学性能也有一定要求，如光泽度、热导率、抗腐蚀、抗氧化等。这类材料是机械制造、建筑、交通运输、航空航天等工业的物质基础。当然，并非所有考虑到力学性能的材料都称为结构材料。有些材料具有特殊的力学特性，这样的材料称为力学功能材料，如减震合金、形状记忆合金、超塑性合金、弹性合金等。

功能材料是指以化学、物理、生物等性能作为主要性能指标的一类材料。如考虑其化学性能的功能材料有储氢材料、生物材料、环境材料、能源材料、含能材料等，考虑物理性能的功能材料有电子材料、光学材料、非线性材料等。

按成熟度分类：一般将材料分为传统材料和新型材料两大类。传统材料指那些已经成熟，在工业中大规模应用的材料，如钢铁、水泥、塑料、传统玻璃等。这类材料用量大、产值高、涉及面广，又是很多支柱产业的基础，又称为基础材料；新型材料（又称先进材料）是指那些正在发展且具有优异性能和应用前景的一类材料。新型材料与传统材料之间并没有明显的界线；新材料在经过长期生产与应用之后也就成为传统材料。传统材料是发展新材料和高技术的基础，而新型材料又往往能推动传统材料的进步与发展。

从历史角度看，化学与材料密不可分，在材料的发现、运用和更替的过程中，孕育了化学学科的建立与发展，化学理论的发展又指导了新材料的研究与创新；当前，人们可以用化学理论指导去发明更先进的新材料，化学已然成为材料学的指路明灯。本章将从化学角度简要探讨金属材料及其防护、硅酸盐材料与助剂、高分子材料及助剂等内容。

3.1 金属材料及防护

3.1.1 概　述

金属材料一般是指工业应用中的纯金属或合金。自然界中大约有 70 多种纯金属，其中常见的有铁、铜、铝、锡、镍、金、银、铅、锌等。而合金常指两种或两种以上的金属或金属与非金属结合而成，且具有金属特性的材料。常见的合金如铁和碳所组成的钢合金，铜和锌所形成的合金黄铜等。

金属材料是指具有光泽、延展性好、容易导电、传热等性质的材料。一般分为黑色金属和有色金属两种。黑色金属包括铁、铬、锰等，其中钢铁是基本的结构材料，俗称为工业的骨骼。由于科学技术的进步，各种新型化学材料和新型非金属材料的广泛应用，使钢铁的代用品不断增多，随之对钢铁的需求量也在相对下降。但是，钢铁仍然在工业原材料中起主导地位。

金属材料通常分为黑色金属、有色金属和特种金属材料。

(1)黑色金属：又称钢铁材料，杂质总量小于 0.2% 及含碳量小于 0.02% 的为工业纯铁，含碳 0.02%～2.11% 为钢，含碳大于 2.11% 为铸铁，广义的黑色金属还包括铬、锰及其合金。

(2)有色金属：是指除铁、铬、锰以外的所有金属及其合金,通常分为轻金属、重金属、贵金属、半金属、稀有金属和稀土金属等,有色合金的强度和硬度一般比纯金属高,并且电阻大、电阻温度系数小。

(3)特种金属：包括不同用途的结构金属材料和功能金属材料。其中有通过快速冷凝工艺获得的非晶态金属材料,以及准晶、微晶、纳晶等新型金属材料等;还有隐身、抗氢、超导、形状记忆、耐磨、减振阻尼等特殊功能合金以及金属基复合材料等。

3.1.2 碳素钢

钢铁材料作为国民经济的基本支柱之一,在各个领域都有着巨大的应用价值。钢铁材料制备简单、价格低廉、综合性能优良。然而,随着钢铁材料应用范围的不断拓展,人们对钢铁材料强度、硬度、耐磨和耐蚀等性能的要求越来越全面且苛刻,同时海洋船舶、医疗卫生、食品工业、航空航天等行业的飞速发展,使得人们对钢铁材料的特殊性能(如抗腐蚀性、高强高韧、高温性等)的需求与日俱增。

3.1.2.1 钢铁的概念

实际上钢就是铁合金,普通的钢材是铁和碳的合金,也叫碳素钢。其特点是强度高、价格便宜、应用广泛,钢铁约占金属材料产量的90%以上,是世界上产量最大的金属材料。其中含碳量大于2.11%的称铸铁,小于0.02%的称纯铁,含碳量介于两者之间的称为钢。

3.1.2.2 碳钢的成分及分类

碳钢是指含碳量在0.02%~2.11%的铁碳合金,有些还含有少量的锰、硅、磷、硫、氢、氧、氮等元素,有些元素有益,有些元素有害。

有益元素：如锰(脱氧、去硫、提高强度和硬度)、硅(有脱氧作用)等。

有害元素：如硫(引起热开裂、热脆)、磷(冷脆性)、氧(产生疲劳裂纹源)、氢(氢脆现象)、氮(时效脆化现象)等。

按含碳量可分为低碳钢(小于0.25%)、中碳钢(0.25%~0.60%)和高碳钢(大于0.60%)3类;按质量分类可分为普通碳素钢,优质碳素钢,高级碳素钢和特级碳素钢4类;按用途可分为碳素结构钢、碳素工具钢2类。

3.1.2.3 碳素钢的用途

在碳素钢中,一般含碳量在0.4%以下,可用作铁丝、铆钉、钢筋等建筑材料;含碳量0.4%~0.5%的可用作车轮、钢轨等;含碳量0.5%~0.6%的用来制造工具、弹簧等,优质碳素钢含硫、磷等杂质比普通碳素钢低,常用作机械零件,在机械制造业中应用最多。

3.1.3 合金钢

为了获取钢的某些特殊性能,一般在钢铁冶炼过程中加入其他元素,常用的元素有铬、镍、钼、钨、钒、钛、铌、锆、钴、硅、锰、铝、铜、硼、稀土、磷、硫、氮等。不同元素其作用不同,如铬(Cr)可提高碳钢的硬度、耐磨性和抗腐蚀性,铬为不锈钢耐酸钢及耐热钢的主要合金元素;锰(Mn)可提高钢的淬透性、降低钢的淬火温度;钨(W)可提高钢的硬度、耐磨性、热硬度、耐热强度;镍(Ni)可提高钢的淬透性和强度,又能保持良好的塑性和韧性;稀土元素能提高钢的塑性和冲击韧性,也可提高抗氧化性和抗腐蚀性等。

合金钢按合金元素总含量分类:低合金钢(合金元素总量小于5%)、中合金钢(合金元素总量为5%~10%)、高合金钢(合金元素总量大于10%)。合金钢种类及特征见表3-1-1。

表3-1-1 合金钢的种类及特征

类别	钢种	钢种举例	主要用途
合金结构钢	高强钢	Q245C	制造机械零件和工程结构的钢,又可细分为低合金高强度钢、渗碳钢、弹簧钢、滚动轴承钢等
	渗碳钢	20CrMnTi	
	调质钢	40Cr	
	弹簧钢	60Si2Mn	
	滚轴钢	GCr15	
合金工具钢	刃具钢	W18Cr4V	用于刃具、模具和量具等的制造,如车刀、麻花钻头、铣刀、齿轮刀具等
	模具钢	Cr12	
	量具钢	9SiCr	
特殊钢	不锈钢	1Cr17、1Cr18Ni9Ti	用于特殊用途如高温、耐磨以及防腐蚀等
	耐热钢	1Cr11MoV	
	耐磨钢	ZGMn13	

3.1.4 有色金属

3.1.4.1 铝及其合金

铝主要有铸铝和形变铝两大类,铸铝主要以压铸形式制造电器、仪表零件、饰物等;变形铝是纯铝压力加工产品,主要用于生产铝板、铝线。铝合金是指加入其他元素形成的铝合金,下面介绍几种主要的铝合金。

(1)超硬铝合金:硬铝合金有 Al-Cu-Mg 系,超硬铝合金有 Al-Cu-Mg-Zn 系。其冷加工性能好,强度高、硬度大,主要用于制造飞机和汽车的框架、大梁、蒙皮等。还有 Al-Li 系铝合金,其又称轻强铝,也是重要的航空航天材料。

(2)铸造铝合金:铝合金中含多种合金元素,其合金元素总量最高可达25%,可用于制造发动机缸体。如美国 A390 合金为含 17%Si、4%Cu、0.55%Mg 的铝合金。

(3)锻铝合金,主要有 Al-Mg-Si-Cu 和 Al-Cu-Mg-Fe-Ni 系,经淬火及时效处理后机械性能与硬铝相近,但热塑性好,适于锻制复杂零件,如叶轮、发动机风叶、飞机操纵杆、摇臂。

(4)可焊铝合金:Al-Sc合金,其焊接放热不致产生热裂纹,Sc有细晶化作用,又可提高再结晶温度,以焊接代替铆接可降低成本(如波音737飞机就有200万个铆钉)。

(5)耐热铝合金:增大铝合金中Mg、Cu、Zn等元素含量并通过急冷粉末法可得到含较多稳定金属间化合物的耐热铝合金材料。

3.1.4.2 铜及其合金

(1)纯铜:俗称紫铜,导电导热仅次于银,大量用于导电材料,导电导热性、延展性优良,无磁性,氧化膜耐蚀性好,广泛用于电气、电子、计算机、机械、建筑、航空航天等领域。

(2)黄铜:普通黄铜为Cu-Zn的合金,色泽美观,抗腐蚀性好,价格低,用于制造弹壳、垫圈、仪表零件、饰品等。特殊黄铜是在普通黄铜中加入Si、Al、Sn、Pb、Mn、Ni等元素制成。如HMn58-2锰黄铜,含量为2%Mn、58%Cu、Zn余量,是一种高耐蚀性材料,在海水和过热蒸汽、氯化物中有较好的耐蚀性。

(3)青铜:青铜可分为锡青铜和无锡青铜两类。生产锡青铜时一般要加磷脱氧(又称磷青铜),锡青铜耐磨、耐蚀性好。工业锡青铜一般含锡3%~14%,当含锡量超过6%后强度仍会继续提高但塑性会下降,故常选用铸造法生产各种轴承、轴套、蜗轮等,如含6%Sn、6%Zn和3%Pb的铸造锡青铜。

3.1.4.3 钛及其合金

钛金属是20世纪50年代发展起来的一种重要的结构金属,钛合金因具有比强度高、耐蚀性好、耐热性高、延展性好等特点而被广泛用于各个领域。钛合金广泛应用于航空航天、能源化工、生物医学等领域。如飞行器制造、化工设备、人工关节、牙、人工心脏等。钛合金按用途可分为耐热合金、高强合金、耐蚀合金(钛-钼,钛-钯合金等)、特殊功能合金(钛-铁贮氢合金和钛-镍记忆合金)等。

(1)高强钛合金:机械力学性能优良。密度小($4.51 g/cm^3$),比强度位于金属之首,金属钛的比强度为钢的3.5倍,铝的1.3倍,加工性能好,如Ti-6Al-4V可延伸长达20倍以上。

(2)耐蚀钛合金:钛是一种非常活泼的金属,具有强烈钝化倾向,在氧化性、中性和弱还原性等介质中钛具有优良的耐腐蚀性能。目前已开发出Ti-Mo、Ti-Pd、Ti-Mo-Ni等一系列耐蚀钛合金,如Ti-0.3Mo-0.8Ni合金或Ti-0.2Pd合金对缝隙腐蚀或点蚀环境具有理想的防腐效果,在海水中可浸泡数年而不锈。

(3)耐极温钛合金:钛合金耐极端温度优良,耐低温性能好的钛合金如TA7(Ti-5Al-2.5Sn)、Ti-2.5Zr-1.5Mo等,可用作液氢燃料容器,可在零下253℃使用;钛合金用作火箭燃料箱时,其工作温度可达550℃。

3.1.5 特种金属材料

随着科技的发展,传统的金属工业在冶炼铸造加工和热处理方面不断出现新工艺,一系列从结构到物理力学性质均有特色的新材料相继出现。

3.1.5.1 超硬合金

超硬合金是由难熔金属硬质化合物(TiC、WC 等)为主体,加入 Co、Ni 等元素,经压制成型和高温烧结制成的材料。一般可用于制作刀具、模具、工具,如钨钴类、钨钛钴类、钨钛钽(铌)钴类、碳化钛和碳化钨硬质合金等。

3.1.5.2 超耐热合金

一般金属的机械性能会随着温度的升高而下降。把在高于 700 ℃ 的高温下工作的金属统称为超耐热合金或高温合金,其常用的有以下两种。

(1)镍基高温合金:镍-铬-铁基高温合金属于镍基高温合金,其被广泛地应用于制造各种高温部件。由于具有良好的综合性能,镍基高温合金还被广泛用于航空发动机的压气机盘、压气机轴、压气机叶片、涡轮盘、涡轮轴、机匣、紧固件和其他结构件和板材焊接件等,据统计飞机发动机中这种合金的比重高达 50% 以上。

(2)单晶高温合金:单晶高温合金是以单个晶体为单位,因其合金化程度高,弥补了传统的铸锻高温合金铸锭偏析严重、热加工性能差、成形困难等难点,主要用于涡轮盘、压气机盘、鼓筒轴、封严盘、封严环、导风轮以及涡轮盘高压挡板等高温承力转动部件,目前单晶合金材料已发展到第四代,承温能力提升到了 1140 ℃,已接近金属材料使用温度极限。单晶高温合金中不存在晶界,一般引入铼(Re)、钌(Ru)、铱(Ir)等元素,如含铼单晶叶片是未来航空发动机涡轮叶片的趋势。随着未来先进航空发动机的需求增加,陶瓷基复合材料有望取代单晶高温合金以满足更高温度环境下的需要。

3.1.5.3 超耐蚀合金

金属抗腐蚀材料主要有铁基合金(耐腐蚀不锈钢)、镍基合金(Ni-Cr 合金,Ni-Cr-Mo 合金,Ni-Cu 合金等)和易钝化金属三大类。耐蚀合金在许多领域有重要应用,海洋资源开发领域,如海洋油井、海水淡化、海水养殖等;环保领域,如锅炉烟气脱硫、废水处理等;能源化工领域,如原子能、煤化工,海上发电、炼油、化工设备等。

1. 不锈钢

不锈钢是指含铬、镍的一类合金钢,常见的含铬 17%~20%,镍 8%~14%,有的还加入钛、钼等元素,使其耐腐蚀能力更好,可抗酸、碱、盐腐蚀,主要有以下三大系列。

(1)马氏体不锈钢:马氏体组织,含铬 13%,牌号有 1Cr13,2Cr13,3Cr13 等;耐大气腐蚀性好,一般用于蒸汽轮机叶片、外壳手术器械、餐具等。

(2)铁素体不锈钢:铁素体组织,含铬 15%~30%,一般不含镍;牌号有 1Cr17,1Cr17Ti,1Cr28 等,具有导热系数大、膨胀系数小、抗氧化性好、抗应力腐蚀优良等特点,多用于制造耐大气、水蒸汽、水及氧化性酸腐蚀的零部件,如化工设备、容器、管道等。

(3)奥氏体不锈钢:奥氏体组织,含铬大于 18%,镍大于 8%,以及含少量的 Ti、Cu、Mo 等元素。一般有 0Cr18Ni9(SUS304)、1Cr18Ni9Ti(SUS321)、0Cr18Ni9Ti、00Cr18Ni14Mo2(SUS316L)等牌号,具有良好的塑性、韧性、焊接性和耐蚀性能,在氧化性和还原性介质中耐蚀性均较好,用来制作耐蚀容器及设备衬里、输送管道、耐硝酸的设备零件等。

2. 镍基合金

镍基合金可耐各种酸腐蚀和应力腐蚀,主要有以下几种。

(1)镍铜合金:在还原性介质中耐蚀性优于镍,而在氧化性介质中耐蚀性又优于铜,它在无氧和氧化剂的条件下,是耐高温氟化合物最好的材料,具代表性的是蒙乃尔合金,如Monel 400,其主要成分是 65Ni-34Cu;属于典型的耐蚀合金。

(2)镍铬合金:也称镍基耐热合金,主要在氧化性介质条件下使用。抗高温氧化以及含硫、钒等气体的腐蚀,其耐蚀性随铬含量的增加而增强。该合金也有较好的耐氢氧化物(如NaOH、KOH)腐蚀和耐应力腐蚀的能力。代表性的是哈氏合金,如哈氏 C-276,其主要成分是 56Ni-16Cr-16Mo-4W,属于耐碱腐蚀的合金。

(3)镍钼合金:属于耐还原性介质腐蚀的合金,是目前耐盐酸腐蚀最好的一种合金,但在有氧和氧化剂存在时,耐蚀性会显著下降。

(4)镍铬钼(钨)合金:兼有上述 Ni-Cr 合金、Ni-Mo 合金的性能,主要在氧化-还原混合介质条件下使用。这类合金在高温氟化氢气中、在含氧和氧化剂的盐酸、氢氟酸溶液中以及在室温下的湿氯气中耐蚀性良好。

(5)镍铬钼铜合金:具有既耐硝酸又耐硫酸腐蚀的能力,在一些氧化-还原性混合酸中也有很好的耐蚀性。

3. 易钝化金属

具有很好的抗腐蚀能力,典型代表有钛(Ti)、锆(Zr)、钽(Ta)金属等,其中钛金属应用广泛,钛金属在氧化性环境中能形成稳定而致密的氧化膜;但不能用于还原性较强或密封缺氧的强腐蚀环境中,钛材料的应用温度一般小于 300 ℃。

3.1.5.4 形状记忆合金

形状记忆合金是一种拥有形状"记忆"效应的合金。其原理是因为变形过程中材料内部发生的热弹性马氏体相变。形状记忆合金中具有两种相,即高温相奥氏体相,低温相马氏体相。根据不同的热力载荷条件,形状记忆合金呈现出两种性能。形状记忆合金具有许多独特的性能,广泛应用于航空航天(如卫星抛物面天线等)、电子机械、医疗器械、桥梁建筑、汽车工业等多个领域。至今为止发现的记忆合金 50 余种,主要体系有 Au-Cd、Ag-Cd、Cu-Zn-Al、Cu-Zn-Sn、Cu-Zn-Si、Ni-Al、Fe-Pt、Ti-Ni、Ti-Ni-Pd、Fe-Mn-Si 等。

3.1.5.5 储氢合金

储氢合金是指在一定温度和氢气压力下,能可逆地大量吸收、储存和释放氢气的金属间化合物。储氢合金元素由两部分组成,一部分为吸氢元素或与氢有很强亲和力的元素,它控制着储氢量的多少,主要有ⅠA~ⅤB族金属,如 Ti、Zr、Ca、Mg、V、Nb 等;另一部分元素则为控制吸/放氢的可逆性的元素,其具有调节生成热与分解压力的作用,如 Fe、Co、Ni、Cr、Cu、Al 等。

贮氢合金是一种新型合金,一定条件下,吸氢和放氢循环寿命性能优异,并可被用于大型电池,尤其是电动车辆、混合动力电动车辆、高功率应用等。目前正在研发的有3大系列:镁系以 Mg-Ni、Mg-Cu、Mg-Fe 等合金为主;稀土系以镧镍等合金为主;钛系合金有 Ti-Mn、Ti-Cr、Ti-Ni 及 Ti-Mn-N 等合金。

3.1.6 金属的化学加工

化学加工是指用化学试剂腐蚀金属工件的方法来获得一定形状、尺寸和表面光洁度的方法。化学加工时,工件的非腐蚀部分需要聚合物、石蜡等惰性成膜材料保护。使用的腐蚀液成分取决于被加工材料的性质,常用的腐蚀液有硫酸、磷酸、硝酸、三氯化铁等的水溶液。化学加工主要包括化学铣削、化学蚀刻、化学表面处理以及光电强化的化学加工等。

(1)化学铣削:化学铣削是一种减材制造过程。

(2)化学蚀刻:化学蚀刻是用强酸腐蚀材料,刻画出线条和图案等。

(3)化学表面处理:主要包括酸洗、化学抛光与去毛刺,化学抛光主要用于提高金属零件或制品的表面光洁程度;化学去毛刺主要用于去除小型薄片脆性零件的细毛刺。

(4)光电化学加工:借助于照相制版与腐蚀结合以及电解原理精密控制的一种加工方式。

3.1.6.1 光化学加工

光化学加工是为了提高化学加工的精度,将照相复制和化学腐蚀相结合,在工件表面可加工出精密复杂的凹凸图形,或形状复杂的薄片零件,如化学光刻主要用于集成电路或大规模集成电路(芯片);化学制版主要用于生产各种印刷版。光化学加工原理是先在薄片形工件两表面涂上一层感光胶;再将两片具有所需加工图形的照相底片对应地覆置在工件两表面的感光胶上,进行曝光和显影,感光胶受光照射后变成耐腐蚀性物质,在工件表面形成相应的加工图形;然后将工件浸入(或喷射)化学腐蚀液中,由于耐腐蚀涂层能保护其下面的金属不受腐蚀溶解,从而可获得所需要的加工图形或形状。

3.1.6.2 电化学加工

电化学加工是利用电化学反应(或称电化学腐蚀)对金属材料进行加工的方法。与机械加工相比,电化学加工不受材料硬度、韧性的限制,已广泛用于工业生产中。常用的电化学加工有电解加工、电磨削、电化学抛光、电镀和电铸等。

(1)电解加工:电解加工是指利用阳极溶解的电化学反应对金属材料进行成型加工的方法。当工具阴极不断向工件推进时,由于两表面之间间隙不等,间隙最小的地方,电流密度最大,工件阳极在此处溶解得最快。因此,金属材料按工具阴极型面的形状不断溶解,同时电解产物被电解液冲走,直至工件表面形成与阴极型面近似相反的形状为止,可获得所需的零件表面形态。我国在20世纪50年代就开始应用电解加工方法对炮膛进行加工,现已广泛应用于航空发动机的叶片、筒形零件、花键孔、内齿轮、模具、阀片等异形零件的加工。

(2)电解抛光:电解抛光是应用电化学反应的阳极溶解对金属零部件进行抛光。其比机械抛光效率高,精度高,且不受材料的硬度和韧性的影响,有逐渐取代机械抛光的趋势。

(3)电解铸造：电解铸造也称电铸，是指用电解的方法在芯模上电沉积，然后分离以复制金属制品的工艺。原理和电镀相同但电铸层要和芯模分离，其厚度也远大于电镀层。可用于精密光学反光镜、火箭发动机上的喷射管、雷达的波导管和调谐槽、各种规格的波纹管等。

3.1.7 金属材料的腐蚀

由于使用环境等各种外部因素的原因，金属材料构件会随着时间的延长而变质、损坏与失效。据资料报道，过早失效破坏中约有70%是由腐蚀和磨损造成的，全世界每年生产的钢铁约有1/10因腐蚀而变为铁锈，每年由于金属腐蚀造成的直接经济损失占国民总产值的2%～4%，所以，了解和防止金属材料的腐蚀具有重要的安全和经济价值。

3.1.7.1 腐蚀的概念及分类

金属腐蚀是指金属由于和外围介质发生化学或电化学作用而引起的破坏。按腐蚀破坏形式分为全面腐蚀和局部腐蚀，如点蚀、缝隙腐蚀、晶间腐蚀、氢脆、应力腐蚀、腐蚀疲劳、冲刷腐蚀、气蚀、微生物腐蚀等。通常按腐蚀机理分为化学腐蚀和电化学腐蚀两大类。

(1)化学腐蚀是指金属材料与干燥气体或非电解质直接发生化学反应而引起的腐蚀，如钢铁的高温氧化、高温氧化脱碳、高温硫化、氢脆等。

(2)电化学腐蚀是指金属或合金接触到电解质溶液发生原电池反应的腐蚀现象，强酸介质中以析氢腐蚀为主、弱酸中性介质中以吸氧腐蚀为主。

3.1.7.2 影响金属锈蚀的主要因素

1. 金属内部因素

从热力学角度，金属有自发向低能量腐蚀产物转化的趋势，即金属发生锈蚀是自然现象。工业中绝大多数的金属是多组分的合金，金相组织、杂质、加工、应力分布不匀等，这些物理、化学的和电化学的不均匀性导致遇到腐蚀介质时，会发生化学或电化学腐蚀。

2. 外部环境因素

外部环境因素包括环境湿度、温度、氧气、腐蚀性气体、加工因素等。当空气中相对湿度达到一定值时(如钢的临界相对湿度约为70%)，腐蚀速度大幅上升；在气候湿热地区或雨季，气温越高，锈蚀越严重；水和氧气一定会导致金属生锈；大气中还含有盐类、二氧化硫、硫化氢等，这些因素都会加速金属材料的腐蚀。加工与使用过程的锈蚀因素如残留锈蚀产物、酸洗后处理不当、热处理不当、封存防锈不当、使用中的受力等因素，也会导致腐蚀发生。

3.1.8 金属材料的防护

防止金属锈蚀的方法很多，应根据工作环境、工件服役条件、环境的污染程度、制造成本等因素，综合判断后选择合适的防腐蚀方法。防止金属锈蚀的方法主要包括以下四个方面：

(1)选用耐蚀材料。根据腐蚀环境的特点选用耐腐蚀材料，主要是采用有色金属合金和不锈钢，也可选择非金属材料代替金属材料等。

(2)表面涂覆层法。以不同方法在其金属表面形成一种保护层，隔绝腐蚀介质实现腐蚀目的,主要方法有五种:化学转化膜[如发黑(发蓝)、磷化、阳极氧化];表面合金化(如渗氮、渗锌、渗硅、渗铝、渗铬等);金属覆盖层(如电镀金属、喷涂金属、热浸镀、化学镀等);非金属覆盖层(如搪瓷、陶瓷、油漆、塑料、橡胶等);涂覆防锈材料(如防锈水、气相缓蚀剂、可剥塑料、防锈油等)。

(3)电化学保护法。电化学保护是指通过外加电流来实现对金属材料的腐蚀保护。有阳极保护法和阴极保护法两种,阴极保护法又分为牺牲阳极保护法和阴极保护法两种。

(4)腐蚀环境控制法。改善腐蚀环境,如降低湿度使环境相对干燥,也可在密闭空间通入惰性气体或抽真空,或局部环境加入缓蚀剂等。

3.1.8.1 电化学防护

1. 阳极保护

对于容易产生钝化的金属,阳极保护是在被保护金属表面通入足够大的阳极电流,使电位变正进入该金属的钝化区从而防止金属腐蚀(见图3-1-1和图3-1-2)。例如阳极保护可用来保护贮存硫酸用的碳钢贮槽、贮存氨水用的碳钢贮槽、生产碳酸氢铵用的碳钢制的碳化塔、造纸制浆的蒸煮器等;若介质含Cl^-多,会破坏钝化膜而不宜用阳极保护法。

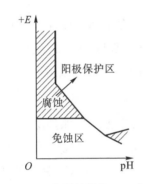
图3-1-1 金属材料的pH-电位图

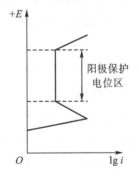
图3-1-2 阳极保护原理图

2. 阴极保护

阴极保护是在被保护的金属表面外加足够大的阴极电流,当输入的电流使金属的电位负移到等于该金属的平衡电位时,外加电流便足以使金属完全停止腐蚀,使金属得到完全保护。阴极保护一般分为牺牲阳极的阴极保护和外加电流的阴极保护两大类。

牺牲阳极的阴极保护是靠负电位更大的金属的溶解来提供阴极电流,一般是用锌合金、铝合金、镁合金作为牺牲的阳极材料,在保护过程中负电位更大的阳极材料会逐渐溶解牺牲掉。

3.1.8.2 缓蚀剂

缓蚀剂是指在腐蚀介质中添加少量就能抑制金属腐蚀的物质。缓蚀剂保护金属的优点在于用量少、见效快、成本低、使用方便、应用广泛,如适合于酸洗、循环水等。缓蚀剂的缓蚀机理是由于缓蚀剂在金属表面形成了氧化膜、沉淀膜或吸附膜,从而阻止了介质的腐蚀作用。缓蚀剂可分为无机缓蚀剂和有机缓蚀剂两大类。

1. 无机缓蚀剂

在中性或碱性介质中主要采用无机缓蚀剂,如铬酸盐系、硅酸盐系、磷酸盐系、钼酸盐系、钨酸盐系、碳酸盐系、锌盐等,它们主要是在金属表面能形成致密的氧化物膜或沉淀膜。

铬酸盐在中性水溶液中可使铁氧化成三价铁离子,并与铬酸钠的还原产物三价铬离子形成氧化物膜,$2Fe+2Na_2CrO_4+2H_2O \longrightarrow Fe_2O_3 \cdot Cr_2O_3 \downarrow +4NaOH$

锌盐可在含有氧气的近中性水溶液中,如硫酸锌中的锌离子与水中的 OH^- 反应,生成难溶的氢氧化锌沉淀保护膜,$Zn^{2+}+2OH^- \longrightarrow Zn(OH)_2 \downarrow$

聚磷酸盐可与 Ca^{2+} 形成带正电荷的胶体离子,并沉淀在金属表面起到缓蚀作用。

2. 有机缓蚀剂

在酸性介质中,无机缓蚀剂的效率较低,因而常采用有机缓蚀剂。它们一般是含有 N、S、O 的有机化合物。常用的缓蚀剂有乌洛托品(六次甲基四胺)、硫脲、苯基硫脲等。许多有机缓蚀剂属于表面活性物质,有机分子由亲水性的极性基团,亲油性的非极性基团两部分所组成。当它们加入介质中时,缓蚀剂的极性基团定向吸附在金属的表面,使腐蚀介质的分子或离子难以接近金属表面,从而起到缓蚀作用。

在有机缓蚀剂中还有一类被称为气相缓蚀剂,它们是一类挥发性适中的有机物,其蒸气能溶解于金属表面的水膜中。当金属部件吸附该类缓蚀剂后,再用薄膜包起来,就可达到缓蚀的作用。常用的气相缓蚀剂有亚硝酸二环己胺、碳酸环己胺、亚硝酸二异丙胺等。

3.1.8.3 金属覆盖层

覆盖层保护是指通过各种方法,在金属材料表面覆盖上一层保护层,使材料与其周围的腐蚀介质隔开,从而起到防止或减少材料被腐蚀的作用。覆盖层是金属材料保护的最普遍、最有效的方法。根据覆盖层材料性质的不同可分为金属覆盖层、非金属覆盖层和化学转化膜层三大类。金属覆盖主要有电镀、化学镀、热浸镀、渗镀、真空镀以及热喷涂等。

1. 电镀

电镀是利用外加直流电源在金属或非金属表面沉积一层金属、合金等。电镀是在外加电源作用下的氧化还原过程。以镀镍金属为例,首先将要镀的工件作为阴极,金属镍板作为阳极,浸在镍盐(如 $NiSO_4$)溶液中,当接通直流电源后,阳极镍板不断溶解,而工件表面就会有镍金属不断沉积出来,在被镀金属表面形成一层致密的镍金属层。在电镀过程中,在阳极和阴极分别进行着氧化反应和还原反应:

阳极(溶解金属) $Ni \longrightarrow Ni^{2+}+2e^-$ 阴极(被镀工件) $Ni^{2+}+2e^- \longrightarrow Ni$

为了得到高质量的致密镀层,通常电镀液不能直接用简单金属离子盐溶液,而主要使用金属离子配合物的溶液。如镀铜时在电镀液中加入乙二胺与铜形成铜氨络离子,使电镀液中 Cu^{2+} 浓度大大减小,铜析出速度减小,有利于形成结晶较细密的镀层。

2. 化学镀

化学镀一般称为无电电镀或自催化镀。化学镀是利用还原剂使溶液中的金属离子在基体表面上自动还原析出金属的过程。金属、非金属均可；镀层均匀，不受零件形状影响。特别是化学镀镍已被金属装饰行业广泛采用。化学镀最为常用的是化学镀镍和镀铜。化学镀镍用还原剂次磷酸钠，实际在反应中次磷酸盐在还原镍的同时，自身部分也被还原为磷而留在镀层(P 含量为 3%～15%)，形成非晶态的镍磷合金层，其硬度高，耐磨性好。当镀层磷含量大于 8%时，具有优异的抗蚀性。

对于化学镀镍，用 NaH_2PO_2 作还原剂时，一般认为有如下反应：

$$2H_2PO_2^- + 2H_2O + Ni^{2+} \longrightarrow 2HPO_3^{2-} + 4H^+ + Ni\downarrow + H_2\uparrow$$

$$5H_2PO_2^- + Ni^{2+} \longrightarrow 3HPO_3^{2-} + 3H^+ + Ni\downarrow + 2P\downarrow + H_2\uparrow + H_2O$$

对于化学镀铜，可用甲醛作为还原剂，其反应为

$$Cu^{2+} + 2HCHO + 4OH^- \longrightarrow Cu\downarrow + H_2\uparrow + H_2O + 2HCOO^- \text{（表面催化）}$$

3.1.8.4 化学转化膜

化学转化膜防护是指采用化学或电化学的方法，由基体金属直接参与成膜反应而生成某种化合物，成为覆盖层以实现防腐的目的。由化学处理而生成的转化膜层有钢铁的氧化膜(发蓝)、钝化膜、磷化膜、硅烷化膜等。由电化学处理而生成的转化膜层主要是钢铁、铝、镁以及合金的阳极氧化膜；工业用得最多的是金属表面氧化膜层和磷酸盐膜层，以及是硅氧烷化膜处理。

1. 钢铁表面的氧化处理

钢铁及合金的氧化处理，又称发蓝或发黑处理。发蓝处理是对钢铁零件进行的一种碱性化学氧化处理，使其表面生成一层极薄的 Fe_3O_4 氧化膜。常用的是氢氧化钠和亚硝酸钠的水溶液，在 135～145 ℃温度下处理 60～90 min，再在肥皂液中浸泡 3～5 min，最后水洗、干燥及浸油。其反应式如下：

$$3Fe + NaNO_2 + 5NaOH \longrightarrow 3Na_2FeO_2 + H_2O + NH_3\uparrow$$

$$6Na_2FeO_2 + NaNO_2 + 5H_2O \longrightarrow 3Na_2Fe_2O_4 + 7NaOH + NH_3\uparrow$$

$$Na_2FeO_2 + Na_2Fe_2O_4 + 2H_2O \longrightarrow Fe_3O_4 + 4NaOH$$

后处理目的是提高氧化膜的防锈能力，一般采用皂化或填充处理，经填充或皂化后，还进行封闭处理，可在 100～110 ℃下的机油、锭子油、变压器油中浸 5～10 min。各种武器如步枪、机枪等零件广泛采用发蓝膜作为防护装饰层。

2. 金属表面磷化处理

金属表面在含有磷酸、磷酸盐和其他化学药品的稀溶液中发生化学反应，转变成完整的不溶性磷酸盐膜层的工艺，叫磷化处理。磷化液一般分为锌系、锰系、锌钙系、锌锰系、铁系、钙系、锌锰镍系等，主要用途有涂装底层磷化、冷成型磷化和防腐磷化等。

磷化成膜原理：以钢铁为例，当金属表面与酸性磷化液接触时，钢铁表面被溶解

$$Fe + 2H^+ \longrightarrow Fe^{2+} + H_2\uparrow$$

由于金属与溶液界面的酸度降低，致使化学反应不平衡，表面可溶的磷酸二氢盐向不溶的磷酸盐转化，并沉积在金属表面形成磷化膜，反应如下：

$$Me(H_2PO_4)_2 \longrightarrow MeHPO_4 \downarrow + H_3PO_4 \text{ 或 } 3Me(H_2PO_4)_2 \longrightarrow Me_3(PO_4)_2 \downarrow + H_3PO_4$$

式中,Me 代表 Zn、Mn、Ni、Fe、Ca 等二价金属离子。

3. 铝阳极氧化处理

铝的电化学氧化又称阳极氧化,是将铝以及铝合金制品放在一定的电解液中(一般用草酸、铬酸、硫酸或磷酸等)作为阳极,通以电流进行电解,在阳极上形成氧化膜的过程,也叫瓷质氧化。铝的表面虽然有天然的氧化膜,但很薄,只有 0.02~0.14 pm。如果经电化学氧化处理,可以使氧化膜增厚到 20~30 pm,在特殊条件下可达 300 pm,这种氧化膜与底层金属结合得非常牢固,耐蚀性很强,故铝的阳极氧化可实现对铝及其合金的保护。

4. 金属的硅烷化处理

金属表面硅烷处理是一种最具潜力的新技术。硅烷处理具有无毒、无污染,并且能提高有机涂层对各种底材的结合力等优点。近年来,金属表面硅烷处理技术在家用电器、汽车、电子、航空及大型装备等工业涂装领域得到广泛应用。

硅氧烷化的基本原理是利用有机硅氧烷在含水的有机介质中缓慢水解后产生活泼的硅羟基,再与金属表面(如 FeOH)形成化学键结合(—Si—O—M),同时,硅烷羟基(—Si—OH)之间相互脱水形成交联网络(—Si—O—Si—),交联后形成的致密薄膜。

硅烷化处理液一般由硅烷偶联剂、催化剂、溶剂、树脂、pH 调节剂等组成;硅氧烷偶联剂一般有氨丙基三乙氧基硅烷、缩水甘油醚丙基三甲氧基硅烷、双[γ-(三乙氧基硅)丙基]四硫化物、双(三甲氧基硅丙基)胺、缩水甘油醚氧丙基三甲氧基硅烷等。

3.1.8.5 非金属涂层防护

非金属覆盖层种类很多,包括涂层、衬里等,大量的涂料应用在建筑、船舶、桥梁、机械、电器、军械、食品、化工等方面。涂层的前处理可大幅度提高涂层结合力和保护效果。前处理工序一般有除油、除锈、中和、喷砂、磷化或硅烷化、干燥、后处理等。表 3-1-2 列出了部分涂料及其特点与应用。

表 3-1-2 防腐涂料特点及性能

涂料名称	基本组成	性能特点	主要用途
酚醛树脂涂料	酚醛树脂为成膜物质,固化型防腐涂料	原料易得、合成工艺简单、耐腐蚀性较好	机械、造船、电器及化工防腐等
环氧树脂涂料	以双酚 A 型环氧树脂为成膜物质,固化型防腐涂料	耐蚀性好、耐碱性好、机械强度高、热稳定性和电绝缘性好	一般多用在打底防腐和电气零件绝缘等
沥青防腐涂料	以沥青为成膜物,加入溶剂和填料制成,挥发型防腐涂料	干燥快、弹性好、施工方便,耐化工气体和较低浓度的酸、碱、盐溶液腐蚀	船体防腐、化工防腐、电器等

续表

涂料名称	基本组成	性能特点	主要用途
聚氨酯防腐涂料	主要成膜物为异氰酸酯和多羟基化合物反应的高聚物，固化型防腐涂料	优良的耐蚀性、耐酸、耐盐、溶剂性；与基体结合力强，耐热、耐磨、耐冲刷	甲板漆、飞机蒙皮漆、化工管道、贮槽以及高温高湿和海洋构筑物、机械、仪表等
乙烯树脂涂料	以过氯乙烯树脂作为主要成膜物质，借溶剂挥发干燥而成膜的一类防腐涂料	耐化学气体、耐酸、耐海水、耐醇等，不延燃性，但附着力、耐热性差	常用于机械、仪表、车辆、大型容器等
橡胶防腐涂料	以各种天然橡胶或合成橡胶为主要成膜物，固化型涂料	氯化橡胶能耐浓度为50%的碱液，氯化橡胶防腐漆多用于船舶	氟硅橡胶漆可用作耐有机溶剂防护漆；氯丁橡胶漆可作为化学铣切保护漆等

3.2 硅酸盐材料及助剂

无机非金属材料是人类最先应用的材料之一，这些材料绝大多数以二氧化硅为主要成分，所以，人们也把其称为"硅酸盐材料"。一般具有耐高温、高硬度和抗腐蚀等优良性能，但缺点是抗拉强度低、韧性差。随着现代科学技术的发展，出现了氧化物陶瓷、氮化物陶瓷和碳化物陶瓷等许多具有特殊性能的新型无机非金属材料，广泛应用于建筑、冶金、机械及各种尖端科技领域。

传统的硅酸盐材料一般包括玻璃、陶瓷和水泥等，狭义上称三大硅酸盐材料，硅酸盐制品都是以黏土（高岭土，$Al_2O_3 \cdot 2SiO_2 \cdot 2H_2O$）、石英和长石（钾长石或钠长石，$M_2O \cdot Al_2O_3 \cdot 6H_2O$）为原料，原料中都含 SiO_2，因此硅酸盐晶体结构中硅与氧结合是必然的，硅酸盐材料从来源分主要有两类。

(1) 天然硅酸盐材料：如岩石、砂子、黏土、土壤等，包括天然矿物，如云母、滑石、石棉、高岭石、绿柱石、石英等，也属于天然的硅酸盐类。

(2) 人造硅酸盐材料：主要有玻璃、水泥、各种陶瓷、砖瓦、耐火砖以及分子筛等。

这里简要介绍传统的以玻璃、水泥、陶瓷为代表的普通硅酸盐材料及其加工用助剂。

3.2.1 玻 璃

玻璃是无定形硅酸盐混合物，是由熔体过冷而成固体状态的无定形物体，一般性脆而透明，化学成分比较复杂。常见的玻璃是主要为硅酸盐玻璃。

3.2.1.1 玻璃原料

制造普通玻璃的主要原料是纯碱、石灰石和石英砂，有些特种玻璃还包含氧化铅和硼砂等；玻璃主要是硅砂与其他化学物质加热熔融而成，其主要成分为 Na_2SiO_3、$CaSiO_3$、SiO_2 或可写成 $Na_2O \cdot CaO \cdot 6SiO_2$。生产玻璃时，把原料粉碎，按适当配比混合以后，放入玻璃熔炉里加热,原料熔融后就发生了比较复杂的物理、化学变化,其中主要反应是二氧化硅跟碳酸钠、碳酸钙在高温下反应生产硅酸盐和二氧化碳:

$$Na_2CO_3 + SiO_2 \xrightarrow{高温} Na_2SiO_3 + CO_2 \uparrow$$

$$CaCO_3 + SiO_2 \xrightarrow{高温} CaSiO_3 + CO_2 \uparrow$$

例如,普通玻璃的生产是由 SiO_2、$CaCO_3$ 和 Na_2CO_3 在一定高温下经过熔融、反应、冷却等一系列过程,最后得到一种玻璃态物质,这种物质没有固定的熔点,而是在某一特定温度范围内随温度升高会逐渐软化。

3.2.1.2 玻璃的种类

一般普通玻璃为钠玻璃,是以砂、碳酸钠和碳酸钙共熔而成的,其反应为

$$Na_2CO_3 + CaCO_3 + 6SiO_2 \xrightarrow{高温} Na_2CaSi_6O_{14} + 2CO_2 \uparrow$$

所得产物虽然以化学式 $Na_2CaSi_6O_{14}$ 或 $Na_2O \cdot CaO \cdot 6SiO_2$ 表示,但玻璃实际上是一种组成不确定的不同硅酸盐的混合物。玻璃中 SiO_2 的含量愈高,愈耐高温,如石英玻璃中添加一些三氧化二硼可以降低二氧化硅的膨胀倍数,二氧化硅含量超过80%,故这种玻璃耐高温、耐骤冷和骤热,也耐一般的化学作用。改变原料的成分,可制得多种不同性能、不同用途的玻璃,如以钾代替钠,则可得到熔点较高和较耐化学作用的钾玻璃。这种玻璃多用于制造耐高温的化学玻璃仪器,如燃烧管、高温反应器等,见表 3-2-1。

表 3-2-1 几种常见玻璃

名称	主要原料	组成	用途
钠玻璃	SiO_2,$CaCO_3$,Na_2CO_3	$Na_2O \cdot CaO \cdot 6SiO_2$	普通玻璃
钾玻璃	SiO_2,$CaCO_3$,K_2CO_3	$K_2O \cdot CaO \cdot 6SiO_2$	化学仪器
铅玻璃	SiO_2,PbO,K_2CO_3	$K_2O \cdot PbO \cdot 6SiO_2$	光学仪器

钢化玻璃:普通玻璃的易碎性给人们的生活与工作带来很多不便,特别是锋利的尖角很容易伤人。为此,科学家想出为玻璃"淬火"的工艺。即在玻璃被加热到快软化时,快速将其放在油或其他液体中骤冷。处理后,玻璃的抗张强度是普通玻璃的7~8倍。具有结实、耐冷热及不易爆裂的特性,被称为"钢化玻璃"。

耐温玻璃:减少钠玻璃中 Na_2O 的量而增加 B_2O_3(使含量为13%~20%),可制备耐热的硼硅酸玻璃,最高使用温度达1600℃以上,是制造实验仪器和化工设备的重要材料。

高强耐热玻璃:在玻璃中加入 Li_2O 为成核剂,用紫外线照射或在一定湿度范围内加热处理,内部可形成的微晶,得到微晶玻璃。这种玻璃强度比普通玻璃大6倍,比高碳钢硬,比铝轻,有很高的热稳定性,加热至900℃,骤然投入冷水中也不会炸裂,在工业上,广泛用于无线电、电子、航空航天、原子能和化工生产中。

彩色玻璃:在玻璃中加入少量有色的金属化合物使之着色;如 CuO 或 Cr_2O_3 可着绿色,Co_2O_3 着蓝色,Cu_2O 着红色,MnO_2 着紫色,$FeSO_4$ 量多则为黑色,量少则为暗绿色。

变色玻璃:玻璃能变色是因为在玻璃中加入了能感光的卤化银(AgX)作为感光剂和极微量的敏化剂,敏化剂以氧化铜效果最好。

3.2.2 陶瓷及其添加剂

把黏土、长石和石英原料研成细粉,按适当比例配好,用水调和均匀,做成制品的坯型,烘干后入窑,在高温1200 ℃下烧结再经上釉后,再次入窑加热到1400 ℃左右,控制适当保温时间,就得到传统的陶瓷制品。陶瓷在我国有悠久的历史,是中华民族古老文明的象征,其种类繁多,广泛应用于建筑、化工、电力、机械等工业以及日常生活等方面。

3.2.2.1 陶瓷的制备

普通陶瓷制备工艺一般经过如下步骤:原料、精选、配料、磨细、除铁、过滤、成型、干燥、烧成、上釉、烧成、成品,主要工序可分为原料工序、成型工序、烧成工序、彩烤工序四大工序。

- 原料工序:选坯、釉原料,经过精选、淘洗,配料,球磨,除铁,过筛,脱气备用。
- 成型工序:分为滚压成型、注浆成型、干压成型等,然后干燥、修坯、备用。
- 烧成工序:白坯入窑素烧,经过精修、施釉、釉烧、出窑、检选得合格白瓷。
- 彩烤工序:白瓷贴印花、镶金等,再经烧烤、出炉、花瓷检选得到合格花瓷成品。

3.2.2.2 陶瓷添加剂主要品种及其作用

下面对不同陶瓷制品在加工成型中所加入的添加剂加以说明,如表3-2-2,表3-2-3所示。

表3-2-2 不同陶瓷制品及工艺所用的添加剂

陶瓷品种	主要用途	主要种类、品种及作用
日用陶瓷	坯体制备	分散剂、黏合剂、增塑剂、助滤剂、成型助剂等
	釉料制备	分散剂、悬浮稳定剂、黏合剂、防腐剂、消泡剂等
	装饰	手工印刷和黏结、脱釉介质、固定剂、印刷油、涂覆剂等
	模压成型	脱模剂、石膏添加剂等
卫生陶瓷	坯体制备	分散剂、助滤剂、黏合剂、增塑剂、防腐剂、消泡等
	釉料制备	釉用添加剂、悬浮剂、流变剂等
	成型助剂	脱模剂、石膏添加剂
建筑陶瓷(墙地砖)	坯体制备	分散剂、黏合剂、增塑剂、助压剂
	釉料制备	分散剂、黏合剂、悬浮剂、流变剂、防腐剂、消泡剂等
	装饰	固定剂、丝网印花糊料、印花糊料、釉防护剂等
	丝网制备	丝网黏合剂、感光胶、硬化剂、镂孔剂、丝网清洁剂

续表

陶瓷品种	主要用途	主要种类、品种及作用
新型陶瓷	坯体制备	分散剂、黏合剂、助压剂、增塑剂、润滑剂等
	成型	脱模剂、分离剂、悬浮稳定剂
耐火材料	坯体制备	分散剂、润湿剂、增塑剂、助压剂、黏合剂、成孔助剂
	成型	脱模剂、石膏添加剂

表 3-2-3 成型添加剂及主要组分

添加剂	主要成分
黏合剂	纤维素系，如羧甲基纤维素、羟乙基纤维素；淀粉系，如羧甲基淀粉等；聚合物系，如聚乙烯醇、聚醋酸乙烯酯乳液、丙烯酸酯乳液等
润滑剂	煤油、甘油、聚乙二醇、鱼油、松节油、重油、页岩油、环烷酸等
增塑剂	油酸、邻苯二甲酸二丁酯、聚乙二醇、脂肪酸甘油酯等
解胶剂	也称分散剂，聚丙烯酰胺、聚丙烯酸钠、水玻璃、聚磷酸盐等

3.2.2.3 重要的陶瓷添加剂

1. 浆料分散剂

分散剂又称为解凝剂、解胶剂、反絮聚剂、减水剂等，主要作用是防止了原料土颗粒团聚，使原料各组分分散于介质中。在磨料工业中，一些高分子分散剂可用作助磨剂，但其主要作用仍是分散与润滑。陶瓷分散剂分为无机、有机和高分子分散剂三类。

无机分散剂：主要是无机电解质，一般为含钠离子的无机盐，如偏硅酸钠、六偏磷酸钠、三聚磷酸钠(STPP)等，主要适用于氧化铝和氧化锆浆料。

有机分散剂：主要是有机电解质和表面活性剂，前者主要有柠檬酸钠、腐殖酸钠、乙二胺四乙酸钠(EDTA)、亚氨基三乙酸钠(NTA)、羟乙基乙二胺三乙酸钠(HEDTA)、二乙基三胺五乙酸钠(DTPA)等。后者有硬脂酸钠、烷基磺酸钠、脂肪醇聚氧乙烯醚等。

高分子分散剂：主要是水溶性高分子，如聚乙烯醇、聚丙烯酰胺、聚丙烯酸及其钠盐、羧甲基纤维素钠等。

2. 胚体增塑剂

增塑剂又称为塑化剂，是增加坯料或釉料可塑性的各类添加剂。增塑剂以降低分子间力为主要作用方式，辅助增塑剂则以润滑、润湿、脱模、排气等方式发挥作用，它们都可以明显地改善坯料或釉料的可塑性。可分为有机增塑剂和高分子增塑剂。

有机增塑剂：主要是各种有机脂肪酸或芳香酸盐或酯、有机醇和有机酯类，如甘油、乙二醇、邻苯二甲酸二丁酯、钛酸二丁酯、硬脂酸丁酯等。

高分子增塑剂：主要是水溶性或水乳性高分子表面活性剂，常用的是聚乙烯基长链烷基醚、聚丙烯酸高碳醇酯、有机硅高分子等。

3. 胚体黏合剂

黏合剂一般也可称为胚体增强剂。一般分为坯用黏合剂和釉用黏合剂两类。用于生坯可增加黏结性,达到增加坯体强度的目的;用于釉料可提高釉料的附着能力,提高釉层强度。因此,在陶瓷生产中,黏合剂一般具有黏合、增塑和分散等多重作用。可分为永久性黏合剂和暂时性黏合剂。

永久性黏合剂:一般为无机黏合剂与基质反应形成化学结合,如高岭土、膨润土等。

暂时性黏合剂:主要是有机高分子化合物,传统的用淀粉、糊精、木质素磺酸盐等,以及合成的如聚乙烯醇、聚乙烯醇缩丁醛、聚丙烯酸钠、聚乙酸乙烯酯、甲基纤维素、羧甲基纤维素等。它们会与原料本身形成化学键或通过分子间力结合,在常温和低温时可起到均匀分散和提高黏结力的作用,而且会形成化学交联或物理吸附网络,提高坯体的强度;但在高温下,这些高分子化合物会发生氧化和分解,故称为暂时性黏合剂。

4. 浆料脱水剂

为了提高泥浆的脱水性,提高注浆效率,一般要在浆料中加入絮凝剂和助凝剂,使浆料粒子快速发生沉聚,使水分尽快地脱离坯体,缩短干燥时间。其实质是化学絮凝剂,主要分为无机絮凝剂、有机高分子絮凝剂,还包括助凝剂和助滤剂。

无机絮凝剂:主要起凝结作用,用于中和胶体粒子的表面电荷,降低胶体粒子的 Zeta 电位,常用的有硫酸铝、硫酸亚铁、氯化铁、聚合氯化铝、聚合硫酸铁等。

有机絮凝剂:主要起凝聚作用,一些相对分子量较大的水溶性聚合物,通过静电力吸引和搭桥等多种作用机理使分散微粒发生絮聚,形成较大的絮团后发生沉淀。有机絮凝剂主要有聚阴离子聚丙烯酰胺、聚丙烯酸钠、阳离子聚酰胺多胺环氧氯丙烷、羧甲基纤维素等。

助凝剂:有无机盐、无机氧化物、氧化钙、氧化镁、碳酸氢钠等,可调节体系的 pH 值,使粒子间产生更大的作用力,有利于更快地沉聚。

5. 悬浮稳定剂

由于浆料颗粒的比重较大,导致浆料悬浮,一般稳定性能较差,为了能够使浆料充分混合、灌注、施釉等均匀,通常要在浆料中加入悬浮稳定剂,也称抗沉淀剂,以防止浆料产生沉淀分层。悬浮稳定剂分为两类。

(1)无机氧化物及盐:主要产品有高岭土、膨润土、硅酸钠、硼酸盐及氧化镁、轻质碳酸钙等。可在同样含水量时有更好的悬浮性能。

(2)水溶性高分子:主要产品有羧甲基纤维素、海藻酸钠、聚丙烯酸钠、聚丙烯酰胺、聚乙烯醇等,又称为胶体保护剂或稳定剂,主要作用是使粒子分散并稳定悬浮。水溶性高分子的稳定分散作用较之无机分散剂更有优势。

6. 其他添加剂

其他陶瓷添加剂主要包括杀菌剂、消泡剂、固定剂、流变剂、成孔助剂、脱模剂等。

3.2.3 特种功能陶瓷

3.2.3.1 概念

陶瓷材料根据用途可分为以力学性能为主的结构陶瓷,以及以光、电、热、磁等功能为主的功能陶瓷两大类。新型无机非金属材料可以做成单晶、纤维、薄膜和粉末,具有强度高、耐高温、耐腐蚀,并可有声、电、光、热、磁等多方面的特殊功能,用途极为广泛,在通信电子、自动控制、集成电路、计算机技术、信息处理等方面的应用日益普及。

结构陶瓷中最重要的有氧化铝、氧化锆、氮化硅和碳化硅四种结构陶瓷。

(1)氧化铝结构陶瓷:具有硬度大、强度高、耐高温、抗氧化、耐急冷急热,使用温度高达1980 ℃,化学稳定性好,高绝缘性等特点,可用作机械部件、工具和刀具等。

(2)氧化锆结构材料:其特点是具有很高的强度和韧性,能承受铁锤的敲击,强度可与高强度合金钢媲美,有"陶瓷钢"的美称,是十分重要的耐火材料。

(3)氮化硅结构陶瓷:其硬度为9,最硬的材料之一。它的导热性好且膨胀系数小,可经受低温高温、骤冷骤热反复上千次的变化而不破坏,因此是十分理想的高温结构材料。

(4)碳化硅结构材料:具有很好的热稳定性和化学稳定性,热膨胀系数小,其高温强度是所有陶瓷材料中最好的。作为高温结构陶瓷,最适宜的应用领域是高温、耐磨和耐蚀的环境。

功能陶瓷材料品种很多,三种重要的功能陶瓷分别是以光导纤维为代表的光功能陶瓷;以压电陶瓷、超导陶瓷为代表的电功能陶瓷和具有生物功能的氧化铝、羟基磷灰石为代表的生物陶瓷。

3.2.3.2 生物陶瓷

用生物陶瓷制成的人体器官要植入人体必须具备生物相容性好、无排异、血液相容性好、无毒、长寿命等特性。由于生物陶瓷和骨组织的化学组成接近,故其和人体组织亲和性好,目前主要用于人体硬组织的修复。目前一般用于牙齿、骨骼、关节的生物陶瓷品种主要有氧化铝陶瓷、氧化锆陶瓷、磷酸钙、羟基磷灰石等。如磷酸钙是一种广泛用于骨修补和固定关节的新材料,其强度高、寿命长。如将其做成纤维也可用于组织植入材料等。

3.2.3.3 压电陶瓷

压电陶瓷是一类应用广泛的电子陶瓷材料。最大的特性是具有压电性,包括正压电性和逆压电性。正压电性是指某些电介质在机械外力作用下,介质内部正负电荷中心发生相对位移而引起极化,从而导致电介质两端表面内出现符号相反的束缚电荷。在外力不太大的情况下,其电荷密度与外力成正比。

钛酸钡($BaTiO_3$)压电陶瓷具有较高的压电系数和介电常数,机械强度不如石英。

锆钛酸铅 $Pb(Zr·Ti)O_3$ 系压电陶瓷(PZT)压电系数较高,各项机电参数随温度、时间等外界条件的变化小,在锆钛酸铅中添加一两种微量元素,可以获得不同性能的 PZT 材料。

铌镁酸铅 $Pb(MgNb)O_3 - PbTiO_3 - PbZrO_3$ 压电陶瓷具有较高的压电系数,在压力大至 700 kg/cm² 时仍能继续工作,可作为高温下的压力传感器。

压电陶瓷主要用于制造超声换能器、水声换能器、电声换能器、滤波器、变压器、高压发生器、红外探测器、电光器件、引燃引爆装置和压电陀螺等。

3.2.3.4 超导陶瓷

超导现象是 1911 年荷兰物理学家海克·卡末林·昂内斯发现的,直到 1973 年人们发现了铌锗合金超导合金,其临界超导温度为 23.2 K,至今金属超导合金以 $NbTi$、Nb_3Sn 为代表,实用金属超导材料已实现了商品化,并在核磁共振成像(NMR)、超导磁体及大型加速器磁体等领域应用;但由于超导体的临界温度太低,必须在液氦(4.2 K)中使用,严重地限制了应用。直到 1986 年,美国 IBM 公司报道了 La-Ba-CuO 钙钛矿结构的复合氧化物陶瓷具有超导性,温度达 35 K,在此基础上制备出了一系列的高温超导陶瓷材料。

我国在超导技术研究与应用方面一直处于国际领先水平,如 1987 年中国科学院赵忠贤和美国朱经武教授等独立地发现了临界温度达 90 K 的 Y-Ba-CuO 超导氧化物,实现了液氮区的超导性,之后相继有 Bi-Sr-Ca-CuO 系及 Tl-Ba-Ca-CuO 系的临界温度超过 120 K 的超导体发现,超导研究目标是室温超导,这将会是能源、交通等工业的一次革命。

超导材料的特性:①零电阻性,在临界温度时,其材料具有零电阻。②完全抗磁性,超导材料处于超导态时,只要外加磁场不超过一定值,其内磁场恒为零。③约瑟夫效应,两超导材料之间有一薄绝缘层而形成低电阻连接时,会有电子对穿过绝缘层形成电流,而绝缘两侧没有电压,即绝缘层也变成了超导体。

超导材料的应用:①电力系统应用,可用于输配电,完全没有能耗,制造超导线圈等。②在交通运输方面应用,可制造磁悬浮高速列车,电磁推进的船舶和空间飞行器等。③其他应用如利用其抗磁性,可进行废水净化和去除毒物,医药方面可从血浆中分离血红细胞、抑制和杀死癌细胞等。

3.2.3.5 光纤材料

光导纤维是从高纯度的二氧化硅或称石英玻璃熔融体中拉出直径约 100 μm 的细丝,也称为石英玻璃纤维。其特点是光损耗小;利用光导纤维进行光纤通信;激光的方向性强,频率高,是光通信的理想光源;与电波通信相比,光纤通信能提供更多的通信通路,可满足大容量通信系统的需要。

光纤一般由纤芯、包层和护套层组成。光纤实际是以透明材料作为纤芯,采用比纤芯的折射率稍低的材料作为包层,当光射入纤芯后,光纤外包层界面会对入射光进行全反射,使光信号在纤芯中向前传播。纤芯成分为高纯度 SiO_2,掺有少量的掺杂剂(GeO_2、P_2O_5)以提高纤芯对光的折射率,以传输信号;包层成分为含有极少量的掺杂剂(B_2O_3)的高纯度 SiO_2,以降低纤芯的折射率,使光信号封在纤芯中传输。护套层保护光纤不受外部侵蚀、擦伤,可提高强度、可弯曲性及延长寿命。石英系列光纤具有低耗、宽带的特点,已广泛应用于有线电视和通信系统等。

3.2.4 水泥及混凝土外加剂

3.2.4.1 水泥主要成分

水泥是将黏土、石灰石和氧化铁粉等按一定比例混合磨细,制成水泥生料再经窑炉煅烧而成的;水泥具有水硬化性,是现代建筑的主要黏结材料。

硅酸盐水泥的主要矿物组成是硅酸三钙 $3CaO \cdot SiO_2$(简称 C_3S)、硅酸二钙 $2CaO \cdot SiO_2$(简称 C_2S)、铝酸三钙 $3CaO \cdot Al_2O_3$(简称 C_3A)、铁铝酸四钙 $4CaO \cdot Al_2O_3 \cdot Fe_2O_3$(简称 C_4AF)。通常水泥熟料组分中硅酸三钙占比 40%~60%(硅酸盐水泥 50%~60%,铝酸盐水泥约 40%)、硅酸二钙约占 20%,铝酸三钙和铁铝酸四钙的理论含量约占 22%(其中铝酸三钙在硅酸盐水泥中占比 7%~15%)。水泥烧制的主要反应是

$$2CaCO_3 \longrightarrow CaO + CO_2 \ (1000 \sim 1300 \ ℃)$$

$$2CaO + SiO_2 \longrightarrow 2CaO \cdot SiO_2 \ (750 \sim 1000 \ ℃)$$

$$3CaO + Al_2O_3 \longrightarrow 3CaO \cdot Al_2O_3 \ (1000 \sim 1300 \ ℃)$$

$$3CaO + Al_2O_3 + Fe_2O_3 \longrightarrow 3CaO \cdot Al_2O_3 \cdot Fe_2O_3 \ (1000 \sim 1300 \ ℃)$$

$$2CaO + CaO \cdot SiO_2 \longrightarrow 3CaO \cdot SiO_2 \ (1300 \sim 1400 \ ℃)$$

3.2.4.2 水泥的主要品种

1. 普通水泥

普通水泥是把石灰质和黏土质粉状原料混合物在 1450 ℃左右烧成水泥熟料,磨细(往往加少量石膏共同磨细)后得到;矿渣硅酸盐水泥是含有 20%~85%磨细的高炉炉渣的硅酸盐水泥,它热稳定和耐腐蚀性能较好,主要用于水利工程和高温车间工程等方面。

2. 火山灰水泥

火山灰水泥是含有 20%~50%磨细的火山灰质材料(如硅藻土、凝灰岩等)的硅酸盐水泥,主要用在水利工程上;高铝水泥又叫矾土水泥,它是含氧化铝较高的水泥(组成以铝酸钙为主),用于耐热、耐火、耐海水腐蚀和紧急工程等方面。还有很多特种水泥,如耐酸水泥,是由石英粉、长石粉、硅藻土或辉绿岩等和水玻璃、硅氟酸钠调和而成的胶凝材料,可耐酸、耐 200 ℃高温,广泛用于制造耐酸器材和防酸建筑物。

3. 快硬水泥

快硬水泥的原料和制法跟普通硅酸盐水泥相似,其中 $3CaO \cdot SiO_2$ 的含量较高,粒度也较细,用于制造混凝土构件及紧急工程;膨胀水泥是硬化时体积膨胀的水泥,用矾土水泥和消石灰制成的膨胀剂,再跟建筑石膏和水泥配制而成,可用来填塞建筑物的裂缝。

3.2.4.3 水泥的硬化

水泥用一定量的水拌和后,便能很快形成能黏结砂石等集料的可塑性浆体,随后经过凝结硬化逐渐变成具有一定强度的石状体,这说明水泥拌水后产生了一系列复杂的物理、化学和力学变化。一般常把由流动状态转变为固态的初期阶段称为"凝结"过程;而把此后逐渐

产生力学强度的过程称为"硬化"过程,但实际这两个阶段是没有明显界限的。

硅酸盐水泥拌和水后发生硬化,其中4种主要熟料矿物与水反应如下。

(1)硅酸三钙 C_3S 水化:常温下水化生成水化硅酸钙(C-S-H凝胶)和氢氧化钙。

$$3CaO \cdot SiO_2 + nH_2O \longrightarrow xCaO \cdot SiO_2 \cdot yH_2O + (3-x)Ca(OH)_2$$

(2)硅酸二钙 C_2S 的水化:C_2S 的水化与 C_3S 相似,只不过水化速度慢而已。

$$2CaO \cdot SiO_2 + nH_2O \longrightarrow xCaO \cdot SiO_2 \cdot yH_2O + (2-x)Ca(OH)_2$$

(3)铝酸三钙 C_3A 的水化:铝酸三钙的水化迅速,放热快,先生成介稳状态的水化铝酸钙,最终转化为水石榴石结构。

(4)铁相固溶体的水化:它的水化速率比 C_3A 略慢,水化热较低,即使单独水化也不会引起快凝,其水化反应及其产物与 C_3A 很相似。

3.2.4.4 混凝土外加剂

混凝土外加剂是指在拌制混凝土过程中掺入的用以改善混凝土性能的物质,其掺量一般不超过水泥质量的5%。外加剂已成为混凝土除四种基本组分以外的第五种重要组分。

根据不同的技术要求,使用不同类型的外加剂可以获得不同的使用效果和经济效益。根据国标GB8075—1987中混凝土外加剂的分类方法,混凝土外加剂按其功能主要分为以下5类:①改善混凝土流动性的外加剂,包括普通减水剂、高效减水剂、早强减水剂、缓凝减水剂、引气减水剂、泵送减水剂等;②调节混凝土凝结时间和硬化性能的外加剂,包括速凝剂、缓凝剂和早强剂等;③改善混凝土耐久性的外加剂,包括抗冻剂、防水剂等;④调整混凝土含气量的外加剂,包括引气剂、消泡剂等;⑤提高混凝土特殊性能的外加剂,包括膨胀剂、养护剂、阻锈剂等。

1. 减水剂

减水剂也称塑化剂、分散剂,是指在保证混凝土工作性能的条件下,能减少拌和用水量的外加剂。减水剂在混凝土中的作用机理主要是表面活性剂的分散、润湿和润滑作用。

根据减水剂的减水效果可将减水剂分为普通减水剂和高效减水剂。根据生产原料可分为萘系、蒽系、三聚氰胺系、氨基磺酸盐系、脂肪酸系和聚羧酸系减水剂等。下面简要介绍几种减水剂的主要品种。

木质素系减水剂:利用造纸蒸煮黑液提取的木质素,进行磺化改性可以得到一种减水剂,减水率较低(20%以下),掺量大,属于第一代产品淘汰品种。

聚萘磺酸盐系减水剂:利用煤炭焦化副产物工业萘或甲基萘进行磺化、甲醛缩合制得;根据硫酸盐含量分为普通型和高减水型两种。

磺化三聚氰胺树脂:利用三聚氰胺、甲醛、亚硫酸钠进行缩合、磺化等一系列反应制备得到的一类减水剂。

氨基磺酸盐减水剂:利用对氨基苯磺酸钠与甲醛、苯酚进行缩合反应制备得到,减水率高、可用于高强度混凝土中。

脂肪族减水剂：利用丙酮、甲醛、亚硫酸钠进行缩合反应制备得到的一类减水剂，减水率较氨基磺酸盐低。

聚羧酸减水剂：属于第四代减水剂，利用含双键的聚醚大单体与丙烯酸进行自由基共聚合得到，具有减水率高（可达40%以上）、掺量小、可配制高强度混凝土，适用于高层建筑、铁路、桥梁以及大型预制件等，是目前最主流的减水剂品种，发展前景广阔。

2. 早强剂

早强剂是指能提高混凝土早期强度，并对后期强度无显著影响的外加剂。早强剂可在常温和负温条件下加速混凝土硬化过程，多用于冬季施工和抢修工程。常用早强剂的品种有氯盐类、硫酸盐类、有机胺类及复合早强剂三大类。

氯盐类早强剂：氯盐加入可促进混凝土硬化和早强。其机理一是增加水泥颗粒的分散度。氯盐增加水泥颗粒对水的吸附能力，促使水泥水化和硬化。二是氯盐首先与硅酸三钙水解析出的氢氧化钙作用，形成氧氯化钙，并与水泥组分中的铝酸三钙作用生产氯铝酸钙，导致水泥水化液相中石灰浓度的降低和硅酸三钙水解的加速，胶体膨胀，水泥石孔隙减少，密实度增大，从而提高了混凝土的早期强度。

硫酸盐早强剂：硫酸盐能与水泥水化析出的氢氧化钙反应生成高分散度的石膏，其活性高，可与水泥中的铝酸三钙反应生成硫铝酸钙，同时反应生成的氢氧化钠又是一种活化剂，使水泥石中硫铝酸钙数量增加，促进了水泥凝结硬化的加快和早期强度的提高。

有机胺类早强剂：以三乙醇胺为例，三乙醇胺能促进水泥水化的同时还能与铁离子、铝离子等生成稳定且溶解度小的络盐，从而促使混凝土的早期强度提高。

3. 引气剂

引气剂是指在混凝土拌和物搅拌过程中，能引入大量分布均匀、稳定而封闭的微小气泡的外加剂。引气剂能减少混凝土拌和物的泌水离析，改善其和易性，提高硬化混凝土的抗冻性和耐久性。引气剂主要成分为阴离子或非离子表面活性剂。常用的有松香及其马来酸的皂化物、烷基苯磺酸盐、聚醚硫酸盐等。主要应用于抗冻混凝土、防渗混凝土、泌水严重的混凝土、抗硫酸盐混凝土及对饰面有要求的混凝土等。

4. 缓凝剂

缓凝剂是指能延缓混凝土凝结时间，并对混凝土后期强度发展无不利影响的外加剂。缓凝剂的品种及掺量应根据混凝土的凝结时间、运输距离、停放时间以及强度要求来确定。缓凝剂具有缓凝、减水、降低水化热等多种功能，适用于大体积混凝土、炎热气候条件下施工的混凝土、长期停放及远距离运输的商品混凝土，缓凝剂主要为多羟基类化合物如葡萄糖酸钠、柠檬酸钠、蔗糖等。

5. 速凝剂

速凝剂是指能使混凝土迅速凝结硬化的外加剂。其掺用量仅占混凝土中水泥用量2%~3%，却能使混凝土大约在5 min内初凝、12 min内终凝。速凝剂主要用于矿山井巷、铁路隧洞、引水涵洞、地下厂房等工程以及喷射混凝土工程。目前主要分为有碱速凝剂和无碱速凝剂,有碱速凝剂由于对混凝土后期强度损失大,故无碱速凝剂将是未来的主要方向。速凝剂的主要种类有以下 4 种。

(1)碱土金属碳酸盐和碱土金属的氢氧化物:其常规掺量为水泥重量的 2.5%~6%,主要是促进硅酸三钙等组分的水化作用。

(2)硅酸盐类速凝剂:可溶性硅酸钠或硅酸钾,主要用于湿拌喷射混凝土,液体状态,一般掺量很大(>10%胶凝材料),由于反应生成硅酸钙沉淀而加速凝结。这种速凝剂最大掺量不超过 15%,最终的强度损失限制在 30%左右。

(3)铝酸盐类速凝剂:主要有铝酸钠、铝酸钾,用于湿混喷射混凝土,常用剂量为 2.5%~5.5%。铝酸钾比铝酸钠速凝效果好。目前市场上普遍采用的是铝氧熟料(即铝矾土、纯碱、生石灰按比例烧制成的熟料)经磨细而制成。

(4)无碱液体速凝剂:能减小有碱速凝剂的强度损失,其主要由氢氧化铝的胶体分散液、硫酸铝、氟硅酸盐等无机盐、小分子有机酸等调制而成。

6. 防冻剂

防冻剂的主要作用是能够在一定的低温条件下降低混凝土中自由水的冰点,从而避免混凝土早期被冻胀破坏,适用于低温条件下施工。其主要成分为能降低水冰点的一类物质,如甲醇、氯化钠、硫酸钠等。

7. 防水剂

防水剂的主要功能是能够使混凝土或砂浆的抗渗性能显著提高。适用于地下防水、防潮工程、贮水工程、海防工程设施、跨海大桥等。其主要有铁盐类、聚合物类等。

3.3 高分子材料及助剂

3.3.1 高分子的概念

高分子是指相对分子质量大于 10^4 的分子,如天然的淀粉、纤维素等,高分子如果是由单体聚合形成很多重复单元连接而成的化合物,也叫高聚物;合成树脂属于人工合成的一类高聚物,广泛应用于制造塑料、纤维、橡胶,以及涂料、胶黏剂的基础材料。

高分子材料分类相对复杂、多样,按来源可分为天然高分子和合成高分子;按特性可分为无机高分子和有机高分子;这里重点讨论合成有机高分子材料,也可称为聚合物材料。其主要包括塑料、橡胶、纤维、胶黏剂和涂料。按合成高分子的反应历程可分为加聚物和缩聚物;按受热的行为可分为热塑性与热固性高分子;按高分子主链所含元素可分为碳链高分子材料和杂链高分子材料。

大多数高分子材料必须通过加工成型才能成为有应用价值的制品,故称高分子成型加工。在成型加工过程中一般要加入各种助剂来改善性能。

(1)塑料成型方法:热塑性树脂的加工成型方法有挤出、注射、压延、吹塑和热成型等。热固性树脂加工的方法一般采用模压。

(2)橡胶成型方法:一般要经过塑炼、混炼、压延或挤出成型和硫化等基本工序。

(3)纤维成型方法:一般通过纺丝方法,包括纺丝熔体或溶液配制、纤维成形及卷绕、后处理、初生纤维的拉伸和热定型等。

(4)胶黏剂、涂料制备方法:是以合成聚合物为基础材料,再复配多种其他助剂加工而成的一类精细化学品。

3.3.2 合成塑料及助剂

3.3.2.1 塑料的特性及分类

塑料是一类由合成树脂及填料、增塑剂、稳定剂、润滑剂、色料等添加剂组成的高分子材料,其抗形变能力中等,介于纤维和橡胶之间,塑料的主要成分是树脂。树脂是指尚未和各种添加剂混合的高分子化合物。塑料具有质轻、力学性能好、电绝缘性好、摩擦系数小等特性,其还具有较好的承载能力和尺寸稳定性,可用作建材、工程材料、电子材料、电子元件、轴承及齿轮等;加工成型性好,易于进行模塑,可采用不同树脂及添加剂或填料调节性能等特点,因此其品种多,用途广泛。

工业化生产的塑料品种约有300多种,常用的约有40种。塑料按热性质可分为热塑性塑料及热固性塑料,根据其用途可分为通用塑料及工程塑料。如加入填料或纤维则可制成层压塑料及复合树脂塑料。

3.3.2.2 塑料的成型

塑料一般在加工过程中要加入各种助剂及填料,其主要原料是合成树脂。塑料制品较少用单一聚合物(树脂)来成型加工,一般需要加入多种助剂及填料来调节性能。实用塑料制品的生产工序一般有如下几步。

(1)配料:树脂中还需加入增塑剂、稳定剂、着色剂、润滑剂、增强剂及填料等。

(2)成型:成型是将各种形态的塑料母体(粉、粒、溶液及其他分散体)与配料组合后在模具中加工成一定形状及尺寸的塑料制品。塑料加工成型有挤出、注射、压延、吹塑、模压、层压、流延、浇铸等成型技术,以制得管、棒、板、中空制品、薄膜、异形材等。

(3)二次加工:塑料成型后有时还需二次加工,如锯切、冷加工、热加工、电镀、防静电、磨光、抛光和装配等。塑料件接合采用的方法有焊接和黏合。焊接可用热熔焊接、热风焊接及超声焊接等;而黏合则要使用胶黏剂,一般用热熔胶、溶液胶等。

(4)表面修饰:指用各种方法赋予塑料制品平滑及美观的表面,如用涂料涂敷表面、溶剂处理表面增亮、表面贴覆、彩印、烫印、镀金属等。

3.3.2.3 常见的塑料

由加成聚合得到的主要热塑性塑料品种及聚合类型列于表3-3-1。由缩聚及逐步聚合反应得到的主要热塑性树脂见表3-3-2,常用的热固性树脂见表3-3-3。

表 3-3-1　由加聚反应得到的聚合物的结构及聚合类型

名称/缩写	结构式	基本性能及用途
聚乙烯/PE	$+CH_2CH_2+_n$	自由基聚合得到的是高压聚乙烯,高压聚乙烯分子链上有较多支链,结晶度65%,密度也较低,故称为低密度聚乙烯;配位聚合制得是低压聚乙烯,又称高密度聚乙烯,其分子链为直链。具有良好的电绝缘性、耐寒性(-70℃)、化学稳定性,主要用作食品包装、电绝缘材料、制备农用薄膜等
聚丙烯/PP	$+CH_2CH+_n$ $\ \ \ \ \ \ \ \ \ \ \ CH_3$	由配位聚合制备,为等规(或间规)结构,具有高电绝缘性、耐寒性和耐热性、化学稳定性和低吸水性及低透气性,在135℃热蒸气中100 h不破坏。150℃下外力作用也不变形,主要用作薄膜、管材和片材等,是重要的包装高分子材料
聚苯乙烯/PS	$+CH_2CH+_n$ $\ \ \ \ \ \ \ \ \ \ \ C_6H_5$	由自由基聚合制备,聚苯乙烯的产量仅次于聚乙烯和聚氯乙烯。溶于芳烃,熔体黏度低、电性能好、高频介电损耗小、尺寸稳定、易加工,广泛用作高频绝缘材料。染色印刷性好、折光率高、色泽美观,适于制备玩具和日用品,但不耐冲击、不耐热
聚氯乙烯/PVC	$+CH_2CH+_n$ $\ \ \ \ \ \ \ \ \ \ \ Cl$	由自由基聚合得到,占塑料总产量的1/5。化学稳定性良好,阻燃性、耐磨性、力学性能均好,但耐热性差,130℃左右开始分解,其制品可分为软质和硬质两种,前者加入较多增塑剂,后者加入少量或不加增塑剂。聚氯乙烯主要用作薄膜、管材、板材、建材、人造革及涂料等
聚四氟乙烯/PTFE	$+CF_2CF_2+_n$	由自由基聚合得到,化学稳定性优异、耐酸碱、力学性能优良、耐热性和耐寒性好,具有优良的电绝缘性,广泛用作工程材料、电子工业绝缘材料、抗化学试剂的耐腐蚀和耐高温材料等
聚乙烯基醚/PEO	$+CH_2CH+_n$ $\ \ \ \ \ \ \ \ \ \ \ OR$	由阳离子聚合得到,具有高度化学稳定性高,当R为甲基和乙基时,为不溶性;R为异丁基时,成为油溶性高分子,可用于胶黏剂、涂料和密封材料
聚醋酸乙烯酯/PVAc	$+CH_2CH+_n$ $\ \ \ \ \ \ \ \ \ \ \ OCOCH_3$	自由基聚合得到,具有吸水率较高,可水解制备聚乙烯醇。另外可作为涂料及胶黏剂主要成分,聚合物乳液称为白乳胶
聚甲基丙烯酸甲酯/PMMA	$\ \ \ \ \ \ \ \ \ \ \ CH_3$ $+CH_2C+_n$ $\ \ \ \ \ \ \ \ \ \ \ COOCH_3$	由自由基聚合得到,其特点是透光率高,普通光线为90%~92%,紫外光可透过73%~76%,耐冲击、不易碎,可溶于氯仿等有机溶剂,缺点是表面硬度低、耐磨性差。主要用作各种仪器仪表的外壳、透光材料等

表 3-3-2 由缩聚及逐步聚合反应得到的热塑性树脂

名称/缩写	重复单元	基本性能及用途
聚酰胺-66 PA-66	$-[NH(CH_2)_6NHC(O)(CH_2)_4C(O)]_n-$	强韧、耐磨、耐化学腐蚀、易成形、具自润滑性,可制作大型塑料制件
热塑性聚酯 PET,PBT	$-[C(O)-C_6H_4-C(O)OCH_2CH_2O]_n-$	透明、综合性能好,用于生产聚酯瓶等,也是重要的工程塑料
聚碳酸酯 PC	$-[C_6H_4-CH_2-C_6H_4-OC(O)O]_n-$	综合性能优异,有特别高的韧性、硬度、抗冲击、抗压强度及电性能好,可用作结构材料、防弹玻璃等
聚氨酯 PU	$-[C(O)NHRNHC(O)OR'O]_n-$	有优良的力学性能、耐油性及耐化学品性,主要用于制备泡沫塑料以及涂料、氨纶等
聚酰亚胺 PIM	(酰亚胺结构重复单元)	耐高温、耐辐射、电性能优异,可在 280 ℃长期使用,不熔不燃,但不耐强碱。需高压、高温成型,是重要的工程塑料和耐热材料
聚砜 PSU,PSF	$-[C_6H_4-SO_2-C_6H_4-R]_n-$	有高硬度、抗冲击强度及抗蠕变性、电性能优异、耐热性和耐低温性,可作为耐高温、高强度、抗蠕变的结构材料等
聚甲醛 POM	$-[OCH_2]_n-$	高熔点、高结晶、高强度、韧性和尺寸稳定性好,是重要的工程塑料

表 3-3-3 主要的热固性塑料品种

树脂种类	固化反应	特点
酚醛树脂/PF	酚 + 甲醛 $\xrightarrow{H^+}$ 交联酚醛结构	分为热塑性树脂和热固性树脂,热固性树脂采用压力下热成型,坚硬耐磨、耐热、阻燃、电绝缘性好、强度高,俗称电木
脲醛树脂/UF	脲 + 甲醛 $\xrightarrow{\Delta}$ 交联脲醛结构	压力下加热成型。无色半透明、染色性优良、电绝缘性好,俗称电玉
三聚氰胺甲醛树脂/MF	三聚氰胺羟甲基衍生物 $\xrightarrow[-H_2O]{\Delta}$ 交联结构	压力下加热成型。坚硬、耐刮磨、耐热、耐水性、抗电弧性和机械性能均优于脲醛树脂
不饱和聚酯聚酯/UPE	不饱和聚酯 + 苯乙烯 $\longrightarrow$ 交联聚酯	常压下室温成型。用于玻璃钢的聚酯约占总产量 80%,也用作涂料和模塑粉

续表

树脂种类	固化反应	特点
环氧树脂/EP	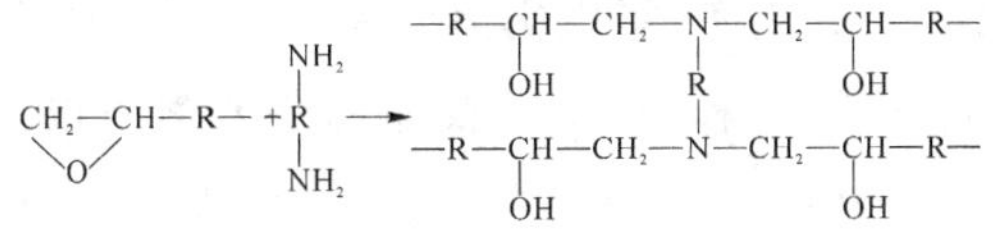 (结构式)	常压室温固化。优异的黏接性和机械强度、电性能好、耐热、吸水率低、成型收缩率小
有机硅树脂/SI	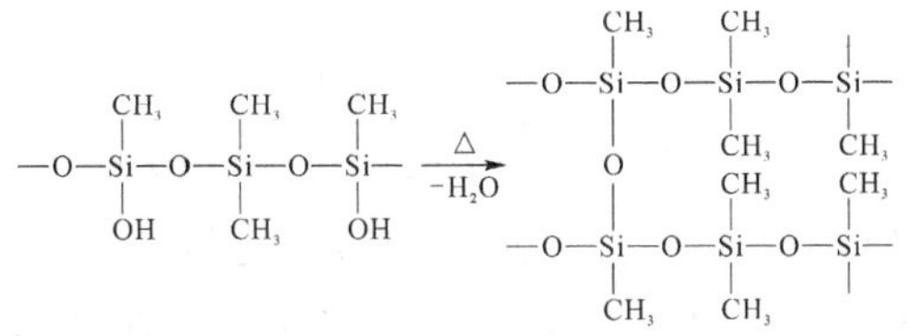 (结构式)	压力下加热(或固化剂)成型。耐高温、耐水、憎水、耐候性、阻燃性、绝缘性能优异,主要用于生产涂料、绝缘材料、高温胶黏剂,耐热耐冲击耐电弧模塑料和电子封装材料

3.3.2.4 塑料加工助剂

塑料助剂是能赋予塑料及其加工产品以特殊性能的化学品。它在塑料工业中起着重要的作用,可使塑料产品改进性能,提高质量,扩大用途。塑料助剂主要有增塑剂、阻燃剂、抗氧剂、润滑剂、热稳定剂、抗冲击改性剂、着色剂、光稳定剂、化学发泡剂、抗静电剂和填充剂等。随着塑料工业的迅速发展,塑料助剂的需求也愈来愈大。

1. 增塑剂

增塑剂是一种可与塑料或合成树脂兼容的化学品。它能使塑料变软并降低脆性。改变增塑剂的用量能调节塑料的柔软度,还可改善加工过程。国内外主要增塑剂品种见表3-3-4。

表3-3-4 常见的增塑剂品种

类别	主要品种
邻苯二甲酸酯类	邻苯二甲酸二辛酯(DOP)、二异癸酯、二异壬酯、二丁酯等
脂肪酸二元酸酯类	己二酸二异辛酯、己二酸二异癸酯、癸二酸酯、戊二酸酯等
环氧化合物类	环氧大豆油(EIS)、环氧脂肪酸单酯等
磷酸酯类	磷酸三苯酯(TPP)、磷酸三辛酯等
偏苯三甲酸酯类	偏苯三酸三辛酯、三(2-乙基)酯等
聚酯类	己二酸/丙二酸聚酯等
氯化石蜡	含氯70%的正构氯化石蜡,用量最大
二元醇和多元醇酯类	缩二醇的苯甲酸酯和异丁酸酯、己戊四醇酯等

2. 阻燃剂

阻燃剂是一种可赋予易燃聚合物难燃性的功能性助剂,主要是针对高分子材料的阻燃设计的,阻燃剂有多种类型,按使用方法分为添加型阻燃剂和反应型阻燃剂。

添加型阻燃剂是通过机械混合方法加入聚合物中,使聚合物具有阻燃性,目前添加型阻燃剂主要为有机和无机两大类。有机阻燃剂是以卤系、磷氮系、氮系和红磷系为代表的一类阻燃剂,无机阻燃剂则是三氧化二锑、氢氧化镁、氢氧化铝等为代表的一类阻燃剂。

高分子材料的燃烧一般由热、氧、可燃材料、自由基反应四个要素组成。所以其阻燃也可通过以下几种途径实现阻燃:①提高材料的热稳定性;②捕获自由基;③形成非可燃性保护层;④吸收热量;⑤形成重质气体隔离层;⑥稀释氧气和可燃气体。

3. 稳定剂

大多数塑料在保存和使用过程中由于空气中氧气、光、热的作用会引起聚合物降解。为了防止及抑制这种降解作用,必须加入抗氧剂、光稳定剂和热稳定剂。

(1)抗氧剂:由被氧化产生的活性自由基与抗氧剂反应形成稳定的抗氧自由基;或者由氢过氧化物分解剂生成稳定产物。塑料工业用得最广泛的是阻碍酚类(受阻酚),其多数无色、无毒,广泛用于聚烯烃类塑料和乳胶制品中。

(2)光稳定剂:光稳定剂是高分子制品(例如塑料、橡胶、涂料、合成纤维)的一类添加剂,它能屏蔽或吸收紫外线的能量,阻止或延迟光老化的过程,从而达到延长高分子聚合物制品使用寿命的目的。按作用机理光稳定剂可分为光屏蔽剂、紫外线吸收剂、紫外线淬灭剂和自由基捕获剂4类:

①光屏蔽剂是通过遮蔽或反射紫外线提高其稳定性。光屏蔽剂有炭黑、氧化钛、酞菁蓝等无机或有机颜料,其中炭黑屏蔽效果最好。

②紫外线吸收剂是指能有效地吸收波长为290~410 nm的紫外线,本身具有良好的热稳定性和光稳定性,并能将能量转变为无害的热能形式放出。一般有邻羟基二苯甲酮类、苯并三唑类、水杨酸酯类、三嗪类、取代丙烯腈类。

③紫外线淬灭剂是指将材料中发色团所吸收的能量以热量、荧光或磷光的形式发散出去以保护聚合物免受紫外线破坏,又称能量转移剂,如二价镍的有机配体螯合物。

④自由基捕获剂是一类能捕获高分子材料中所生成的活性自由基,从而抑制光氧化过程,达到光稳定目的。

(3)热稳定剂:塑料加工的主要助剂之一,能防止塑料加工过程中的降解,能使制品在使用过程中长期防止热、光和氧的破坏作用。主要品种是铅盐、金属皂类、有机锡类等。

4. 发泡剂

发泡剂是泡沫塑料和海绵橡胶制品等发泡材料在加工条件下使制品形成微孔结构的一种添加剂。常用的发泡树脂有聚苯乙烯、聚氨酯、聚乙烯、聚氯乙烯等。具有质轻、隔热、隔音等特性,用途广泛。发泡剂按气体形成的机理可分为物理发泡剂和化学发泡剂。物理发泡剂一般是低沸点、能够溶于塑料的液体或易于升华的固体,常用的物理发泡剂有戊烷、已烷等,其沸点一般不超过100 ℃;惰性压缩气体如氮气、二氧化碳等。化学发泡剂无机的如碳酸铵、碳酸氢铵、碳酸氢钠、过氧化氢等;有机的发泡剂见表3-3-5。

表 3-3-5　有机发泡剂特点及应用

类型	发泡剂	分解温度/℃	产气量/(mL·g^{-1})	主要用途
亚硝基类	二亚硝基五次甲基四胺 H	130~190	136	橡胶、聚烯烃、聚酯、酚醛、尼龙等
	N,N'-二甲基-N,N'-亚硝基对苯二甲酰胺 NTA	105	180	PVC、聚氨酯、硅橡胶等
偶氮类	偶氮二甲酰胺 AC	160~200	250~300	PVC、PP、PS、EVA、ABS橡胶等
	偶氮异丁腈 AIBN	95~115	130~155	PVC、PE、PS、环氧树脂、橡胶等
酰肼类	对甲苯磺酰肼 TSH	100~110	110~125	海绵橡胶、塑料、运动鞋、胶布等
	1,3-苯二磺酰肼 BDSH	115~130	170	橡胶、鞋底等
脲基类	硝基脲	100~130	380	热塑性、热固性塑料
	硝基胍	230~240	280~310	PE、PP等

3.3.3　合成纤维

3.3.3.1　纤维的概念

纤维是指柔软纤细的丝状物。一般认为纤维的长度大于其直径的 100 倍以上。纤维一般是线状高分子材料;按来源可分为天然纤维和合成纤维。

合成纤维是指用合成高分子为原料制得的纤维。1913 年人们制得了 PVC 纤维,1938 年 Nylon-66 问世;1950 年聚乙烯醇、聚丙烯腈纤维问世;1953 年聚酯纤维投产,1957 年聚丙烯纤维工业化。目前,世界生产的合成纤维主要约有 40 多种,年产量几乎占纺织原料的一半,其中聚酰胺、聚酯和聚丙烯腈纤维占化学纤维总产量约 90%。

天然纤维:矿物纤维有石棉;植物纤维有棉纤维;动物纤维有蚕丝、羊毛。

人造纤维:无机纤维有金属纤维、玻璃纤维、陶瓷纤维;有机纤维有醋酸纤维素、硝化纤维素、大豆蛋白纤维、酪素纤维等。

合成纤维:杂链纤维有聚酰胺、聚氨酯、聚酯;碳链纤维有聚丙烯腈、聚乙烯醇缩甲醛、聚丙烯、聚氯乙烯、聚四氟乙烯。合成纤维具有一些特殊的性能,如高温耐腐蚀纤维(聚四氟乙烯等)、高强度纤维(聚对苯二甲酰间苯二胺、聚苯并咪唑纤维等)、高模量纤维(如碳纤维)、耐辐射纤维(聚酰亚胺纤维)及抗燃纤维、光导纤维、吸油纤维等。

3.3.3.2　合成纤维的基本特性

纤维与橡胶相比一般不易变形,其伸长率为 10%~50%。成纤高聚物一般为热塑性高分子,分子链上带有极性基,结晶倾向大、弹性模量高。具有一定的玻璃化转变温度(T_g)和适当的熔点(200～300 ℃)。以适应熔融纺丝、热洗和熨烫。

合成纤维具有强度高、质轻、易洗、快干、弹性好、防霉、防蛀等优点,且不同结构合成纤维具有不同性能,如聚酰胺纤维耐磨,聚酯纤维不易起皱,聚丙烯腈纤维有保暖性和良好的手感等,合成纤维亦可与其他纤维混纺、交织,可大量用于衣料及室内装饰材料等。

合成纤维还具有耐摩擦、高模量、低吸水率、耐酸碱、电绝缘性好等特性,在工业领域用于制作轮胎用帘子线等增强材料,也用于可制作绳索、运输带、传动带、帆布、滤布、潜水服、涂层织物等。

3.3.3.3 合成纤维的生产方法

合成纤维的生产分成纤聚合物制备、纺丝成形和后处理三大工序。

聚合物制备:成纤聚合物可通过聚合反应制得,所得聚合物可制成切片或溶液,然后经熔融或溶解于溶剂中,制得纺丝液,用于纺丝。

纺丝成形:根据聚合物结构与性能的不同,可采用不同的纺丝方法,如聚酰胺、聚酯、聚烯烃等聚合物常采用熔融(体)纺丝,而聚丙烯腈、聚乙烯醇、聚氯乙烯、聚氨酯等则可采用湿法纺丝或干法纺丝。有一些聚合物的结构和性质特殊,可用乳液纺丝、混合纺丝、干喷湿纺、喷射纺丝、膜裂纺丝等方法。

3.3.3.4 常用的合成纤维

合成纤维常用品种的结构与性能等见表3-3-6。

表3-3-6 主要合成纤维的结构与性能

种类	典型产品	性能	应用
聚酯纤维/PET,PBT	$\mathrm{+\!\!\!\!-\!\!C\!\!-\!\!C_6H_4\!\!-\!\!COCH_2CH_2O\!\!-\!\!\!\!+\!_n}$	弹性模量高,耐热,洗后不皱,强度较羊毛高3倍。染色性和吸湿性差	衣着及室内装饰,制作弹力丝、传动带及渔网等,亦可用作电绝缘材料和工程塑料
聚酰胺纤维/锦纶,尼龙,PA	$\mathrm{+\!\!\!\!-\!\!NH(CH_2)_6NHC(CH_2)_4C\!\!-\!\!\!\!+\!_n}$	强度高、回弹性好、耐疲劳、耐虫蛀性、耐磨性好,密度低,比棉轻35%,染色性好	制造特种服装,如飞行服、宇宙服、防护服及防弹衣等,飞船和人造卫星结构增强材料、高速轮胎帘子线等
芳轮纤维	$\mathrm{+\!\!\!\!-\!\!C\!\!-\!\!C_6H_4\!\!-\!\!CNH\!\!-\!\!C_6H_4\!\!-\!\!NH\!\!-\!\!\!\!+\!_n}$	有良好强度的产品,是高强度、高模量、耐高温、耐辐射、低延伸的特种纤维	生产长丝纤维,与天然纤维混纺可提高产品的强度和耐磨性
聚氨酯纤维/PU,氨纶	$\mathrm{+\!\!\!\!-\!\!OCNHRNHCOR'O\!\!-\!\!\!\!+\!_n}$	具有高弹性、高回复性及高断裂伸长率,耐热性好,不形变,但强度较低	弹性编织物或纺织物,如滑雪服、运动服、宇航服及医疗织物等

续表

种类	典型产品	性能	应用
聚苯并咪唑纤维/PBI	(结构式：苯并咪唑与苯环连接的聚合物)	耐高温350 ℃,不软化,尺寸、化学稳定性好,是唯一兼有耐高温、耐化学腐蚀及良好纺织性能的合成纤维	在工业中可用作石棉代用品、高温防护服及传送带等,还可制作宇航员的加压安全服
聚四氟乙烯纤维/PTFE,氟纶	$\text{\textemdash}[CF_2CF_2]_n\text{\textemdash}$	化学稳定性极佳,耐腐蚀性优,摩擦系数小,耐高温,但染色性与导热性差	用作高温粉尘滤袋,耐强腐蚀过滤气体、液体的滤材、泵及阀的填料密封袋等
聚氯乙烯纤维/PVC,氯纶	$\text{\textemdash}[CH_2CH]_n\text{\textemdash}$ $\quad\quad\quad\ \ \|$ $\quad\quad\quad\ \ Cl$	具有自熄性,对酸、碱、氧化剂及还原剂稳定,保暖性好,缺点是耐热性差,不能熨烫	以短纤维及鬃丝为主,可用于制作家具装饰织物、过滤材料、防火装饰材料及各种民用织物
聚丙烯腈纤维/PAN,腈纶	$\text{\textemdash}[CH_2CH]_n\text{\textemdash}$ $\quad\quad\quad\ \ \|$ $\quad\quad\quad\ \ CN$	弹性好,蓬松柔软,强度、保暖性比羊毛高2倍,比羊毛轻约1/5,耐候性好,可耐180 ℃高温,不生霉、不虫蛀	称人造羊毛,用作毛线及地毯等,常用作混纺绒线和细绒线,还可用作室外装饰用织物
聚乙烯醇缩醛纤维/PVA,维纶	(聚乙烯醇缩醛结构式)	强度好、柔软、保暖性好,吸湿率高,耐光、耐酸碱,但耐热性差,软化点只有120 ℃	主要用作工业织物,如帆布、防水布、滤布运输带、包装材料和工作服等,有合成棉之称
聚丙烯纤维/PP,丙纶	$\text{\textemdash}[CH_2CH]_n\text{\textemdash}$ $\quad\quad\quad\ \ \|$ $\quad\quad\quad\ \ CH_3$	由等规聚丙烯制得,是化学纤维中最轻的品种,强度高,耐磨性仅次于尼龙,但染色性差	主要用在装饰用布和工业领域,如各种家具布、装饰布、地毯、运输带绳及包装材料等

3.3.4 合成橡胶及助剂

3.3.4.1 橡胶的概念

橡胶是指在很宽的温度范围内具有高弹性的一类高分子材料。其伸长率一般为500%～1000%。橡胶是非常重要的材料之一,一艘万吨巨轮需10 t橡胶,一辆坦克要用800 kg橡胶。

橡胶按来源可分为天然橡胶及合成橡胶。从橡胶树得到的乳白色胶液,称之为天然胶乳,实质是天然橡胶的水分散液,含胶量为30%～40%,此外还含有6%～11%的非橡胶物质,如蛋白质、树脂(丙酮抽提物)、糖类和灰分等。除部分胶乳经浓缩后可用作胶乳工业的原料外,绝大部分胶乳要经凝固而加工成固体生胶,以作为橡胶制品厂的主要原料。

通过聚合方法得到的橡胶称为合成橡胶。合成橡胶按用途可分为两类:一类为通用橡胶,其性质与天然橡胶相近,主要用于制造各种轮胎、其他工业品(如运输胶管、垫片、密封圈、电线、电缆等)、日常生活用品(如胶鞋、热水袋等)和医疗卫生用品;另一类是具有耐寒、耐热、耐油、耐腐蚀、耐辐射、耐臭氧等某些特殊性能的特种合成橡胶,用于制造在特定条件下使用的橡胶制品。通用合成橡胶和特种合成橡胶之间并没有明显的界线,有些合成橡胶兼具上述两方面的特点。合成橡胶的分类及主要品种有

通用橡胶:丁苯橡胶、顺丁橡胶、异戊橡胶、氯丁橡胶、乙丙橡胶、丁基橡胶等。

特种橡胶:丁腈橡胶、硅橡胶、氟橡胶、聚硫橡胶、聚氨酯橡胶、丙烯酸酯橡胶等。

3.3.4.2 橡胶的成型加工方法

橡胶的成型加工一般要经过塑炼、混炼、压延或挤出成型和硫化等基本工序;橡胶加工的工艺流程如图 3-3-1 所示。

(1)塑炼:是指采用机械或化学的方法,降低生胶的相对分子质量和黏度,提高其流动性和可塑性,以满足后加工需要。塑炼中主要是机械降解和热氧化降解,分子断链等。

(2)混炼:借助机械作用使各种助剂均匀地分散在胶料中。混炼时应尽量不降低橡胶的力学性能。助剂主要有硫化剂、硫化促进剂、防老剂、增强剂、填充剂、着色剂等。

(3)成型:成型是指将混炼胶通过压延机制成一定厚度的胶片,或者通过螺旋压出机制成具有一定断面的半成品,如胶管、胎面胶和内胎等,然后再把各部件按橡胶制品的形状组合起来,最后就可进行硫化。

(4)硫化:硫化是成形品在一定温度、压力下形成网络结构的过程,其结果使制品失去塑性,同时获得高弹性。

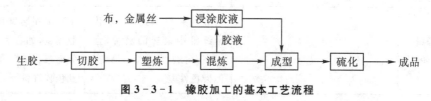

图 3-3-1 橡胶加工的基本工艺流程

橡胶硫化的机理:因生橡胶的分子结构中含有 C=C 的双键等活性基团,一般用硫黄作硫化剂,硫化过程中由于形成硫桥(实则为含硫化学键)使分子链交联。对于饱和的二元乙丙橡胶,可用金属氧化物、过氧化物(如过氧化苯甲酰)等非硫硫化剂进行交联,故橡胶硫化实际可看作是轻度的化学交联。

3.3.4.3 常用的合成橡胶

合成橡胶有丁苯橡胶、顺丁橡胶、丁基橡胶、异戊橡胶、乙丙橡胶、氯丁橡胶和丁腈橡胶七个主要品种,其中丁苯橡胶占合成橡胶总产量的 60%。基本性质及用途见表 3-3-7。

表 3-3-7 合成橡胶的主要品种及基本性质

品种/缩写	制备方法	基本性质	主要用途
丁苯橡胶/SBR	由丁二烯和苯乙烯通过自由基乳液共聚制得,无规结构	耐磨性和耐老化性较天然橡胶好,物理性能与天然橡胶相近,但力学强度较差	制造轮胎及其他一般橡胶制品
顺丁橡胶/BR	由丁二烯通过阴离子或配位聚合,后者顺式结构含量更高,称为高顺式聚丁二烯	耐高频、抗曲扰弹性及耐磨性超过天然橡胶及丁苯橡胶,耐老化性能好,易于注塑成型,加工性能较差,抗撕性、黏结性不好	主要生产轮胎,但抗剥落、抗撕裂和抗穿刺性能较差,常和其他橡胶共混改性
丁基橡胶/IIR	由异丁烯和异戊二烯通过阳离子共聚合反应	无色弹性体,气密性极佳,防水性优异,耐热、耐寒、耐候、耐冲击、耐化学品性优良,但硫化慢,黏着性、耐油性不良	用于制造气密性高的内胎、气球、汽艇和防毒面具、无内胎轮胎等
异戊橡胶/IR	高顺式聚 1,4-异戊二烯,采用配位聚合或阴离子聚合反应	结构和性能与天然橡胶相近,但生胶强度、黏着性、加工性能等稍低于天然橡胶,炼胶易黏辊	主要用于轮胎生产
乙丙橡胶/EP 三元乙丙橡胶/EPDM	乙烯和丙烯经配位共聚得到乙丙橡胶,亦可加入非共轭双烯作为第三单体,得到三元乙丙橡胶	结构中不含双键,硫化性能差,可用过氧化物硫化。耐老化、耐高压、电绝缘性好,可充油,缺点是抗撕裂性差,与帘子线的黏结性不好	用于制造耐臭氧和室内用的橡胶电气绝缘零件等
氯丁橡胶/CR	由单体氯丁二烯经乳液聚合而得	抗伸强度好、耐曲扰、耐油耐老化、耐酸碱、耐燃,气密性仅次于丁基橡胶,比天然胶高 6 倍。主要缺点是耐寒性、绝缘性差	既可作通用橡胶,也可作特种橡胶,还大量用作胶黏剂(常温下可保存 1 年)
丁腈橡胶 NRR	由丁二烯和丙烯腈共聚而成	共聚物中丙烯腈含量愈高,耐油、性愈好,但耐寒性愈差,耐热、耐老化、耐磨、气密性和黏合性优良	主要用于制耐油橡胶制品、垫圈、垫片及软胶管等,是重要的弹性材料
氟橡胶	由含氟单体高压下乳液共聚	无臭、无毒、机械强度高,耐压缩、永不变形,耐热性、耐化学品性优异	特种橡胶,生物材料
硅橡胶	含羟基硅油或含不饱和键硅油单体进行缩聚或共聚	无臭、无毒、耐高低温性能好,耐候、耐臭氧、电绝缘性优良	特种橡胶、生物材料

3.3.4.4 橡胶加工助剂

为了使橡胶在较广的温度范围内具有弹性高、塑性小、强度大的使用性能,必须增加橡胶分子间的交联度,形成体型结构,对橡胶进行硫化。橡胶和塑料一样,在成型加工过程和使用中,也会受到外界光、热、空气、臭氧和机械作用等影响,必须添加防老剂、抗氧剂等。此外,需要添加补强剂、填充剂、软化剂、防焦剂、塑解剂、增黏剂、脱模剂等,以上助剂总称为橡胶加工助剂。

1. 硫化促进剂

能使橡胶分子链适度交联反应的化学品称硫化剂,硫化剂能降低生胶的可塑性,增强弹性和强度。最早使用的硫化剂是硫黄,其硫化慢,时间长,加入硫化促进剂可缩短硫化时间,减少硫黄用量。硫化促进剂简称促进剂,有机物占比多,无机促进剂中有氧化镁、氧化铅和氧化锌等,氧化锌是白色着色剂和氯丁胶的硫化剂;金属过氧化物如过氧化钙、过氧化铅等也有好的硫化效果;氧化锌与其他硫化促进剂并用、效果好。常见的有机硫化促进剂主要有以下5类。

(1)醛胺类:促进剂 H(六次甲基四胺),适用于普通橡胶制品。

(2)胍类:促进剂 D(1,3-二苯胍)、促进剂 DT(邻甲苯胍),适用于天然和合成橡胶。

(3)噻唑类:促进剂 M(2-巯基苯并噻唑),可用作促进剂,兼有增塑剂功效,适用于轮胎、胶鞋、工业橡胶制品。促进剂 DM(二硫化二苯并噻唑)为快速促进剂,硫化临界温度170 ℃,制品易着色,与其他促进剂并用协同性好。

(4)次磺酰胺:次磺酰胺促进剂为迟效性促进剂,适用于天然橡胶、天然再生胶、丁苯和二烯烃系合成橡胶等,典型的次磺酰胺类促进剂有次磺酰胺 NS(N-叔丁基-2-苯并噻唑次磺酰胺),还有促进剂 CZ(环己基苯并噻唑次磺酰胺)等。

(5)二硫代氨基甲酸酯类:代表性的促进剂 PZ(二甲基二硫代氨基甲酸锌)。用于白色和浅色橡胶制品、食品和医疗用橡胶制品等,硫化临界温度约100 ℃,硫化时较易分散,为防止早期硫化应添加氧化锌。

2. 防老剂

一般防老剂分为天然防老剂、物理防老剂和化学防老剂。通用的有机防老剂有醛胺类、酮胺类、胺类、酚类和混合防老剂等。

(1)酚类防老剂:防老剂 SP,又称苯乙烯化苯酚,一般由苯乙烯与苯酚反应制得,对氧、紫外线的抗变色性强,分散性好,不易析出,污染小,适用于白色或浅色橡胶制品。264(BHT),学名 2,6-二叔丁基-4-甲酚为各项性能优异的通用性抗氧化剂、防老剂,不变色、不污染,可用于多种合成胶、天然橡胶,也可用于塑料制品、石油化工产品以及食品工业中作为抗氧化剂,是目前产量最大的高效抗氧化防老剂。

(2)胺类防老剂:防老剂 A,其学名为 N-苯基-α-萘胺,适用于天然橡胶、二烯系合成橡胶和氯丁橡胶用防老剂。用于海底电缆、电线、胶带、防雨布、胶鞋等制品,可与其他防老剂并用。对空气、热老化都有防护作用。在橡胶中的分散性好,常伴有喷霜的特征。防老剂4010,其学名为 N-环己基-N'-苯基对苯二胺,是高效防老剂,其系列还有防老剂 4010NA,对臭氧、机械应力引起的屈挠疲劳有优异的防护效能。对热、氧、高度辐射和铜害也有显著的防护作用。对硫化无影响,分散性良好;用于飞机、汽车、自行车、电缆及其他工业橡胶制品。

(3)咪唑类防老剂:防老剂 MB,学名 2-巯基苯并咪唑,为二次防老剂,与其他防老剂并用,可提升防老化效果,且制品不变色、不污染,应用范围广,特别适用于透明、白色和色彩鲜艳制品;防老剂 MBM,学名 2-巯基甲基苯并咪唑,为顺丁橡胶、丁腈橡胶的二次防老剂。

(4)醛胺、酮胺类防老剂:老剂 AP,学名 3-羟基丁醛-α-萘胺,是 3-羟基丁醛与α-萘胺的缩合物,为天然橡胶、二烯系合成橡胶用防老剂。抗氧性及热稳定性优越,广泛用于汽车和自行车轮胎、橡胶运输带、耐热橡胶管、橡胶垫、电线、橡胶护套等。所得制品为暗黑色,由于致癌而被禁用。防老剂 BA 是二苯胺与丙酮的缩合反应产物,一般用于天然橡胶和二烯系合成橡胶的防老剂。热稳定性好、抗龟裂,但易变色,只适用黑色内外胎。

3.3.5 功能高分子材料

3.3.5.1 功能高分子的概念

功能高分子材料一般是指由于本身结构特点而具有某种功能的高分子材料,即高分子材料对外部作用,如力、热、光、电、化学品等有一定的响应,产生功能性的作用效果。功能高分子可分为物理功能高分子、化学功能高分子和生物医用功能高分子三大类,其中功能树脂是一类重要有机功能高分子材料。

(1)化学功能树脂:高分子分离材料(如离子交换树脂、吸附树脂等);高分子感光材料(如光刻胶、光固化油墨、光固化涂料、光固化胶等)。

(2)物理功能树脂:高分子光电材料(如导电高分子、光变色高分子、光敏高分子、荧光高分子、光导纤维、光电池等);高分子凝胶材料(如物理化学响应凝胶、吸水性树脂等);高分子液晶材料(如显示材料、记忆信息材料)。

(3)生理功能树脂:高分子药物及载体、人工组织材料等。

功能高分子材料的制备方法可归纳为以下三种。

(1)功能单体聚合或缩聚反应:将含有功能基的单体通过聚合或缩聚制备具有某种功能基的聚合物;功能基团在高分子链段上均匀分布,且每个链节上都有功能基团。

(2)高分子的功能化反应:通过化学反应将功能性基团引入现有的天然或合成高分子链上,方便、廉价、原料多、可以实现材料的多功能

(3)功能材料复合方法:通过在高分子加工过程中引入一些小分子化合物或其他添加剂而使高分子具有某些特殊功能性质。

3.3.5.2 离子交换树脂

1. 特点及分类

离子交换树脂是一类带有功能基的网状结构的高分子,其结构由三部分组成:不溶性的三维空间网状骨架,连接在其骨架上的功能基团和功能基因所带的相反电荷(为可交换的离子)。根据树脂所带的可交换的离子性质,有阳离子交换树脂和阴离子交换树脂之分。

大孔离子交换树脂是 20 世纪 60 年代发现的一种树脂,其特点是在整个树脂内部无论干、湿还是收缩、溶胀,在水中状态下,都存在着比凝胶型树脂中更多更大的孔道,因而比表

面积大,离子更容易迁移扩散,交换速度快,效率高。根据离子交换树脂功能基的性质不同将其分为强酸、强碱、弱酸、弱碱、混合、两性、氧化还原等七大类。

阳离子交换树脂是一类骨架上结合有磺酸基和羧酸基等酸性功能基的聚合物。有强酸型(含—SO_4H)和弱酸型(如—$COOH$)之分;在水溶液中其交换基团可发生解离。

阴离子交换树脂是一类骨架上结合有季铵基、伯胺基、仲胺基、叔胺基的聚合物。其中,含季铵基为交换基树脂,具有强碱性,为强碱性阴离子交换树脂;树脂中含有伯胺基、仲胺基、叔胺基的碱性较弱,则称为弱碱性阴离子交换树脂。

| 强酸性阳离子树脂 | 弱酸性阳离子树脂 | 强碱性阴离子树脂 | 弱碱性阴离子树脂 |

2. 离子交换树脂工作原理

离子交换的基本理论主要包括两方面:一是离子交换反应在一定条件下的反应方向和限度,即离子交换热力学;二是离子交换反应的历程和达到平衡的时间,即离子交换动力学。离子交换反应是可逆反应,其反应是在固态的树脂和水溶液接触的界面间发生的。选择性系数越大,离子交换树脂对某种离子的交换能力就越大,就越易吸附某种离子。

影响交换速度的因素:树脂颗粒越小交换速度越快,交联度越小交换速度越快,温度越高交换速度越快,离子化合价越高交换速度越快,离子越小交换速度越快。

影响离子交换树脂选择性的因素很多,其中主要有

离子价数:离子价数越高,树脂的亲和力越大,例如 Ca^{2+},Mg^{2+} 易于交换;

离子半径:半径越大,选择性就相应增大,如 Ca^{2+} 选择性大于 Mg^{2+};

交联度:交联度大、膨胀度小,筛分能力增大;交联度小、膨胀度大,吸附量越大。

3. 离子交换树脂的应用

水处理:离子交换树脂应用最广泛的一个领域,如硬水软化、水中盐和放射物质脱除、废水中贵金属回收和重金属的脱除等。

冶金工业:可用于贵重金属的提取,铀的提取和贵金属及稀土元素的分离回收,贫铀矿的铀多数是季铵型强碱性阴离子交换树脂提取的,金矿内的少量金,工业废物中的铜、镍、铬、钴等都可用离子交换树脂分离回收,稀土元素用离子交换树脂提纯可达到光谱级纯度。

化工制药:有机化合物的纯化,用弱酸性阳离子交换树脂分离和提纯链霉素,用D315大孔弱碱树脂精制提炼柠檬酸、生物碱,用离子交换树脂精制白糖。可用于酒的脱醛,且有促进酒中的醇与酸酯化的作用。用作催化剂,如可用于烯烃水合反应制备醇、低分子醇与烯烃的醚化及醚的裂解反应,酯水解、醇醛缩合、蔗糖转化等反应的催化剂和气体吸附剂等。

3.3.5.3 吸附树脂

1. 吸附树脂的特点

吸附树脂也称大孔吸附树脂,是一种具有网状结构的具有不同程度极性基团的非离子型树脂。大孔吸附树脂的孔径与比表面积都比较大,在树脂内部具有三维空间立体孔结构,物理化学稳定性高。吸附树脂具有不溶于酸、碱及各种溶剂,比表面积大,容量大,选择性好,吸附速度快,解吸条件温和,再生处理方便,可循环使用,价格低廉等特点。

2. 吸附分离原理

吸附树脂的吸附原理主要为吸附作用(范德华力、氢键、静电力等分子间力),其次为分子筛作用。不同极性、不同孔径的树脂对不同种类化合物的选择性不同。吸附树脂的吸附特性主要取决于吸附材料表面的化学性质、比表面积和孔径。吸附树脂遵循相似相溶原理,即非极性化合物在水中易被非极性大孔树脂吸附;极性化合物在水中易被极性树脂吸附,物质在溶剂中的溶解度大,树脂对其吸附力就小;反之就大。能与大孔吸附树脂形成氢键的化合物易被吸附。吸附树脂再生时可采用不同浓度的溶剂按极性从大到小梯度洗脱,再用稀酸和稀碱溶液浸泡洗脱,水洗至 pH 值中性即可使用。也可用不同浓度的有机溶剂洗脱后,再反复用大体积稀酸、稀碱溶液交替强化洗脱后水洗至 pH 值中性再次使用。

3. 吸附树脂的应用

(1)生化产品精制:利用专一吸附特性进行分离提纯。如各种酶、生物碱、植物激素、中草药等的分离提纯;青霉素、红霉素等抗生素也可用吸附树脂进行分离、提取。

(2)食品工业提纯:吸附树脂可以用于食品生产精制、脱色和提取,如脱除蔗糖中的色素,提取甜菊糖、甘草酸。也可用于酒类的精制,它还可提取食用香料、色素等。

(3)环境保护应用:吸附树脂用于有机工业废水处理,其具有适用范围宽、不受无机盐的影响,吸附效率高、再生容易等优点,特别适用农药废水、染料废水、氨基酸废水等的净化。

(4)色谱分离应用:吸附树脂可作为固定相来分离、富集有机物。

3.3.5.4 高吸水树脂

1. 吸水树脂的概念

高吸水性树脂又称超强吸水剂,它是一种带有大量亲水基团,遇水后高度膨胀的一类高分子,其吸水量可达自身的几十乃至几千倍,且保水能力强。其具有独特的吸水性能和保水能力,良好的加工和使用性能,使其在农林、园艺、石油化工、日化等领域得到广泛应用。高吸水性树脂一般有淀粉接枝共聚物类、纤维素改性类和合成聚合物类三大类。

2. 吸水树脂的吸水原理

高吸水树脂一般为含有亲水基团和网状交联结构的水溶性高分子。吸水前,高分子链相互靠拢缠在一起,交联成网状紧密结构。与水接触时,水分子通过毛细作用及扩散作用渗透到树脂中,链上的电离基团在水中电离,由于链上同离子之间的静电斥力而使高分子链伸展溶胀。由于电中性要求,反离子不能迁移到树脂外部,树脂内外部溶液间的离子浓度差形成反渗透压,水在反渗透压作用下进一步进入树脂中,从而形成水凝胶。

3. 吸水树脂的制备方法

天然高分子化学改性:对淀粉、纤维素等多糖类天然吸水材料进行改性,如将淀粉与水溶性单体(如丙烯酸、丙烯酰胺等)在引发剂作用下进行自由基接枝共聚反应,生成以淀粉为主链的接枝共聚物,生成具有网状结构的淀粉-丙烯酸钠接枝共聚物高吸水性树脂。

功能单体共聚合法:以带有强亲水性基团聚合单体、交联单体,如丙烯酸、丙烯酰胺等,采取均聚合或共聚合的方式得到网状水溶性高分子。如丙烯酸、丙烯酸羟乙酯共聚合,得到具有网状结构的聚丙烯酸钠高吸水性树脂。

4. 吸水性树脂的应用

(1)农林、园艺方面:利用高吸水性树脂的超强吸水和保水性能,在农林、园艺等领域可用于土壤保水、苗木培育、作物育种等方面。

(2)医疗卫生方面:高吸水性树脂因其具有吸尿、吸血、吸放药物和吸放湿性等优点,使其广泛应用于医疗、卫生等领域。

(3)建材方面:将弹性橡胶体加入高吸水性树脂,如淀粉或纤维素接枝物,可制成建筑用止水材料,用于管道、阀门垫片的填缝、堵水、防漏等。在涂料、墙纸中添加或涂刷高吸水性树脂可制成防结露的涂料或墙纸,它还具有调节房间湿度的作用。

3.3.5.5 高分子分离膜

1. 膜的概念

膜是指在一种流体相内或是在两种流体相之间有一层薄的凝聚相,它把流体相分隔为互不相通的两部分,并能使这两部分之间产生传质作用。膜分离法是借助膜在分离过程中的选择渗透作用,使液体或气体组分分离的一种技术,广泛用于生化产品、化工产品纯化,污水处理、气体净化、浓缩、提纯等。已被国际上公认为是最具发展前途的一种分离纯化技术。

按膜按其材料可分为纤维素膜、聚砜膜、聚酰胺膜、聚酯膜、聚烯烃膜等;按膜分离原理可分为微滤膜、超滤膜、反渗透膜、纳滤膜、渗析膜、电渗析膜等。

2. 分离膜分离原理

筛分效应分离机理:多孔膜的分离机理是筛分机理,即在膜渗透过程中,只有体积小于膜孔的分子能够由膜孔通过,并且体积较小的渗透物比体积较大的渗透物渗透速率更快(微滤膜、超滤膜等多孔膜)。

溶解-扩散机理:首先,渗透分子溶解在膜的表面,然后扩散穿过分离膜,出现在膜的另一面。其中溶解性取决于膜与渗透物的亲和性;而扩散性则取决于膜聚合物的化学结构及其分子链运动。致密膜的一个重要性能是如果被分离物在膜中的溶解性差别显著时,即使其分子大小相近也能有效地分离(反渗透膜、气体分离膜等致密膜)。纳滤膜的分离机理介于筛分和溶解扩散之间。

3. 各种膜分离技术的特点及应用

不同的膜分离技术具有各自的膜材料以及技术要求和适用对象,在选用时可根据实际分离对象的性质进行选用,表3-3-8为常见的膜分离技术的特点对比。

表3-3-8 常见的膜分离技术对比

分离方法	膜特点	推动力	机理	截留物	用途
微滤(MF)	截留50 nm以上	压力差	筛分	悬浮物、细菌等	无菌过滤、水处理
超滤(UF)	截留5 nm以上	压力差	筛分	病毒、蛋白、酶、肽	涂料浓缩、大分子分级、牛奶分离乳糖、溶液净化
纳滤(NF)	截留1 nm以上	压力差	筛分	抗生素、合成药、染料纯化、蔗糖等二糖	生化试剂纯化、己内酰胺纯化、二糖富集
反渗透(RO)	截留无机盐,但水可透过	压力差	溶解扩散	无机盐类,海水淡化	工业超纯水、有机物水溶液浓缩,牛奶浓缩
气体分离(GP)	混合气体分离	分压差	溶解扩散	富氧、富氮、回收氢气等	医疗、富氧燃烧等
电渗析(ED)	阴、阳离子交换膜	电位差	离子电荷	离子选择透过	水中酸、碱、盐脱除等

3.3.5.6 有机电致发光材料

1.电致发光材料的概念

电致发光(EL)是指发光材料在电场作用下,受到电流电压的激发而产生发光的现象。有机电致发光是指由有机光电功能材料(OELM)制备成的薄膜器件在电场的激发作用下发光的现象。有机电致发光器件属于低电压、高电流的发光器件,具有发光二极管的性质,也常称其为有机发光二极管(OLED)。自从1987年OLED取得实质性进展以来,有机电致发光材料的商业应用正在改变我们的生活。

2.电致发光器件的发光原理

在外界电压的驱动下,由阴极电极注入的电子和透明阳极(ITO)注入的空穴,在有机电致发光材料中进行电子与空穴的复合从而释放出能量,并传递给有机发光(共轭体系)分子,使其受到激发,从基态跃迁到激发态,当受激分子的电子从激发态回到基态时辐射跃迁而产生发光,如图3-3-2所示。其发光步骤可以总结为四步:①载流子(空穴与电子)从阳极和阴极向有机层中注入;②载流子在有机层中传输;③正负载流子结合形成激子;④激子迁移与辐射衰减发光。

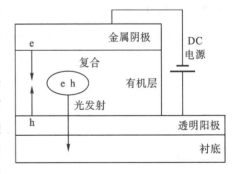

图3-3-2 发光器件原理

3.有机电致发光材料

发光材料是电致发光器件的物质基础,材料的性质将直接影响器件的性能,目前OELM

材料有上千种,一般根据材料在器件中所承担的功能分为载流子(空穴与电子)注入的阴极、阳极材料、载流子传输材料和有机电致发光材料。发光材料则是器件中最终承担发光功能的物质,因此其发光效率、寿命和色度等性质都将对器件性能产生直接影响。可根据其分子量及特征分为有机小分子发光材料、金属配合物发光材料和聚合物发光材料三种。

(1)有机小分子发光材料:有机小分子发光材料又可分为化合物和金属螯合物两类。有机小分子种类繁多,其结构中往往带有共轭杂环生色团。如二唑衍生物、三芳胺衍生物、蒽衍生物以及1,3-丁二烯衍生物等。通过调节小分子的化学结构,可以改变材料的发光波长。典型的小分子如DCM发红光、香豆素C540发绿光、DPVBi发蓝光。

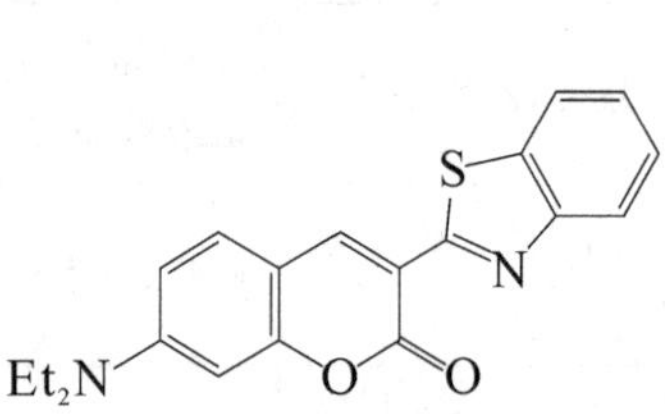

香豆素C540(绿光) 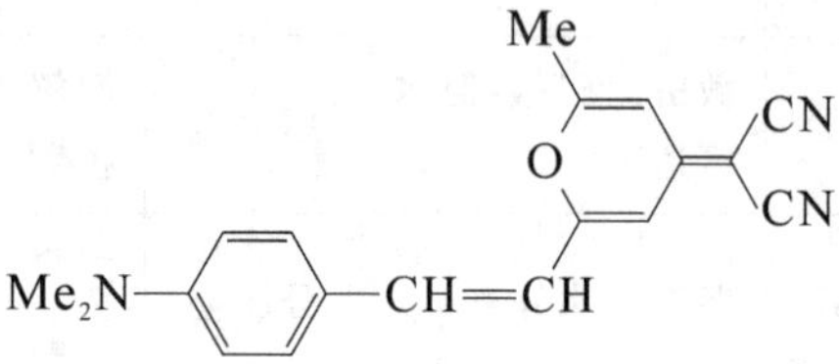　　　　DCM(红光)

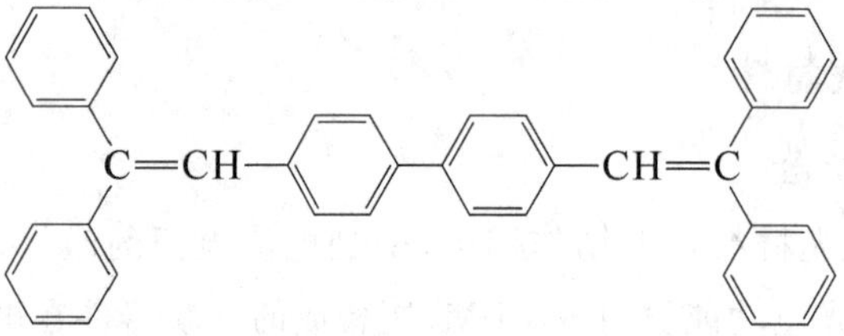

DPVBi(蓝光)

(2)金属配合物电致发光材料:金属配合物电致发光材料具有荧光量子效率高、稳定性好的特点。常用的金属离子有周期表中第Ⅱ、Ⅲ主族元素,如Be、Mg、Al、Ga、In,第Ⅱ副族元素,如Zn、Cd以及稀土元素等。8-羟基喹啉铝(Alq3)是金属配合物的典型代表,本身具有电子传输性,可真空蒸镀形成完美薄膜,目前研究最多的是金属配合物发光材料,如Beq_2、$Bebq_2$、Znq_2、$Al(ODZ)_3$、$Bepp_2$、$Zn(ODZ)_2$等。

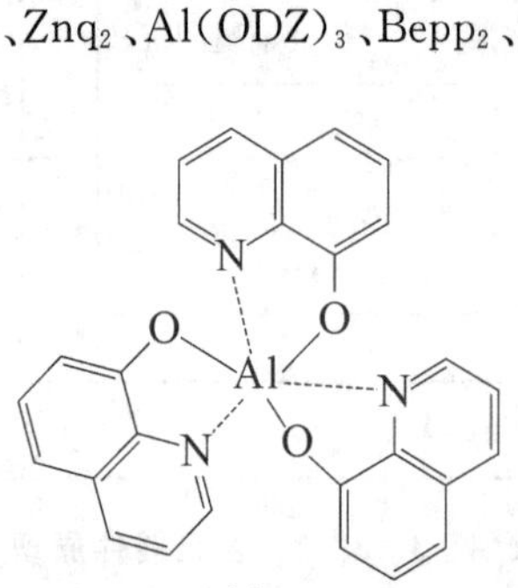

Alq_3 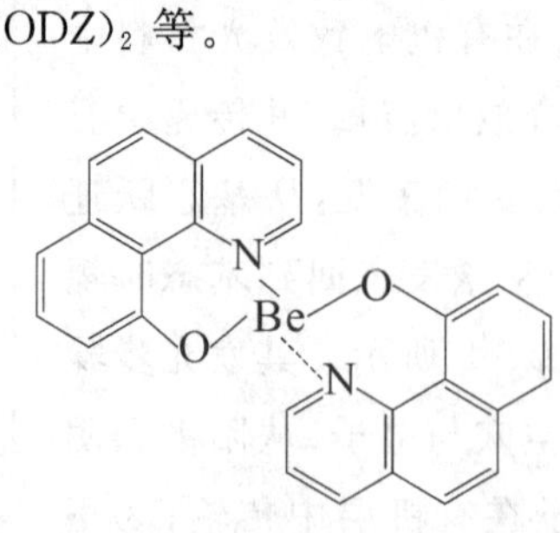　　　　$Bebq_2$ 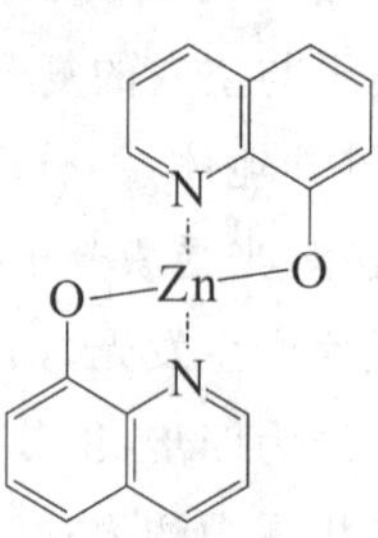　　　　Znq_2

(3)聚合物电致发光材料:聚合物电致发光材料均为含有共轭结构的高聚物材料,通常为准一维共轭结构。主要有下面几种类型:聚对苯基亚乙烯(PPV)及其衍生物、聚噻吩及其衍生物、聚噁二唑及其衍生物、聚三苯胺类聚合物、聚烷基芴类、含金属配合物的聚合物、聚对苯(PPP)、聚对苯基亚乙炔(PPE)、聚对吡啶乙烯撑(PPyV)、聚乙烯咔唑(PVK)等。常见的聚合物电致发光材料如下。

PPP　　　PPV　　　PPE　　　PPPy　　　PPK

4. 有机电致发光器件的应用

显示领域：具有高亮度、宽视角、色彩丰富柔和、无拖影、清晰度高、自发光等特性，所以，OLED 可以广泛应用于壁挂电视、电脑显示器、通信终端和仪表等显示。

照明领域：OLED 还可以用作普通的照明光源，适用于制作大面积发光器件各色光的照明，还可制备单色或彩色发光的窗户、可穿戴警示牌等。

军事与航天领域：OLED 有极佳的抗震性及宽温度特性（−40～70 ℃），能在恶劣的环境中正常工作，可用于机载显示设备、夜视设备、航空和车载用穿戴式头盔显示器、舰载、航海系统等，还可利用 OLED 制作各种诱饵，用于诱骗空中及卫星上的各种传感器等。

3.3.5.8 胶黏剂与涂料

1. 胶黏剂

胶黏剂是指通过界面的黏接作用使两种或两种以上的制件或材料连接在一起的物质，又叫黏合剂、胶黏剂、黏合剂等，习惯上简称胶。

胶黏剂是以树脂（基料）为主剂，配合各种固化剂、增塑剂、稀释剂、填料及其他助剂等配制而成。

胶黏剂品种繁多，组成各异，至今尚无统一的分类方法，一般习惯于按其化学组成、形态、应用方法和用途来分类，有无机与有机胶之分，一般有机合成树脂胶黏剂最多。合成树脂胶黏剂有热塑型、热固型和橡胶型。热塑型如聚醋酸乙烯酯、聚丙烯酸酯、聚酰胺、聚乙烯类、饱和聚酯、聚氨酯等，热固型如脲醛树脂、三聚氰胺甲醛树脂、酚醛树脂、环氧树脂、不饱和聚酯。常见的胶黏剂的性能特点及应用见表 3-3-9。

表 3-3-9　常见的胶黏剂的性能特点及应用

名称	树脂（基料）及组成	性能特点	主要用途
白乳胶	醋酸乙烯酯共聚树脂乳液、增塑剂、填料等	可常温固化、黏结强度较高、韧性好、耐久性好，但耐水性较差，加入乙二醛、脲醛树脂等改进	广泛地用于纸张、木材、布、皮革、陶瓷等的黏结等
乳液胶	丙烯酸酯类聚合物乳液、填料、固化剂、防冻剂等	无色透明，成膜韧性好，室温可固化，使用方便，黏结强度高，耐老化性优良	用于涂布纸、无纺布、印花、皮革、静电植绒、纤维上浆、压敏胶等

续表

名称	树脂（基料）及组成	性能特点	主要用途
脲醛胶	脲醛树脂预聚体、有机酸、无机酸、加热可固化	水性胶，具有胶结力好、中等耐水、固化快、颜色浅、成本低等优点	木材加工、纸张、织物定型、砂布、装饰品等
环氧胶	环氧树脂，固化型、溶剂、填料等。固化剂有多烯多胺、聚酰胺、苯酐等	胶接强度高、选用不同固化剂固化后耐温不同，机械强度高，热稳定性和电绝缘性好、耐蚀性好等	被称为"万能胶"，金属、非金属均可，电子器件封装、线路板等
瞬干胶	α-氰基丙烯酸酯、增塑剂、稳定剂、阻聚剂等	弱碱或微量水分催化阴离子聚合而快速固化，常见有乙酯（502胶）、丁酯（504）、正辛酯（508胶）等	塑料、橡胶、金属等，502通用胶，504胶、508胶可医用
氯丁胶	由氯丁橡胶、金属氧化物、树脂、防老剂、溶剂、填充剂、促进剂等组成	具有柔性好、黏结力强、耐老化、防水性好等优点	广泛用于制鞋、橡胶等的黏结，也用于织物、纸张、木材等黏结
热熔胶	树脂（如EVA、聚丙烯酸树脂等）、松香、沥青、增黏剂、增塑剂等	黏合快、效率高、无VOC、无污染、胶合力一般	皮革、玻璃、金属、木材、纸张、塑料、纺织品等
压敏胶（不干胶）	橡胶或树脂，增黏剂、增塑剂、填料、黏度调整剂、硫化剂、防老剂、溶剂等	无溶剂，无污染，使用比较方便，对纸张、木材、金属、玻璃等表面具有较强的黏合力	用于胶带、包装、保护、绝缘、警示、标识、文具等产品
密封胶	有机硅树脂、固化剂、溶剂等	耐热、耐寒（-65℃）、柔韧性、耐老化等优点	用于建筑、家具、容器等
导电胶	树脂基料、导电粒子如金属粉、石墨等	导电性好、易加工、寿命长，目前常用的有银系和石墨系	微电子装配、印刷线路、铁电体装置的黏接等
光固化胶	丙烯酸酯预聚物、光敏剂、溶剂、填料等	快速、不产生有机挥发物（VOC）、环保等	用于电子、光学仪器黏结、密封，涂布、印刷、牙齿修复、印刷油墨
光刻胶	光敏树脂如聚乙烯醇肉桂酸酯、叠氮醌类化合物	有正性胶光（分解型）、负性胶（光聚合型）之分	微电子、微细图形加工、印书版制作等

2. 涂料

涂料是一种涂覆在物体表面并能形成牢固附着的连续薄膜的配套性功能材料，也称油漆。涂料的作用主要有保护作用、装饰作用、标志作用以及特殊作用。特种功能涂料是指除具备一般涂料的成膜性能外，还具备声、光、电、热等功能的一类涂料。

涂料由成膜物质、填料和稀释剂等组成。组分中无颜料的涂料称清漆，加了颜料或体质颜料的不透明体称色漆，含大量体质颜料的称腻子。涂料的基本组成见表3-3-10。

表 3-3-10　常见涂料特点及用途

涂料名称	成膜物及组成	性能特点	主要用途
醇酸树脂涂料	醇酸树脂涂料是以醇酸树脂为成膜物制备而成，	其优点是耐老化、保色、保光、耐磨、成本低廉；其缺点是完全干燥时间长、耐水性差、不耐碱等	可用于保护钢结构、贮水、海洋结构、设备和集装箱
硝基涂料	由硝化纤维素、其他树脂、溶剂、增韧剂等配制而成	优点是干燥快、坚韧、耐磨；缺点是易燃、耐热、耐光性差	硝基清漆、硝基磁漆、硝基美术漆和腻子等。常用于机械设备、车辆等
沥青涂料	以沥青为成膜物，加入溶剂和填料制成，溶剂挥发型涂料	干燥快、弹性好、施工方便，耐化工气体和较低浓度的酸、碱、盐溶液腐蚀	船体防腐、化工防腐、电器等
聚氨酯涂料	成膜物为聚氨酯预聚物，固化型涂料	优良的耐蚀性，耐酸、盐，溶剂性；与基体结合力强，耐热、耐磨、耐冲刷	甲板漆、飞机蒙皮漆、化工管道、贮槽以及高温高湿和海洋构筑物、机械、仪表等
酚醛树脂涂料	酚醛树脂为成膜物质，固化剂、溶剂、助剂	原料易得，合成工艺简单，耐腐蚀性较好	机械设备、造船、电器及化工防腐等
环氧树脂涂料	以双酚 A 型环氧树脂为成膜物质，固化剂、溶剂、填料	耐蚀性好、耐碱性好、机械强度高，热稳定性和电绝缘性好	一般多用在打底防腐和电气零件绝缘等
丙烯酸酯涂料	以聚丙烯酸酯为成膜物（热塑性和热固性）、固化剂、溶剂、填料、助剂等	具有耐候性好、保色、保光性能好等特点，可通过烘烤固化，或树脂（如氨基树脂、环氧树脂等）固化	热固型烤漆常用于汽车等交通工具，热塑性涂料用于金属、木材、塑料等
粉末涂料	以树脂为主，填料、流平剂等组分经混炼而制成	不含有机溶剂、利用率高、涂膜力学性能好、膜层厚	广泛应用于输油管道、汽车部件、建筑材料、家用电器、金属制品、仪器仪表等
乳液涂料	丙烯酸酯乳液或聚醋酸乙烯酯乳液、填料、分散剂、防冻剂、杀菌剂等	优点是无毒、对环境友好。水性涂料包括水溶性涂料和水乳液涂料，其中水乳液涂料最多	内外墙建筑涂料、纸张涂布涂料、皮革表面涂饰等
功能涂料	成膜物、功能助剂、填料、溶剂等	涂料基本性能之外又具备声、光、电、热等功能	根据其功能不同可应用于各种特殊工况场景

▶ 习 题

1. 试述钢铁的概念及重要的合金钢。
2. 试述不锈钢的种类及其主要特点。
3. 讨论金属腐蚀原理及其防护方法。
4. 试述硅酸盐材料特性。
5. 简述混凝土减水剂及其作用。
6. 论述高分子材料阻燃作用机理及其阻燃剂。
7. 比较离子交换膜与离子交换树脂的特点及应用。
8. 分析反渗透膜和纳滤膜的分离原理、分离对象和分离范围。
9. 分析超滤、微滤、纳滤和反渗透之间的特性及应用。
10. 试分析胶黏剂与涂料组分的不同与联系。

第4章 化学与能源

能源是指自然界可被人类用来获取各种形式能量的自然资源,能源一般是指一切能量比较集中的含能体,如太阳能、煤、石油、天然气、核能、煤层气、地热能、生物质能等,也包括过程能,如水势能、风能、潮汐能等;能源是为人类的生活和生产提供各种动力的物质资源,是国民经济发展的战略性物质基础,一个国家未来的发展命运就取决于能源的开发、有效利用程度。随着经济社会的发展,能源的供需矛盾日趋紧张,因此有效利用现有能源,开发新能源将是人类不断探索与追求的目标。

能源是人类赖以生存的物质基础,历史上人类对能源利用的每一次重大突破都伴随着科学技术的进步,从而促进生产力大发展,甚至引起生产方式的革命,人类社会发展史其实也是一部能源发展史。我们可以把能源的发展史分为柴草时期、煤时期、石油时期和新能源时期四个重要阶段。

柴草时期,从原始人的钻木取火开始直到18世纪中叶,人类在利用柴火作为能源,获得支配自然的能力,在人类历史发展进程中,木材作为能源一直占据首位。

煤炭时期,公元前200年左右,我国西汉时期就已用煤作燃料来冶铁,比欧洲早约1700年。据史料记载,东汉末年已有煤作为家用燃料了,煤作为能源则是在18世纪中叶的欧洲,如英国18世纪初才开始用焦炭炼铁,以煤为动力的蒸汽机发明引起了第一次工业革命。同时煤燃烧获得高温也推动了冶金技术的发展,到19世纪70年代电力才逐步代替蒸汽作为主要动力,从而推动了资本主义工业化。

石油时期,从20世纪20年代开始,世界能源结构就逐渐从煤转向石油和天然气,第一次世界大战以后,由石油炼制得到的汽油、柴油等内燃机燃料的大量使用,使得能源消费结构中煤的比重逐渐下降,到1959年,在世界能源消费结构中,石油首次超过煤占据首位,从此,世界进入了石油时代,世界经济也开始快速发展。

新能源时期,为了应对化石能源的大规模利用所导致的严重的环境问题,太阳能、核能、风能、地热能、生物质能等新能源开发与利用已成为世界各国优先发展的领域,减少碳排放已成为国际社会应对气候变化的普遍共识,我国为了以实际行动应对世界气候变化,推动人类命运共同体建设,提出实施"碳达峰"和"碳中和"目标计划,即至2030年实现CO_2排放达到峰值,2060年实现CO_2净排放为零。未来随着清洁能源、新能源的大力普及,煤、石油将作为能源补充并逐渐向化工产品生产所需原材料方向转变。

能源种类繁多、形式多样,依据能源的来源、特性等对其进行分类。

按能源基本形态可分为天然能源和人工能源。天然能源也称一次能源,自然界现成的能源如煤、石油、天然气、水能等,是全球能源的基础;太阳能、风能、地热能、核能以及可再生能源也属于此类;人工能源也称为二次能源,是指由天然能源直接或间接转换成其他形式的能量资源。电力、煤气、焦炭、激光、沼气、蒸汽等均属于人工能源或二次能源。

按能源的性质可分为燃料型能源和非燃料型能源。燃料型能源包括煤、石油、天然气、泥炭、木材等;非燃料型能源包括水能、风能、地热能、海洋能等。

按能源的污染程度可分为污染型能源和清洁型能源。污染型能源指煤、石油、天然气等;清洁能源则包括水力、电力、太阳能、风能以及核能(必须安全)等。

按能源的使用类型可分为常规能源和新能源。常规能源包括一次能源中的煤、石油、天然气和水力资源等。新能源泛指太阳能、氢能、核能、地热能、海洋能、风能、生物质能等。

按能源的再生性可分为可再生能源和不可再生能源。可再生能源一般指能在较短周期内再产生的能源,如风能、水能、潮汐能、太阳能和生物质能等;不可再生能源一般指煤、石油、天然气、油页岩和核燃料等。

4.1 化石能源

化石能源是一种碳氢化合物或其衍生物。它由古代生物的化石沉积而来,属于天然的一次性能源。化石燃料燃烧后都会产生对环境不利的气体,但目前却是人类必不可少的燃料。化石能源包含有煤、石油、天然气、页岩油气等。

4.1.1 煤

煤是18世纪以来人类使用的主要能源之一。煤是世界上最丰富的化石燃料,约占世界化石燃料资源的75%,目前,煤约占全球一次能源消耗的30%,煤既是重要的能源,又是重要的化工原料。在我国能源结构中,煤占据相当大的比重,但存在煤的利用方式单一、污染严重等问题,解决好煤利用中的污染问题是关系到我国可持续发展战略顺利实施的关键。

煤的利用方式多样,煤主要的利用方式还是直接燃烧,但人们逐渐会通过焦化、气化、液化、热解等方式将煤转化为洁净气体、液体、固体燃料和化学原料。煤中的有效组分在这些过程中会转化为不同的能源形态,煤中的污染组分也同时发生着不同的化学反应和形态变化。环境因素已成为影响煤能源利用的重要因素,煤的高效、洁净转化与利用将是煤能源领域未来发展的主要方向。

4.1.1.1 煤的成因

人们普遍认为,煤是堆积在湖泊、海湾、浅海的植物遗残,经过复杂的生物化学和物理化学作用而形成的一种具有可燃性能的沉积岩,这被称为植物的成煤理论。煤的化学成分主要为碳、氢、氧、氮、硫等元素,在显微镜下可以发现煤中有植物细胞组成的孢子、花粉等存在,在煤层中还可以发现植物化石,这些都可以证明煤是由古植物堆积演化而成的。从化学作用角度植物变为煤可分为三个阶段:第一阶段为泥炭化阶段;第二阶段为煤化阶段,即褐煤形成阶段；第三阶段为变质阶段，即烟煤及无烟煤形成阶段。其中温度和压力对煤的演变过程起决定性的作用。

地质考察中还发现在地球上曾经有过气候潮湿、植物茂盛的时代，如石炭纪、二叠纪（距今约 3 亿年）、侏罗纪（距今 1.3 亿~1.8 亿年）等。当时大量植物在封闭的湖泊、沼泽或海湾等洼地堆积下来，并迅速被泥沙覆盖，经过亿万年的地质运动等高压作用以后，植物变成了煤。由于有节奏的地壳运动和反复堆积，在同一地区具有多层煤层，每层煤都被岩石分开。而根据地质年代，可分为三个大的成煤期：①古生代的石炭纪和二叠纪，成煤植物主要是孢子植物，其主要煤种为烟煤和无烟煤。②中生代的侏罗纪、白垩纪，成煤植物主要是裸子植物，主要煤种为褐煤和烟煤。③新生代的第三纪，成煤植物主要是被子植物，主要煤种为褐煤，其次为泥炭以及部分轻烟煤。

4.1.1.2 煤的组成和分类

1. 煤的组成

煤是一类具有高碳氢比的有机网状大分子与无机矿物所构成的复合体，按组成可分为有机质和无机质两部分，以碳基有机质为主体。无机矿物被有机大分子所包埋，形成了复杂的天然杂化结构材料。煤中的有机质主要由碳、氢、氧、氮、硫等多种元素组成。其中，碳、氢、氧元素占有机质的 95% 以上。煤中有机质的元素组成随煤化程度的变化而变化。一般来讲，煤化程度越高，含碳量越高，氢和氧的含量越低，氮含量也有降低，唯独硫元素的含量与煤的成因类型有关；而氮、硫、磷、氟、氯、砷等都是煤中的有害元素，煤中的无机质主要是水分和矿物质，它们的存在降低了煤的利用价值，也属于有害组分。

2. 煤的分类

国际上一般把煤分成无烟煤、烟煤和褐煤三大类型，再细分为 29 个小类。

(1) 无烟煤：一般呈黑色，有发亮的金属光泽，杂质少，质地紧密，固定碳可达 80% 以上，挥发成分含量 10% 以下，燃点高，不易着火，发热量高，燃烧时火力强，火焰短，冒烟少，燃烧时间长，燃烧时不易结渣。无烟煤可用于制造煤气或直接用作燃料等。

(2) 烟煤：多数呈黑色而有光泽，质地细致，含挥发成分 30% 以上，燃点不太高，较易点燃，含碳量与发热量较无烟煤低，燃烧时火焰长，有大量黑烟，燃烧时间较长，大多数烟煤燃烧时易结渣；烟煤主要可用于炼焦、配煤、动力锅炉和气化用煤。

(3) 褐煤：块状黑褐色，光泽暗，质地疏松，含挥发成分 40% 左右，燃点低，容易着火，燃烧时火焰大，冒黑烟，含碳量与发热量较低（因产地煤级不同，发热量差异很大），燃烧时间短；褐煤一般用于气化和液化工业、动力锅炉等。

4.1.1.3 煤的综合利用

煤既是燃料又是化工、炼焦、炼铁原料，工业和民用煤作燃料可以获取热量或动力；开启工业文明的瓦特蒸汽机的动力就是由煤产生的；也可把燃煤热能转化为电能，长距离输送，煤电是电能的主要来源之一，占我国电力比重很大。

1. 动力燃料

动力煤主要用于生产热能、电能,副产物可再利用生产煤渣砖、水泥等,主要用途如下。

发电用煤:电厂利用煤把热能转变为电能,我国 1/3 以上的煤用来发电。

蒸汽机车用煤:占动力煤 3% 左右。

建材用煤:以水泥生产用煤量最大,其次为玻璃、砖瓦等,约占动力煤 13%。

工业锅炉用煤:一般企业及取暖用的工业锅炉用煤,约占动力煤 26%。

生活用煤:生活用煤的数量也较大,约占燃料用煤的 23%。

冶金用动力煤:主要为烧结和高炉喷吹用无烟煤,其用量不到动力煤的 1%。

2. 煤的焦化

煤的分级综合利用主要有煤的热解、液化和气化。煤和石油一样也是一种混合物,科学地使用应该是将其分离后再使用。可以用加热的方法来处理煤,由于煤是固体,该方法被称为干馏。当将煤在隔绝空气的情况下加热,随着温度的升高,会发生一系列变化(见图 4-1-1)。煤的干馏可得到 3 种形态的产物。气态有焦煤气,主要成分为氢气和一氧化碳;液态有煤焦油,主要成分为芳香族化合物;固态为焦炭。焦煤气可用作燃料,煤焦油可用作化工原料,焦炭可用作炼铁还原剂等,均可以得到充分的利用,干馏分为高温干馏和低温干馏两种。

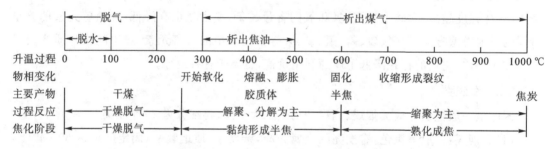

图 4-1-1 烟煤热解过程及产物示意图

低温干馏:最终温度仅为 700 ℃,固体产品为焦炭,其强度低且易碎,可产出更多焦油。

高温干馏:最终温度为 900~1200 ℃,所产焦炭强度高,适宜于冶炼工业,热值高,焦炭除用于冶金外,还可用作煤气化和化工原料,例如焦炭在高温隔绝空气下,可与石灰反应生成电石,电石是生产乙炔的原料。

3. 煤的液化

煤液化是把固态的煤通过化学加工的方法,使其转化为液体烃类产品的技术,煤的液化产品可替代石油用于液体燃料或化工原料,煤加氢使之液化,加氢还可以把硫等有害元素以及灰分脱除,得到洁净的二次能源,这对优化能源结构、解决石油短缺、减少环境污染具有重要的战略意义。煤的液化方法主要有煤的直接液化和间接液化两种。

直接液化:一般指裂解氢化的一种液化方法,煤和石油都是由 C、H、O 等元素组成的有机物,煤的平均表观分子量大约是石油的 10 倍,煤的含氢量比石油低很多。将煤加热裂解后在催化剂作用下加氢(即一般液化温度 430～470 ℃,压力 17～30 MPa),可得到多种液态烃类燃料,其原理简单,但工艺与机理却很复杂,涉及煤的裂解、缩合、加氢、脱氧、脱氮、脱硫、异构化等多种化学变化。

间接液化法:是指以煤为原料,先气化制成合成气(H_2、CO、CO_2),再通过催化剂合成烃类、醇类燃料及化学品的过程。间接液化已在许多国家实现了工业化,主要分两种工艺:一种是费托合成工艺,即将原料气直接合成油;另一种是由原料气合成甲醇,再由甲醇转化成汽油,目前,我国在煤制甲醇方面已有成熟技术,甲醇年产能力已超过 5000 万吨,甲醇可用作燃料、化工原料等,甲醇下游产品研发对煤的间接液化具有重要意义。

4. 煤的气化

煤气化是指在一定温度和压力下,以煤为原料,在氧气、水的作用下使煤进行部分氧化和还原反应,生成一氧化碳、氢气、甲烷等可燃组分为主的气体产物的过程,对此气体产品进一步加工,可制得其他气体、液体燃料或化工产品。

煤气化历史已有约 200 年,特别是近数十年来各种新型气化技术和气化炉不断涌现。我国的煤气化技术研究也有几十年的历史,已开发出了具有中国特色的煤气化技术,特别是洁净煤技术以及煤气化联合循环发电等新技术的开发,展现出了广阔的应用前景。

煤气化包含一系列物理、化学变化过程,一般包括干燥、燃烧、热解和气化四个阶段。煤在气化炉中干燥以后,随着温度的进一步升高,煤大分子可发生热分解,生成大量挥发性物质(包括干馏煤气、焦油和热解水等),同时煤烧结成半焦,气化炉内生成的半焦再与通入的氧气高温下发生反应,生成以一氧化碳、氢气、甲烷、二氧化碳、氮气、硫化物及水等气态产物,同时又可放出大量的热量。

以煤为原料生产合成气被称为"一碳化学",它是煤化工的基础,是煤化工合成、煤液化、煤气化、燃料电池等洁净利用技术的核心技术。

煤气化技术一般分为地面气化和地下气化两种。煤地面气化技术是指先采出煤,后进行热加工,主要包括煤的高温干馏、粉煤气化;水煤气化、加氢气化等方法。

煤地下气化技术也称为气化采煤技术,煤地下气化是指将处于地下的煤在通入氧气和催化剂的条件下进行可控燃烧,使其产生可燃气体(主要成分 CO、H_2 等),它是集建井、采煤、气化工艺为一体的多学科联合开发洁净能源与化工原料的新技术,其目的只是提取煤中含能组分,又称为化学采煤,具有安全性好、投资少、效率高、污染少等优点,被誉为第二代采煤技术;煤地下气化技术可用于回收老矿井遗弃的煤资源,也可以开采薄煤层、深部煤层,以及高硫、高灰、高瓦斯煤层等。地下气化过程燃烧的灰渣留在地下,大大减少了地表塌陷、地上污染,煤气可集中净化,采出的煤气可作为燃料用于民用、发电,也可作为原料气合成甲醇、二甲醚、汽油、柴油等,也可用于制氢。因此,煤地下气化技术具有较好的经济和环境效益,大大提高了煤资源的利用率,是洁净煤技术的未来发展方向之一。

4.1.1.4 洁净煤技术

原煤直接燃烧热效率仅有 10%～30%,燃烧污染严重,调查发现大气污染 70% 由煤造成,是空气中 SO_x 和 NO_x 的主要来源,煤燃烧还会产生大量粉尘、粉煤灰、炉渣等。所以,高效煤加工、燃烧、转换和污染控制新技术是当前世界各国解决环境问题的重点方向。

传统的洁净煤技术是指煤的洗选、配煤、型煤以及粉煤灰的综合利用技术。现代洁净煤技术主要是指高技术含量的洁净煤技术,主要是煤的气化、液化、高效燃烧与发电技术,主要包括煤物理加工、煤化学转化、煤高效清洁燃烧、污染控制与废弃物处理等几个方面。

1. 煤物理加工技术

煤物理加工技术是指在煤被燃烧利用之前,对煤燃烧会产生的污染元素进行一定的去除或控制,包括煤洗选技术、水煤浆技术、型煤技术、动力配煤技术等。

2. 煤化学转化技术

应大力发展煤高效低碳清洁转化技术以及与碳封存技术的集成模式。煤转化技术包括煤液化技术、煤气化技术、煤基碳材料技术和其他传统煤化工技术等。

3. 高效清洁燃烧技术

应开发先进的高效低污染燃烧技术和污染物净化技术,全面提高燃煤锅炉、窑炉的热效率及控制污染物排放。煤高效清洁燃烧技术包括循环流化床燃烧技术,煤气化联合循环技术,中、小工业锅炉与窑炉技术,超临界发电技术等。

4.1.2 石 油

石油比煤的发现晚,但发展迅猛,19 世纪后半叶,世界能源结构开始从煤转向石油,20 世纪 60 年代石油首次取代煤跃居首位,从此人类进入了石油时代。现在石油被称为工业的血液,是一个国家的战略物资,近年来许多国际争端几乎都与石油资源有关,石油的衍生产品种类已超过几千种,人们的衣、食、住、行都与石油产品有关,其中汽油、柴油等占了石油产品的 80% 以上,石油是当今世界最重要的化石燃料,也是重要的化工原料来源。

4.1.2.1 石油的形成

直接从地壳开采出来的石油称为原油,是一种黏稠状深褐色液体,原油经过加工得到的液体产品总称为石油,关于石油形成有两种理论,即有机成油理论和无机成油理论。

1. 有机成油理论

有机成油理论认为石油是在伴随水域的沉积地质发展过程中,由低等生物为主的动植物遗体,在长期良好而稳定的埋藏条件下,经由复杂的物理化学、生物化学作用转变而成。迄今为止,有机成油理论在指导油田的勘探方面发挥了重要作用,目前世界上 95% 以上的油田都是在这一理论的指导下发现的。石油的有机成因的主要依据是①石油馏分具旋光性,生物有机质也普遍具有旋光性,无机质则不具有旋光性;②现代沉积物及古代沉积物中都含有构成石油的各种烃类化合物。

2. 无机成油理论

无机成油理论认为地壳内存在大量的碳,其中部分碳元素与氢元素会形成碳氢类化合物,碳氢化合物比水轻,会随着地壳岩石运动产生的缝隙不断上浮而渗出,俄罗斯、美国两国科学家合作用大理石、氧化亚铁和蒸馏水为原料进行高压反应实验,结果发现当压力达到5万个大气压、温度1500 ℃时,系统会自发地产生具有天然石油分布特征的甲烷、乙烷、丙烷、正己烷、正癸烷、乙烯、戊烯等烃类化合物;化学热力学和高压实验成果是石油无机成因从科学假说迈向科学理论的重要转折,石油只有在地幔的温度、压力条件下才能生成,但迄今为止,还没有一个油田是依据无机成因理论发现的。

4.1.2.2 石油的组成和分类

石油中的碳元素和氢元素分别为84%~87%和12%~14%,包括烃类和非烃类。石油中的固态烃类称为蜡。此外,石油中还含有少量由C、H、O、N和S组成的杂环化合物。原油中硫含量变化很大,在0~7%,主要以硫醇、硫醚、二硫化物、噻吩、噻唑及其衍生物的形式存在。氮含量远低于硫,为0~0.8%,以杂环衍生物形式存在,如噻唑类、喹啉类等。此外,石油中还含有其他的微量元素。

1. 石油中的烃类物质

烷烃:含量随馏分沸点升高而逐渐减少。

环烷烃:主要是五元和六元环烷烃的衍生物。低沸点馏分以单环为主,中沸点和高沸点馏分中还有双环和多环环烷烃。

芳香烃:含量随馏分沸点升高而增多,分子中环数也增多。大多带有烷基侧链,链的长度不一,在高沸点馏分中还常并联有环状烃。

2. 石油中的非烃类物质

含硫化合物:是石油中主要的非烃化合物,各种原油的含硫量差异很大,最大可达7%。主要以元素硫、硫醚、硫醇、噻吩及其同系物等形式存在。

含氮化合物:氮含量远低于硫,小于0.8%,有碱性含氮化合物(吡啶、喹啉的同系物)和非碱性含氮化合物(吡咯、吲哚、咔唑类)。

含氧化合物:含量很少,主要是环烷酸,脂肪酸和酚类的含量很少。

其他组分:胶状、沥青、微量的金属化合物(如镍、钒、铁、铜的化合物)等。

3. 原油的分类方法

按含硫量不同,原油可分为低硫原油(含硫小于0.5%)、含硫原油(含硫0.5%~2.0%)、高硫原油(含硫大于2.0%)。我国多属为低硫或含硫原油,世界原油总量的75%以上为含硫原油和高硫原油。

按原油相对密度不同,原油可分轻质原油、中质原油、重质原油、特重原油。

按原油含蜡量不同,原油可分低蜡油(含蜡小于2.5%)、中蜡油(含蜡2.5%~10%)、高蜡油(含蜡大于10.0%)。

4.1.2.3 原油的加工及利用

1. 分馏

原油实质上是一类非常复杂的烃类化合物的混合物,所以其相对分子质量范围很宽,从几十到几千;沸程也很宽,从常温到500 ℃以上。因此,原油加工首先必须采用分馏的方法,石油的分馏方法及产品如图4-1-2所示。将原油按沸点的高低分为若干部分,即馏分,每个馏分都有各自的沸点范围——沸程或馏程(见表4-1-1)。蒸馏采用常压(350 ℃以下)和减压(350 ℃以上)两种。因为350 ℃时原油开始分解,对350 ℃以上的馏分采用减压蒸馏,可以避免分解。

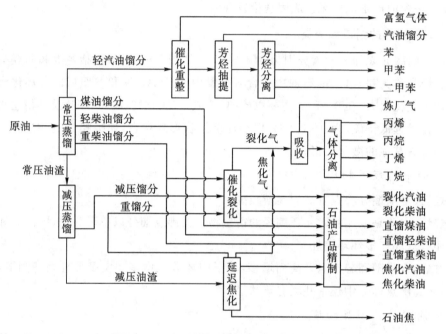

图4-1-2 石油的分馏方法及产品

表4-1-1 原油的馏分与沸程

馏分	馏分类型	沸程/℃	占比/%
汽油馏分	低沸点馏分	[初馏点~180]	1.5~37.8
轻柴油馏分	中间馏分	(180,350]	14.1~49.2
润滑油馏分	高沸点馏分	(350,500]	20.5~36.4
减压渣油	减压馏分	>500 ℃	9.6~55.2

石油产品是石油经过分馏方法获得的一系列组分,再经过进一步加工变成需要的符合一定规格要求的产品。不同原油其馏分组成是不同的。从我国主要原油的馏分组成来看,大于500 ℃的减压渣油含量较高,多数原油的减压渣油含量高于40%。汽油馏分含量低,减压渣油含量高是我国原油的特点之一。

2.裂化和裂解

石油裂化就是在一定的条件下,将相对分子质量较大、沸点较高的烃断裂为相对分子质量较小、沸点较低的烃的过程。裂化属于化学变化,而前面的分馏属于物理变化。单靠热的作用发生的裂化反应称为热裂化,在催化剂作用下进行的裂化,称为催化裂化。

热裂化是在热的作用下(不用催化剂)使重质油发生裂化反应,转变为裂化气(炼厂气的一种)、汽油、柴油的过程。热裂化原料通常为原油蒸馏过程得到的重质馏分油或渣油,或其他石油炼制过程副产的重质油。热裂化气体的特点是甲烷、乙烷、乙烯组分较多;催化裂化气体中丙烷、丙烯、丁烷、丁烯组分较多。

催化裂化是在热和催化剂的作用下使重质油发生裂化反应,转变为裂化气、汽油和柴油等的过程。原料一般采用原油蒸馏(或其他石油炼制过程)所得的重质馏分油、经脱沥青渣油、常压渣油以及减压渣油。催化裂化是石油炼厂从重质油生产汽油的主要过程之一,所产汽油辛烷值高、安定性好,裂化气含丙烯、丁烯、异构烃多。

裂解是一种深度裂化,是石油化工生产中采用比裂化更高温度(700～800 ℃,有时甚至1000 ℃以上),使石油分馏产物(包括石油气)中的长链烃断裂成乙烯、丙烯等短链烃的加工过程。石油裂解的化学过程比较复杂,生成的裂解气是成分复杂的混合气体,除主要产品乙烯外,还有丙烯、异丁烯及甲烷、乙烷、丁烷、炔烃、硫化氢、碳的氧化物等。裂解气经净化和分离,就可以得到所需纯度的乙烯、丙烯等基本有机化工原料,石油裂解已成为当今生产乙烯的主要方法。

3. 催化重整

在有催化剂作用的条件下,对汽油馏分中的烃类分子进行结构重排生成新结构的过程叫催化重整,是石油炼制的重要环节之一,是加热、加压和催化剂存在下,使原油蒸馏所得的轻汽油馏分(或石脑油)转变成富含芳烃的高辛烷值汽油(重整汽油),并得到副产品液化石油气和氢气的过程。重整汽油可直接用作汽油的调和组分,也可经芳烃油制取苯、甲苯和二甲苯,副产的氢气是石油炼厂加氢装置(如加氢精制、加氢裂化等)用氢的重要来源。

4. 加氢精制

加氢精制是石油产品最重要的精制方法之一,指在氢气、压力和催化剂存在下,使油品中的硫、氧、氮等有害杂质转变为相应的硫化氢、水、氨而除去,并使烯烃和二烯烃加氢饱和、芳烃部分加氢饱和,以改善油品的质量。有时,加氢精制指轻质油品的精制改质,而加氢处理指重质油品的精制脱硫。该方法的主要目的是对油品进行改质,以提高产品的安定性及延长发动机等设备使用寿命,减少对环境的污染。

石油经过分馏、裂化、重整、精制等步骤,可获得各种燃料油和化工产品。有的可直接使用,有的还可进行深加工。所以,炼油厂一般和几个化工厂组成石油化工联合企业。

4.1.2.4 石油加工产品

石油经过加工提炼,可以得到的产品大致可分为四大类。①燃料油,石油燃料是用量最大的油品;②润滑剂,如润滑油和润滑脂;③溶剂与化工原料,如芳烃溶剂、溶剂油等,石油化工原料是有机合成工业的重要基本原料和中间体;④固体石油产品,如石油沥青(包括道路沥青和建筑沥青)、石油蜡(包括液状石蜡、石蜡、微晶蜡等)、石油焦(包括电极焦、燃料焦等)。这些石油产品在商品构成中石油基燃料占比82.1%,化工原料及溶剂占比10.8%,润滑剂占 2.1%,固体石油产品占比 5.0%。

1. 燃料油

燃料油按用途和使用范围可以分为点燃式发动机燃料、喷气式发动机燃料、压燃式发动机燃料、液化石油气燃料、锅炉燃料。点燃式发动机燃料可分为车辆用汽油、航空煤油等。汽油是汽油发动机的燃料,用于汽车、摩托车与轻型飞机等,要求有适宜的挥发性、良好的抗爆性和安定性。

抗爆性是汽油最重要的性能指标,也是汽油的分类指标,抗爆性常用辛烷值来表征。在汽油组分中,异辛烷抗爆性最好,正庚烷抗爆性最差。所以,将这两种汽油成分配成参比燃料,规定异辛烷的辛烷值为 100,正辛烷的辛烷值为 0,其间任意比例参比燃料的辛烷值即为参比燃料中异辛烷的体积百分数。在加油站常见的汽油标号 92、95、98 等基本指汽油的辛烷值,汽车发动机的压缩比越大,对汽油辛烷值的要求越高,为了提高辛烷值,通常加入抗爆添加剂,如过去常用的四乙基铅因有毒、污染等问题已被禁用,改为甲基环戊二烯三羰基锰等,也有加入高辛烷值调和组分的,如甲醇、甲基叔丁基醚、苯、异丙苯等。

柴油是我国消费最多的发动机燃料,用于农用机械、重型车辆、铁路机车、船舶舰艇、工程和矿山机械等,主要品种有轻柴油、重柴油、残渣柴油。另外,还有航空煤油,其主要用于喷气式发动机。

2. 润滑油

润滑剂包括润滑油和润滑脂,是石油产品中品种最多的一类产品,主要品种有内燃机油、齿轮油、液压油、汽轮机油和电器用油等。润滑油由基础油和各种添加剂调和而成。其中基础油是经过精制的石油高沸点馏分或残渣油,绝大多数是烃类。

3. 石油蜡

石油蜡主要品种有石蜡、地蜡、凡士林(石油脂)、特种蜡等,广泛应用于轻工、化工、食品、医疗、机械、冶金、电子与国防等领域。

4. 石油沥青

石油沥青以减压渣油为原料加工而成,主要有道路沥青、建筑沥青、专用石油沥青等,可用于道路铺设、建筑防水材料、电器工业、橡胶工业、防腐涂料制造等。

5. 石油焦

石油焦是石油渣经延迟焦化制成的,是一种高碳材料,含碳 90%~97%,主要品种有普通石油焦和针状石油焦两类,是生产碳素材料与含碳复合材料的重要原料。

6. 溶剂油

溶剂油是作为溶剂使用的轻质石油产品,组成上以饱和烃为主,按其馏出 98% 体积的温度可分为 6 个牌号:NY-70、90、120、190、220、260。主要用途:制香精香料、油脂、化学试剂、医药溶剂、橡胶、油漆、杀虫剂等。

7. 石油化学品

石油化学品主要包括三大合成材料,如合成塑料、合成纤维与合成橡胶的原料,石油产品类还包含液体石蜡,石油系苯、甲苯、二甲苯等。

4.1.3 天然气及利用

天然气是指自然界中天然存在的一切气体,包括大气圈、水圈和岩石圈中各种自然过程形成的气体(包括油田气、气田气、泥火山气、煤层气和生物生成气等),也是指天然蕴藏于地层中的烃类和非烃类气体的混合物;在石油地质学中,通常指油田气和气田气等,其组成以烃类为主,并含有非烃气体。

4.1.3.1 天然气的性质

天然气的主要成分为烷烃,其中甲烷占绝大多数,另有少量的乙烷、丙烷和丁烷,此外一般有硫化氢、二氧化碳、氮、水汽和少量一氧化碳及微量的稀有气体,如氦和氩等。天然气在送到最终用户之前,为方便泄漏检测,还要用硫醇、四氢噻吩等来给天然气添加气味。有机硫化物和硫化氢是天然气最常见的杂质,必须预先除去,天然气由于燃烧热值高、污染少,是相对较为清洁的能源之一。

天然气的优点:①清洁环保、经济实惠。天然气作为一种清洁能源,能减少二氧化硫和粉尘排放量近100%,减少二氧化碳排放量60%和氮氧化合物排放量50%,并有助于减少酸雨形成,减缓温室效应;②安全可靠、使用方便、无毒、比重轻、不易积聚爆炸,安全性较其他液体而言相对较高。

4.1.3.2 天然气分类

天然气可按如下形式分类:

(1)按在地下存在的相态可分为游离态、溶解态、吸附态和固态水合物,目前游离态的天然气经聚集形成天然气藏,得到大量开发利用。

(2)按其生成形式可分为伴生气和非伴生气两种。伴生气是指伴随原油共生,与原油同时被采出的油田气;非伴生气则包括纯气田气天然气和凝析气天然气,在地层中均以气态存在。

(3)按天然气蕴藏状态分为构造性天然气、水溶性天然气、煤矿天然气三种,构造性天然气又可分为伴随原油出产的湿性天然气、不含液体成分的干性天然气。

(4)按天然气在地下的产状又可以分为油田气、气田气、凝析气、水溶气、煤层气及固态气体水合物等。

4.1.3.3 天然气的成因

天然气的成因多种多样,各种类型的有机质都可形成天然气,主要有三种成因理论。

生物成因:成岩作用早期,在浅层生物化学作用带内,沉积有机质经微生物的群体发酵和合成作用形成的天然气,其中有时混有早期低温降解形成的气体,生物成因气出现在埋藏浅和演化程度低的岩层中,以甲烷气为主,生物成因气形成的前提条件是更加丰富的有机质和强还原环境,最有利于生成气的有机物是草本腐殖型—腐泥腐殖型,特别是丰富的三角洲和沼泽湖滨地带。

有机成因：有机成因分为两种，其一为与石油一起形成的天然气的油型气，包括石油伴生气、凝析气和裂解气等；其二为在煤田开采中，经常会出现大量瓦斯涌出的现象，说明煤系地层确实能生成天然气的煤型气。

无机成因：地球上的所有元素都无一例外地经历了类似太阳上的核聚变过程，碳元素与氢元素反应生成的甲烷，地球深部岩浆活动、变质岩和宇宙空间分布的可燃气体，以及岩石无机盐类分解产生的气体，都属于无机成因气，以甲烷为主，甚至还会有非烃气藏。

4.1.3.4 天然气水合物

天然气水合物是分布于深海沉积物或永久冻土中，由天然气与水在高压低温条件下形成的类冰状的结晶物质。因其外观像冰一样且遇火燃烧，又被称作"可燃冰"或"气冰"。可燃冰分子结构就像由若干水分子组成的笼子，笼中盛装天然气，其天然气成分以甲烷为主。可燃冰燃烧后几乎不产生任何残渣。经测定 1 m^3 可燃冰可产出约 164 m^3 天然气和 0.8 m^3 水，极具开发潜质。据预测，海底可燃冰分布的范围约 4000 万平方公里，占海洋总面积的十分之一，其储量能满足目前人类使用 1000 年，因而被誉为"未来能源"。

4.1.3.5 主要用途

工业燃料：清洁燃料，以天然气代替煤，用于工厂干燥、采暖等，缓解能源紧缺、减少环境污染。天然气也可作为汽车燃料，具有单位热值高、排气污染小、供应可靠、价格低等优点，已成为世界车用清洁燃料的发展方向。

工业原料：天然气化工，天然气是制造氮肥的最佳原料，具有投资少、成本低、污染少等特点，氮肥生产用气中天然气占比达 80% 以上，天然气也用于制造乙醛、乙炔、氨、炭黑、乙醇、甲醛、烃类燃料、氢化油、甲醇、硝酸、合成气和氯乙烯等。

城市燃气：方便燃料，特别是居民生活用燃料，具有安全、方便、高效、清洁的特点，天然气作为民用燃料的经济效益也大于工业燃料。

燃料电池：高效发电，利用燃料电池的高效转化率，以天然气为燃料，氧气（空气）为氧化剂，通过燃料电池可获得连续的电能。

4.2 新能源

随着常规能源的有限性以及环境问题的日益突出，以环保、可再生为特质的新能源越来越得到各国的重视。根据 1980 年联合国新能源和可再生能源会议对新能源的定义，新能源一般是指在新技术基础上加以开发利用的可再生能源，包括太阳能、生物质能、风能、地热能、波浪能、洋流能和潮汐能，以及海洋表面与深层之间的热循环等；此外，还有氢能、沼气、酒精、甲醇等，而已经广泛利用的煤炭、石油、天然气、水能等能源，称为常规能源。

4.2.1 核 能

核能是通过核反应从原子核释放的能量，遵循爱因斯坦的质能方程 $E=mc^2$，核能可通过三种核反应之一释放：①核裂变，较重的原子核分裂释放出结合能；②核聚变，较轻的原子核聚合在一起释放结合能;③核衰变,原子核自发衰变过程中释放能量。核能是人类最具希望的未来能源之一。

核能开发有两条途径:第一就是重元素的裂变,如铀的裂变;第二就是轻元素的聚变,如氕、氘、锂等。目前,重元素的裂变技术已经得到了实际性的应用;而轻元素聚变技术正在研究之中。不论是重元素铀,还是轻元素氕、氘,在海洋中都有巨大的储藏量。目前可用的裂变材料一般有 ^{235}U、^{233}U 和 ^{239}Pu 三种,地壳中还有放射性元素钍(Th),钍经过中子轰击可得 U-233,是潜在的核燃料,其贮量是铀的 3~4 倍。所以,核能利用是最具有长远意义的能源之一。核能优点主要体现在以下四方面。

(1)高效稳定:1 kg 铀-235 的完全裂变能相当于 2500~2700 t 煤的热值;1 kg 的氢核聚变反应可产生的能量约相当于 12000~14000 t 煤的热值。

(2)原料丰富:目前估计全世界铀的贮量超过 250 万 t,其中天然铀中平均含 U-235 约 0.7%;海水含铀量约为 3 mg/t,海水中重水含量约为 140 g/t,用于生产热核能,则一桶海水储能相当于 400 桶石油。

(3)清洁环保:不排放 CO_2、SO_x、NO_x 等,更无温室效应产生。

(4)廉价经济:发电成本比煤低,据统计核电价格只有火电价的 60%以下。

核能的缺点也主要表现在以下四点:①核能电厂会产生高低阶放射性废料,因具有放射线,故必须慎重处理。②核能发电厂热效率较低,核能发电厂的热污染严重。③核能电厂投资大,财务风险大。④安全要求高,如果发生核泄漏,将对生态及人类生存环境造成伤害。

4.2.1.1 核裂变原理

核能发电的能量来自核反应堆中核燃料进行裂变反应所释放的裂变能。裂变反应指铀-235、钚-239、铀-233 等重元素在中子作用下分裂为 2 个碎片,同时放出中子和大量能量的过程。反应中,可裂变物的原子核吸收一个中子后发生裂变并放出 2~3 个中子。若这些中子除去消耗,至少有一个中子能引起另一个原子核裂变,使裂变自发持续地进行,则这种反应称为链式裂变反应。实现链式反应是核能发电的前提。如果核反应堆使用普通水作为减速剂,称轻水反应堆,使快中子减速变成慢中子,容易被铀-235 俘获,实现可控制核裂变的链式反应,其中铀-235 是天然可裂变核素,受热中子轰击时吸收一个中子后发生裂变,放出巨大能量,同时释放出 2~3 个中子,引发链式核裂变。而铀-238 不能发生裂变,但是铀-238 是制取核燃料钚的原料。铀-235 用于核反应堆的裂变要求必须达到一定的浓度,所以天然铀矿必须经过同位素分离和铀-235 的浓缩,才能作为核电的核燃料。

$$^{235}_{92}U + ^{1}_{0}n \longrightarrow ^{139}_{54}Xe + ^{94}_{38}Sr + 3^{1}_{0}n$$

该反应损失质量:$\Delta m = 0.2118$ g·mol^{-1},根据爱因斯坦能量公式计算:

$\Delta E = \Delta mc^2 = (-0.2118 \text{ g·mol}^{-1}) \times (3 \times 10^8 \text{ m·s}^{-1})^2 = -1.904 \times 10^{10}$ kJ·mol^{-1}

此能量相当于 634.5 t 标准煤完全燃烧所释放的能量。

4.2.1.2 核裂变反应堆

控制核燃料产生自发持续链式裂变反应(即产生核能)的装置称为核反应堆,目前工业化的主要有重水堆、轻水堆和快堆。

(1)重水堆:用重水作慢化剂的核反应堆被称为重水反应堆,重水是非常优异的慢化剂,与石墨相当,重水堆是可以利用天然铀作燃料的商用核电反应堆。

(2)轻水堆:用普通水作慢化剂和冷却剂的热中子反应堆,成本低、建设周期短,但轻水堆的效率较低,要求铀浓度高,即浓度大于3%,目前全世界大约有400座轻水堆。

(3)快堆:又称快中子增殖堆;由快中子引起裂变,并同时将可裂变核素转化为易裂变核素的反应堆。

中子能量:大于1.2 MeV,使^{238}U、^{232}Th裂变得到^{239}Pu和^{233}U,效率可达70%。

核反应堆四周的防辐射材料称为屏蔽层材料,常用的有铅、钢、贫铀、钨、陶瓷、硼化物、玻璃、石墨、混凝土等。

4.2.1.3 核能的利用

核能发电是利用铀燃料进行核分裂连锁反应所释放出的热能,以水作为冷却剂,通过核堆芯加热变成高压过饱和蒸汽,经汽水分离并干燥后直接推动汽轮发电机发电,核电站运行原理如图4-2-1所示。核反应所放出的热量较燃烧化石燃料所放出的能量要高约百万倍,核能发电所使用的U-235纯度仅为3%~4%。

1954年,苏联时期建成世界上第一座核电站,此后,英国、美国、法国也相继建成各种类型的核电站。我国核电起步较晚,20世纪80年代兴建核电站,自行设计建造的30万千瓦秦山核电站在1991年底投入运行,大亚湾核电站于1994年并网发电,目前我国的核电技术已处于世界前列。

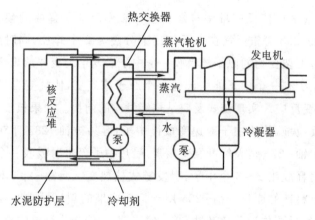

图4-2-1 核电站工作原理示意图

4.2.1.4 核废料的处理

核电站的核废料(乏燃料)处理是一个非常棘手的问题,燃料元件从堆内卸出时总是含有一定量未分裂和新生的裂变燃料,后处理的目的就是回收铀-235、铀-233和钚,利用它们再制造新的燃料元件或核武器。此外,提取处理所生成的超铀元素以及可用作射线源的某些放射性裂变产物(如铯-137,锶-90等),都有很大的科学和经济价值。但是,此项工作放射性强、毒性大,容易发生事故,所以在进行乏燃料的后处理时一定要做好安全防护措施。

4.2.2 氢 能

氢能是氢在物理与化学变化过程中释放的能量。氢能是氢的化学能,氢在地球上主要以化合态的形式出现,是宇宙中分布最广泛的物质,属于二次能源。工业上生产氢的方式很多,常见的有水电解制氢、煤气化制氢、重油及天然气催化转化制氢等,但这些反应消耗的能量都大于其产生的能量,氢核聚变能最高,目前还在研究中,下面主要介绍常规氢气能源。

4.2.2.1 氢能的特点

氢能的特点体现在①能量密度高,能量密度相当于煤的4倍,汽油的2.8倍;②可再生,资源丰富;③清洁环保,燃烧后物为水,无污染;④比重小,液氢比重汽油轻40%,特别适于航天等使用;⑤易点火,燃烧稳定,火焰亮度低;⑥利用形式多样,可直接燃烧也可用于燃料电池,有气、液或固态氢化物等储存形式,安全要求很高,贮存和运输是关键。

4.2.2.2 氢的制备方法

寻求大规模、廉价的制氢技术、妥善解决氢气的贮存和运输问题是开发氢能的关键,制取氢气目前最常用的四种方法是从化石燃料、生物质中制氢,电解水制氢,热化学制氢,太阳能制氢。

4.2.2.3 氢的贮存方法

氢的贮存也是氢能利用的难题之一,目前主要以液态进行运输与贮存,如果将氢气变为固态,将会大大提高安全性和方便性,目前,实用化贮氢合金主要有以下类型。

(1)镁系贮氢合金:主要有镁镍、镁铜、镁铁、镁钛等合金,具有贮氢能力大(可达材料自重的5.1%~5.8%)、价廉等优点,缺点是易腐蚀、寿命短,放氢时需要250 ℃以上高温。

(2)稀土贮氢合金:主要是镧镍合金,吸氢性好、容易活化,在40 ℃以上放氢速度好。

(3)钛系贮氢合金:有钛锰、钛铬、钛镍、钛铁、钛铌、钛锆、钛铜及钛锰氮、钛锰铬、钛锆铬锰等合金,其成本低、吸氢量大、室温下易活化,适于大量应用。

(4)锆系贮氢合金:有锆铬、锆锰等二元合金和锆铬铁锰、锆铬铁镍等多元合金,在高温下(100 ℃以上)具有很好的贮氢特性,能大量、快速和高效率地吸收和释放氢气,同时具有较低的热含量,适于在高温下使用。

(5)铁系贮氢合金:主要有铁钛和铁钛锰等合金,其贮氢性能优良、价格低廉。

4.2.2.4 氢能利用技术

我国对氢能的研究可追溯到20世纪60年代初,当时为了航天事业,进行了火箭燃料的液氢生产、氢氧燃料电池的研究与开发等工作,目前氢能利用主要有以下两种方式。

1. 氢燃料电池

氢燃料电池技术一直被认为是解决未来人类能源危机的终极方案。磷酸盐型燃料电池是最早的一类燃料电池,且技术成熟,发电效率高达 45%,但催化剂为铂,发电成本较高;固体氧化物型燃料电池被认为是第三代燃料电池,发电效率超过 60%,有望大幅度降低发电成本,目前氢燃料电池汽车已经进入产业化。

2. 氢内燃汽车

以氢气代替汽油成为汽车发动机的燃料,氢燃料热值是汽油的 2.8 倍,火焰稳定、容易点火,氢能汽车比汽油汽车总的燃料利用效率高 20%。目前,有两种氢能汽车,一种是全烧氢汽车,另一种是氢气与汽油混烧的掺氢汽车。

4.2.3 太阳能

4.2.3.1 太阳能的特点

太阳每秒钟照射到地球上的能量相当于 500 万吨标准煤,风能、海洋温差能和生物质能都来源于太阳;煤、石油、天然气等的能量也来源于太阳能,这里是指狭义的太阳能,即限于太阳辐射能的光热、光电转化能,太阳能属于一次能源,免费、丰富、免运输、无污染。

4.2.3.2 太阳能的利用方式

1. 太阳能集热利用

太阳能集热利用是将太阳辐射能收集起来,通过与物质的相互作用转换成热能加以利用。目前使用最多的太阳能收集装置,主要有平板型集热器、真空管集热器、陶瓷太阳能集热器和聚焦集热器等。根据所能达到的温度和用途的不同,把太阳能光热利用分为低温利用(小于 200 ℃)、中温利用(200~800 ℃)和高温利用(大于 800 ℃)。目前低温利用主要有太阳能热水器、太阳能干燥器、太阳能蒸馏器、太阳能温室、太阳能空调制冷系统等;中温利用的主要有太阳灶、太阳能光热发电、聚光集热装置等;高温利用主要有高温太阳炉等。

2. 太阳能光热发电

太阳能光热发电是通过反射镜将太阳光汇聚到太阳能收集装置,利用太阳能加热收集装置内的传热介质(一般为液体)加热水形成蒸汽带动发电机发电。我国第一家工业化运行的 50 兆瓦光热发电项目在柴达木盆地建成,总投资约 10 亿元人民币,其核心技术是"追日"技术,即控制安装在地面上的数万块玻璃镜子像向日葵一样追着太阳光将其反射到吸热塔上的吸热器中,将吸热器内的水转化成高温蒸汽,再通过管道传输推动汽轮发电机发电。

3. 太阳能光伏发电

光伏发电是利用阳光实现光电转化产生直流电的发电装置,光电转化材料主要以半导体物料(例如硅)制成,可直接给用电器,也可并入电网。近年来建筑物表面使用光伏发电逐渐普及,太阳能光伏发电原理是利用半导体的光电效应,即当太阳光照在半导体 P-N 结上,形成新的空穴-电子对,空穴由 N 区流向 P 区,电子由 P 区流向 N 区,接通电路后就形成电流。

太阳能光伏发电具有清洁、安全、经济、长寿命、免维护等优点,缺点是能量分布密度小、占用巨大面积,受天气影响大,光伏板制造过程污染较大;单晶硅规模转化率约20%,多晶硅规模转化率约18%;砷化镓光电转化率约23%,薄膜光伏电池具有轻薄、质轻、柔性好等优势,应用范围非常广泛,发展前景广阔。

4. 染料敏化太阳能电池

染料敏化纳米晶体太阳能电池主要由镀有透明导电膜的玻璃基底板、染料敏化剂、多孔纳米晶薄膜、对电极以及电解质等几部分组成。

染料敏化太阳能电池的原理:由于TiO_2的禁带宽度大,可见光不能直接激发,但在其表面吸附一层染料敏化剂后,染料分子可以吸收太阳光而产生电子跃迁,由于染料的激发态能级高于TiO_2的导带,电子可快速注入TiO_2;电子在导带基底上富集,通过外电路流向阴极,染料分子输出电子后成为氧化态,被电解质中的I^-还原再生,而氧化态的I_3^-在Pt阴极得到电子被还原,从而完成一个光电化学循环,其电池工作原理如图4-2-2所示,其反应原理如下。

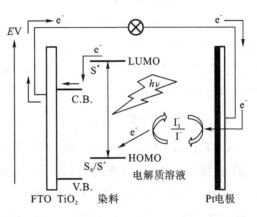

图4-2-2 染料敏化太阳能电池的工作原理图

阳极染料的光电反应

$$Dye + h\nu \longrightarrow Dye^* (染料激发)$$

$$Dye^* \longrightarrow Dye^+ + e(TiO_2,产生光电流)$$

$$Dye^+ + 1.5I^- \longrightarrow Dye + 0.5I_3^- (染料还原)$$

阳极发生的净反应为

$$1.5I^- + h\nu \longrightarrow 0.5I_3^- + e(TiO_2)$$

阴极电极反应

$$0.5I_3^- + e(Pt) \longrightarrow 1.5I^- (电解质还原)$$

整个电池的反应为

$$e(Pt) + h\nu \longrightarrow e$$

4.2.4 生物质能源

4.2.4.1 生物质能的概念

生物质能源是指通过生物的活动,将生物质、水或其他无机物转化为沼气、氢气等可燃气体,以及乙醇、油脂类可燃液体为载体的可再生能源,但与矿物燃料相比,其挥发组分含量高,含硫量和灰分低,因此生物质利用过程中SO_x、NO_x的排放较少,生物质能源利用对空气造成的污染明显降低。

生物质包括植物、动物及其排泄物、垃圾及有机废水等,生物质是植物通过光合作用生成的有机物,能量来源于太阳能,生物质能实质就是太阳能的一种形式,生物光合过程如下:

$$6 CO_2 + 12 H_2O \xrightarrow[\text{叶绿素}]{\text{光}} C_6H_{12}O_6 + 6H_2O + 6O_2$$

（上方：还原作用；下方：氧化作用）

每个叶绿体都像一个神奇的化工厂,它以太阳光为动力,把 CO_2 和水通过光合作用合成出糖类等有机物,目前人类仍未清楚其机理,所以,研究叶绿素的机理一直是令人激动的科学活动;生物质具体的种类很多,植物类中主要有木材、农作物（秸秆、稻草、麦秆、豆秆、棉花秆、谷壳等）、杂草、藻类等。非植物类中主要有动物粪便、动物尸体、废水中的有机成分、垃圾中的有机成分等。

4.2.4.2 生物质能的特点

(1)替代石化燃料。生物燃料是唯一能大规模替代石油燃料的能源产品,而水能、风能、太阳能、核能及其他新能源只适用于发电和供热。

(2)产品多样性。能源产品有液态的生物乙醇和柴油,固态的原型和成型燃料,气态的沼气等多种能源产品。既可以替代石油、煤和天然气,也可以供热和发电。

(3)原料多样性。生物燃料可以利用作物秸秆、林业加工剩余物、畜禽粪便、食品加工业的有机废水废渣、城市垃圾,还可利用低质土地种植各种各样的能源植物。

(4)生产物质性。可以像石油和煤那样生产塑料、纤维等各种材料以及化工原料等物质性的产品,形成庞大的生物化工生产体系,这是其他可再生能源和新能源不可能做到的。

(5)再生环保性。生物燃料具有可循环性和环保性。生物燃料是在农林和城乡有机废弃物的无害化和资源化过程中生产出来的产品;生物燃料的全部生命物质均能进入地球的生物学循环,连释放的二氧化碳也会重新被植物吸收而参与地球的循环,做到零排放。物质上的永续性、资源上的可循环性是一种现代的先进生产模式。

(6)存量丰富。由于地球上生物数量巨大,由这些生命物质排泄和代谢出许多有机质,这些物质所蕴藏的能量是相当惊人的。根据生物学家估算,地球上每年生长的生物能总量约1400亿～1800亿吨（干重）,相当于目前世界总能耗的10倍。我国的生物质能也极为丰富,目前仅农村每年约有7亿吨秸秆,如果转化为酒精可达1亿吨,我国南方地区有大量沼泽地可以种植油料作物,还有大量的禽畜粪便以及森林加工剩余物等。

4.2.4.3 生物质能利用技术

1. 生物质固化燃烧技术

生物质的直接燃烧和固化成型技术的研究开发主要着重于专用燃烧设备的设计和生物质成型物的应用。现已成功开发的成型技术按成型物形状主要分为三类:以日本为代表开发的螺旋挤压生产棒状成型技术,欧洲各国开发的圆柱块状挤压成型技术,以及美国开发的内压滚筒颗粒状成型技术。

2. 生物质气化技术

生物质气化技术是将固体生物质置于气化炉内加热,同时通入空气、氧气或水蒸气,来产生品位较高的可燃气体。生物质气化率可达 70% 以上,热效率也可达 85%。生物质气化生成的可燃气经过处理可用于合成、取暖、发电等不同用途,这对于生物质原料丰富的偏远山区意义十分重大,不仅能改变他们的生活质量,而且也能够提高用能效率,节约能源。

3. 液体生物燃料技术

生物燃料主要是指生物乙醇、生物丁醇、生物柴油等,20 世纪 70 年代以来,生物燃料的发展取得了显著成效,例如以生物质为原料,利用快速热解技术制取液化油,美国已经完成 100 kg 的试验,液化油得率达 70%。

燃料乙醇:一般是指提及浓度达到 99.5% 以上的无水乙醇。燃料乙醇是植物发酵时产生的酒精,能以一定比例掺入汽油,提高辛烷值和抗爆性能,减少汽油燃烧对大气的污染;属于可再生能源,利用农作物发酵生产乙醇,燃烧排放二氧化碳与作物在生长过程中消耗二氧化碳基本持平,可减少矿物燃料燃烧产生的二氧化碳。

生物柴油:是清洁的可再生能源,它是以大豆和油菜籽等油料作物、林木果实或工程微藻等油料水生植物以及动物油脂、废餐饮油等为原料制成的液体燃料,是优质的石化柴油代替品。具有环保性、低温启动性、安全性、可再生、无需改动柴油发动机等优势。

4. 厌氧生物转化技术

厌氧生物转化制备沼气,是生物质经过厌氧发酵制得的气体燃料,其中甲烷含量在 56%~65%,也是治理高浓度有机废液与资源综合利用的有效途径,因此生物转化技术已成为各国最广泛的研究课题之一,我国是世界上开发利用沼气最多的国家之一,最初主要是农村的户用沼气池,以解决秸秆焚烧和燃料供应不足的问题,大中型废水、养殖业污水、村镇生物质废弃物、城市垃圾沼气的建立扩宽了沼气的生产和使用范围。

5. 生物制氢技术

氢气是一种清洁、高效的能源,有着广泛的工业用途,潜力巨大,生物制氢逐渐成为人们关注的热点,生物制氢过程可分为厌氧光合制氢和厌氧发酵制氢两大类。

6. 生物质发电技术

生物质发电技术是将生物质能源转化为电能的一种技术,包括农林废物发电、垃圾发电等。生物质发电将废弃的农林剩余物收集、加工整理,形成商品,防止秸秆在田间焚烧造成的环境污染,是我国建设生态文明、实现可持续发展的能源战略选择之一。如果我国生物质能利用量达到 5 亿吨标准煤,就可解决目前我国能源消费的 20% 以上,每年可减少碳排放近 3.5 亿吨、二氧化硫、氮氧化物、烟尘减排量近 2500 万吨,将产生巨大的环境效益。

4.3 化学电源

电能作为一种非常重要的能源形式,具有使用方便、环保、传输、可控等优点,目前人们将大部分的一次能源如煤、石油等通过发电而转化为电能,但电能最大的缺点是不能直接储存,只能转换为其他形式的能再储存起来,使用时再转化成电能。将电能转化为化学能储存起来或直接利用化学能转化为电能的装置称为化学电源或化学电池。常用电池主要有干电池、蓄电池以及微型电池等,此外,还有燃料电池、太阳能电池、核电池等。随着现代电子技术的发展,对化学电池提出了很高的要求,每一次化学电池技术的突破,都带来了电子设备革命性的发展。化学电池的容量也越来越大、可充电循环寿命也越来越长。电池应用领域越来越广泛,科学家正在聚焦节能环保的电动汽车动力电源研究方面。

化学电池一般由电解质溶液、浸在溶液中的正、负电极相连组成;依据电池能否充电复原,可分为一次电池(原电池)和二次电池(可充电电池),一次电池常见的有锌锰电池、锌银电池、锌空气电池、燃料电池等,二次电池有铅酸蓄电池、镍镉电池、镍氢电池、锂离子电池、碱性锌锰电池等。此外,还有如锂—锰电池、锂—碘电池、钠—硫电池、太阳能电池等安全、高效、价廉的新型电池不断问世。

4.3.1 一次电池(原电池)

4.3.1.1 锌锰干电池

锌锰干电池是一种常用的化学电源,外壳锌片作负极,中间的石墨碳棒作正极,它的周围用石墨粉和二氧化锰粉的混合物填充固定,正极和负极间装入氯化锌和氯化铵的水溶液作为电解质,为了防止溢出,与淀粉制成糊状物,电池的工作电压一般为 1.55~1.7 V,使用时电阻逐渐增大,电压迅速降低,所以不宜长时间连续使用。锌锰干电池的电极反应为

锌负极:$Zn + 2NH_4Cl \longrightarrow ZnCl_2 + 2NH_4^+ + 2e$

锰正极:$2MnO_2 + 2H_2O + 2e \longrightarrow 2MnO(OH) + 2OH^-$

总反应:$Zn + 2NH_4Cl + 2MnO_2 \longrightarrow ZnCl_2 + 2MnO(OH) + 2NH_3$

碱性锌锰电池是 20 世纪中期在锌锰电池基础上发展起来的,是锌锰电池的改进型。电池使用氢氧化钾(KOH)或氢氧化钠(NaOH)的水溶液作电解质液,采用了与锌锰电池相反的负极结构,负极在内为膏状胶体,正极在外,与活性物质和导电材料压成环状电池外壳连接,正、负极用专用隔膜隔开。

4.3.1.2 锌银电池

锌银电池一般用不锈钢制成小圆盒形,圆盒由正极壳和负极壳组成,形似纽扣(俗称纽扣电池)。盒内正极壳一端填充由氧化银和石墨组成的正极活性材料,负极盖一端填充锌汞合金组成的负极活性材料,电解质溶液为 KOH 浓溶液。电压一般为 1.59 V,使用寿命较长。由于体积很小,主要用于电子手表、计算器、小型助听器等所需电池是微安或毫安级的电子设备上,也可制作大电流的电池,用于宇航、潜艇等方面。电极反应如下。

负极反应：$Zn+2OH^- -2e \longrightarrow Zn(OH)_2$

正极反应：$Ag_2O+H_2O+2e \longrightarrow 2Ag+2OH^-$

电池总反应：$Zn+Ag_2O+H_2O \longrightarrow Zn(OH)_2+2Ag$

4.3.1.3 铝空气电池

铝空气电池是以铝、空气、海水为材料组成的新型电池，可用作航海标志灯。该电池以海水为电解质，靠空气中的氧气使铝氧化而产生电流，能量比普通干电池高 20~50 倍。其电极反应式如下。

负极反应：$4Al \longrightarrow 4Al^{3+}+12e^-$

正极反应：$3O_2+6H_2O+12e^- \longrightarrow 12OH^-$

总反应式为：$4Al+3O_2+6H_2O \longrightarrow 4Al(OH)_3$

4.3.1.4 原子电池

原子电池即核电池，它是将原子核放射能直接转变为电能的装置，常用作原子电池中的放射性物质有钚-238、锶-90 等。其突出特点是寿命长、重量轻、不受外界环境影响、运行可靠，主要用于人造卫星、宇宙飞船、海上的航标、游动气象浮标以及无人灯塔等。原子电池的工作原理有两种：一是将放射性同位素衰变产生的热能转变成电能，就是热转换型电池；二是将放射性同位素衰变放出粒子的动能转变成电能，这就是动态换能型。目前研究最为成熟的是静态热电型电池，又称温差型原子电池。例如锶-90 衰变时，它产生相当于 300 W 的热能，然后通过热电发生器将热能转化为电能。最后输出的电功率是 20 W，电压 28 V，原子电池无需维护，至少可用 5 年。

4.3.2 可充电电池

4.3.2.1 铅酸蓄电池

蓄电池是一种存储电能的装置。蓄电池放电到一定程度，可以利用外部电源进行充电后再用，可反复使用数百余次。根据电解质溶液不同，蓄电池可分为酸性和碱性两大类。

汽车的启动电源常用铅蓄电池，铅蓄电池主要由两组栅板和稀 H_2SO_4 组成，极板采用铅锑合金制成，中间充满 PbO 和 H_2O 的糊状物，栅板交替由两块导板相连，作为两个电极。工作原理如下。

负极反应：$PbO_2+SO_4^{2-}+4H^++2e^- \longrightarrow 2PbSO_4+2H_2O$

正极反应：$Pb+SO_4^{2-} \longrightarrow PbSO_4+2e^-$

放电反应：$PbO_2+Pb+2H_2SO_4 \longrightarrow 2PbSO_4+2H_2O$

铅蓄电池每个单体电压为 2.0 V 左右，汽车用的电瓶一般由 3 组单体组成，即工作电压在 6.0 V 左右。放电时，若单体电压降低到 1.8 V 时，就不能继续使用，必须进行充电，一般铅蓄电池可充放电 300 次以上。铅蓄电池具有电压高、放电稳、输出率高、价格低廉等优点。但也存在防震性差、易挥发出酸雾、携带不便诸多缺点。故铅蓄电池适宜安装在固定的设备上，在汽车、通信、飞机、船舶、矿山、军工等方面都有广泛的应用。

4.3.2.2 镍镉电池

镍镉电池是一种直流供电电池,镍镉电池可重复 500 次以上的充放电,经济耐用,内阻小、充电快、电流大,电压稳定,是一种非常理想的直流供电电池。使用寿命比铅蓄电池长很多,可反复充放电上千次,价格较贵,目前碱性商品电池中,主要有镍—镉和镍—铁两大类;其充放电过程是位于负极的镉和氢氧化钠中的氢氧根离子化合成氢氧化镉,并附着在阳极上,同时也放出电子。电子沿着导线至阴极,和阴极的二氧化镍与氢氧化钠溶液中的水反应形成氢氧化镍和氢氧根离子,氢氧化镍会附着在阳极上,氢氧根离子则又回到氢氧化钠溶液中,氢氧化钠溶液浓度不会随时间而下降。其充放电反应如下。

放电反应式为

负极反应:$Cd + 2OH^- \longrightarrow Cd(OH)_2 + 2e$

正极反应:$2NiO(OH) + 2H_2O + 2e \longrightarrow 2Ni(OH)_2 + 2OH^-$

总反应:$Cd + NiO(OH) + H_2O \longrightarrow Cd(OH)_2 + Ni(OH)_2$

充电反应式为

正极反应:$Ni(OH)_2 + OH^- \longrightarrow NiO(OH) + H_2O + e$

负极反应:$Cd(OH)_2 + 2e \longrightarrow Cd + 2OH^-$

总反应: $Cd(OH)_2 + Ni(OH)_2 \longrightarrow Cd + 2NiO(OH) + H_2O$

4.3.2.3 镍氢电地

镍氢电池是由氢离子和金属镍合成,电量储备比镍镉电池多 30%,比镍镉电池轻,使用寿命长,环境污染小。镍氢电池采用氢氧化镍作正极,以氢氧化钾或氢氧化钠的水溶液作电解质溶液,金属氢化物作负极,利用吸氢、放氢的电化学可逆性,充放电反应如下。

充电反应为

正极反应:$Ni(OH)_2 + OH^- \longrightarrow NiOOH + H_2O + e$

负极反应:$M + H_2O + e \longrightarrow MH + OH^-$

总反应:$M + Ni(OH)_2 \longrightarrow MH + NiOOH$

放电反应为

正极:$NiOOH + H_2O + e \longrightarrow Ni(OH)_2 + OH^-$

负极:$MH + OH^- \longrightarrow M + H_2O + e$

总反应:$MH + NiOOH \longrightarrow M + Ni(OH)_2$

镍氢电池作为当今迅速发展起来的一种高能绿色充电电池,凭借能量密度高、可快速充放电、循环寿命长、无污染等优点在笔记本电脑、便携式摄像机、数码相机及电动自行车,甚至电动汽车等领域都有广泛应用。

4.3.2.4 锂电池

锂电池是指电化学体系中含有锂(金属或化合物)的电池。锂电池大致可分为两类:锂金属电池和锂离子电池。锂金属电池是一种以锂金属或锂合金为负极材料,使用非水电解质溶液的一次电池,通常是不可充电的,且内含金属态的锂。锂离子电池是指不含有金属态的锂的一种电池,且可以充电。其实,锂电池的发明者是爱迪生。锂金属非常活泼,使得锂金属的加工、保存、使用较为困难。直到20世纪末微电子技术的发展,对电源提出了很高要求。锂电池又进入大规模的实用化研发阶段,1992年索尼公司成功开发了实用化的锂离子电池,以适用移动电话、笔记本、计算器等小型携带型电子设备,使用时间也大大延长。同时锂离子电池不含重金属镉,与镍镉电池相比,相对环保。

1. 锂离子电池的特点

锂离子电池优点:①比能量高,具有高储存能量密度,是铅酸电池的约6~7倍;②使用寿命长,磷酸亚铁锂正极电池充放电可达1万次以上;③功率大,电动汽车用的磷酸亚铁锂电池,可实现大功率启动加速;④自放电低,一般12%/a以下,仅仅是镍氢电池1/20;⑤绿色环保,生产、使用和报废均不含铅、汞、镉等有害重金属。

锂离子电池缺点:①安全性差,有发生爆炸的危险;②钴酸锂电池不能大电流放电,安全性较差;③锂离子电池均需保护线路,防止电池过充过放电;④生产要求高,成本较高。

2. 锂离子电池材料

锂离子电池材料比较多,一般使用锂合金、金属氧化物、金属盐为正极材料,石墨、诸多合金、纳米材料等作为负极材料、使用非水电解质。目前常见的正极材料有

(1)磷酸铁锂正极材料。

正极反应:放电时锂离子嵌入,充电时锂离子脱嵌。

充电时:$LiFePO_4 \longrightarrow Li_{1-x}FePO_4 + xLi^+ + xe$

放电时:$Li_{1-x}FePO_4 + xLi^+ + xe \longrightarrow LiFePO_4$

负极反应:放电时锂离子脱嵌,充电时锂离子嵌入。

充电时:$xLi^+ + xe + 6C \longrightarrow Li_xC_6$

放电时:$Li_xC_6 \longrightarrow xLi^+ + xe + 6C$

(2)钴酸锂正极材料。

正极上发生的反应为

充电:$LiCoO_2 \longrightarrow Li_{1-x}CoO_2 + xLi^+ + xe$

放电:$Li_{1-x}CoO_2 + xLi^+ + xe \longrightarrow LiCoO_2$

负极上发生的反应为

充电:$6C + xLi^+ + xe \longrightarrow Li_xC_6$

放电:$Li_xC_6 \longrightarrow 6C + xLi^+ + xe$

(3)锂电池负极材料。

碳负极材料:目前用于锂离子电池的负极材料基本上都是碳素材料,如石墨、中间相碳微球、石油焦、碳纤维、热解树脂碳等。

锡基负极材料:锡的氧化物和锡基复合氧化物,目前没有商业化产品。

合金类负极材料:包括锡基合金、硅基合金、锗基合金、铝基合金等,目前未商业化。

纳米负极材料:碳纳米管、纳米合金材料。

3. 锂离子电池的结构

锂离子电池正极包括由钴酸锂或磷酸亚铁锂和铝箔组成,负极由石墨化碳材料和铜箔组成,电池内充有机电解质溶液,还有保险元件等,以便电池在不正常状态及输出短路时保护电池不受损坏。锂离子电池的电压一般为 3.7 V(磷酸亚铁锂正极的为 3.2 V),电池容量有限,常将单节电池串、并联使用,以满足不同要求,锂离子电池工作原理如图 4-3-1 所示。

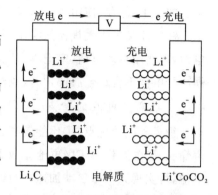

图 4-3-1 锂离子电池工作原理

4.3.3 燃料电池

燃料电池是一种把燃料所具有的化学能直接转换成电能的化学装置,又称电化学发电器,燃料电池是通过电化学反应把燃料的化学能部分转换成电能,燃料电池的燃料不是装在电池内部,而是由外部连续不断地提供燃料,发电效率高,发电的同时还副产优质水蒸气,其总热效率可达 80% 以上。具有发电效率高、污染小、比能量高、燃料范围广等优点,是继水电、火电、核电之后的第四代发电技术,应用前景广阔。

4.3.3.1 燃料电池的原理

燃料电池与一般电池相似,也是由负极(燃料电极)、正极(氧化剂电极)和电解质组成,电池工作时,燃料和氧化剂由外部供给进行反应,原则上只要反应物不断输入,反应产物不断排出,燃料电池就能连续地发电,当然,燃料电池还必须有一套相应的辅助系统,包括反应剂供给系统、排热系统、排水系统、电性能控制系统及安全装置等。这里以氢燃料电池为例来说明燃料电池的工作原理,如图 4-3-2 所示,其电极反应为

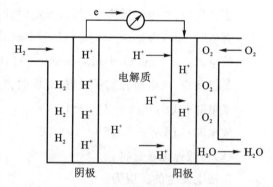

图 4-3-2 氢燃料电池工作原理

负极:$2H_2+4OH^- \longrightarrow 4H_2O+4e^-$ 正极:$O_2+2H_2O+4e^- \longrightarrow 4OH^-$

4.3.3.2 燃料电池的分类

根据电解质不同可将其燃料电池分为固体氧化物燃料电池(SOFC)、熔融碳酸盐燃料电池(MCFC)、质子交换膜燃料电池(PEMFC)、磷酸型燃料电池(PAFC)四类;也可按燃料种类分为氢燃料电池、甲醇燃料电池等。

1. 固体氧化物燃料电池

固体氧化物燃料电池(SOFC)是用氧化钇稳定氧化锆(YSZ)陶瓷作为电解质、多孔材质组成燃料极和空气极,SOFC 的特点是可获得超过 60% 效率的高效发电。可用一氧化碳、煤

气化的气体作为燃料,由于电池的构成材料全部是固体,因此没有电解质的蒸发、渗流等问题,燃料极、空气极也无腐蚀发生,系统相对简单,固体氧化物燃料电池还用于分布式电站,也可作为移动电源,为大型车辆提供动力源,具有广泛用途。

2. 磷酸型燃料电池

磷酸型燃料电池(PAFC)以磷酸为电解质、碳材料为骨架,一般工作在200 ℃左右,采用铂催化剂,效率达到40%以上。它除以氢气为燃料外,还可用甲醇、天然气、水煤气等低廉燃料,优点是不需要CO_2处理设备,是成熟度较高的一种燃料电池。

3. 熔融碳酸盐燃料电池

熔融碳酸盐燃料电池(MCFC)由多孔陶瓷阴极、多孔陶瓷电解质隔膜、多孔金属阳极构成,其电解质是熔融态碳酸盐。优点是工作温度高,反应速度快,燃料的纯度要求低,不需贵金属催化剂,成本较低,液态电解质,较易操作,不足是高温下液体电解质腐蚀和渗漏现象严重,降低了电池的寿命。熔融碳酸盐一般为碱金属Li、K、Na、Cs的碳酸盐混合物,正负极分别为添加锂的氧化镍和多孔镍。MCFC的电池反应如下。

负极反应:$O_2+2CO_2+4e \longrightarrow 2CO_3^{2-}$

正极反应:$2H_2+2CO_3^{2-} \longrightarrow 2CO_2+2H_2O+4e$

电池反应:$2H_2+O_2 \longrightarrow 2H_2O$

由上述反应可知,MCFC的导电离子为碳酸根离子,二氧化碳在阴极参与反应变为碳酸根离子迁移至阳极,碳酸根离子在阳极变为二氧化碳,阳极产生的二氧化碳返回到阴极,实现循环以确保电池连续工作,常用方法是将阳极室排出来的尾气经燃烧消除其中的氢气和一氧化碳,分离除水后,又将纯净的二氧化碳返回到阴极循环使用。

4. 质子交换膜燃料电池

质子交换膜燃料电池(PEMFC)采用可传导离子的聚合物膜为电解质,质子交换膜燃料电池需要有燃料供应系统、氧化剂供应系统、水管理系统、热管理系统、电力控制系统等,其优点有①排放物是水及水蒸气;②效率达60%~70%;③低噪声和低热辐射。目前成熟的有氢燃料电池和甲醇燃料电池,全球建有多个实用化的案例,如丰田的氢燃料电池汽车等。

4.4 能源化学助剂

石油、煤和天然气依旧是目前的主要能源,特别是由石油加工得到的燃料油和润滑油对国民经济的发展都有十分重要的意义。石油的开采和炼制以及油品制备过程中,需要用到多种化学助剂,化学助剂对提高采油率,改进生产工艺,改善燃料油和润滑油的质量都有很重要的作用。这些化学品多数都属于精细化学品的范畴,因此统称为石油化学剂,本章介绍石油、天然气开采、炼制及油品的添加剂等,同时简要介绍煤开采及清洁化利用中使用的各种化学助剂。

4.4.1 油气采收与加工

油气采收过程可以主要包括勘探、钻井、测井、采出、加工等一系列过程,可将主要的过程简单表述为勘探→钻井→录井→测井→固井→射孔→完井→采油→修井→增采→集输→炼油。

勘探:通过各种地质勘探手段,根据地质特性寻找油气的过程。

钻井:钻井是勘探与开采油气资源的重要手段,根据阶段和作用的不同,钻井分为勘探井、资料井、生产井、注入井、检查井等。

录井:在钻井过程中,分析、测量、观察从井下返出的固、液、气三种状态的物质信息,录井技术是发现、评估油气藏最直接的手段。

测井:测量地层岩石的物理参数,作为完井和开发油田的原始资料;测井一般先找储层,再找油气,一般来说油气水只存在于砂岩中,找到砂岩层之后,再在砂岩中寻找电阻率高的层位,就可断定其为油气层,即寻找该井的油气层的具体位置。

固井:即加固井壁,保证继续安全钻进,需下入钢管封隔油、气和水层,并在井筒与钢管间隙充填好水泥的过程,也称为固井工程。

射孔:用专用射孔弹射穿固井后的套管与水泥环,建立油气层与井筒之间的连通渠道,促使油气进入井筒,实现油气采收。

完井:从钻开生产层、下油层套管、注水泥固井、射孔到试采等一系列过程的总称。

采油:通过勘探、钻井、完井之后,油井开始正常生产,油田正式进入采油阶段,采油方式一般有自喷采油、人工举升等方式,使用何种方式主要取决于油气层特性。

集输:把分散的油井所生产的原油、天然气等集中起来,经过必要的处理后,合格的油和天然气分别外输到炼油厂和天然气用户的过程,其全过程称为油气集输。主要包括油气分离、计量、原油脱水、天然气净化、原油稳定、轻烃回收等工艺。

炼制:是指将原油经过分离和反应,生产燃料油、润滑油、化工原料及其他石油产品的过程。石油的炼制过程主要分为三个阶段,分别是原油蒸馏、二次加工、油品精制加工。

4.4.2 油田化学剂

采油化学剂是为了提高钻井、采油、集输的效率而采用的化学助剂;油田化学剂品种繁多,用量大,主要包括矿物类、无机物、天然产物和专用化学品四大类。矿物类包括活性白土、重晶石等;无机物包括酸、碱、盐等;天然产物包括纤维素、木质素、瓜尔胶及其衍生物等;专用化学剂类有缓蚀剂、破乳剂、润滑剂等,又根据作业过用助剂可分为通用化学剂、钻井用化学剂、采油用化学剂、集输用化学剂、水处理用化学剂等五大类。

4.4.2.1 钻井用化学助剂

钻井用化学剂包括钻井液、完井液和水泥浆用的各种添加剂,占油田化学剂65%~70%。

钻井液(即钻井泥浆)是在钻井过程中起到将钻屑带出地面、冷却和润滑钻头作用的一种液态泥浆。钻井液泥浆中的黏土颗粒附着井壁,形成薄而韧的泥饼,起到稳定井壁、防止井喷、漏、塌、卡等作用。目前使用的有水基钻井液、油基钻井液和聚合物基钻井液3种。

水基钻井液是以水为分散介质,油基钻井液则以柴油为分散介质,并添加泥土和化学剂配制而成,聚合物基钻井液具有提高钻速、降低成本和保护油层的优点,是由聚丙烯酰胺、聚丙烯酸、淀粉等高分子配制而成,目前水基钻井液占比90%以上,但随着3000 m以上的深井、海洋钻井以及寒带地区的钻井的不断发展,油基钻井液比例也在逐步上升。

钻井液添加剂有加重剂、增黏剂、降滤失剂、降黏剂、润滑剂、页岩抑制剂等,我国目前大约有18类钻井液添加剂,常见的见表4-4-1。

表4-4-1 常见的钻井液添加剂

类别	主要作用	典型品种
土粉	钻井液用泥土	膨润土、钙膨润土、钠膨润土、有机膨润土等
加重剂	提高钻井液密度,应对高压地层和稳定井壁	重晶石、铁矿粉、石灰石粉等
降滤失剂	即保水剂,防止钻井泥浆水分渗入地层,在井壁形成薄而密的泥饼,利于润滑	腐殖酸钾、羧甲基纤维素、磺化酚醛树脂、聚丙烯酸盐、改性淀粉等
增黏剂	增加钻井液的黏度	羧甲基纤维素、田菁胶、瓜尔胶等天然高分子等
分散剂	即降黏剂、改善钻井液流动性	木质素盐、单宁、栲胶、有机磷酸盐、有机硅等
防塌剂	即岩抑制剂,抑制黏土水化、膨胀、分解,防止井坍塌	硅酸盐、钾盐、铵盐、磺化沥青,聚丙烯酸钙、钾、铵盐等
润滑剂	提高钻井液的润滑性能	热聚油、磺化植物油、乳化渣油、极压润滑剂等
堵漏剂	防止钻井液流失、渗透底层	锯木屑、改性纤维素、聚丙烯酰胺、速凝水泥等
解卡剂	增强钻井液的润滑性能	磺化酚醛树脂、无荧光润滑剂、表面活性剂等
消泡剂	防止钻井液气泡	聚醚类、有机硅类等
起泡剂	调节钻井液的空气含量	烷基磺酸钠、烷基苯磺酸钠、脂肪醇醚硫酸钠等
乳化剂	油基钻井液中油的乳化	OP系、斯盘系、平平加系、烷基苯磺酸三乙醇胺等
缓蚀剂	减缓钻井液对设备的腐蚀	咪唑啉类、碱式碳酸锌(除硫)、亚硫酸钠(除氧)等
杀菌剂	防止各种菌引起钻井液降解	甲醛、多聚甲醛、季铵盐等
pH控制剂	调节钻井液pH值	氢氧化钠、氢氧化钾、碳酸钠、石灰等
除钙剂	去除钻井液中的钙离子	碳酸钠、碳酸钾、碳酸氢钾等

1. 钻井液降滤失剂

钻井液降滤失剂,也称为降失水剂、保水剂。钻井液进入地层后,随着泥浆水分渗入地层,泥浆颗粒就附着在井壁形成泥饼,泥饼薄而致密、润滑性好,泥饼越薄越好,故钻井液要添加保水剂,可减少泥浆水分进入地层,利于形成致密、润滑好的薄泥饼。

目前降滤失剂主要组分为膨润土、硅灰以及天然的或合成的水溶性高分子,下面介绍一些水溶性高分子降滤失剂。

(1)水解聚丙烯腈:主要原料是工业废弃物腈纶废料,主要有水解聚丙烯腈钠盐、钾盐、钙盐,具有抗盐能力强、成本低等特点。

(2)合成共聚物类:由丙烯酸、丙烯酰胺、丙烯磺酸钠等单体或其衍生物组合的均聚物或共聚物,相对分子质量一般在几万到几十万;丙烯酸和衣康酸共聚物作为降滤失剂,可抗高温150 ℃,具有良好的抗盐和抗钙盐能力;2-丙烯基氨基-2甲基丙磺酸(AMPS)、丙烯酸和衣康酸的三元共聚物可用于淡水、海水和高含钙钻井液。

(3)天然改性物类:羧甲基纤维素、羧甲基淀粉、改性褐煤等水溶性天然高分子,具有耐温、耐盐、抗剪切等特点。

2.钻井液分散剂

钻井液分散剂又称钻井液降黏剂、解絮剂,通常为了降低钻井液的黏度、提高流动性而添加的一类高分子电解质来调整钻井液的黏度以达到施工要求。钻井液降黏机理:一般泥浆用黏土浓度相当大且为片层结构,易遇水膨胀、受表面电荷等作用,形成空间网状结构,导致泥浆黏度增大,天然或合成高分子降黏剂是带有多官能团的长链分子,通过配价键吸附于黏土颗粒表面,可防止钻井液黏度增大。

常用的降黏剂有单宁、木质素磺酸盐、各种无机有机磷酸盐、磺甲基化褐煤、低分子聚电解质等表面活性剂类物质。具有特殊的解絮作用,能拆散胶体的网状结构,使钻井液黏度和流体阻力降低。

4.4.2.2 采油用化学助剂

油气开采增产主要指在油气开采过程中进行压裂、酸化、堵水、防砂、清蜡、防蜡等一系列作业,可以除去黏土的颗粒、沉积物对地层下油气渗流通道的堵塞,起到提高原油渗透率的目的,也可改变原油的物性如黏度、凝固点,使油气稳产、高产。按油田作业可把油气开采用化学剂分为酸化用化学剂、压裂用化学剂和提高采油收率用化学剂。

1.油气井增产方法

为了提高油气井生产力,常用水力压裂、酸化处理、井下爆炸、溶剂处理等方法。

(1)水力压裂:水力压裂是以超过地层吸收能力的大排量向井内注入黏度较高的压裂液,使井底压力升高将地层压裂,并且随着压裂液的不断注入,裂缝向地层深处延伸,同时压裂液中还要带有一定数量的支撑剂(主要是砂子、陶粒),以防止压力解除后的裂缝重新闭合,充填了支撑剂的裂缝,通过增加渗流面积,减少流动阻力,使油井的产量成倍增加。

(2)酸化处理:是油层改造、油井增产的重要措施之一,它是将酸液注入地层中,依靠酸液的化学溶蚀作用,使酸液与油层岩石中的碳酸盐岩、黏土矿物等成分发生化学作用来提高油层的渗透性,改善油层中油、气、水的流动状况,从而增加油井产量的方法,酸化方式一般分为酸洗、基质酸化和压裂酸化,达到疏通射孔通道、增加地层渗透、改善油气渗流方式、提高油气产量的目的;酸化一般有盐酸、吐酸(盐酸+氢氟酸)、乳化酸、稠化酸、泡沫酸、甲酸、乙酸等。

2. 压裂用化学剂

采用压裂技术是国内外常用的增产措施之一。压裂就是用压力将地层分开,形成裂缝,并用支撑剂将其支撑起来,以减少液体流动阻力的增产方法。压裂过程中使用的工作液称为压裂液,主要有水基、油基、乳化型和特种压裂液。压裂用化学剂是指压裂过程中,为满足压裂液的工艺要求,提高压裂效果,保证压裂液的性能所添加的化学剂。主要包括有稠化剂、交联剂、支撑剂、破胶剂、助排剂、缓蚀剂、减阻剂、暂堵剂等,见表4-4-2。

表4-4-2 压裂液用常用的化学剂

类别	主要作用	化学剂品种
稠化剂	使压裂液形成交联网络结构	瓜尔胶、淀粉、合成的聚丙烯酰胺、聚乙烯醇等
交联剂	高分子的交联形成高稠度胶冻,提高压裂液的携砂能力	硼砂、有机钛、有机铝、有机硼等
支撑剂	由压裂液带入压裂缝中,起支撑作用防止缝隙闭合	一定粒径的砂粒、陶瓷颗粒等高强硬度的颗粒
破胶剂	水基压裂液中交联高分子的降解,便于从井下排出	过硫酸盐、过氧化物等强氧化剂
助排剂	促进降解后的压裂液水溶液排除,表面活性剂	两性表面活性剂、含氟表面活性剂等超强表面活性剂
减阻剂	降低压裂液的流动阻力、提高压力性能	烷基疏水缔合物、腐殖酸盐、有机硅、栲胶等
暂堵剂	防止压裂液流失、渗透地层	聚丙烯酰胺等聚合物微球等
防乳化剂	防止油基压裂液的乳化	OP系、斯盘、平平加、环烷基苯磺酸三乙醇胺等

3. 酸化用化学剂

酸化是油井增产、水井增注的重要措施之一,压入油层的酸液通过对岩层的化学溶蚀作用,可扩大油流孔道和提高岩层渗透率。

油井酸化是指采用机械的方法将大量酸液注入井下页岩层、缝隙中,通过溶蚀堵塞(氧化铁、硫化亚铁、黏土),恢复并提高地层渗透率,达到油井稳产、高产的目的。

油田酸化常用的酸:盐酸(如6%~37%HCl)、氢氟酸(3%~15%HF)、土酸(3%~8%HF+10%~15%HCl)、甲酸(10%~11%HCOOH)、乙酸(20%~25%HAc)等。

为满足酸化工艺要求、提高酸化效果所用的化学剂主要有铁稳定剂、缓蚀剂、乳化剂、稠化剂、助排剂、起泡剂、降滤失剂、暂堵剂、防淤渣剂等。

(1)铁离子稳定剂:其作用是防止铁盐水解时析出氢氧化铁沉淀,从而造成地层渗流的堵塞,降低产油率或注水量。铁离子稳定剂主要有乙酸、乳酸、柠檬酸、EDTA、氨亚基三乙酸(NTA)等,均可与铁离子形成稳定的络离子,从而抑制其水解析出沉淀。

(2)酸化缓蚀剂:主要用于油井酸化时防止酸化液对金属管道产生腐蚀,以保证油井酸化压裂的正常实施和增产;常用的酸化缓蚀剂有三氧化二锑、碘化物、炔醇、曼尼奇碱等。

(3)酸化乳化剂:乳化酸是为了提高酸化的持续有效性,达到缓释放、持续增产的酸化液,就是将原油、柴油等油类、土酸(HF+HCl)及乳化剂按配方混合并充分搅拌成乳化液的形式。乳化酸的主要特点是稳定性好、黏度小、酸时间长,可通过溶解地层的重质原油、石蜡、沥青质等有效解堵,同时又有高表面活性,易返排等优点。

4. 驱油用化学剂

依赖地层天然压力采油称为一次采油,随着采油的进行导致地层压力下降,需要用注水补充地层压力的办法来采油,称为二次采油,一般一次采油和二次采油只能采出原油储量的30%~40%;为了尽可能地将剩余储量采出,就必须采用物理、化学和生物等强化采油技术来提高采收率,即称为三次采油或强化采油。

目前,常用的三次采油方法中化学驱油是指以化学剂为主的驱油法,主要有聚合物驱、碱驱、表面活性剂驱等。能提高采收率的化学剂主要有各种碱、起泡剂、扩展剂、混溶剂、稠化剂、增溶剂、流度控制剂、助表面活性剂、表面活性剂等,所用化学剂除烧碱、纯碱等无机物外,多为表面活性剂。除此之外,采油还用一些其他化学剂如防蜡剂、堵水剂、降凝剂、防砂剂、解堵剂、调剖剂、黏土稳定剂等。

(1)磺酸盐表面活性剂:常规注水井均以磺酸盐表面活性剂为主,最常用的有十二烷基磺酸钠、十二烷基苯磺酸钠等。

(2)辅助表面活性剂:辅助表面活性剂一般用量少,对驱油体系起调节作用,常用的有醇类、脂肪醇聚氧乙烯醚、脂肪醇聚氧乙烯醚硫酸盐等。

(3)高分子化合物:常用的是聚丙烯酰胺和天然多糖两大类。聚丙烯酰胺水溶液对盐敏感,其溶液黏度会随溶液中盐浓度增加而变小,天然多糖则对盐不敏感。

4.4.2.3 集输用化学剂

油气集输用化学剂是指在油气集输过程中(即将油井生产的原油和伴生气收集、处理、输送的全过程)为保证油气质量、保证生产过程安全和降低能耗所用的化学剂。主要包括缓蚀剂、破乳剂、减阻剂、乳化剂、流动改进剂、天然气净化剂、水合物抑制剂、海面浮油清净剂、防蜡剂、清蜡剂、管道清洗剂、降凝剂、降黏剂、抑泡剂等。

1. 原油破乳剂

原油在采油过程中,由于外界机械力的作用,形成 W/O 乳液,水含量为 10%~50%不等。因此,必须加入破乳剂并结合高压电场作用使油水分离,经分离后的原油,含水量可降低到1%以下,常用的破乳剂有烷基萘磺酸钠、烷基酚聚氧乙烯醚、环氧乙烷环氧丙烷嵌段聚醚等。

原油破乳机理:当破乳剂加入乳化原油后就会破坏油-水界面膜的规整性,降低界面膜的强度和稳定性。在加热或搅拌的条件下,破乳剂高频率碰撞乳状液的界面膜,通过吸附、替代等方式,破坏了原界面膜的完整性,使其稳定性降低,发生絮凝、聚结而破乳。

破乳剂的种类繁多,按表面活性剂的分类方法可分为阳离子型、阴离子型、非离子型、两性离子型。阴离子破乳剂一般有长链羧酸盐、烷基磺酸盐等,这类破乳剂由于效果差而使用少;阳离子破乳剂主要是烷基季铵盐,其对稀油效果明显,但对稠油效果差;非离子破乳剂主要有嵌段聚醚衍生物、聚醚有机硅破乳剂等;两性离子破乳剂有聚磷酸酯盐,嵌段聚醚衍生物、烷基咪唑啉等。非离子型和两性型破乳剂的破乳效果好、适应范围广、用量大。

2. 原油清蜡剂

原油含有大量 C18—C40 的碳氢类物质,其中大部分是直链烷烃化合物。当原油温度降至某一临界点时就会出现蜡的结晶析出。会沉积在管道中造成原油流动阻力增大,直接影响产量和能耗,严重时会造成停产,故清蜡是维持正常开采及输送的必要措施。

清蜡主要采用热油循环清蜡法和化学清蜡法;热油循环清蜡法存在效率低、能耗高等缺点;化学清蜡法具有成本低、效率高等优点,又可实现清蜡和防蜡相结合,主要有油基清蜡剂、水基清蜡剂和乳液型清蜡剂三大类。

(1) 水基清蜡剂:是以水为分散介质,以水溶性表面活性剂为主,加互溶剂(如醇、醇醚,用以增加油和水的相互溶解)或碱性物(氢氧化钠、磷酸钠、六偏磷酸钠等)。这类清蜡剂除了清蜡效果好,还有防蜡效果,但清蜡温度一般为 70~80 ℃。如国外某专利清蜡剂配方:壬基酚聚氧乙烯醚 10%、二乙二醇单丁醚 25%、甲醇 25%、水 40%;清蜡剂一般采用水套管滴加的方式加入油井中。

(2) 油溶性清蜡剂:使用溶解石蜡较强的溶剂,如 C_6—C_8 的芳烃、卤代烃和汽油、煤油等。在有机溶剂中加入一些表面活性剂以提高溶剂的分散、渗透、洗净等作用,或根据油的黏度大、凝固点高、井温低等特点,在溶剂中添加有降黏、降凝作用的表面活性剂,如在芳烃含有烷烃及烯烃清蜡剂中加入 30% 的石油磺酸铵,具有良好的清蜡效果。

(3) 乳液型清蜡剂:二硫化碳(CS_2)乳化清蜡剂的相关研究较多,CS_2 通过乳化以降低毒性和挥发性,如美国采用乳液型稳定性二硫化碳清蜡剂,二硫化碳占 44.3%,四氢萘占 44.3%,水占 13.4%,乳化剂为二辛基琥珀酸酯磺酸钠占 1.3%,通过乳化工艺制备成乳液型清蜡剂,使用效果良好。

3. 防蜡剂

防蜡剂主要由高分子聚合物或者表面活性剂和环芳烃类有机溶剂组成,高分子聚合物防蜡剂,如支化聚乙烯类高分子,目前由于普适性差,还未得到广泛应用。目前表面活性剂作为防蜡剂应用较多,一般有油溶性和水溶性两种,具有用量少、效果好等优点。

油溶性防蜡剂:一般由油溶性表面活性剂、长链醇等组分溶于有机溶剂中制成,油溶性表面活性剂主要有十六醇、十八胺、聚醚烷基酚醛树脂、苯甲酸萘酚酯等溶于煤油配制成油溶性防蜡剂。

水溶性防蜡剂:一般由水溶性表面活性剂复配并分散于有机溶剂中制成,水溶性表面活性剂主要有长链季铵盐、烷基聚醚、烷基酚聚醚等。

4. 原油缓蚀剂

原油含水，CO_2、H_2S 气体，以及无机盐类等杂质，其对钢材等设备有明显的腐蚀作用，原油缓蚀剂一般要求为油溶性缓蚀剂，如直链脂肪二胺、咪唑啉衍生物等，能被金属表面所吸附形成单分子层的保护膜，起减缓腐蚀的作用。

5. 原油脱硫剂

原油脱硫剂是一种油溶性的杂环化合物，用于消除原油和燃料油品中的硫化氢，硫醇等，原油脱硫是为了存储及加工时减少硫化物如亚硫酸等腐蚀性物质的产生，从而减轻对设备的腐蚀，如果原油中硫通常以硫化氢或单质硫的形式存在，可加入过氧化苯甲酰、三嗪环类衍生物等进行脱硫。

4.4.3 燃料油添加剂

燃料油包括汽油、煤油、轻油和重油等，即动力能源。燃料油由于震爆、腐蚀、氧化、低温防冻等问题都需要添加化学剂进行改进。

1. 抗震剂

汽油及柴油发动机中最重要的一个问题是燃料的抗震性。汽油在发动机汽缸内与空气形成混合气体，点火后以一定的速度进行燃烧，在汽油辛烷值不够时，因燃烧气的膨胀压力和汽缸壁过热，就会产生爆燃现象。

汽油辛烷值是影响爆震的关键因素，一般用马达法进行测定，马达法衡量汽油辛烷值的标准是以异辛烷的抗震性设定为 100，以正辛烷的抗震性设定为 0，测定汽油辛烷值是用两者的混合液作为标准通过特定装置的辛烷值机来标定汽油的辛烷值，直馏汽油的辛烷值一般在 50～70。要提高辛烷值一般会采用抗震剂，历史上使用最广泛的是四乙基铅，但由于四乙基铅有剧毒，现已经不再使用含铅抗震剂，目前环保型的抗震剂主要有醇类和醚类，如叔丁醇、叔丁基甲醚等。

柴油发动机的抗震性能则以十六烷值表示，即以正十六烷的十六烷值为 100，α-甲基萘的十六烷值为 0 来标定柴油的十六烷值。改进十六烷值用的抗震剂主要为硝基酯类、亚硝基化合物和过氧化物，目前以硝酸酯应用最为广泛。

2. 清洁分散剂

燃料油在汽缸中燃烧后产生的积碳以及燃料油本身燃烧后的残渣都会造成在汽缸内部结垢，这就需要用分散剂来改善其性能。为了消除积碳等影响，可在汽油中加入洁净分散剂，其功能是多方面的，除了清除沉积物外，还有防止汽化器结冰和燃烧系统腐蚀的作用，因此，是一类多功能添加剂。清洁分散剂有低分子和高分子两种。低分子清净分散剂有机磷酸酯、烷基酰胺、烷基酚醚、烷基胺等；高分子清净分散剂主要有聚丁烯琥珀酸亚胺、聚丁烯多胺和聚氧乙烯胺衍生物等。

3. 抗氧和防锈剂

燃料油在贮存及使用中通常要与金属接触，由于空气和水的存在，会使钢材发生锈蚀。

燃烧后产生的氧化物又为腐蚀创造了条件。还有氧化会引起燃料油黏度增高,并使其组分发生变化,在燃料油中加入抗氧剂,可提高其在贮存及使用时的稳定性。常用抗氧剂有酚和芳胺两大类。目前燃料油中应用较多的酚类抗氧剂有2,6-二叔丁基-4-甲基苯酚,2,6-二叔丁基苯酚;芳胺类抗氧剂中主要品种有N,N'-二仲丁基对苯二胺,其也具有很好的缓蚀性能。

4 抗冰剂

汽车发动机在潮湿的寒冷气候下,由于燃料管线和汽化器内汽油带入的少量水分容易结冰,这样会造成不易点火启动。故在燃料油中要加入抗冰剂。抗冰剂可分为两类:一类是醇类,如甲醇、乙醇、异丙醇等。由于小分子醇类可与水以任何比例混合,加入后可降低冰点,使水不能结冰,也常用一些多元醇,如乙二醇,以及其醚,如乙二醇醚、二乙二醇醚等。另一类则属于表面活性剂类,它们的疏水基团会聚集在金属的表面使之能阻止水分在金属表面结冰,主要有磷酸铵、脂肪胺、脂肪酰胺和烷基琥珀酸亚胺等。

4.4.4 煤加工助剂

4.4.4.1 煤层气开采及压裂液

煤层气井用压裂液与油气田压裂液存在着较大差异,由于储煤层松软、比表面积大、吸附性强等特点导致注入压力高、裂缝复杂、砂堵、支撑剂嵌入、压裂液返排困难及煤粉堵塞等问题,所以煤井压裂液要求主要有三点:①由于煤岩的表面积非常大,具有较强的吸附能力,要求压裂液同煤层及煤层流体配伍型要好,减少不良吸附;②要求压裂液本身清洁、破胶残渣少,以避免对煤层孔隙的堵塞;③压裂液应满足煤岩层防膨、降滤失、返排、降阻、携砂等要求。

1. 活性水基压裂液

活性水压裂液是以水+2%氯化钾+0.2%助排剂组成;其具有污染小、返排量大等优点,但同时也用液量大、摩阻大、滤失量大、携砂量少、易砂堵等缺点。

2. 清洁压裂液

清洁压裂液又称黏弹性表面活性剂压裂液(VES);一般由双子表面活性剂、有机盐和水配制而成,具有破胶彻底,流变性好,携砂能力强,对地层伤害较小,无毒、无腐蚀性等优点。

3. 冻胶压裂液

冻胶压裂液采用多羟基聚合物交联成凝胶状进行携砂来完成压裂。如采用0.35%羟丙基瓜尔胶+2.0%KCl+0.2%助排剂+0.02%硼砂+0.05%~0.1%防腐剂1227+0.015%过硫酸铵。溶液中存在的单硼酸盐与瓜尔胶分子链上的顺式羟基配对而形成配位键,将线状高分子链交联形成高黏弹性的凝胶。

4. 泡沫压裂液

泡沫压裂液一般采用表面活性剂水溶液与CO_2与N_2一起形成泡沫压裂液;具有黏度

高、滤失小、裂缝清洁、地层伤害小、易返排等优点,特别适用于低压、水敏性储层。

4.4.4.2 燃煤助燃剂

煤助燃剂就是通过在煤中加入少量助燃添加剂来促进煤的完全燃烧,既可减少不完全燃烧的热损失,又可减少烟尘的排放。从节能和环保的角度而言,都具有十分重要的现实意义。

1. 燃煤助燃剂概念

促使煤燃烧充分,起到助燃、节煤、减少有害气体排放、保护环境等作用。燃煤助燃剂中的碱性氧化物与受热面上的烟垢和烟气发生化学反应,使烟垢和烟气中的硫化物生成硫酸盐,随炉渣一起排出炉外,减少二氧化硫、二氧化氮等有害气体的排放,有利于保护环境。高效的助燃剂使用时仅需添加燃煤重量的1%~2%,一般锅炉就可实现节煤10%~20%。

2. 燃煤助燃剂的助燃机理

燃煤助燃剂的作用机理主要有两个方面:一个是氧传递理论;另一个是电子转移理论。

氧传递理论认为:加热条件下助燃剂中的金属类添加剂首先被还原成金属,然后金属吸附氧气,使金属氧化为氧化物,紧接着碳直接还原金属氧化物,这样金属一直处于氧化－还原的循环中,加快氧气扩散的速度,使燃烧更易进行。

电子转移理论认为:助燃剂中的金属离子能够被活化,从而使自身的电子发生转移,成为电子给予体,金属离子形成空穴,而碳表面的电子结构也发生变化,这种电荷的迁移将加快某些反应,从而提高整个反应的速度,使碳燃烧更完全。

3. 燃煤助燃剂的组成

燃煤助燃剂的组成包括膨松剂、氧化剂、催化剂、脱硫剂、消烟剂及其他助剂。

(1)膨松剂:膨松剂在炉膛高温区会受热爆裂,搅动煤层中的气流,促使煤粒表面的灰烬或燃烧产物脱离,使之充分燃烧。所用的膨松剂主要指的是工业食盐氯化钠等。

(2)氧化剂:氧化剂有助于提供燃烧在预热段、燃烧段和燃烧末段所必需的活性氧,促使煤燃烧。常用氧化剂有高锰酸钾、氯酸钾、高氯酸钾等。高锰酸钾可以在200~240 ℃温区分解出氧气,氯酸钾可以在300~350 ℃温区分解放出氧气,高氯酸钾在400 ℃以上分解出氧气。硝酸盐类如硝酸钠、硝酸钾等也可分解出氧气,具有助燃效果。

(3)催化剂:有MnO_2、MgO、Al_2O_3、Fe_3O_4、Fe_2O_3、$FeCl_3$、稀土元素等。添加2%~5%的MnO_2可使无烟煤和烟煤燃烧率分别提高14%~18%和3%~8%。其助燃机理是热分解放出的活性氧加快了着火初期的火焰传播速度,进而提高了煤粉燃烧率。

(4)固硫剂:固硫剂种类很多,常用的有钙基固硫剂、钡基固硫剂、镁基固硫剂等,也可选用电石渣、造纸废液、硼泥、赤泥、盐泥等工业废料和石灰石、白云石等天然矿物。钙基固硫剂有$CaCO_3$、CaO、$Ca(OH)_2$,$Ca(OH)_2$固硫效果最好,其次是$CaCO_3$和CaO。采用浸渍法加入$CaCO_3$或石灰乳及分别与少量$CaCl_2$、$Fe(NO_3)_2$、$FeSO_4$的混合盐和浸渍$Fe(NO_3)_3$、$FeSO_4$,对烟煤、无烟煤有明显助燃作用。

(5)消烟剂:消烟剂以无机物为主,也有少量的有机物,例如锰矿粉、生石灰、氢氧化钾、高氯酸钾、硝酸锌、硝酸铝、硝酸铅、硝酸钙、环己胺、乙醇、石灰乳等。

4.4.4.3 型煤黏结剂

型煤、型焦、冷固球团技术是一种适合中国国情的经济实用的工业节能减排技术。众所周知,块煤、焦炭、兰碳、石油焦、块矿、烧结球团是化工、电石、钢铁、有色金属等行业生产必备的块状原料,目前我国球团等型煤生产大部分采用低压冷态成型的方式,型煤生产用黏结剂具有重要作用,一般按其化学成分可分为有机、无机以及无机有机复合类。

1. 有机类

型煤生产用黏结剂有机类有煤沥青、煤焦油和石油沥青及其残渣、高分子聚合物、淀粉类、植物油渣类、动物胶类、腐殖酸、木质纤维素等。有机黏结剂的优势是型煤中固定碳不变,发热量不受影响,防水性好,缺点是热强度低,部分配方燃烧时产生二次污染,成本较高。

2. 无机类

型煤生产用黏结剂无机类有膨润土、高岭土、水泥、水玻璃、石灰、电石泥、磷酸盐、硫酸盐等。无机类黏合剂用于型煤生产,具有适用范围广,可提高型煤、球团煤的热强度,增加热稳定性,原料来源广,成本低,工艺简单等优点。

4.4.4.4 水煤浆及其添加剂

1. 水煤浆概念

水煤浆是20世纪70年代兴起的煤基液态燃料,也是煤气化原料之一,水煤浆是由质量分数为60%～70%不同粒径分布的煤颗粒、30%～40%的水和1%左右的化学添加剂混合均匀后,通过物理加工方式而成。

水煤浆的优点:①燃烧率高,水煤浆的燃烧效率高于煤的直接燃烧,水煤浆在锅炉、窑炉的燃烧效率可达95%以上,且燃烧水煤浆的运行成本低;②安全性高,水煤浆属于非易燃的液体;③适用范围广,作为燃料用于锅炉、工业炉窑等锅炉,也可用于煤气化制合成气、制氢等;④环保性好,水煤浆相比于煤燃烧充分,氮氧化物、硫化物排放量减少50%以上,具有很大的环保节能优势。

2. 水煤浆添加剂

水煤浆添加剂,按其功能不同有分散剂、稳定剂及其他一些辅助化学药剂,如消泡剂、pH调整剂、防霉剂等多种,其中不可缺少的是分散剂与稳定剂,合理的添加剂配方必须根据制浆用煤的性质和用户对水煤浆产品质量的要求,经试验后确定。

(1)水煤浆分散剂:分散剂实质是一类表面活性剂类物质,具有两亲性结构,通过定向吸附在煤颗粒表面从而阻止煤颗粒的团聚,达到分散、降黏的作用,其机理是主要通过表面润湿效应、静电斥力效应和空间位阻效应三种效应来实现。

常用的分散剂:多以阴离子型为主,如聚萘磺酸盐、木质素磺酸盐、磺化腐殖酸、聚羧酸盐系等,国外以聚苯乙烯磺酸盐为主,国内以聚萘磺酸盐和木质素磺酸盐复配物较多。

(2)水煤浆稳定剂:稳定剂应具有使煤浆中已分散的煤粒能与周围其他煤粒及水结合成

一种较弱但又有一定强度的三维空间结构的作用。稳定剂的加入能使已分散的固体颗粒相互交联,形成空间结构,从而有效地阻止颗粒沉淀,防止固液相分离。能起这种作用的稳定剂有无机盐、高分子有机化合物,如聚丙烯酰胺、羧甲基纤维素、有机膨润土等。

(3)消泡剂:制备水煤浆用煤一般为浮选精煤,其表面残留浮选剂较多时,会产生气泡,对水煤浆的性能、贮存和运输均有不利影响,常用的消泡剂有长链醇、聚醚、磷酸酯等。

4.4.4.5 煤洗选及助剂

煤洗选是利用煤和杂质(矸石)的物理、化学性质的差异,通过物理、化学或微生物分选的方法使煤和杂质有效分离,获得质量均匀、用途各异的煤。

1. 煤洗选的目的

(1)提高煤质量,减少燃煤污染物排放。煤洗选可脱除煤中 50%~80%的灰分、30%~40%的全硫,燃用洗选煤可有效减少烟尘、SO_2 和 NO_x 的排放,如洗 1 万 t 动力煤一般可减排 SO_2 60~70 t,去除煤矸石约 160 t。

(2)提高煤的利用效率,节约能源。据统计合成氨生产时,使用洗选的无烟煤可节煤 20%;工业锅炉和窑炉燃用洗选煤,热效率可提高 3%~8%。

2. 选煤原理与方法

按选煤方法的不同,可分为物理、物理化学、化学及微生物选煤等。物理选煤和物理化学选煤技术是实际选煤生产中常用的技术,一般可有效脱除煤中无机硫(黄铁矿硫),化学选煤和微生物选煤还可脱除煤中的有机硫。

物理选煤:根据煤和杂质物理性质(如粒度、密度、硬度、磁性及电性等)上的差异进行分选,主要的物理分选方法有①重力选煤,一般包括跳汰选煤、重介质选煤、斜槽选煤、摇床选煤、风力选煤等;②电磁选煤,利用煤和杂质的电磁性能差异进行分选。

物理化学选煤:也叫浮选,是依据矿物表面物理化学性质的差别进行分选,利用煤表面的疏水性,使泡沫上浮时带动疏水煤颗粒一起上浮,从而达到分离不同物料的目的。

化学选煤:是借助化学反应使煤中有用成分富集,除去杂质和有害成分的工艺过程。根据常用的化学药剂种类和反应原理的不同,可分为碱处理、氧化法和溶剂萃取等。

微生物选煤:是用某些自养性和异养性微生物,直接或间接地利用其代谢产物从煤中溶浸硫,达到脱硫的目的。

3. 煤泥浮选药剂

在煤泥浮选中,一般使用两种药剂配合使用,一种是改善煤粒表面疏水性的捕收剂,另一种是起泡剂。捕收剂作用于煤—水界面,通过提高煤表面的疏水性,使其牢固地附着于气泡而上浮,根据煤表面性质、煤与水的接触角大小,一般可选用烃类、油脂类、有机胺及其盐作为捕收剂;一般选用非离子、阴离子表面活性剂复配作为起泡剂,促使空气在煤水浆体系中弥散成小气泡,并保证小气泡与煤粒接触以及上浮中的稳定性。

▶ 习　题

1. 简述柴火、水电、石油、煤、天然气、太阳能、生物质能的能源属性及分类。
2. 试讨论我国提出的"碳达峰、碳中和"的概念以及提出的背景与意义。
3. 试述石油加工技术及石油加工产物种类。
4. 论述煤综合利用的主要途径以及洁净煤技术的概念及意义。
5. 分析氢能的优势与目前的最大挑战。
6. 试述燃料油的抗爆震性能及其意义。
7. 简述润滑油的主要技术指标及润滑油添加剂的种类。
8. 简述锂离子电池的工作原理以及电极材料。
9. 简述燃料电池的工作原理及类型。
10. 简述压裂液的种类及其作用。
11. 简述三次采油及其意义。
13. 简述煤浮选原理及其浮选药剂。

第 5 章 化学与资源

资源是一切可被人类开发和利用的物质、能量和信息的总称,它广泛存在于自然界和人类社会中。资源从经济学的角度来看应该包括社会资源、技术资源和自然资源。自然资源是一切资源的基础与物质存在,是技术资源和社会资源的载体。从化学的角度来认识资源的开采、加工及综合利用等相关特性及原理,对人们更科学地利用资源、促进生存环境的协同发展具有非常重要的现实意义。科学技术的进步是自然资源开发利用的推动力,当然也与化学化工的发展密不可分。本章重点讨论自然资源及其利用、无机资源化工、有机资源化工和生物资源化工等相关内容。

5.1 自然资源及利用

5.1.1 概 述

《辞海》对自然资源的定义是指天然存在的具有利用价值的自然物,如阳光、空气、水、矿产、生物、气候等,是生产的原料来源和布局场所。联合国环境规划署对自然资源的定义是在一定的时间和技术条件下,能够产生经济价值,提高人类当前和未来福利的自然环境因素的总称。

5.1.1.1 自然资源的分类

(1)按照存在形态分类:可分为环境资源、矿产资源和生物资源三大类。

环境资源:可直接利用的资源,如阳光、空气、水、土地、气候等。

矿产资源:金属矿资源(黑色金属、有色金属、贵金属及稀有、稀土金属矿等);非金属矿资源(如化工矿、天然建材矿、燃料矿等)。

生物资源:野生动植物,如原始森林、天然草场、海洋鱼贝等;人工培育的动植物,如农作物、人工林、家畜、家禽等;各种有用的微生物。

(2)按用途分类:可以分为原料性资源和能源性资源。

原料性资源:通过化学加工制备出生活、生产所需的各种物质。

能源性资源:包括矿物燃料、生物质、太阳能、风能、水能、地热、核能等。

(3)根据再生性分类:可分为可再生资源和不可再生资源两大类。

可再生资源:如阳光、水、空气、土地、生物资源,它们经过采集、利用后不会耗竭,还可以恢复、更新或再生,有些再生与恢复需要很长时间,如土地和森林。

不可再生资源：如矿产资源，总有耗竭之日，且开采难度越来越大、成本越来越高。

(4)按可用性分类：可分为现实资源、潜在资源和废物资源三种。

5.1.1.2 自然资源概况

人类对自然资源的认识经历了天命论——征服论——协调论三个历史阶段，人们已认识到资源开发管理是复杂的系统工程，二战后人类可用资源已消耗了1/3以上，而且人们对资源消费的相关需求还在不断上涨，已经造成了部分资源枯竭、环境退化等问题。地球自然资源现状可参见表5-1-1。

表5-1-1 自然资源状况

项目/单位	全球	我国	我国与全球人均比	人均排位
可耕地/亿ha	100	0.9	1/3	
淡水/万亿m³	70	3.6,全球第6位	1/4	109
森林/亿ha	54(木本)	1.8,全球第6位	1/10	
草地/亿ha	67	3.6	1/3	
矿产资源/种	大于180种	大约152种,总量居全球第3位	1/2	80
生物资源	脊椎动物约5万种,植物约48万种	脊椎动物约2400种,植物3万多种	1/10	3

注：统计数字也在不断地变化

我国资源状况的特点主要是总量大、品种丰富；人均少，总体质量不高，分布、品种、储量不均衡；开发、利用程度低；浪费和环境污染严重。

我国自然资源的发展必须坚持开源与节流并举，用可再生资源代替不可再生资源，优化资源配置，跨区域调配资源，如南水北调、西气东输、新能源、可再生资源等战略资源规划。在加强立法保护方面，我国已出台了《土地管理法》《草原法》《森林法》《动物保护法》等系列资源保护法，这对我国资源保护、开发及利用具有重要的历史和现实意义。

另外，海洋也是一个非常丰富的自然资源宝库，包括海水资源、盐类资源、生物资源、海洋能源、海底矿产等，海洋资源的开发利用对我国资源开发具有重要的战略意义。

5.1.2 矿产资源

5.1.2.1 矿产资源概况

矿产资源是指地壳(星体)中有开采价值的单质和化合物。世界矿产约有1/3用于建筑，1/3用于交通运输业。目前人类需要量较大的建筑材料、肥料的原料尚无危机，但金属矿产则令人担忧。全球主要的矿物约有45种，其中Mn、Co、W、Ni、Cr、Mo、Ti、V、Zr、Ta、Nb在合金钢生产中有重要意义，有些很难或不能代替。其中有色金属中Al、Cu、Zn、Pb、

Sn、Ni、Mg、U、Pt、Au、Ag、Li、Hg 较为重要。

我国目前已发现矿产 170 余种,探明储量的矿产有 152 种,其中 45 种有重要价值的矿物,年产矿物 50 亿 t,位居世界第三位。我国生产的 Cu、Al、Mn(V)、Zn、Sn、Sb、Li、Mg(Mo)、Pb 等 10 种有色金属总产量约为 700 万 t/a,仅次于美国,居世界第二位。煤、Fe、W、Sb、Hg 产量居世界第一。我国稀土金属储量约占全球的 40%,但我国却供应全球 80% 以上的稀土用户,我国的稀土开采加工、提炼技术处于世界领先水平。

我国矿产资源存在诸多问题,一是人均少,仅居世界第 80 位,人均矿产贮量为世界平均的 1/2,其中有 15 种矿物不能满足需要,Cu、Al 需要大量进口;二是矿点多,大矿少、贫矿多、共生矿多,品位低,利用差;三是总体回采率低、能耗大等。

我国各类矿产贮存状况整体概括如下。

A 类矿产:储量丰富,人均世界领先,如 W 贮量占全世界贮量的 80%,产量为全世界产量的 90%,其他 Sn、Sb、Mo、Hg、V、Ti、稀土、Th、石墨、滑石、萤石、菱镁矿、重晶石、大理石、花岗石等矿物均可满足需要并可出口。

B 类矿产:可满足国民经济需要,贮量世界领先,Fe、Mn、Cu、Zn、Pb、Al、Ni、Au、Ag、Mg、Zr、V、Nb、B 贮量较大。Fe 矿贮量位于世界前列,但 98% 为贫矿,仍需大量进口,铜仍有 2/3 需进口,铝贮量居世界第 6 位,但 1/3 靠进口。

C 类矿产:国内储量不足,尚需进口,如 Cr、Co、Pt 族、铀、金刚石、钾盐、硼、天然碱、磷等。

5.1.2.2 重要矿物

1. 金属材料矿

钢铁原料矿:黑色金属矿,如 Fe、Cr、Mn 矿,以及合金元素,如 Mg、Ni、W、Mo、V、Ti。

有色金属矿:重要的有色金属矿包括轻金属矿,如 Al、Ca、Mg 矿;重金属矿,如 Cu、Zn、Pb 矿;贵金属矿,如 Au、Ag、Pt、Ir 矿;稀有金属矿,如 Ge、Be、La、U。

2. 建筑材料矿

建筑材料矿是指建筑所用的砂、石材、黏土,以及无机胶凝材料等,均来自天然矿产。

(1)花岗岩(花岗石、麻石):花岗岩属酸性火成岩,含 SiO_2 大于 70%,由石英、长石及少量深色矿物,如黑云母、角闪石组成,具有耐酸、耐磨的特点。

(2)大理石(大理岩):主成分为方解石($CaCO_3$),由多种碳酸盐组成(包括石灰岩、白云岩),白色颗粒状结晶的称为汉白玉,装饰性、介电性好,但易风化。

(3)方解石:方解石是一种碳酸钙矿物,天然碳酸钙中最常见的就是它。因此,方解石是一种分布很广的矿物。方解石的晶体形状多种多样,它们的集合体可以是一簇簇的晶体,也可以是粒状、块状、纤维状、钟乳状、土状等。敲击可以得到方形碎块,故称方解石。

(4)胶凝材料:主要指与水调和成浆后可凝结为坚实整体的粉状矿物材料,主要有石灰、水泥和石膏,有时将沥青和塑料也用作胶凝材料。按硬化条件可分为水硬性和气硬胶凝材料。

(5)石膏:用于制造水泥、硫酸、烧石膏等,也用作填充剂、凝结剂、肥料、中药等。

3. 化工原料矿

化工原料矿主要有磷矿、钾矿、锂矿、硫矿、天然碱、硼矿等用于加工化工原料的矿藏。

(1)磷矿:主要是磷灰石,可含多种微量元素,有氟磷灰石、氯磷灰石、羟基磷灰石等,属六方晶系,灰、褐、黄、绿色致密块状,断口有油脂玻璃光泽,有磷光。

(2)钾矿:主要有钾盐、钾长石、硝石、锂云母、锂辉石、光卤石、明矾石、泻盐等。

(3)锂矿:用于提炼锂或制备锂化合物,主要有锂辉石(含 Li_2O 5.8%~8.1%)、锂云母(含 Li_2O 3.2%~6.5%)、磷锂铝石(含 Li_2O 7.1%~10.1%)。智利、中国和阿根廷是碳酸锂产能最大的国家。

(4)硫矿:主要有天然硫、硫化氢气藏、硫铁矿(黄铁矿)等,用于生产硫酸、水泥等。

(5)天然碱:天然碱可用于制碱、冶金、制取三氧化二铝,也用于炼油、造纸、纺织、玻璃、肥皂和洗涤剂等。

(6)其他重要的化工原料矿:硼砂矿、重晶石、钛铁矿、石棉、石膏、硅藻土、石灰岩等。

4. 特种非金属矿

主要的特种非金属矿有金刚石、水晶、石墨、云母,宝石等。世界上的矿物约有 3000 种,作为宝石的只有百余种,其中 20 种左右最受人们喜爱。宝石的基本特性有颜色、硬度、透明度、光泽、荧光性和磷光性、包裹体、双折射和多色性等。从化学成分看,宝石的许多颜色是宝石中含有特种金属离子的缘故,表 5-1-2 列出了一些宝石颜色对应所含金属离子的颜色,下面重点介绍几种常见的宝石。

表 5-1-2 与宝石颜色对应所含的离子的颜色

宝石	所含金属离子	离子颜色
绿宝石、翡翠	铬(Ⅲ)离子	绿色
紫水晶	锰(Ⅲ)离子	紫色
橄榄石	铁(Ⅱ)离子	浅绿色
黄玉	铁(Ⅲ)离子	黄色
绿松石	铜(Ⅱ)离子	蓝绿色

(1)金刚石:是唯一由单一元素组成的宝石,通常称其为钻石,与石墨和六方晶系的金刚石呈同质异构,金刚石最典型的晶形是八面体、菱形十二面体及它们的聚形。金刚石无色透明,若含杂质则呈现黄、蓝、绿、黑等不同颜色,强金刚光泽。硬度为10,是已知物质中硬度最高的,性脆,在 X 射线照射下会发出蓝绿色荧光。钻石的化学性质很稳定,钻石的质量等级已被广泛采用 4C 评价标准,包括四个方面:质量(用克拉表示,1 克拉等于 0.2 g)、颜色(由极白到黄褐灰分为12级)、净度和切工。钻石净度是指钻石内部和表面的洁净度,洁净度反映了钻石内外包裹体的存在程度。包裹体可减少透过钻石的光,可降低它的亮度和净度。

可认为是包裹体决定了钻石净度等级。洁净度一般分5个等级,无瑕级、极微瑕级、微瑕级、明显瑕级和重瑕级。

(2)刚玉:刚玉是一种由氧化铝的结晶形成的宝石。掺有微量元素铬的刚玉颜色鲜红,一般称之为红宝石;而蓝色或没有色的刚玉,普遍都会被归入蓝宝石的类别。刚玉硬度为9,折光率为1.76~1.77。有时具有特殊的星光效应,即在光线的照射下会反射出迷人的六角星光。红宝石在长、短波紫外线照射下发红色及暗红色荧光。刚玉可作为研磨材料及制造精密仪器的轴承,颜色鲜艳透明者可作为宝石,如红宝石、蓝宝石等。因刚玉的硬度高,价格低廉,因此成为砂纸及研磨工具的理想材料。

(3)碧玺:碧玺是电气石族里珠宝级的一类,电气石是一种硼硅酸盐结晶体,并且可含有铝、铁、镁、钠、锂、钾等元素,碧玺可呈现各式各样的颜色。颜色多变,富铁者为黑色,富锂、锰、铯者为玫瑰色或深蓝色,富镁者呈褐色或黄色,富铬者为深绿色;具有玻璃光泽,半透明至透明,折光率为1.624~1.644,硬度为7~7.5,有压电性。

(4)石榴子石:属于等轴晶系的一族岛状结构铍、镁铝硅酸盐矿物的总称。通常分为铝系和钙系两个系列。铝系有紫红色、玫瑰红色镁铝石榴石,红褐色、橙红色铁铝石榴石;深红色锰铝石榴石。钙系有黄褐色、黄绿色钙铝石榴石;棕、黄绿色钙铁石榴石;鲜绿色钙铬石榴石。石榴子石晶形好,常呈菱形十二面体,折光率为1.74~1.90,硬度为7~8,性脆。石榴子石主要作研磨材料,色彩鲜艳透明者可做宝石。

(5)翡翠:翡翠是一种以硬玉为主的纤维状或致密块状的钠铝硅酸盐矿物集合体,属单斜晶系。翡翠的颜色多为绿、红、紫、蓝、黄、灰、黑、无色等。根据绿色的色调、亮度和饱和度,翡翠可分为祖母绿色、苹果绿色、葱心绿、菠菜绿、油绿、灰绿等六种。玻璃光泽至油脂光泽,半透明至不透明,折光率为1.66~1.68,硬度为6.5~7,韧性极强。

(6)软玉:软玉最早产于新疆和田,又称和田玉、新疆玉。软玉是一种具链状结构的含水钙镁硅酸盐。颜色多种多样,呈白、青、黄、绿、黑、红等颜色,一般为油脂光泽,有时为蜡状光泽,半透明至不透明。双折射率为0.021~0.023。无荧光或磷光,硬度为6.0~6.5,质地细腻。软玉按品种可以分为羊脂白玉、白玉、青玉、青白玉、碧玉、墨玉、黄玉、花玉、金山玉等。羊脂白玉质地细腻,光泽强,洁白如羊脂,堪称软玉之王。

(7)猫眼石:猫眼石在矿物学中是金绿宝石中的一种,金绿宝石是含铍铝氧化物,属斜方晶系。晶体形态常呈短柱状或板状。猫眼石有各种各样的颜色,如蜜黄、褐黄、酒黄、棕黄、黄绿、黄褐、灰绿色等,其中以蜜黄色最为名贵。透明至半透明。折光率为1.746~1.755,硬度为8.5,有贝壳状断口。

5.1.2.3 选矿技术

1. 选矿概念

矿物:是指地壳中由于地质作用(自然的物理、化学与生物作用)按聚集状态形成的单质和化合物。矿物具有一定的物理和化学特性,可分为气态、液态、固态三类矿物。

矿石:是指矿床中具开采价值的固体或指可利用的矿物集合体。

第 5 章 化学与资源

品位:是指矿石(或矿体)含有用成分的百分率。一般用金属重占矿石重的百分比表示,如铜精矿品位 15%。少数矿物品位用矿物有效成分与矿石相对质量比或体积比(非金属矿)表示,云母矿床用 kg/m³ 表示,而金银矿用 mg/t。按品位矿体可分富矿、中品位矿、贫矿。

最低工业品位:也叫临界品位,是指技术允许开采的平均最低品位。

选矿原理:就是利用矿石的成分、组成、结构、形状、分布、表面物理、化学性质的区别进行选矿。

选矿目的:满足冶金对矿石品位的要求,除去有害无益的杂质、分离不同成分、回收有用成分、提高产率、降低成本等。

2. 物理选矿

利用矿石的各种物理性能的差异进行选矿,常用的有浮选法、重选法、电选法等;浮选法是利用矿物表面润湿性差别进行分离金属的一种方法;重选法是利用矿物密度不同进行水力或风力分级的;电选法是利用非导体易带电荷的特点进行选矿的一种方法。浮选法选矿是目前最主要的选矿方法之一。

浮选法选矿是指用矿物表面性质差异从矿浆中分离出浮力不同的矿物的方法。通常利用矿物在泡沫表面黏附形成含矿泡沫层后刮出的方法,故又称泡沫浮选。其原理是利用矿物表面的憎水性与气体(气泡)接触结合而上浮,进行分离。对于亲水性强的矿物,可选用浮选剂对其矿石表面进行疏水改性,从而达到与气泡结合提高浮选效率。一般将改变矿物可浮性、调控浮选过程的药物称为浮选药剂,浮选剂一般与捕收剂、调节剂、起泡剂配合使用。

3. 化学选矿

利用化学作用提取矿石中有用成分,生产化学精矿的方法称为化学选矿。化学选矿适于贫矿、细矿、杂矿、难选矿及三废处理,其介于物理选矿与冶金之间。化学选矿主要有以下七种方法:①焙烧选矿法,一般用于物理选矿难以分离富集的矿物;②浸出选矿法,有细菌浸出和药剂浸出两种;③溶剂萃取法,适于稀土提取;④离子交换法,多用于稀土、铀矿分离等;⑤离子浮选法:适于从稀溶液或废水中回收金属;⑥化学沉淀法:通过化学反应形成沉淀;⑦金属沉积法:置换、电解等。下面介绍焙烧选矿法、浸出选矿法和萃取选矿法。

(1)焙烧选矿法。焙烧选矿法是对矿物原料进行热化加工的预处理方法。根据焙烧时所用助剂性质分为氧化焙烧、硫酸化焙烧、氯化焙烧、酸性焙烧、碱性焙烧、还原焙烧六种。

氧化焙烧法——如辉钼矿(MoS_2)氧化变为 MoO_3,再溶解在氨水中变为钼酸铵溶液,焙烧得到较纯 MoO_3,加氢还原为 Mo。

硫酸化焙烧——含硫(金属)矿焙烧变为硫酸盐,适于金属硫化物。利用焙烧得到的硫酸盐分解温度不同进行分级加热分解,未分解的硫酸盐可浸出而分离。

氯化焙烧——以 Cl_2、HCl、PCl_3 等为氯化剂与矿物形成氯化物,再经蒸发或浸提将之分离,适于 Ti、Ta、Nb、稀土等矿物。

酸性焙烧——焙烧后加入硫酸做酸性溶剂使之形成可溶性硫酸盐浸出,如氟碳铈镧精矿加硫酸焙烧后,浸出液加入盐可使稀土元素形成复盐沉淀。

碱性焙烧——用 $NaCO_3$、Na_2SO_4 做碱性熔剂使有用矿物形成钠盐,浸出后再沉淀,如含钒磁铁矿用 Na_2SO_4 作溶剂焙烧变为钒酸盐加酸浸出变为偏钒酸 HVO_3 沉淀。

还原焙烧——以 C、CO、H_2 等为还原剂的还原焙烧法主要用于处理 Fe、Mn、Ni、Cu、Sn、Sb 等氧化物;HgO、Ag_2O 在低于 400 ℃ 焙烧即可分解出金属。

(2)浸出选矿法:浸出选矿法是通过水、酸、碱、盐水溶液或细菌作用促进矿物直接溶出的方法,该法具有操作简便,条件温和、成本低等优点。

细菌浸出法是通过细菌的作用,实现有用矿物的浸出。适于废石、尾矿、贫矿、采空区,如回收废矿坑中的 Cu^{2+}、U^{6+} 等。约有 10% 的铜是通过生物浸提法制取的。如以氧化铁硫杆菌形成硫酸铁溶液浸出。药剂浸出法主要有酸浸、氨水浸、碱浸、络合法、汞齐法等。

酸浸法——铜矿与硫酸作用生成 $CuSO_4$ 再用铁还原成海绵铜,经浮选变为精矿。

氨浸法——如用氨水使铜生成 $Cu(NH_3)_2^{2+}$ 后浸出

碱浸法——用 Na_2CO_3、$NaHCO_3$ 溶液浸出,适于含碳酸盐较多的矿物

络合法——Au 或 Ag 矿泥与 NaCN 或硫脲作用生成络合物再用锌还原为纯矿。

汞齐法——如 Au 与 Hg 形成汞齐,再加热分解得到金属。

(3)溶剂萃取法:溶剂萃取法也称液-液萃取法,溶剂萃取法由有机相和水相相互混合,水相中要分离出的物质进入有机相后,再靠两相质量密度不同将两相分开。有机相一般由三种物质组成,即萃取剂、稀释剂、溶剂。选矿中常用于贵金属、稀土的分离提取。

萃取剂一般分中性萃取剂、酸性萃取剂和碱性萃取剂三种。中性萃取剂有醇、醚、酮、酯、酰胺、硫醚、亚砜和冠醚等中性有机化合物,其中酯中还包括羧酸酯和磷(膦)酸酯。酸性萃取剂有羧酸、磺酸和有机磷(膦)酸等。碱性萃取剂有伯胺、仲胺、叔胺和季胺等。有机溶剂有烃、煤油、己烷、矿物油、苯、卤烃、氯仿、四氯化碳等。

5.1.3 水资源

5.1.3.1 水资源状况

随着工业化的发展,全世界用水剧增,全球淡水资源匮乏,特别是非洲大陆严重缺水,世界水资源分布参见表 5-1-3。

表 5-1-3 世界水源分布

水源类型	贮量/10^3 km^3	占比/%	更新时间/年
海水	$1.35×10^6$	97	37000
冰川、极冰	$2.8×10^4$	2	16000
地下水(4000 m 内)	$8.2×10^3$	0.6	300
淡水湖、江河	125	0.009	10~100

续表

水源类型	贮量/10^3 km³	占比/%	更新时间/年
盐碱湖、内海	104	0.008	10～1000
土壤水、渗流水	67	0.005	280 天
大气水	13	0.001	9 天
生物水	—	0.0001	—
合计	14 亿 km³	其中淡水 2.8%,可利用淡水 0.07%	

我国平均年降水量 64 cm(世界平均 86 cm),可用总淡水量约 2.8 亿 m³/a,居世界第 6 位,其中 80%分布在长江以南地区,人均仅 $2.5×10^3$ m³,居世界第 109 位,仅为世界人均的 1/4,是全球 13 个贫水国之一。

5.1.3.2 水体的天然组成

自然界中的河流、湖泊、沼泽、水库、地下水、海洋等水的积聚体称为水体。未受到人类污染影响的各种天然水体中的水称为天然水。水体污染是指排入水体的污染物,在水体中的含量超过了水体的自净能力,引起水的感观性状、物化性能、化学成分、生物组成等方面的恶化,从而失去了水体原有的使用价值。水是一种良好的溶剂,由于自然界的水处于不断运动和循环之中,有充分的机会接触各类物质并伴随着复杂的物理、化学和生物作用,因而天然水实际上是会有许多杂质的溶液。天然水中的物质包括可溶物、胶体、悬浮物、生物体、重水和超重水等,见表 5-1-4。

表 5-1-4 天然水体中的物质

类别	典型物质
溶解气体	主要气体:N_2、O_2、CO_2;微量气体:H_2、CH_4、H_2S
溶解物质	矿物产主要离子:Cl^-、SO_4^{2-}、HCO_3^-、Na^+、Ca^{2+}、Mg^{2+}、Fe^{2+}、Fe^{3+} 等
	生物体产离子:NH_4^+、NO_3^-、NO_2^-、HPO_4^{2-}、$H_2PO_4^-$、PO_4^{3-} 等
	微量元素:Br^-、I^-、F^-、Ni、Se、Ti、Ba、V、Mn、Rn 等
分散胶体	无机胶体:SiO_2 胶体、$Fe(OH)_3$ 胶体、$Al(OH)_3$ 胶体等
	有机质:腐殖酸胶体、木质素等
悬浮物质	细菌、藻类、原生动物等
	泥土、黏土等硅酸盐等
重水类	$D_2^{16}O$、$D_2^{17}O$、$D_2^{18}O$、超重水 T_2O

5.1.3.3 水质主要指标

水质指标表示水体中杂质的种类和数量,是判断水污染程度的具体衡量尺度。针对水中存在的具体杂质或污染物,人们提出了相应的最低数量或最低浓度的限制和要求。表示生活饮用水、工农业用水以及各种受污染水中污染物质的最高容许浓度或限量阈值的具体限制和要求,它是判断水污染程度的具体衡量尺度。水质指标是判断和综合评价水体质量并对水质进行界定分类的重要参数。水质指标有百余种,可大致分为物理指标、化学指标、生物指标和放射性指标四大类。

物理指标:嗅味、温度、浑浊度、透明度、颜色等。

化学指标:溶解氧、酸碱度、硬度、氨氮、亚硝酸盐、硝酸盐、氯化物、化学耗氧量、生物耗氧量、总氮、总碳、各种离子含量等。

生物指标:细菌总数、大肠菌群、藻类等。

放射性指标:总 α 射线、总 β 射线、铀、镭、钍含量等。

水体指标的分析方法多种多样,包括物理法、化学法、仪器法等,是分析化学的重要内容之一,每项水质指标对应分析方法选择均有标准,包括国际标准和国家标准。下面介绍几种常见的水质指标。

(1)总溶解固体:简称 TDS,是指水中溶解的无机物和有机物的总量,是测量最方便、最快速的方法,也是最重要的水质指标之一。

(2)电导率:简称 EC,表示水中电解质含量的重要指标,由于大部分盐类都可电离,因此电导率也可表示水中总溶解固体物的量。

(3)总硬度:简称 GH,表征水中可溶盐如 Ca、Mg 等盐的总含量。水的总硬度由碳酸盐硬度和非碳酸盐硬度组成。碳酸盐硬度是由碳酸氢钙和碳酸氢镁等化合物形成,加热后可以分解为碳酸钙和氢氧化镁等沉淀物而除去,因此也称为暂时硬度;非碳酸盐硬度是由硫酸钙、氯化镁、硝酸钙等化合物形成,加热后不会分解,因此也称为永久硬度。一般水体中以碳酸钙含量来表示其硬度,单位为 mg/L,通常硬度为(以碳酸钙计)150mg/L 以下称为软水,我国生活用水标准规定总硬度(以碳酸钙计)限值为 450mg/L。

(4)碳酸盐硬度:简称 KH,表征水体中含有 Ca^{++}、Mg^{++}、HCO_3^- 等离子,经煮沸后可除去也称暂时硬度。

(5)总有机碳含量:简称 TOC,是指水体中溶解性和悬浮性有机物含碳的总量,以 950 ℃(TOC 测定仪)分解出的 CO_2 计。

(6)总氮含量:简称 TN,包括有机氮、氨态氮、硝态氮的总和。常用凯氏定氮法测定,即通过消解仪将有机氮、硝态氮转化为铵态氮进行测定。

(7)生化需氧量:简称 BOD,是好氧微生物氧化分解水中有机物而消耗的水中含氧总量。要准确测定 BOD 需要 100 天以上,由于时间太长,故人们实际测定时,一般采用 20 ℃下 5 天测定的耗氧量,用 BOD_5 表示,如我国规定地面水 BOD_5 一般要小于 4 mg/L。

(8)化学需氧量:简称 COD,表示水中有机物、亚硝酸盐、亚铁盐、硫化物等还原性物质在化学氧化时所耗的氧量。用 $KMnO_4$ 法记为 COD_{Mn},适于地面水、饮用水;用 $KCrO_4$ 法记为 COD_{Cr},适于废水,其重现性好,使用较多。

5.1.3.4 工业用水类型

1. 按用途可分类

原料用水:用于生产精制水的原料水,如井水、自来水。

工艺用水:操作用水、处理用水,如洗涤、稀释输送用水,要求 Fe、Mn 等含量要低。

锅炉用水:主要要求防结垢,硬度、Fe^{3+}、Cu^{2+}、SiO_3^{2-} 和溶氧含量较低。

冷却用水:消耗量最大,指标要求温度低、不结垢、无腐蚀性,不繁殖微生物。

2. 按水纯度可分类

纯水:工业上多用离子交换法大规模制备,水的电导率可小于 0.0083 ms/m。

超纯水:由原水制备超纯水要经过预处理和混合多级处理。

预处理水:为满足工业需要,对直接取自江河、湖泊或地下的原水,需要经过初步的物理化学处理,如脱色、去除悬浊物质、铁、锰、有机物、细菌、藻类等。

5.1.3.5 常用的水处理方法

1. 一般给水处理

均和调节→混凝→过滤→吸附(活性炭)→消毒→离子交换→锅炉用水、冷却用水

2. 海水淡化

由于海水含盐约 3.5%,必须通过冷冻、多级闪蒸(MSF)、膜法(RO)、电渗析等方法对其进行淡化处理,才可满足使用要求,海水淡化是开发淡水水资源的有效方法之一,越来越引起人们的重视。

3. 循环冷却水

为了防止冷却循环水的结垢、腐蚀以及接触到微生物等,经过软化处理的水还要加入水处理药剂,如缓蚀剂、阻垢剂、分散剂、除垢剂及杀菌灭藻剂等进行处理。

4. 污水处理

一级处理:也称预处理,采用沉淀、中和除去悬浮物、除浮油、除浮渣等。

二级处理:二级处理主要是采用生物处理方法,除去胶体和可溶解有机物,降低 BOD、COD,经二级处理的污水应达到排放标准。

三级处理:三级处理主要是除去难降解有机物、无机物污染等。若经三级处理的污水,如活性炭过滤吸附、反渗透过滤、电渗析净化等过程,使其符合回用标准。

5.2 无机资源化工

5.2.1 概 述

5.2.1.1 无机化工的范畴

无机资源化工也可称矿产资源化工、无机化学工业,简称无机化工,是化学工业的一个

重要分支,是以天然资源和工业副产物为原料生产硫酸、硝酸、盐酸、磷酸等无机酸、纯碱、烧碱、合成氨、化肥,以及无机盐等化工产品的工业。广义上也包括无机非金属材料和精细无机化学品,如陶瓷、无机颜料等。传统无机化工产品的主要原料是含硫、钠、磷、钾、钙等化学矿物和煤、石油、天然气,以及空气、水、工农业副产物等。

无机化工产品属于基础原料工业,产品需求量大、用途广,涉及国民经济的各个行业领域,诸如造纸、橡胶、塑料、农药、饲料、肥料、采矿、采油、轻工、环保、交通运输、海洋、航空航天、空间技术、信息技术,以及各种材料工业等,又与日常生活中的衣、食、住、行等密切相关。

目前,常见的矿产类化工产品大约有6万多种,其中无机盐产品约有4000多种,除传统的食盐、化肥、石灰、"三酸"、"二碱"、碳酸钾和磷酸等大宗产品以外,无机盐最重要的还有30余种,主要包括有硫酸钠、硫酸铝、硅酸钠、三聚磷酸钠、氯酸盐、硼砂与过硼酸钠、红矾钠/钾、碳酸钙、冰晶石、萤石、NaCN、KCN、NH_4Cl、$AlCl_3$、$FeCl_3$、PCl_3、$KMnO_4$、$BaCO_3$等盐类。无机化工产品还包含大量的氧化物,如CaO、CrO_3、TiO_2、P_2O_5、SiO_2、SO_2、Cr_2O_3、Pb_3O_4、PbO等,数十种单质炭黑、氟、氯、溴、碘、磷、硫等,以及KOH、$Al(OH)_3$等碱类,以及氢氟酸、双氧水、二硫化碳等。

5.2.1.2 无机化工的历史

无机化工的发展可追溯到数千年前的炼丹、炼金术等古老的工艺过程。在中国新石器时代的洞穴中就有了残陶片。公元元年前后,中国和欧洲进入炼丹术、炼金术时期,可认为是无机化工的雏形,无机化工第一个典型的化工厂是在18世纪40年代于英国建立的铅室法硫酸厂。18世纪下半叶,以无机化工为主的近代化学工业逐渐形成,如1841年开始生产磷肥、1865年比利时人索尔维实现了氨碱法制碱的工业化、1870年制钾工业兴起、1890年用电解法制取氯气和烧碱、1913年实现以N_2、H_2为原料催化合成氨等。随着许多高新技术的运用,无机化工也向精细无机化工方向发展,逐渐成为各国研发与生产的重点领域。

20世纪20至40年代,中国著名的化工专家、实业家如范旭东、吴蕴初、侯德榜相继建立了制碱厂、制盐厂、氯碱厂、合成氨厂、味精厂等一批化工企业,从而奠定了中国近代民族化工的基础,特别是制碱专家侯德榜发明的侯氏制碱法更是享誉全球。中华人民共和国成立后,无机化学工业得到了蓬勃发展,产品层出不穷,无机化学工艺也随之不断完善,日趋成熟。

5.2.1.3 无机化工的特点

与其他化工领域相比,无机化工的特点表现在以下三点。

(1)属于基础原料工业,是化学工业的基础,其发展同时也推动了其他行业的发展。合成氨的发展,促进了高温、高压、催化剂协同单元操作的发展,同时也推动了原料气制造、气体净化、催化剂研制等方面的技术进步,而且也推动了催化技术在其他领域的发展。

(2)用途广泛、种类繁多、衍生品少。例如硫酸工业仅有工业硫酸、蓄电池用硫酸、发烟硫酸、液体二氧化硫、液体三氧化硫等产品;氯碱工业只有烧碱、氯气、盐酸等产品;合成氨工业只有合成氨、尿素、硝酸、硝酸铵等产品。但硫酸、烧碱、合成氨等产品都与国民经济各行业密切相关,如硫酸素有"化学工业之母"之称,其产量在一定程度上标志着一个国家工业发达程度。

(3)产量大、利润低、能耗高。如化肥、氯碱、硫酸、硝酸、合成氨等都是农业、工业基础原料,故生产量大,2019 年,我国化肥产量(折纯)达 5600 多万吨,氮肥产量 3500 多万吨,磷肥产量 1200 多万吨,钾肥产量近 800 万吨。硫酸近 9000 万吨,烧碱约 3500 万吨,纯碱近 2900 万吨。

5.2.2 硫酸工业

5.2.2.1 产品及用途

硫酸工业主要产品:浓硫酸、稀硫酸、发烟硫酸、液体三氧化硫、蓄电池硫酸等,也生产高浓度发烟硫酸、液体二氧化硫、亚硫酸铵等产品。硫酸广泛用于各个工业部门,主要有化肥、冶金、石化、机械、医药、洗涤剂、军事、原子能和航天等。

硫酸工业是化学工业中历史悠久的工业部门,1949 年以前,我国硫酸最高年产量为 18 万吨。目前我国硫酸工业生产的主要品种是 92.5% 和 98% 浓硫酸,以及含游离三氧化硫 20% 的发烟硫酸。硫酸的消费主要用于化肥和其他工业品的生产,总消费量的 60% 左右用于生产化肥,据产业信息网报道,我国 2017 年硫酸产量达 9200 万吨,2019 年之后每年基本稳定在 9000 万吨左右。

5.2.2.2 生产原理及工艺

硫酸工业生产采用以硫铁矿为原料,三段工艺生产,即硫铁矿(黄铁矿)焙烧、二氧化硫氧化、三氧化硫吸收,基本工艺流程如图 5-2-1 所示。

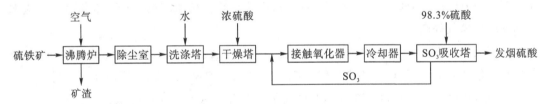

图 5-2-1 硫酸生产工艺流程图

(1)硫铁矿焙烧:硫铁矿焙烧制备硫酸,焙烧反应复杂,通常认为是先分解再单硫燃烧,低温时,生成的 Fe_3O_4 作为催化剂,促使炉气中的一部分 SO_2 被氧化为 SO_3,再与 Fe_3O_4 反应生成硫酸盐。焙烧工艺中炉温控制在 850~950 ℃,炉底压力 8.82 kPa~11.76 kPa,一般炉气中含二氧化硫 10%~14%。焙烧时可通过提高反应温度、减小矿石粒径、增加空气与矿石的相对运动、提高入炉空气中氧含量来提高转化率。焙烧主要设备采用焙烧炉,一般采用硫态化技术。炉气净化采用湿法除砷和硒,使用电沉积除酸雾,再用浓硫酸吸收干燥等。硫铁矿焙烧形式一般主要有以下三种。

氧化焙烧法:在氧气过量的情况下焙烧,烧渣主要是 Fe_2O_3

$$4FeS_2 + 11O_2 \longrightarrow 8SO_2 + Fe_2O_3$$

磁性焙烧法：控制氧气的含量下焙烧，烧渣主要是 Fe_3O_4

$$3FeS_2 + 8O_2 \longrightarrow 6SO_2 + Fe_3O_4$$

硫酸化焙烧法：在硫铁矿中一般会含有微量的钴、铜、镍等有色金属，用选择性的硫酸化焙烧，使其转化为硫酸盐的形式，而铁仍然以氧化物形式存在。以钴为例

$$CoS + 2O_2 \longrightarrow CoSO_4$$

(2)二氧化硫催化氧化：氧化工艺一般在多段转化器内进行。根据催化剂组分不同反应温度也不同：一般在 390～660 ℃；SO_2 浓度一般控制在 6.8%～7.0%。

催化剂以钒作催化剂为主，即以五氧化二钒为主要活性成分，以碱金属（主要是钾）的硫酸盐类为助催化剂，以硅胶、硅藻土、硅酸铝等为载体的多组分催化剂。注意催化剂的砷、氟中毒，以及因酸雾、水分、粉尘污染而失效。

(3)三氧化硫的吸收：其吸收反应式如下，实际一般用 98.2% 的浓硫酸吸收三氧化硫。

$$nSO_3(g) + H_2O(l) \longrightarrow H_2SO_4(l) + (n-1)SO_3(l)$$

改变上式中的 n 值，可以得到相应浓度的硫酸产品，当 $n>1$ 时，形成发烟硫酸；$n=1$ 时，形成无水硫酸；当 $n<1$ 时，为含水硫酸。

5.2.3 氯碱工业

5.2.3.1 产品及用途

以电解饱和 NaCl 溶液的方法来制取 NaOH、Cl_2 和 H_2，并以它们为原料生产一系列化工产品的工业，称为氯碱工业。氯碱工业是最基本的化学工业之一，产品广泛应用于轻工、纺织、冶金、石化等行业，其在国民经济中具有重要的地位。氯碱工业产品有氢氧化钠（固体、32%NaOH、50%NaOH）；盐酸（高纯盐酸、工业盐酸）、次氯酸钠、氯气、液氯、PVC（聚氯乙烯树脂）、氢气等产品。

我国最早的氯碱工厂是 1930 年投产的上海天原电化厂，日产烧碱 2 t，到 1950 年时，全国只有少数几家氯碱厂，烧碱年产量仅 1.5 万 t，产品只有盐酸、液氯、漂白粉等几种。而到了 2000 年，烧碱年产量超过 550 万 t，其中离子膜电解法达 180 万 t，占 33.3%。

5.2.3.2 离子交换膜电解法

食盐水电解制氯气和烧碱有三种方法：隔膜法、汞阴极法、离子交换膜法。氯气和烧碱是整个化学工业的基础产品之一，应用十分广泛。因此氯碱工业在化学工业中占有重要地位。氯气和烧碱在电解过程中同时生成。离子交换膜法相较于隔膜法和汞阴极法具有综合优势，目前新建的厂均以离子交换膜法为主。

离子膜电解法其原理如图 5-2-2 所示，用单一阳离子交换膜分隔电解槽中阴、阳极

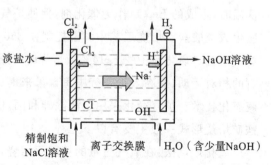

图 5-2-2 离子交换膜法原理示意图

室,构成两室电解槽,向阳极室引入饱和 NaCl 溶液,阴极室引入蒸馏水,在外加直流电场作用下,阳极产生氯气,阴极产生氢气。由于阳离子交换膜的固定基团($R-SO_3^-$)带负电荷,它和溶液中的 Na^+ 异性电荷相吸,结果只允许 Na^+ 通过,而对 Cl^- 排斥,于是 Na^+ 迁入阴极室,与 OH^- 相结合生成 NaOH。

离子交换膜是离子交换膜法制烧碱的关键部件,必须满足以下特性:

(1)阳离子选择透过性好;

(2)电解质扩散率低;

(3)化学稳定性和热稳定性好;

(4)膜强度高,不易变形;

(5)膜电阻小。

5.2.4 纯碱工业

纯碱是基本的化工原料之一,可用来生产洗涤剂、工业脱脂剂及无机盐等,也是玻璃工业的主要原料。人类使用碱已有几千年的历史,最早是取自天然碱和草木灰。大规模的工业生产始于18世纪末,在制碱原料和技术的发展中,有路布兰(Leblane)工艺、索尔维(Solvay)工艺,到了20世纪索尔维法已成为制碱的主流工艺,1943年我国著名化工专家侯德榜先生在索尔维制碱法的基础上,提出了效率更高的著名"侯氏制碱法",为世界化工做出了突出的贡献。

5.2.4.1 氨碱法制纯碱

氨碱法制纯碱,也称索尔维法制碱。其原理是首先进行氯化钠水溶液的精制以去除钙镁金属离子,精制食盐水进入吸收塔吸收氨气,成为氨水后再进行二氧化碳吸收,从而生成碳酸氢钠,碳酸氢钠再进行煅烧得到碳酸钠。其工艺流程如图 5-2-3 所示,反应如下。

$$NaCl + NH_3 + CO_2 + H_2O \longrightarrow NaHCO_3(s) + NH_4Cl$$

$$2NaHCO_3(s) \longrightarrow 2Na_2CO_3(s) + H_2O + CO_2$$

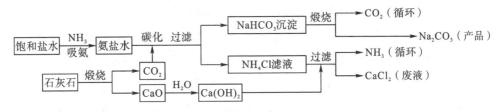

图 5-2-3 氨碱法制备纯碱工艺流程

要通过 NH_4HCO_3 和 $NaHCO_3$ 的中间产物才能实现。NH_3 只起媒介作用,在生产过程中没有消耗,可不断循环使用。可加入氢氧化钙进行回收氨气,反应如下。

$$2NH_4Cl + Ca(OH)_2 \longrightarrow 2NH_3 + CaCl_2 + 2H_2O$$

$CaCl_2$ 就成了副产品,为了进一步提高食盐的利用率、改进索尔维制碱法在生产中生成的大量的 $CaCl_2$;我国侯德榜先生在1940年完成了新的工艺路线设计,把制碱和制氨的生产联合起来,使其每生产1 t纯碱就可生产1 t附加值高的氯化铵产品,又省去了石灰石煅烧产生CO_2和蒸氨的设备,从而节约了成本,大大提高了经济效益,1943年这种新方法被国际上命名为"侯氏联合制碱法",其流程如图5-2-4所示。联碱法与氨碱法的主要工艺区别是碳酸氢钠过滤母液的处理上。氨碱法是将过滤后的母液送往蒸氨塔回收其中的氨气,废液直接排放;联碱法则是将碳酸氢钠过滤母液中的氯化铵进行结晶过滤分离出来,剩余的二次过滤母液再送入制碱系统循环利用,不产生大量废弃物,又可收获氯化铵副产品。

图5-2-4 联碱法制备纯碱工艺流程

5.2.4.2 氨碱法制纯碱工艺

(1)精制食盐水:即除去食盐水中的钙和镁离子,可以用固体NaCl制备成盐水或者采用天然盐水,为了避免设备和管道结垢,常将Na_2CO_3和$Ca(OH)_2$加到盐水精制设备中。

$$MgCl_2 + Ca(OH)_2 \longrightarrow Mg(OH)_2 + CaCl_2$$

$$CaCl_2 + Na_2CO_3 \longrightarrow CaCO_3 + 2NaCl$$

(2)氨的吸收:食盐水吸入氨塔先吸收氨气转化为氨水,经两步吸收CO_2生成碳酸氢铵。

$$2NH_4OH + CO_2 \longrightarrow (NH_4)_2CO_3 + H_2O$$

$$(NH_4)_2CO_3 + CO_2 + H_2O \longrightarrow 2NH_4HCO_3$$

(3)碳酸氢钠生成:CO_2有一部分来自石灰窑;有一部分来自$NaHCO_3$煅烧。$NaHCO_3$在制碱母液中很少溶解,常以结晶形式析出。

$$2NH_4HCO_3 + 2NaCl \longrightarrow 2NaHCO_3 + 2NH_4Cl$$

(4)碳酸氢钠煅烧:碳化塔取出液中悬浮的$NaHCO_3$结晶,用回转真空过滤机进行固、液分离。再将含$NaHCO_3$的滤饼进行煅烧,得到成品Na_2CO_3和CO_2。

$$2NaHCO_3 \longrightarrow Na_2CO_3 + H_2O + CO_2$$

(5)氨气回收:大量的NH_3以NH_4Cl、NH_4HCO_3和$(NH_4)_2CO_3$形式留在母液里。将母液中的NH_3蒸出并返回到吸收塔。在蒸氨塔中的母液预热,母液中的CO_2被驱出,同时有少量的NH_3随着CO_2从液体转变成气体,其反应如下。

$$NH_4HCO_3 \longrightarrow NH_3 + CO_2 + H_2O$$

$$(NH_4)_2CO_3 \longrightarrow 2NH_3 + CO_2 + H_2O$$

然后,进入预灰桶,再加入$Ca(OH)_2$使NH_4Cl分解放出氨气。

$$2NH_4Cl + Ca(OH)_2 \longrightarrow 2NH_3 + CaCl_2 + 2H_2O$$

从蒸氨塔出来的含 NH_3 和 CO_2 很浓的气体,经冷凝器去吸收工序进行循环吸收。

5.2.5 合成氨工业

5.2.5.1 产品及用途

氨是一种用途众多的基本化工原料,主要用来生产尿素、硝酸铵、硝酸、丙烯腈、己内酰胺等产品,也可作为冷藏系统的制冷剂,铜、镍冶金络合剂,医药和生物原料等。尿素除作为肥料外还可作为合成材料的重要原料,如脲醛树脂、三聚氰胺等;硝酸可用于制备硝酸钾(75%左右用作化肥),还可用于玻璃、炸药、火柴生产等。

2012 年我国合成氨年产量已经超过 6000 万 t,跃居世界第一。2019 年 7 月世界首套以煤为原料的"铁钌接力催化"氨合成工业装置在我国江苏禾友化工原 12 万吨/年合成氨装置上一次开车成功。"铁钌接力催化"氨合成技术运行情况和现行国内外传统铁基合成氨技术相比,大大降低了吨氨综合能耗。另外,为了进一步提高合成氨的经济效益与原料循环利用率,可将合成氨制气得到的 CO 和 H_2 充分利用,与生产甲醇进行联合生产,这样可以有效利用原料,提高企业的经济效益,即"醇氨联产",这种生产具有很好的经济效益和社会效益。

5.2.5.2 合成氨原理及工艺

合成氨工艺过程一般包括制气、净化、压缩、催化合成、分离、产品等。其中原料不同,前段工艺有所区别。合成氨一般采用高温、高压、催化合成法,净化的合成原料气经过加压至 15~30 MPa、450 ℃左右,在催化剂作用下在合成塔内反应生产氨气,目前最先进的工艺可使合成塔反应温度低至 180 ℃。合成氨的基本工艺流程如图 5-2-5 所示。

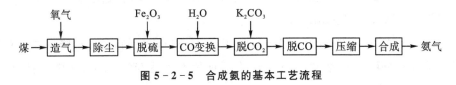

图 5-2-5 合成氨的基本工艺流程

第一步 造气。可采用煤、原油、天然气等作为原料,制备氢气;氮气可从空气中分离。如以煤为原料制气,一般通过煤炭的不完全燃烧产生氢气和一氧化碳。

第二步 原料气净化。目的是除去原料气中的有害物,如 CO、CO_2、硫化物,有害物含量低于 ppm 级,以防止合成氨催化剂中毒。原料气净化包括脱硫、一氧化碳变换、二氧化碳脱除、一氧化碳脱除工序。

(1)脱硫,其目的是要除去合成气中的硫化物,硫化物会造成合成氨塔内催化剂的失效。混合气体中一般含有 H_2S、SO_2、RSH、RSR'等,必须除去。脱硫有干法脱硫和湿法脱硫,干法脱硫一般采用三氧化二铁,活性炭等,湿法脱硫采用乙醇胺、二乙醇胺碳酸钾水溶液。

(2)一氧化碳变换,其目的是获得更多的氢气,使用 Fe-Cr 系氧化物催化剂来实现。

(3)二氧化碳脱除,通过碳酸钾吸收混合气中的二氧化碳气体,同时也吸收了很多硫化物。

(4) 一氧化碳的脱除,脱出微量的CO,提高合成塔效率。一般有3种方法:液氮洗涤法、氢气催化生成甲烷法、醋酸铜氨溶液络合吸收法(可加热再生)。

第三步　合成氨。合成氨一般采用高温高压的条件,如温度400～500 ℃;压强20 MPa～30 MPa;采用催化剂可进一步降低反应条件,催化剂一般有Fe_2O、Al_2O_3、K_2O、CaO、MgO、SiO_2等。

5.2.6　硝酸工业

1913年合成氨问世,氨氧化法生产硝酸开始进入工业化阶段,其至今依然是世界上生产硝酸的主要方法。1935年,在中国化学家侯德榜的领导下,中国建成了第一座兼产合成氨、硝酸、硫酸和硫酸铵的联合厂(永利宁厂),1949年时的国内硝酸企业只有2家,年产仅4200 t。2007年11月,中国第一套国产化双加压法硝酸装置在新乡诞生,标志着中国自己研制的国产硝酸装置完全替代进口,中国硝酸工业彻底摆脱了对进口装备的依赖。

硝酸生产与合成氨工业密切相关,氨氧化法是工业生产中制取硝酸的主要途径,其主要流程是将氨和空气的混合气(氧:氮≈2:1)通入灼热(760～840 ℃)的铂铑合金网,在合金网的催化下,生成的一氧化氮利用反应后残余的氧气继续氧化为二氧化氮,随后将二氧化氮通入水中制取硝酸,稀硝酸、浓硝酸、发烟硝酸的制取在工艺上各不相同。

第一步　氨催化氧化反应。一般选用常压、高温(760～840 ℃),氧氨比在1.7～2。
$$4NH_3 + 5O_2 \longrightarrow 4NO + 6H_2O$$
目前可选用的催化剂有铂系催化剂(转化率98%以上);非铂系催化剂(转化率96%以上)。

第二步　一氧化氮氧化。降低温度,增加压力有利于NO的氧化,当气体中NO的氧化度达到70%～80%时,可吸收制酸。

第三步　吸收塔吸收制硝酸。塔内吸收NO_2与NO氧化同时进行,降低温度有利于吸收,常压下夏季得到酸浓度为47%～48%,冬季酸浓度可达50%以上;加压也有利于吸收,低压就有明显的效果,可达到酸浓度55%～60%。

第四步　浓硝酸的制备。常压吸收法只能得到浓度50%的硝酸,加压吸收法可得到浓度55%～60%的硝酸。工业浓硝酸一般通过在稀硝酸中加脱水剂进行蒸馏浓缩制备,由于硝酸直接蒸馏只能得到68.4%的浓硝酸(硝酸与水形成恒沸点,120 ℃),如果要制备更高浓度的浓硝酸,就必须加入脱水剂进行蒸馏,脱水剂一般采用无水硫酸镁或98%浓硫酸等。

5.2.7　无机盐工业

无机盐是指金属离子或铵离子与酸根构成的物质。生产无机盐产品的工业,对国民经济的发展极为重要。中国的无机盐工业除化肥、原盐及部分无机颜料外,还包括了1000多种无机化工产品,其中除盐类产品外还包括:硼酸、铬酸、砷酸、磷酸、氢溴酸、氢氟酸、氢氰酸等多种无机酸;钡、铬、镁、锰、钙、锂、钾的氢氧化物等无机碱,以及氮化物、氟化物、氯化物、溴化物、碘化物、氢化物、氰化物、碳化物、氧化物、过氧化物、硫化物等元素化合物和钾、钠、磷、氟、溴、碘等单质。

1. 无机盐生产原料及方法

无机盐工业使用的原料有天然资源和一些工农业副产物。天然资源又有固体、液体和气体之分。固体资源主要是各种矿物；液体资源有卤水、盐湖水及海水；气体资源有二氧化碳、硫化氢、空气等。90%以上的无机盐工业产品来源于天然资源。

无机盐工业生产一般需要通过复分解、氧化、还原、化合、聚合、酸解、碱解、焙烧、电解等反应。涉及的反应过程有均相反应过程、固固相反应过程、液固相反应过程、气固相反应过程、液液相反应过程、气液相反应过程、气液固相反应过程。涉及的单元操作有粉碎、流体输送、混合、浸取、萃取、蒸发、蒸馏、精馏、结晶、过滤、干燥等。按无机盐产品类型，生产方法一般可分为三大类。

(1) 矿物加工类产品：通过矿物加工艺生产的无机盐，其工艺与湿法冶金相似，不同点在于最终产品不同。无机盐生产的是化合物，湿法冶金多为金属单质。工艺过程一般都包括矿石的粉碎与处理、各种物料的混合、煅烧、浸取、过滤、精制、蒸发（或蒸馏）、结晶、分离、干燥等。

(2) 无机合成类产品：通过基本化工原料来制造的无机盐。工艺过程一般采用沉淀法、氧化还原法、电化法、高温高压反应、催化反应、离子交换法等。

(3) 无机精细化学品：主要是制造具有新型物理构造的物质，如晶体结构、晶粒大小、比表面积、多孔性等物理性能不同的物质，故多采用超微细技术、成型技术及表面处理技术等。

2. 磷酸盐

磷酸是由五氧化二磷（P_2O_5）与水反应得到的化合物，正磷酸对应的分子式为 H_3PO_4，简称为磷酸。与五氧化二磷结合的水的比例低于正磷酸时会形成焦磷酸（$H_4P_2O_7$）、三聚磷酸（$H_5P_3O_{10}$）、四聚磷酸（$H_3P_4O_{13}$）、偏磷酸（HPO_3）和多聚偏磷酸。在工业上常用 P_2O_5 或 H_3PO_4 的重量百分含量表示磷酸的浓度。磷酸盐一般采用磷酸中和法制备，常用的有钠盐和铵盐。

磷酸及其盐是无机盐工业中的重要产品系列，在工业、农业、国防军工、尖端科学和人民生活中已被广泛应用。磷酸及其盐除在农业中大量用作肥料和农药、饲料外，在机械、轻工、化工制药、材料、水处理等行业也有广泛应用。

用硫酸分解磷矿制造磷酸的方法，称为硫酸法，也称为萃聚法或湿法，是制造磷酸的最主要方法。湿法磷酸生产中，硫酸分解磷矿是在大量磷酸溶液介质中进行的。

$$Ca_5F(PO_4)_3 + 5H_2SO_4 + nH_3PO_4 \longrightarrow (n+3)H_3PO_4 + 5CaSO_4 \cdot mH_2O + HF$$

磷矿中所含的杂质也能与酸作用，发生各种副反应，如碳酸盐（方解石、白云石、菱铁矿等）被酸分解而生成硫酸盐和磷酸盐，并放出二氧化碳。

磷酸盐的制备一般采用磷酸与不同的碱液中得到不同的磷酸钠盐、磷酸钾盐和铵盐。

3. 三聚磷酸钠

三聚磷酸钠别名为磷酸五钠、五钠；分子式为 $Na_5P_3O_{10}$；本品为白色粉末状，熔点 622 ℃；易溶于水，其水溶液呈碱性，1%水溶液的 pH 值为 9.7；在水中逐渐水解生成正磷酸盐；能与钙、镁、铁等金属离子络合，生成可溶性络合物；广泛用于水处理、洗涤剂、食品添加剂等，生产一般分为热法磷酸二步法和湿法磷酸一步法。

(1) 热法磷酸二步法。将磷酸(50%~60%)溶液经计量后放入不锈钢的中和槽内，升温并开动搅拌机，在搅拌下缓慢地加入纯碱进行中和反应，中和槽内维持 2 mol 磷酸氢二钠对 1 mol 磷酸二氢钠的比例。中和后的混合液经高位槽进入喷雾干燥塔进行干燥，经干燥后的正磷酸盐干料由塔底排出送到回转聚合炉，被炉气带走的少部分干料由旋风除尘器加以回收。正磷酸盐干料在聚合炉中于 350~450 ℃ 温度下进行聚合反应，生成三聚磷酸钠，经冷却、粉碎后，制得三聚磷酸钠成品。

(2) 湿法磷酸一步法。将磷矿粉与硫酸反应制得萃取磷酸，用纯碱先在脱氟罐中除去其中的氟硅酸，再在脱硫罐中用碳酸钡除去硫酸根，以降低磷酸中的硫酸钠含量，然后用纯碱进行中和。经过滤除去大量的铁、铝等杂质，再经精调、过滤，将所得的含一定比例的磷酸氢二钠和磷酸二氢钠溶液在蒸发器中浓缩到符合喷料聚合的要求。把料浆喷入回转聚合炉中，经热风喷粉干燥和聚合。再经冷却、粉碎、过筛后，制得三聚磷酸钠成品。

4. 硫酸铝

硫酸铝别名矾土，有 $Al_2(SO_4)_3$ 和 $Al_2(SO_4)_3 \cdot 18H_2O$ 两种形式；呈白色粉末状或块状，有涩味。硫酸铝主要应用于水处理和造纸两大方面。根据所用原料不同，常见的生产方法有两种①明矾石法：将明矾石煅烧、粉碎后用硫酸溶解，滤去不溶物，得硫酸铝和钾盐混合溶液，经迅速冷却结晶分离出钾盐，母液经蒸发、浓缩、冷却得硫酸铝成品。②铝土矿硫酸反应法：常压下有 7 道工序，即铝土矿石粉碎、煅烧、常压反应、沉降、蒸发、冷却结晶、成品粉碎及包装。铝土矿生产反应原理如下：

$$Al_2O_3 + 3H_2SO_4 \longrightarrow Al_2(SO_4)_3 + 3H_2O$$

铝土矿粉和硫酸进行反应时放出大量热并产生蒸气。由于反应设备密闭，形成一定压力，从而提高了反应温度，加快了硫酸和氧化铝的反应速度。

铝土矿法生产工艺主要过程：将合格的铝土矿经磨料机粉碎到 40~100 目，经输送设备送入加压反应釜内，和一定比例的稀硫酸混合，稀硫酸的浓度为 59% 左右。料加好后在压力 0.3~0.36 MPa、温度 136 ℃ 以上情况下反应 4~6 h。将生成的硫酸铝粗液排入沉降槽。沉降槽内预先加入一定数量、一定温度的低浓度硫酸铝溶液，起到稀释和降温作用。同时，为了加速残渣的沉降速度，常向沉降液中加入一定数量的凝聚剂(PAM)。将沉降好的硫酸铝溶液经中和池中和后，再经蒸发釜进行蒸发，达到一定的温度和浓度后，转入结晶池或冷却滚筒冷却结晶，经粉碎包装。

5. 水玻璃

水玻璃又称泡花碱，其水溶液呈碱性，遇酸则分解而析出硅酸的胶质沉淀。放置过久由

于空气中 CO_2 的影响,会逐渐分解而析出胶酸。中性和碱性泡花碱溶液会强烈水解,使其溶液呈碱性,酸及电解质在加热和室温下均能使泡花碱分解而析出不溶性二氧化硅。

工业生产的硅酸钠是一类多硅酸钠,其性质因 NaO 与 SiO_2 的摩尔比不同而不同,此比值称为模数,模数在 3 以上的称为中性泡花碱、3 以下的称为碱性泡花碱。最简化学式为 Na_2SiO_3,实际组成是各种硅酸钠的混合物,化学式 $mNa_2O \cdot SiO_2$,100 ℃时易失水,泡花碱溶液呈强碱性。

(1)纯碱法:将含 SiO_2 99%以上的石英砂粉碎到 50~80 目,纯碱与之按比例配合,在混料机混合均匀,两者配比根据成品模数而定。由于纯碱易被烟道气带走,故应当适当过量。

$$Na_2CO_3 + nSiO_2 \longrightarrow Na_2O \cdot nSiO_2 + CO_2 \uparrow$$

(2)烧碱法:用液体烧碱和石英砂为原料,石英粉要求细,含 SiO_2 99%以上,通过 120 目以上与烧碱和水配成一定浓度的稀碱液。按配比配合,放入带搅拌的加压反应釜中,如生产低模数的产品时,可不加补充水而加固体烧碱。其反应式如下:

$$xSiO_2 + 2nNaOH \longrightarrow nNa_2O \cdot xSiO_2 + 2H_2O$$

反应后的物料经真空抽滤去除未反应的石英砂后,送至成品贮槽包装即得成品,滤渣石英砂可用作低模数泡花碱制作的原料。

6. 氢氟酸

氢氟酸是氟化氢气体的水溶液,是清澈、无色、发烟的腐蚀性液体,有剧烈刺激性气味。常见的为质量分数 40%溶液,氢氟酸是一种弱酸。氢氟酸有溶解氧化物的能力,在铝和铀的提纯中起着重要作用。氢氟酸也可用来蚀刻玻璃,可以雕刻图案、标注刻度和文字;半导体工业使用它来除去硅表面的氧化物,可用于不锈钢清洗等。氢氟酸也可用于多种含氟有机物的合成,比如聚四氟乙烯、氟利昂,光伏行业腐蚀硅表面的氧化层,都会用到大量氢氟酸。

氢氟酸最常用的生产方法是萤石法生产。其反应原理如下:

主要反应:$CaF_2 + H_2SO_4 \longrightarrow CaSO_4 + 2HF \uparrow$

副反应:$SiO_2 + 4HF \longrightarrow 2H_2O + SiF_4 \uparrow$

生产主要工序有①经净化的萤石粉进入回转炉;发烟硫酸和吸收回收的混合酸进入回转炉吸收反应;②硫酸钙以及用消石灰中和过量尾酸硫酸钙一起送至炉渣贮存仓;③回转炉产生的氢氟酸气体进入除尘塔、洗涤塔,依次再经初冷器,HF 一、二级冷凝器;④经冷凝器的冷凝液经过粗 HF 贮槽再进入精馏塔除去 H_2SO_4、H_2O 等重组分;⑤精馏塔顶馏出液进入脱气塔脱除 SiF_4 等轻组分,脱气塔釜液即为 HF 产品;⑥一、二级水洗塔水洗生成氟硅酸;⑦尾气与废水处理。

7. 双氧水

过氧化氢是一种无色液体,纯净物品易分解成水和氧气,市售品为 30%或 3%的水溶液,见光或遇杂质会加速分解,少量的酸、锡酸钠、焦磷酸钠、乙醇、乙酰苯胺或乙酰乙氧基苯胺等可增加其稳定性。过氧化氢具有氧化性和还原性,堪称洁净氧化还原剂。过氧化氢可做氧化剂、漂白剂、消毒剂、脱氯剂等,亦可用于制备火箭燃料、过氧化物及泡沫塑料等,还可用于制备无机、有机过氧化物,如过硼酸钠、过氧乙酸等。

过氧化氢的生产方法有电解法、异丙醇法和蒽醌法。目前广泛采用的是蒽醌法。蒽醌法的原料仅为氢气、氧气和纯水,主要化学反应如下。

(1) 氢化反应

(2) 氧化反应

生产主要工序过程:①配置工作液,以 2-乙基蒽醌溶质,重芳烃及氢化菇松醇为溶剂配成工作液;②工作液氢化,工作液在压力为 $1.96 \times 10^5 \sim 2.94 \times 10^5$ Pa,温度为 50~70 ℃条件下,以悬浮兰尼镍触媒为催化剂,与氢气进行氢化反应,得到相应的氢蒽醌,氢化后的工作液叫氢化液;③氢化液氧化,氢化液中的氢蒽醌用氧气在常压,温度 40~45 ℃条件下氧化,氢蒽醌氧化为蒽醌,同时产生过氧化氢,氧化后的工作液叫氧化液;④氧化液萃取,利用过氧化氢在水与工作液中的分配系数的不同,以及工作液与双氧水重度不同用纯水萃取可得到 27.5%~31.0%的过氧化氢水溶液;⑤净化干燥,经过浓碳酸钾、活性氧化铝净化洗去所含的蒽醌及其他有机杂质,然后得到产品。

5.3 有机资源化工

有机资源一般指以碳氢元素为主的化合物类资源,主要包括化石类资源(如石油、煤炭和天然气等)和生物质资源(包括农林副产物等)两大类。本节重点讨论以石油和天然气为原料制取乙烯、丙烯、苯等基础有机化工产品,这些产品有些虽可直接用作溶剂、萃取剂等,但更重要的是用作合成各种有机化学品的起始材料,也通称为基本有机化工原料工业。有机化工原料的来源在不断变化,开始时使用农林副产物,后来使用煤,20 世纪 50 年代开始又以石油和天然气作为原料。目前,石油化学工业已在整个化学工业中占据了主导地位,在发达国家,以石油和天然气为原料的有机化工产品已占 93%以上。基本有机化工已成为许多国家经济社会发展的先导产业,其发展水平是衡量一个国家经济和科学技术水平的重要标志之一。

5.3.1 基本有机合成原料

5.3.1.1 气体原料

1. 天然气

天然气主要成分是甲烷。一般含甲烷($V_{甲烷}/V_{总}$)90%以上的天然气叫干气,而含甲烷90%($V_{甲烷}/V_{总}$)以下,或含C_5以上烃的含量大于13.5×10^{-6}($V_{甲烷}/V_{总}$)的天然气由于易液化则称为湿气,湿气又称多油天然气。天然气热值可达6×10^4 kJ/m³以上,主要用作燃料,也用于提取氦,生产炭黑、甲醇等。

2. 炼厂气

石油炼制(如蒸馏、裂化、重整、焦化)过程中副产的气体称为炼厂气。炼厂气主要由低级烷、烯烃和氢气等组成,可用作燃料、生产液化石油气或用于合成汽油。催化裂化得到的裂化气主要是含C_1、C_2的干气,是重要的化工原料;重整气主要是氢气。来自油田、气田或石油炼厂的C_1-C_4烃混合物统称为石油气。

3. 焦炉气

煤炼焦时产生的煤气,主要成分是氢、一氧化碳、甲烷以及少量乙烯、乙炔、氮、二氧化碳等。焦炉气主要用作燃料,也可分离出氢气、甲烷、乙烯等化工原料。

5.3.1.2 液体原料——石油及其炼制产品

石油炼制是石油工业中将原油直接蒸馏或经裂化、重整、精制的过程。其目的是获得燃料油以及润滑油和石蜡等。石油炼制主要工序如下。

1. 蒸馏

常压蒸馏又称直馏。原油首先经初馏塔分出"拔顶气"(C_2-C_4馏分),作为燃料,继续在常压蒸馏塔中蒸出汽油(沸点40~200 ℃,石脑油、粗汽油),粗汽油又分出石油醚(沸点20~100 ℃)、溶剂油(160~200 ℃)等,继续蒸出柴油(沸点200~350 ℃)。一般沸点大于350 ℃的则称为常压渣油或重油,经减压蒸馏可得到常压下沸点大于等于550 ℃的润滑油和石蜡等。

2. 裂化

重质油在加压或催化剂存在条件下加热(<600 ℃)分子断裂成较小烃类的过程称为裂化。裂化的目的是生产轻质燃料油,特别是汽油。裂化过程中伴随着脱氢、环化、异构和缩合等反应。裂化的方法有热裂化、催化裂化、加氢裂化等。

3. 重整

重整是将直馏汽油、粗汽油或煤气等烃类,在催化剂下加热提高辛烷值或制取芳烃的过程,主要发生环化、脱氢、芳构化反应,同时也有裂解、异构、加氢等反应。

4. 裂解

将烃类(炼厂气、液化气、焦炉气、石脑油、柴油、重油)在温度大于700 ℃时分解为小分子不饱和烃,如乙烯、丙烯、丁烯、丁二烯、乙炔、苯的过程称为热裂解,简称裂解。裂解时主要发生碳碳键断裂和脱氢,也有异构、环化、歧化、芳构化、聚合和焦化等反应,其产物有数百种,裂解的一次反应主要得到乙烯和丙烯。

5.3.1.3 固体原料——煤化工

煤虽可直接作为固体燃料,但通过热电、焦化、气化、液化四种主要转化技术不仅可提供清洁的能源,而且可提供化工材料。煤在化工方面的利用途径主要有炼焦、气化和生产电石,我国约有14%的煤炭是化学工业消耗的。煤的化工利用途径如图5-3-1所示。

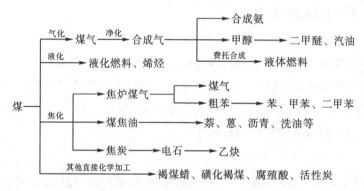

图5-3-1 煤的化工利用途径

1. 炼焦

煤在隔绝空气条件下加热、分解,生成焦炭(或半焦)、煤焦油、粗苯、煤气等产物的过程,称为煤的干馏。其按加热终温的不同,可分为高温干馏(900~1100 ℃)即焦化;中温干馏(700~900 ℃);低温干馏(500~600 ℃)。高温干馏也称炼焦,以获得焦炭为主要目的,同时也可得到煤气、煤焦油、氨、芳香族化合物。中温干馏和低温干馏的产物有焦炭(半焦炭)、煤气和煤焦油等。高温干馏得到的煤焦油即称为高温焦油,其含有上万种化合物,是工业芳烃的重要来源之一;低温焦油主要含烷、烯、环烷和酚,可用于人造石油等。

2. 煤气

煤气是由煤、焦炭、半焦、重油等燃料经干馏或气化所得的气体。按来源煤气可分为干馏煤气、气化煤气和高炉煤气;按用途可分为燃料气和合成气,处理后剩下的主要组分是一氧化碳和氢。

3. 气化

气化指在高温下将煤转化为煤气的过程。气化一般要用气化剂,如空气、工业氧、水蒸气。其过程是煤的裂解和部分氧化,得到 CO、H_2、CH_4 等气体混合物。煤气除用作燃料外,还是煤化工的基础。煤气化也为煤的间接液化、一碳化学,以及联合循环发电开辟了广阔的前景。煤的气化工艺很多,合成气生产主要应用的技术有固定床气化法和沸腾床气化法两类。

5.3.2 基本有机化工的重要领域

5.3.2.1 一碳化学

一碳化学是指研究一个碳原子的化合物（CO、CH_4、CH_3OH 和 CO_2）合成化学品，一般包括合成气化学和天然气化学。

1. 合成气化学

合成气是指由 CO 和 H_2 组成的用于合成燃料油和化工原料的混合物。可通过 CO 变换反应调节合成气中氢和碳的摩尔比（H_2/CO）；氢碳摩尔比可用于不同的合成反应，如合成甲醇要 2∶1 的合成气，而羰基合成要 1∶1 的合成气。合成气的化工利用见图 5-3-2。

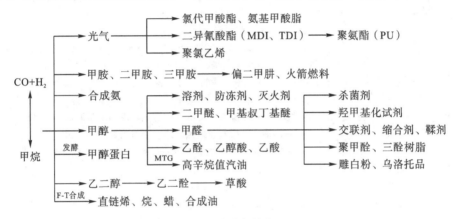

图 5-3-2 合成气的化工利用

2. 天然气化工

世界年产天然气的约 10% 被用作化工原料，甲烷的衍生产品有 20 多种，其中以合成氨、甲醇、乙炔为大宗，其化工利用可参见图 5-3-3。

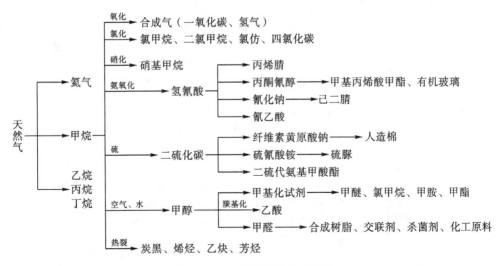

图 5-3-3 天然气的化工利用

5.3.2.2 乙烯的化学利用

乙烯是目前产量最大的基本有机合成原料。乙烯主要来源于裂解气的深冷分离,焦炉气、炼厂气中也可回收乙烯。由乙烯可进一步合成190种中间体,部分如图5-3-4所示。

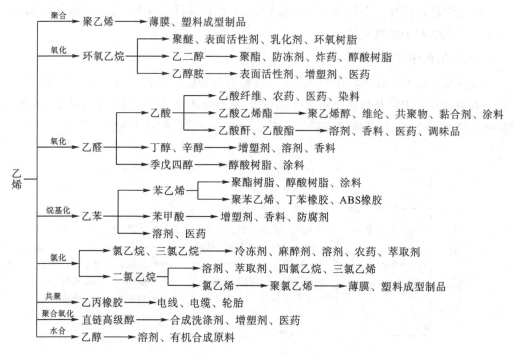

图5-3-4 乙烯的化工利用

5.3.2.3 丙烯的化学利用

丙烯主要来源于裂化气,丙烯是仅次于乙烯原料。丙烯的化学应用可参见图5-3-5。

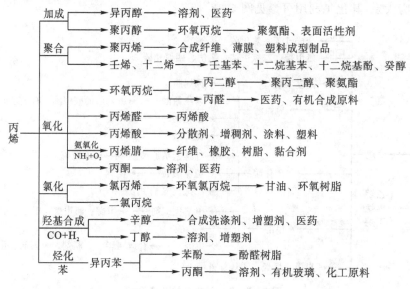

图5-3-5 丙烯的化工利用

5.3.2.4 碳四烃的化学利用

油田气、炼厂气和裂解气经深冷分出乙烯的副产物中含有丁烷、丁烯、丁二烯及异丁烯等碳四馏分，一般采用乙腈、DMF 等萃取得到。碳四烃化工利用如图 5-3-6 所示。

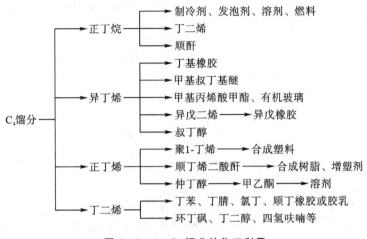

图 5-3-6　C_4 馏分的化工利用

5.3.2.5 乙炔的化学利用

乙炔是生产聚氯乙烯、醋酸和醋酸乙烯等的化工原料，也用于金属焊接、切割，夜航标灯、燃料等，其化工利用参见图 5-3-7。

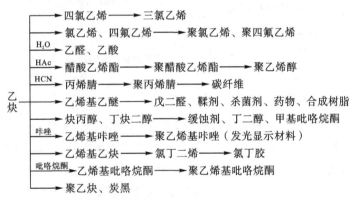

图 5-3-7　乙炔的化工利用

5.3.2.6 单环芳烃的化学利用

苯、甲苯、二甲苯主要来源于催化重整以及裂解产乙烯的副产物。也可由焦炉气和煤焦油分离芳烃。含芳烃的馏分一般采用溶剂抽提法用二甘醇、二甲亚砜、N-甲酰吗啉等将芳烃萃取后再经白土处理、分馏提纯。由苯可合成 310 余种中间体，由甲苯可合成 140 余种中间体，由二甲苯也可合成许多种中间体，其化工利用见图 5-3-8 至图 5-3-10。

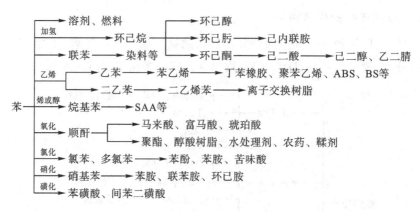

图 5-3-8 苯的化工利用

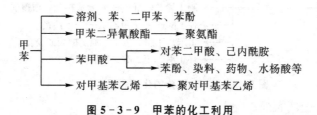

图 5-3-9 甲苯的化工利用

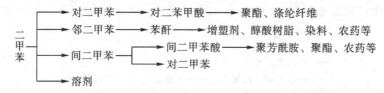

图 5-3-10 二甲苯的化工利用

5.3.2.7 萘的化学利用

萘主要来源于煤焦油的萘油馏分(210～230 ℃);催化裂化粗柴油中,烷基萘含量可高达 30%;裂解、重整焦油中也有烷基萘,可将之通过加热或用铬系、镍系、钴系、钼系催化剂催化加氢脱烷基以制取萘。萘主要用于氧化制苯酐,也用于生产烷基萘、萘酚、萘胺、萘磺酸、萘醌、萘乙酸等。由这些产物可进一步合成染料、鞣剂、水泥减水剂和药物。四氢萘和十氢萘(萘烷)可用作溶剂或燃料。2,6-二异丙基萘是无碳复写纸油墨染料的优良溶剂。萘的重要化工利用参见图 5-3-11。

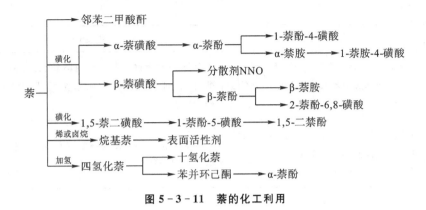

图 5-3-11 萘的化工利用

5.3.3 重要的有机含氧化合物

低分子有机含氧化合物不论从产量还是实际意义来讲,其与乙烯和苯之外的其他基础有机化工产品同样重要。重要的有机含氧化合物如表 5-3-1 所示。

表 5-3-1 重要的有机含氧化合物

名称	生产方法	主要用途
甲醇	①$CO+H_2 \longrightarrow CH_3OH$ ②甲烷氧化	溶剂;制取甲醛、甲酸;合成酯类、甲醚类、卤甲烷、汽油
甲醛	①甲醇氧化(Ag 催化) ②甲烷(丙烷或 C_3—C_4)氧化	防腐、消毒、鞣革;合成酚醛;脲醛、蜜胺等树脂,聚甲醛、羟甲基丙烷、乙醇酸、乌洛托品
甲酸	①$CO+NaOH/H_2O \longrightarrow HCOONa$ ②$CO+MeOH \longrightarrow HCOOMe$ ③丁烷等氧化制乙酸反应副产	染整助剂、消毒清洗剂、饲料;合成甲酸酯、DMF、草酸;苯并咪唑、三氮唑等
乙醇	①乙烯水合;②乙醛加氢(铜催化); ③发酵	溶剂;合成乙醛、乙醇酯、乙胺、树脂、药物单细胞蛋白等
乙醛	①乙烯($PdCl_2$—$CuCl_2$)催化氧化; ②乙醇脱氢;③C_3/C_4 氧化;④乙炔水合	合成乙酸、乙酐、丁醛、丁醇、丁二醇、2-乙基己醇、季戊四醇、吡啶、烷基吡啶
乙酸	①甲醇羰基化(产量占一半)与乙醛氧化(Mn、Co 醛酸盐催化);②烃氧化	合成乙酸酯,如醋酸乙烯、醋酸纤维素;合成乙酰氯、乙酰胺、氯乙酸、乙烯酮、香精、医药等
乙酸酐	①乙醛氧化;②在磷酸三乙酯存在下醋酸热解制乙烯酮再与乙酸接触	溶剂,乙酰化剂,合成肉桂酸(与苯甲醛)等
丙酮	①异丙苯法;②异丙醇脱氢;③异丙醇空气部分氧化;④丙烯氧化	溶剂;合成双酚 A、卤仿、二丙酮醇、异佛尔酮,甲基丙烯酸酯、甲基异丁基酮、甲基异丁基甲醇
环氧乙烷	①乙烯氧化(银催化); ②氯乙醇环化	生产乙二醇,合成乙醇胺系列产品,聚乙二醇醚类和非离子表面活性剂

续表

名称	生产方法	主要用途
苯酚	①异丙苯法；②氯苯法；③煤焦油、裂解气油分离；④苯法（氧氯化生成乙酸苯酯）	生产酚醛树脂；生产ε-己内酰胺、己二酸；制备烷基酚、抗氧剂、洗涤剂、合成杀菌剂、除草剂、染料、医药、鞣剂
高级醇	①烷烃或液状石蜡氧化；②长链脂肪酸酯还原；③油脂、蜡水解；④乙醛→丁醛→辛醛→2-乙基己醇	合成表面活性剂，烷基醇醚类（AEO），合成增塑剂、稳定剂、阻燃剂、润滑剂

5.3.4 重要的有机溶剂

溶剂在物质溶解、稀释、萃取、分离、提纯、结晶、洗涤、合成等单元操作过程具有非常重要的作用，还可用于调节反应速率、提高反应选择性、影响反应历程、辅助散热、控制产品浓度、提高稳定性、产品剂型加工等。特别对涂料、香料、树脂、塑料、橡胶、药物、洗涤剂和日用化学品等精细化学品相关领域具有重要意义。

1. 烃类溶剂

通过对石油、煤焦油的轻质馏分（沸点20～205 ℃）进行进一步精馏可获得多种烃类溶剂。石油轻质馏分可得到石油醚（沸点20～100 ℃，主要有戊烷、乙烷）、溶剂石脑油（轻质沸点40～100 ℃和重质沸点100～220 ℃）、溶剂汽油（沸点60～70 ℃和160～200 ℃多种）、工业溶剂油、矿油精等。煤焦油轻油可得轻溶剂油（沸点110～160 ℃，主要含二甲苯、乙苯）和重溶剂油（沸点160～200 ℃，主要含三甲苯、四甲苯、乙基对二甲苯等）。

烃类溶剂广泛用作溶剂、稀释剂、萃取剂、清洗剂。重溶剂油也用于分离制取三甲苯、四甲苯。

2. 卤烃溶剂

卤烃由于不易燃、易回收、脱脂力强、腐蚀性小、价格便宜等而被广泛用作溶剂、萃取剂、清洗剂和反应溶剂等，不过也有的易燃，如氯苯等。氯甲烷中一氯甲烷为气体，氯仿有麻醉性，故二氯甲烷和四氯化碳应用较多。三氯乙烯广泛用于干洗、金属脱脂和油脂、蜡的萃取。1,1,1-三氯乙烷毒性低，去污时不留痕。氟氯烃（氟利昂，CFCS）稳定性好、脱脂力优异。由于卤烃对臭氧层具有破坏作用，应防止其泄漏进入大气或用替代品以保护环境。

3. 醇酮类溶剂

醇酮类溶剂可与水混溶，主要有甲醇、乙醇、异丙醇、丁醇、乙二醇、丙酮、丁酮等。

4. 酯类溶剂

酯类溶剂属非质子性极性溶剂，其分子极性比醚大，溶解力强，但不稳定，易耐水解。常用的有乙酸乙酯、甲酸乙酯等。

5. 醚类溶剂

醚类溶剂是非质子弱极性溶剂，易挥发，主要作萃取剂。四氢呋喃（THF），可溶于水、醇、烃,对无机和有机化合物、树脂、金属有机化合物有优良溶解性,大量用于乙烯基树脂和聚氨酯涂饰剂溶剂。二甘醇(二乙二醇,可用于萃取芳烃),卡必醇(二甘醇单乙醚)、乙二醇的单(甲)乙(丁基、异丁基、苯基)醚,俗称溶纤剂或称为(甲)乙(丁)基等溶纤剂,均为重要的醇醚类溶剂。溶纤剂进一步醚化或酯化可得二烷基溶纤剂。它们与相应的二甘醇二醚(酯)等非质子溶剂也可作为金属有机化合物、硼化合物、聚氨酯等的溶剂。聚乙二醇二甲醚可用于除去天然气、合成气中的硫化氢、二氧化碳和二氧化硫等酸性气体。

6. 酰胺类溶剂

伯、仲酰胺为质子性溶剂,叔酰胺为非质子溶剂。常用的有 N,N-二甲基甲酰胺(DMF)、N-甲基吡咯烷酮(NMP)等。DMF、DMAc 和 NMP 均可溶解水、多种有机物、极性气体、天然与合成树脂等。DMF 是少数几种介电常数大于水的溶剂,被称为万能溶剂,但不能与饱和烃混溶,主要用作萃取乙炔、丁二烯、苯;还可用于聚丙烯腈抽丝及聚氨酯溶剂等。DMAc 可用于聚酰胺等树脂溶剂、聚丙烯腈纺丝与合成的溶剂等,但其毒性大,有刺激性。NMP 应用更广泛,是萃取芳烃的主溶剂。

7. 腈类溶剂

腈类溶剂属于非质子溶剂,用于萃取丁二烯、异戊二烯等,可用于制备香料、肥料、农药等。

8. 砜类溶剂

砜类溶剂主要有二甲亚砜(DMSO)和环丁砜(Sulfolane)。二甲亚砜是重要的非质子极性溶剂,沸点 189 ℃,熔点 18.45 ℃,可溶解无机盐、树脂,可与水、芳香族化合物等多种有机物混溶,用于吸收二氧化硫、乙炔、丁二烯,分离芳烃、丙烯酸和聚砜树脂聚合及腈纶纺丝,也用作防冻剂。环丁砜是另一个重要的砜类溶剂,沸点 286 ℃,熔点 28 ℃,与水、丙酮、甲苯等混溶,与辛烷、烯及萘部分混溶,可溶解除烷烃外的大多数有机物、树脂以及无机盐等,是最重要的芳烃选择性萃取剂,也用于聚合物纺丝、浇模溶剂;合成氨工业中也用于脱除硫化氢、有机硫和二氧化碳,也用作反应溶剂、印染助剂。

5.4 生物质资源化工

生物质资源是对生物圈中全部动物、植物和微生物而言,它是农、林、牧、副、渔业的主要经营对象,并为工业、医药、建造等提供必要的原料。生物质资源与其他自然资源的不同在于可再生性,生物质资源包括动物、植物和微生物资源等。其特点是①来源广、数量大;②绝大部分无毒、环境友好;③利用现代生物技术制造各类精细化学品。现代科学技术可将动植物资源经过化学或生物转化,基本能提供煤和石油所能提供的一切产品。因此,生物质资源综合利用是替代矿物资源的一个重要方向。其实皮革、造纸、纺织等轻工业均属于生物质资源加工与利用的工业领域。

5.4.1 农林副产品的化学利用

农、林、牧、副、渔业在获得食物和材料等的同时也会产生一些副产物,如麦秆、稻草、麸皮等,这些副产品除作为肥料、燃料外,也可用于化学品生产。有些天然产品是很难合成的,如葡萄糖、胶原、淀粉、纤维素、酶、生物碱等。因此,农副产品作为有机化工原料也占有一定地位。其农林产品的化工利用途径见图5-4-1。

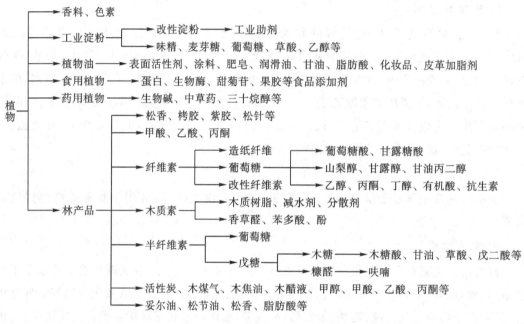

图5-4-1 植物资源的主要化工利用途径

5.4.2 天然高分子及利用

天然高分子是指在自然界存在的具有高相对分子质量的化合物,其中生物体产生的具有生物学作用的可称为生物大分子。应当指出一些无机高分子和某些合成高分子亦可具有生物活性;天然高分子主要有淀粉、纤维素、蛋白质、甲壳质等。

5.4.2.1 淀粉及其改性物

世界淀粉作物主要是谷类和块根,年产量超过30亿t,工业用淀粉80%是玉米淀粉,淀粉是α-D-葡萄糖基通过1,4-糖苷键连结起来的直链淀粉和通过1,4及1,6-糖苷键连结起来的支链淀粉的混合物,这两种成分的相对含量及聚合度因植物的不同而异。前者占10%～30%,后者占70%～90%。直链淀粉相对分子质量较小,能溶于热水而不成糊状,且易于降解。支链淀粉的聚合度达1000,在热水中呈糊状。淀粉除食用外,也用于纺织、造纸和医药等工业,其化学加工产品种类繁多。

1. 淀粉的糊化

淀粉颗粒在适当温度下(各种来源的淀粉所需温度不同,在水中溶胀、分裂、形成均匀糊状溶液称为糊化。糊化的本质是淀粉粒中有序及无序(晶质与非晶质)态的淀粉分子之间的氢键断开,晶体结构破坏,分散在水中成为胶体溶液。

2. 变性淀粉

淀粉变性一般分为物理变性和化学变性两种,物理变性如预糊化淀粉;化学变性如醚化、氧化、酯化、接枝、交联等,淀粉改性后增加了其成膜性、黏合性、流动性、增稠性和抗霉变性等。如淀粉水溶液在放置过程中,由于分子间有强烈氢键缔合作用,易产生凝胶,该现象称为淀粉退化,一般通过引入羧甲基等大基团使淀粉分子排列的规整性降低,分子间距变大,分子间力减弱,可以防止或减少淀粉的结晶退化。

替代度是衡量淀粉改性程度的一个指标,用 DS 表示。DS 是每个葡萄糖中羟基被取代基取代的平均数,在工业中应用的改性淀粉的 DS 一般都很低,如造纸用阳离子淀粉的 DS 约为 0.1,表示每 10 个葡萄糖结构单元中有一个取代基。

$$DS = \frac{162 \times w_{AC}\%}{4300 - 42 \times w_{AC}\%}$$

式中,$w_{AC}\%$ 为乙酰化淀粉中乙酰基含量

3. 糊精和环糊精

淀粉在酸、热或 α-淀粉酶的作用下大部分水解,得到比淀粉相对分子质量小的多糖,称为糊精。糊精溶于水并具有黏性。淀粉糊精可用作黏合剂、纺织品浆料和表面施胶剂、食品香料和染料的载体等。糊精继续水解可得麦芽糖和 D-葡萄糖。糊精用甲醛、硼砂、尿素等处理可得到黏度较高的合成胶粉。

淀粉经环糊精糖基转化酶水解得到一种环状低聚糖称为环糊精。一般情况下,环糊精是由 6~8 个葡萄糖单元通过 α-1,4-糖苷键结合成环杯形结构。根据成环葡萄糖单元数分别称 α-环糊精、β-环糊精、γ-环糊精。具有筒状结构的环糊精其大口一端为 —OH,而小口一端为 —CH$_2$OH 基。其羟基在外,因此具有亲水性,而筒内则是可包含烃类的疏水基团,故环糊精可包合非极性分子,如可使香精变成可溶于水的粉状产品,具有稳定香气、脱臭、助溶、分离识别异构体等作用,并可提高反应的选择性,如可使苯甲醚氯化时对位产率提高到 97%。

4. 氧化淀粉

淀粉用次氯酸盐处理氧化后分子链降解,通常多采用 NaClO 氧化,也有用 H_2O_2、$KMnO_4$ 作为氧化剂制备氧化淀粉。采用高碘酸氧化可得到双醛淀粉。双氧水氧化淀粉是在碱性介质中进行,而高锰酸钾氧化则在酸性介质中进行,以高锰酸钾的紫红色消退为反应终点。

氧化淀粉是应用最广泛且易得的变性淀粉。氧化淀粉溶液流动性大且有增稠作用,在造纸、纺织、食品工业中的应用十分广泛,可用作食品增稠剂、纸张胶黏剂、纸张表面施胶剂、纺织上浆剂、地毯背胶等。

5. 磷酸酯淀粉

磷酸酯淀粉有单酯、双酯和三酯。造纸工业中作助留、增强剂应用最多的是磷酸单酯淀粉。高取代、低黏度磷酸单酯淀粉的制备方法:取一定量的磷酸氢二钠和磷酸二氢钠及尿

素,放入一定量的蒸馏水使之溶解,用稀醋酸调整 pH 值到 5.5~5.6,搅拌下加入一定量的木薯淀粉,在 40 ℃反应 1 h,滤去多余的水分,将淀粉混合物放入烘箱于 110~160 ℃进行酯化反应,得到的粗产品通过乙醇洗涤、过滤、烘干等工序即得到磷酸酯淀粉。

6. 羧甲基淀粉

羧甲基淀粉是在碱性条件下,淀粉与一氯乙酸钠反应而得。为降低成本,一般在水中直接进行氧化和羧甲基化。将淀粉与工业乙醇的碱溶液混合,加入氯乙酸,于室温下进行羧甲基化反应。介质的 pH 值为 8~9,经 24 h 后,生成的羧甲基淀粉与乙醇-水溶液不相容,沉淀在底部。经过滤、干燥得到颗粒状产品。这种方法得到的产物的羧甲基化程度较高,缺点是需要大量乙醇作为介质,成本高。

7. 酯化淀粉

淀粉与醋酸、乙酰氯、乙酸酐等反应都可生成酯化淀粉,是一类典型的非离子淀粉;最常见的是乙酸酐与淀粉生成醋酸酯淀粉或者成乙酰化淀粉。

8. 羟烷基淀粉

羟烷基淀粉主要有羟乙基淀粉和羟丙基淀粉;羟乙基淀粉又称淀粉代血浆,用于手术失血、中毒性休克的补液。在碱性条件下,于 50 ℃用环氧乙烷处理淀粉水悬浮液可制得羟乙基淀粉,以环氧丙烷改性则得到羟丙基淀粉。在制备过程中需要加入氯化钠或硫酸钠。

9. 阳离子淀粉

阳离子淀粉对纤维素纤维具有很强的吸附力,如季铵盐型淀粉,几乎可全部与纤维发生吸附。阳离子淀粉在造纸和纺织工业中有着重要的作用。阳离子淀粉制备方法是在一定温度下淀粉与醚化剂进行非均相醚化反应,常用的醚化剂是 2,3-环氧丙基三甲基氯化铵或者 3-氯-2-羟基丙基三甲基氯化铵,醚化反应一般 pH 值控制在 9~12。为了提高阳离子淀粉醚化反应的转化率,可将淀粉分散在四氯化碳中,在室温下搅拌均匀后,缓慢加入一定的 NaOH 水溶液,升温到 30 ℃时一边搅拌一边加入浓度为 50% 的 2,3-环氧丙基三甲基氯化铵水溶液,继续升温至 50 ℃并保温反应约 30 min,反应结束后加入冰乙酸,继续搅拌、过滤,将滤饼粉碎、干燥,即可得到白色粉状阳离子淀粉。

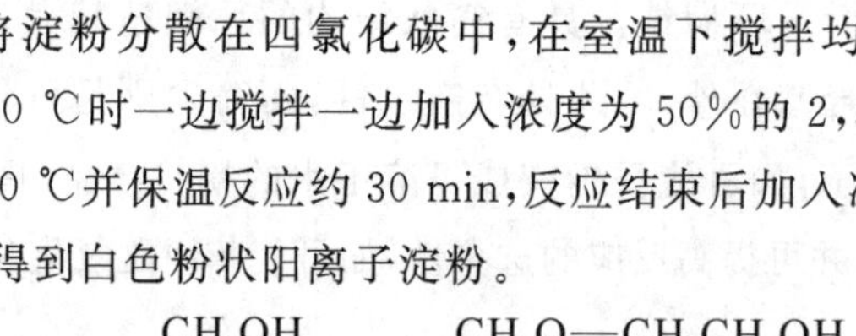

羟乙基淀粉

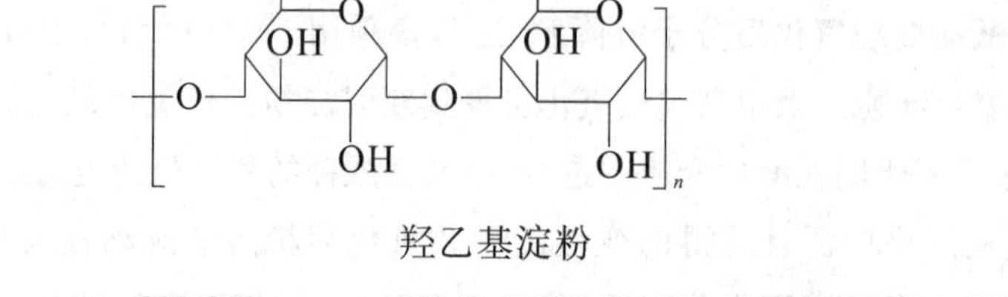

阳离子淀粉

10. 接枝共聚淀粉

通常采用淀粉与乙烯基共聚单体如丙烯酰胺、丙烯酸、苯乙烯、丙烯腈等进行接枝共聚反应，其接枝共聚产物可作为胶黏剂、絮凝剂、吸保水剂等；广泛用作水处理絮凝剂、纸张增强剂、纺织上浆剂、吸水保水剂等，在各种引发剂中，四价铈盐（如硝酸铈铵）是最为有效的，其他引发剂有过硫酸盐、高锰酸盐以及氧化还原体系引发剂。

5.4.2.2 纤维素及其改性物

纤维素是葡萄糖结构单元通过β-1,4糖苷键连接而成的大分子。纤维素性质稳定，但加压热水、强酸和强碱会使纤维素分子链中的糖苷键断裂，使聚合度降低。纤维素降解在高温下反应加剧。体系中如有 H_2O_2 等氧化剂则氧化降解反应十分显著。这时纤维素片段末端还可以引入 —CHO 和 —COOH 基。纤维素的化学改性原理与淀粉相似，主要是利用分子链中的羟基与其他活性基反应，如醚化、酯化等，纤维素改性物的替代度的计算方法与淀粉相同。

1. 烷基纤维素

如纤维素与氯甲烷在碱性介质中反应或用硫酸二甲酯处理或与甲醇在脱水剂存在下发生醚化可得到甲基纤维素（MC），其可用作分散剂、乳化剂、增稠剂、上浆剂等。如将纤维素与氯乙烷反应，则得到乙基纤维素（EC），EC 是一种油溶性高分子，可用作胶黏剂、纺织品整理剂，油墨、绝缘材料及油品黏度调节剂。

2. 羧甲基纤维素

羧甲基纤维素（CMC）是纤维素与氯乙酸钠反应得到，如替代度大于 1.2，可溶于有机溶剂，取代度在 0.4～1.2 时，可溶于水，CMC 在石油、纺织、造纸、医药、陶瓷、橡胶、胶黏剂等工业中有广泛的应用。

3. 羟乙基纤维素

在碱性介质中纤维素和环氧乙烷反应得到的羟乙基纤维素是一种水溶性高分子，可作为悬浮液的稳定剂、纺织浆料等。

4. 硝酸纤维素

将纤维素与硝酸反应则得到硝酸纤维素，也称为硝化纤维。硝化程度取决于混合酸浓度、反应时间及温度。酯化度高的硝化纤维素（含氮量为 12.5%～13.6%），是制造无烟火药的原料，俗称火棉。酯化度低的硝化纤维素（含氮量为 10%～12.5%），可制胶黏剂、塑料、光亮剂及涂料等，俗称胶棉。

5. 醋酸纤维素

醋酸纤维素也就醋酯纤维、醋纤或醋酸纤维，纤维素在催化剂存在下与乙酸酐和醋酸反应可得乙酸纤维素。二醋酸酯和三醋酸纤维素稳定性好、耐光、不燃、适宜于制造人造丝、人造毛、电影胶片及塑料制品等。

5.4.2.3 木质素及其利用

木质素作为造纸工业的副产物，木质素大量存在于植物骨架中，数量上仅次于纤维素，在木材中占 20%～35%,草本植物中占 15%～25%。木质素是由苯丙基单元通过醚键、碳-碳链连结而成的高分子化合物。木质素通过化学改性可以制备得到多种产品,广泛用于混凝土、矿业、农药、染料、铸造、煤炭加工、石油开采等行业。全球木质素产品产量约 1.2×10^6 t,是一类非常有价值的生物资源。木质素分子具有如下典型结构单元

(1)具有苯环、酚型结构:具有苯环,并存在酚型和非酚型结构单元。非酚型结构单元经碱蒸煮后由于醚链断裂部分转变成酚型。因此,木质素可代替苯酚生产酚醛树脂、邻苯二酚等;利用苯环上有甲氧基,可以加入硝基化,制造染料。

(2)具有酚羟基结构:具有较多的酚羟基,蒸煮后还有羧基、羰基,因此可与重金属螯合制备石油钻井泥浆稀释剂等。

(3)侧链上有醇羟基结构:结构单元侧链上存在醇羟基,易于磺化,生成木质素磺酸盐。它具有很好的表面活性、可制造染料分散剂、混凝土外加剂、陶瓷减水剂等,此外,还可作为铸造黏合剂。

木质素可以化学改性,由棕黑色变成白色。与马来酸酐、氧化乙烯反应,可制得聚氨酯泡沫塑料。利用木质素还可研制出染料分散剂、混凝土外加剂、缓蚀阻垢剂、防锈剂和水泥助剂等,并用木质素代替部分苯酚制得价廉质优的酚醛树脂。

5.4.2.4 甲壳素及其利用

甲壳素存在于真菌、酵母、无脊椎动物和节肢动物甲壳中,自然界中的甲壳素一般与某些非糖物质如蛋白质或类脂化合物键合。甲壳素为无色晶体,不溶于水和有机溶剂,甲壳素在浓碱中可经脱去乙酰基而成为壳聚糖,脱乙酰反应通常在 100 ℃、40%NaOH 中进行的,属非均相反应,脱乙酰度一般在 70%～90%,含氮量在 7% 左右。

壳聚糖系由甲壳素脱乙酰基而成,是由 2-乙酰氨基-2-脱氧-D-葡萄糖通过 β-1,4 糖苷键结合成的链状聚合物,结构中不存在分支。甲壳素是一种氨基多糖衍生物,也可以看作是纤维素的衍生物,商品壳聚糖为白色或灰白色半透明片状固体,不溶于水和碱液,可溶于大多数稀酸生成盐,常用的酸是甲酸、乙酸和盐酸等。

壳聚糖产品的主要指标是相对分子质量,溶于水后分高、中、低黏度三类。不同黏度的产品有不同的性质。因为自然存在的阳离子大分子品种稀少,壳聚糖可呈现弱阳离子性,又有易改性的羟基和氨基,且资源丰富、性能优异,因此受到普遍的重视。

5.4.2.5 蛋白质及其改性物

工业中常用的蛋白质及其衍生物主要有酪素、骨胶、明胶及其改性物。由于在使用时往往不能达到满意效果,故需进行改性。化学改性是利用蛋白质分子链中的氨基、羧基及其他

活性基的反应,包括将改性单体与蛋白质进行扩链或接枝共聚使之产生一些新的功能。

1. 蚕丝的化学改性

蚕丝是一种天然蛋白质纤维,由丝素及丝胶组成。每根蚕丝由两根极细的丝素相互绞合在一起,并由丝胶包裹起来。蚕丝中丝素含量达70%～80%,丝胶占20%～30%,其余为极少量的蜡质、碳水化合物、色素及灰分。丝素由18种氨基酸按一定顺序以肽键相连。

蚕丝具有多孔性,有很高的吸水回潮率,透气性好、光滑柔软、手感好;因而穿着舒适。其缺点是易褶皱、洗后起茸毛、光照后易泛黄,故应进行改性。

化学改性可用疏水性单体(如苯乙烯或甲基丙烯酸甲酯)进行接枝共聚物整理以提高抗皱性和弹性,但产品的亲水性降低,手感会变差。可采用亲水性单体(如丙烯酰胺、羟甲基丙烯酰胺、甲基丙烯酸羟乙酯、丙烯酸羟丙酯等)接枝共聚,所得产品性能有明显改进。

由于丝素蛋白对人体无害,其超微结构能很好地适应机体组织,已做成透气性优异的丝素膜,可用于人工皮肤、隐形眼镜及人工角膜等。由于丝素蛋白具有吸湿性、保湿性且对人体无害故适于做化妆品。其方法是用酸或酶将其水解成多肽,这样易被吸收、营养皮肤。

2. 酪素的化学改性

酪素主要有乳酪素和豆酪素。牛奶中含有3%胶体状的钙盐,在牛奶中加弱酸,分离就得到乳酪素。豆酪素则主要来自大豆。酪蛋白为透明状淡黄色固体,相对分子质量为1.3万～1.9万,等电点pH值为4.6。在等电点时,酪蛋白的亲水性最小,与离子的结合力最小,利用这一性质,就可以制造固体酪蛋白。酪蛋白可溶于稀碱液或浓酸,在弱酸中沉淀,不溶于水、醇及醚中,有吸湿性,干燥时稳定。与一般蛋白质不同的是加热时不易凝固。

酪蛋白在工业上主要用作黏合剂和涂料,成膜时要加入甲醛进行交联。酪素与甲醛交联后形成三维网络,但酪素成膜发硬,黏合力不甚理想,可用己内酰胺或丙烯酸系单体来进行改性。交联剂,酪素交联剂也可用氨基树脂或改性戊二醛代替甲醛。

酪素用二乙醇胺加水溶解后,加入己内酰胺可进行扩链反应,得到的产物其成膜柔软性、黏结性、抗水性都有提高。

酪素亦可用丙烯酸系单体在过硫酸盐引发剂下,水溶液中接枝共聚,如丙烯酸酯及甲基丙烯酸酯单体则可进行乳液共聚,得到聚丙烯酸酯或聚甲基丙烯酸酯接枝酪素。

3. 动物胶及其改性

动物胶一般包含骨胶、皮胶和明胶,大量用于食品、化妆品、黏合剂、医用胶囊等的生产。明胶及骨胶等动物胶是坚硬角质状物质,由于来源不同及加工方法不同,可呈现不同的颜色。动物胶可溶于酸性或碱性水溶液,一般不溶于油、蜡及大多数有机溶剂中。通常即使在干燥状态下,动物胶也含10%～14%的水分。皮胶溶液的pH值为6.5～7.4,呈中性,而骨胶溶液的pH值为5.8～6.3,呈微酸性。

动物胶作为黏合剂应用历史悠久,对木材的黏合力不亚于合成树脂,其适用期长,但耐湿、耐水性较差,又易霉变,因此往往需要改性处理。为提高其耐水性,通常要加入甲醛交联,动物胶的有效交联剂还有硫酸铝、醋酸钠、硼砂溶液、重铬酸钾等。要提高动物胶溶液的黏度,以及动物胶的韧性,可添加糊精、甘油、乙二醇、糖类等。医用胶囊也常配用 CMC、HPC(羟丙基纤维素)等,为了防止微生物的作用,通常加甲酸、水杨酸、苯甲醛、对羟基苯甲酸酯等防腐剂。

5.4.2.6 其他天然高分子

1. 瓜尔胶

瓜尔胶又称瓜豆胶,瓜尔胶是从生长在一年生豆科植物种子胚乳中提取出来的多糖,水解可得到半乳糖和甘露糖,两者之比为 1:4,其相对分子质量约为 22 万,瓜尔胶的改性方法主要有阳离子瓜尔胶、羟乙基瓜尔胶等,可用作食品增稠剂、纸张增干强剂、油田压裂液稠化剂等。

2. 海藻酸钠

从海藻中提取海藻酸钠,一般采用提碘后的海带,加入水及碳酸盐,热至 60~80 ℃,保温搅拌 2 h,海带中的藻酸钙形成钠盐而溶解,经稀释、过筛、去渣、精滤,调 pH 值为 1~2,海藻酸即可析出,再加 6%~8%碳酸钠即得(海)藻酸钠。藻酸系 β-失水右旋甘露糖醛酸的聚合物。水溶性高分子,由于具有多个羧基,故水溶液黏度高、保水性好,在食品、医药、化妆品、印染、涂料中有广泛应用。

3. 黄原胶

黄原胶又称黄胶,通常以淀粉为原料,经过好氧发酵技术,切断 1,6-糖苷键,打开支链后,再按 1,4-键合成直链组分,是一种酸性胞外杂多糖。是一种浅黄褐色粉末,水溶液黏度高、热稳定性好,对酸碱盐稳定,常用作食品稳定剂、稠化剂,口感清爽细腻。

4. 果胶

果胶是植物细胞膜的组成成分,工业上用柑橘、柚、橙、葡萄等果皮经柠檬酸浸渍提取。其主要成分是聚半乳糖醛酸甲酯,黄色粉末、无味,用作食品增稠剂和稳定剂,用于冰淇淋中可使其口感丰美润滑,可与植物胶混合使用,效果更好。

5. 阿拉伯胶

一种产于非洲撒哈拉沙漠以南的半沙漠带的天然植物胶,主要包括由树胶醛糖、半乳糖、葡糖醛酸组成的多糖。为黄色粒状,用于黏合剂、悬浮剂、增稠剂、稳定剂。在食品、医药、化妆品及其他工业上有广泛的应用。

6. 卡拉胶

卡拉胶属于一种海藻,由角叉菜制取的硫酸半乳多糖。其结构是由硫酸基化的或非硫酸基化的半乳糖和 3,6-脱水半乳糖通过 α-1,3 糖苷键和 β-1,4 键交替连接而成,在 1,3 连接的 D 半乳糖单位 C_4 上带有 1 个硫酸基。可用作增稠剂、黏合剂,常用于果冻、软糖中。

5.4.3 天然油脂及其利用

天然高级脂肪酸甘油三酯,一般根据状态可分为油和脂,油即常温为液态,脂即常温为固态。也包括精油:即香精油,是一类特殊的有香味可挥发的不皂化植物油,一般由多种萜、酮、脂醇、脂酸、脂醛等组成。

5.4.3.1 天然油脂及分类

天然油脂系指动物和植物中所含的脂肪总称,常温下呈液态者为油,呈固态或半固态的为脂,其主要成分都是高级脂肪酸甘油酯。植物脂有可可,动物脂有牛、羊脂肪等;植物油根据分子中双键含量(可用碘值表征),分为干性油、半干性油和干性油三种;其中干性油的碘值一般大于 130,主要有桐油、亚麻油等;半干性油的碘值在 100~130,主要有大豆、菜油、芝麻油等;不干性油的碘值小于 100,主要有蓖麻油、橄榄油等。

5.4.3.2 油脂加工及其利用

油脂化工包括油料的纯化提取和化学加工。例如不饱和油脂加氢可制备硬化油,油脂水解可制备脂肪酸和甘油,油脂还可利用硫酸酯化、磺化、与环氧乙烷加成等方法制备表面活性剂。脂肪酸是油脂化工的主要产品之一,如表面活性剂中 45% 的产品由脂肪酸生产,而纤维柔软剂中 90% 的产品含有脂肪酸,也称链状一元羧酸,按来源可分为天然、合成脂肪酸,按饱和度可分为饱和、不饱和脂肪酸,按链结构可分为直链、支链脂肪酸,按羧基数目可有一元、二元和多元脂肪酸。松香等环状羧酸也可归入广义的脂肪酸。脂肪酸的主要应用如下。

(1)合成原料:制备表面活性剂、醇酸树脂、香料、防水剂、稳定剂、防锈、润滑、加脂剂;加氢还原氨化制备长链伯胺、叔胺,进一步制备染料、药物、洗涤剂、合成腈等。

(2)脂肪酸盐:制备洗涤剂、表面活性剂、固体燃料成型剂等。

(3)脂肪酸甲酯:润滑剂、防锈剂、热稳定剂、润滑油添加剂、切削液、生物柴油等。

5.4.3 天然蜡及其利用

天然蜡的化学成分为高级脂肪酸一元醇酯,有油腻感、不溶于水,具蜡光泽和滑爽手感,比油脂硬脆。其按来源分类如下。

(1)植物蜡:如糠蜡、巴西棕榈蜡、小烛树蜡、甘蔗蜡。

(2)动物蜡:如蜂蜡、虫蜡、鲸蜡、羊毛脂(蜡)。

(3)矿物蜡:矿物蜡组成以烃为主,有石油蜡、石蜡、地蜡、褐煤蜡(蒙旦蜡)。

(4)合成蜡:氯化石蜡、脂醇、胺、酰胺、聚乙烯。

5.4.3.1 常见的蜡

1. 石蜡

石蜡由 $C_{20}-C_{30}$ 正构烷烃组成,按熔点有 48、50、52、54、56、58、60、62、64、66、68、70 号等品级;透明、脆、电阻大,沸点为 300~550 ℃,蒸馏需减压;单斜、三斜晶系,可成针晶,晶粒较大、完整;与尿素形成晶态包含物熔点为 133 ℃;含油小于 0.1% 的石蜡强度好,加入油可降低强度却不能形成可塑性产品;表面张力比油小。

2. 地蜡

地蜡又名微晶蜡,主要是支链烷烃、环烷烃,含少量直链烷烃和芳烃,按滴熔点分为 75、

80、85、90号。地蜡可分提纯地蜡和合成地蜡,提纯地蜡是由地蜡矿或高黏度石油润滑油及减压渣油经丙烷脱沥青后制得,主要用于润滑油、凡士林等生产。合成地蜡是合成石油时附在催化剂上的蜡,熔点较高,按熔点有 60、70、80、90、100 等牌号。

3. 凡士林

凡士林是由石油减压蒸馏高黏度润滑油脱蜡得到蜡膏掺和矿物油,经白土精制而得;其主要成分是 C_{15}—C_{30} 半固态石蜡烃混合物,有拉丝性、润滑性、附着性、防护性;常用作润滑剂、防锈剂、浸渍、浇铸电容器、橡胶软化剂。

4. 液体石蜡

液体石蜡是由石油经过加工得到的一种无色、无味、无臭的液体;其主要成分为 C_{16}—C_{20} 正构烷烃;也称液蜡、液状石蜡、白油;常用于制造生发油、化妆品、消泡剂等。

5. 氯化石蜡

液体石蜡氯化物,按含氯量可分为 42%、48%、50%、52%、65%、70% 等数种;淡黄色黏稠液体,无臭无毒、不燃、不易挥发,可作阻燃增塑剂或阻燃剂(常与 Sb_2O_3 配制)、石油产品抗凝剂、润滑油增稠剂、润滑冷却液、碳铵稳定剂等。

6. 小烛树蜡

小烛树蜡属于植物蜡,存在于芦苇状植物鳞片表层中,含烃 50%～51%、酯 28%～29%、游离酸 7%～9%、醇(甾、树脂)12%～14%,熔点为 65～72 ℃;脆、有光泽、有香气。

7. 蜂蜡

蜂蜡,又称黄蜡、蜜蜡。蜂蜡是由蜂群内适龄工蜂腹部的蜡腺分泌出来的一种脂肪性物质,蜂巢经熔化、过滤、水煮后上层浮油为粗蜂蜡,再经日晒或用硅藻土、活性炭脱色净化而得。蜂蜡是一种复杂的有机化合物。蜂蜡的主要成分是高级脂肪酸和一元醇所合成的酯类、脂肪酸和糖类,但因蜂种、蜜粉源植物、提炼方法等不同,其成分也有一定的差异。在食品工业中,蜂蜡利用其良好的塑形性、脱离性、成膜和防水、防潮湿、防氧化变质等特性,被作为食品业的重要用料及离型剂使用,可用作食品的涂料、包装和外衣。

8. 虫蜡

虫蜡是雄性白蜡虫的幼虫在生长过程中所分泌的蜡,是天然蜡中最白的一种,其附着于树干上的状态看起来就像积雪一样,经精制而成,一般被称为虫蜡、白蜡、川蜡、雪蜡或中国蜡;自古以来被人们用来制造蜡烛及作为中药的原辅料;主要成分是异二十七酸、异二十七酯,占 60%,然后是二十六酸二十酯,占 15%;纤维状结晶、硬度大、有光泽、性脆、收缩率大、性质稳定,不溶于水,易溶于苯、汽油等有机溶剂;可防潮、防锈;用于制造精密铸造蜡模、皮鞋油、地板蜡、复写纸、铜版纸等,也用于精密仪器的防锈和中药配方等。

9. 鲸蜡

鲸蜡存在于抹香鲸头部,经冷却、压榨而得;主要成分是月桂酸、肉豆蔻酸和软质酸的十六醇酯;主要用于制药膏和化妆品。

5.4.3.2 乳化蜡及其应用

乳化蜡是将乳化剂、稳定剂、水加热高速搅拌进行乳化而得到一种相对稳定的蜡乳液。乳化蜡可用作汽车蜡、地板蜡、水果涂膜保鲜剂等。具体配方如下(按质量份)。

①地板蜡:巴西棕榈蜡100份、油酸20份、吗啉13份、硼砂4份、水363份。

②汽车蜡:十二烷苯磺酸三乙醇胺30份、聚醚2份5、硅油3份、蜡2份、水43份。

③水果保鲜剂:巴西蜡121份、石蜡48份、三乙醇胺22份、油酸37份、水1200份。

▶ 习 题

1. 简述资源及其分类方法。
2. 简述主要的选矿技术及选矿方法。
3. 分析宝石颜色的产生原因。
4. 简述水体指标及其意义。
5. 简述无机资源化工的特点。
6. 试归纳总结基本有机化工合成原料及其种类。
7. 分析常见有机溶剂及其特点。
8. 简述天然高分子特点及其利用。

第6章　化学与食品

食物是为人体提供营养,维持人体正常代谢活动的物质基础,食品通常是指经过一定加工处理后才能被食用的食物。化学与食品具有非常密切的关系,利用化学的理论和方法研究食品的本质形成了食品化学,食品化学是应用化学的一个重要分支。

食品的第一属性是其营养特性,其营养素主要包含糖类、脂肪、蛋白质、维生素、矿物质和水等六大类物质(膳食纤维被称为第七大营养素),糖类、脂肪、蛋白质在体内代谢后产生能量,故又称产能营养素;食品的第二属性是其感官特性,主要是指食品的色、香、味、形等,受化学组成和贮藏、加工等因素影响。食品按其化学组成可分为四大类。

营养组分:水、矿物质、蛋白质、糖类、脂肪、维生素;

其他组分:膳食纤维、色素、风味物质、激素、食品毒素等;

食品添加剂:食品加工中外加的组分以提高保存期、加工性、营养强化组分等;

食品污染物:食品在生产、加工、贮存等过程中产生的污染源等。

化学在食品方面的研究主要集中在两个方面,一是确定食品的组成、营养价值、安全性以及品质保证等重要的基本性质,其中营养价值是食品的基本特征,它是保证人体生长发育和从事劳动的物质基础;二是食品的安全性,食品不应含有任何有害的化学成分或微生物污染物,如黄曲霉毒素、农药、有害重金属等,然而食品在生产、加工、贮藏过程中,某些成分会发生化学、物理变化或污染等,有可能对食品的品质、安全性产生不良的影响。所以,食品化学就是针对食品在贮藏、加工过程中可能发生的各种化学、生物化学变化进行研究,并探索变化的规律、机制及环境因素等对食品品质的影响。

6.1　食品与营养

营养是供给人类用于维持机体组织、增生新组织、产生能量和维持生理活动所需要的合理食物,食物中可以被人体吸收利用的物质叫作营养素。

6.1.1　碳水化合物

碳水化合物是由碳、氢、氧三种元素组成,可用通式 $C_m(H_2O)_n$ 来表示,也称其为糖类。它是为人体提供热能的主要营养素中最廉价的一类。糖类化合物是一切生物体维持生命活动所需能量的主要来源。它不仅是营养物质,而且有些还具有特殊的生理活性。

碳水化合物是自然界存在最多、具有生物功能的有机化合物;主要由绿色植物经光合作用而形成,是光合作用的初期产物;从化学结构特征来说,它是含有多羟基的醛类或酮类的化合物或经水解转化成为多羟基醛类或酮类的化合物。

食物中的碳水化合物分为两大类:一类是能够消化、吸收的,提供能量的单糖、寡糖、多糖等糖类,如葡萄糖、果糖、乳糖、核糖、淀粉等;另一类则是不能消化、吸收但有助于健康的膳食纤维,如纤维素、木质素等。

6.1.1.1 糖类

植物的淀粉和动物的糖原等都是能量的储存形式,人体所需的约70%能量由糖提供,此外,糖也是构成组织和保护肝脏功能、构成细胞和组织骨架的重要物质,碳水化合物中的糖蛋白、蛋白多糖有润滑作用,可以维持脑细胞的正常功能。

人体缺乏碳水化合物将导致全身无力、疲乏、头晕、心悸、脑功能障碍等症状,血糖下降严重会导致低血糖昏迷,成人每天应摄入 100 g 可消化吸收的糖以提供生命的基本需求。

供能碳水化合物来源有谷物、水果、蔬菜、蔗糖等,根据糖原其可分为单糖、二糖及多糖。单糖主要有葡萄糖、果糖和核糖,天然单糖还有木糖、半乳糖等;二糖主要有蔗糖、麦芽糖和乳糖;多糖主要有淀粉、纤维素、某些植物胶等,其中淀粉和纤维素是最重要的多糖。

(1)葡萄糖:属于己醛糖,化学式 $C_6H_{12}O_6$,在生物学领域具有重要地位,是活细胞的能量来源和新陈代谢中间产物,即生物的主要供能物质,植物通过光合作用产生葡萄糖。

(2)果糖:属于己酮糖,化学式 $C_6H_{12}O_6$,以游离状态存在于水果和蜂蜜中。果糖具有环状结构,水果中常以呋喃型果糖存在,在水溶液中,呋喃果糖和吡喃果糖同时存在。

(3)核糖:属于戊醛糖,化学式 $C_5H_{10}O_5$,是生命现象中非常重要的一种糖,属核糖核酸的一个组成部分,核糖和脱氧核糖都是核酸的组分,广泛存在于植物和动物细胞中,也是多种维生素、辅酶、某些抗生素的成分之一。

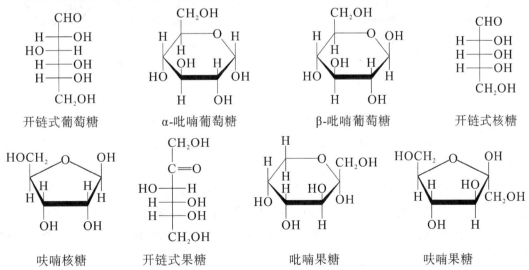

开链式葡萄糖　　α-吡喃葡萄糖　　β-吡喃葡萄糖　　开链式核糖

呋喃核糖　　开链式果糖　　吡喃果糖　　呋喃果糖

(4)蔗糖:蔗糖是自然界产量最大的一种二糖,甘蔗中含蔗糖15%~27%,甜菜中含蔗糖10%~17%,其他植物的果实、种子、叶、花、根中也有不同量的蔗糖。

(5)麦芽糖:在自然界中麦芽糖主要存在于发芽的谷粒,特别是麦芽中,在淀粉酶作用下,淀粉发生水解反应,生成的主要产物是麦芽糖。

(6)乳糖:乳糖是哺乳动物乳汁中的主要二糖,人乳含5%~7%,牛乳含4%。乳糖溶解度小,不是很甜,在乳酸杆菌作用下,易被氧化成乳酸,牛乳变酸就是由乳酸所引起的。

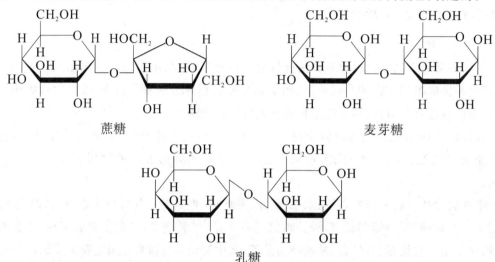

(7)淀粉:淀粉大量存在于植物的种子、块茎等部位,淀粉以球状颗粒贮藏在植物中,是人类重要碳水化合物来源之一,在人体内的淀粉酶作用下水解为葡萄糖被人体吸收利用。

(8)纤维素:纤维素是植物界最主要的碳水化合物,主要来源于木材、棉花、麦草、稻草、芦苇、麻、甘蔗渣等,可作为动物饲料的重要组分,也可作为膳食纤维使用。

6.1.1.2 膳食纤维

膳食纤维是指凡是不能被人体内源酶消化吸收的可食用植物细胞、多糖、木质素以及相关物质的总和。膳食纤维也属于人类不能消化的糖类。它包括纤维素、半纤维素、木质素、胶质、改性纤维素、黏质、寡糖、果胶以及少量的蜡质等。

膳食纤维的生理功能主要有锻炼牙齿,增加唾液分泌,促进胃肠蠕动、帮助消化作用;又有保水预防便秘等功能,合理的膳食纤维摄入对人体有重要的作用。水果、蔬菜、菌菇、谷物等中膳食纤维含量较高,适当多食有利于膳食纤维补充。不同来源的膳食纤维,其化学组成的差异很大。

(1)纤维素:是植物细胞壁的主要结构物质,主要存在于植物细胞壁中,人体内水解纤维素酶几乎没有,所以不能消化大量的纤维素。

(2)半纤维素：半纤维素是由几种不同类型的单糖构成的异质多聚体，这些糖是五碳糖和六碳糖，包括木糖、阿拉伯糖和半乳糖等。半纤维素木聚糖在木质组织中占总量的50%。

(3)果胶类物质：果胶是一种多糖，是存在于植物细胞壁的初生壁和细胞中间片层的杂多糖，果胶类物质主要有阿拉伯聚糖、半乳聚糖和阿拉伯半乳聚糖等。

(4)木质素：由松柏醇、芥子醇和对羟基肉桂醇三种单体组成的大分子化合物，天然存在的木质素一般多与碳水化合物紧密结合在一起，较难分离开，木质素也基本没有生理活性。

6.1.2 油 脂

6.1.2.1 油脂的概念

油脂一般主要是由1分子甘油与3分子脂肪酸形成的甘油三酯。其中脂肪酸绝大多数是含有偶数碳原子的饱和或不饱和脂肪酸。日常食用的动物油脂如猪油、牛油、羊油、奶油含饱和脂肪酸甘油酯多，常见的饱和脂肪酸有硬脂酸和棕榈酸，硬脂酸在动物脂肪中含量较高，牛油含24%。植物油中较少，可可脂含34%，室温下大多数呈固体状态，习惯称为脂；而植物油如花生油、豆油、菜籽油、芝麻油、玉米油、葵花籽中含不饱和脂肪酸甘油酯多，室温下呈液态，习惯叫油。植物油中含脂肪酸见表6-1-1所示。

表6-1-1 食用油脂脂肪酸含量 单位：%

名称	结构	大豆油	花生油	玉米油	葵花籽油	米糠油	菜籽油	橄榄油	芝麻油
硬脂酸	C18:0	3.66	3.70	1.59	3.45	1.57	1.00	2.90	5.06
棕榈酸	C16:0	11.14	11.20	12.88	6.86	16.34	2.15	9.68	11.46
油酸	C18:1	23.91	41.70	33.23	25.55	42.56	15.98	80.06	34.04
亚油酸	C18:2	53.88	35.90	50.88	60.37	30.69	11.88	4.80	47.51
亚麻酸	C18:3	6.36	0.10					0.57	0.58
介酸	C22:1						46.97		

6.1.2.2 油脂的功能

脂肪的学名是脂肪酸甘油酯，是密度最高的营养素；在人体内脂肪酶作用下水解生成甘油和高级脂肪酸，再分别进行氧化分解，释放能量；油脂在体内形成的脂肪可保持人体的体温，对身体重要器官起着支持固定的作用，更是人体主要的能量储存方式，脂肪的热能是蛋白质或碳水化合物的2倍以上，正常人体每日所需热量的25%～30%由摄入脂肪产生。

油脂可提供的油酸、亚麻酸、花生四烯酸等还具有独特生理功能，属于必需脂肪酸。研究发现必需脂肪酸在人体内参与磷脂的合成并存在于线粒体和细胞膜中；对胆固醇代谢、前列腺素合成等都有重要作用，必需脂肪酸的缺乏可引起生长迟缓、生殖障碍、皮肤损伤以及肝、肾、神经等方面的多种疾病。所以，建议人们多食用富含亚油酸或亚麻酸类植物性液体油。常见的不饱和脂肪酸有亚油酸和油酸等，油酸是顺-9-十八(碳)烯酸，亚油酸是顺-9,

12-十八烯酸,亚油酸是人和动物营养中必需的脂肪酸,缺乏亚油酸,会使其发育不良,皮肤和肾脏损伤,以及产生不育症,亚油酸在医药上常用于改善高血脂和动脉硬化症等。

6.1.2.3 油脂与健康

1. 合理饮食油脂

由于油脂在人体胃内停留时间较长,不易产生饥饿感,还可增加食物的香味和口感,一个人每天油脂的摄入量以每千克体重为 1~2 g 为宜。中国营养学会推荐的营养平衡参数中烹调食用油每人每天为 25 g 左右。肉类中一般含较高比例的脂肪,如瘦羊肉含脂肪约 13.6%,瘦牛肉含脂肪约 5.2%,瘦兔肉含脂肪约 0.4%,瘦猪肉含脂肪约 28%。

2. 反式脂肪酸

不饱和脂肪酸在催化剂存在下,在不饱和键上进行加氢,该反应被用于制造人造奶油,不饱和脂肪酸加氢反应一般会得到反式脂肪酸,而反式脂肪酸对人体健康不利,食用反式脂肪酸的危害主要有降低记忆力、老年人患阿尔茨海默病的概率增大、血液黏稠、动脉硬化、血栓,还会影响幼儿发育等。

3. 油脂热聚合反应

日常中许多食品需要通过油炸加工而成,油脂经长时间加热后,会发生热聚合反应而导致黏度增高,当温度高于 300 ℃时,黏稠度会快速增加,长时间高温继而导致部分油脂热分解产生刺激性气味,油脂分解会生产酸、醛、酮等化合物,金属离子如 Fe^{2+} 的存在会起到催化热解作用,这种热聚合、分解反应导致营养丧失,甚至还有毒性。因此,油炸食品加工要求油温控制在 150 ℃左右,并且油炸的油不宜长期连续使用,油脂热聚合反应式如下:

$$R_1-CH=CH-R_2 + R_3-CH=CH-R_4 \longrightarrow \text{环己烯}(R_1,R_2,R_3,R_4 取代)$$

4. 油脂存放中的氧化

油脂暴露空气中也会自发地缓慢氧化生成氢过氧化物,继续分解产生低级醛、酮、羧酸等,从而使油脂发生酸败,酸败的油脂营养价值下降,甚至有毒。光照、受热、氧、水分、铁、铜、钴等重金属离子都会加速脂肪的自氧化速度,为了阻止含油脂的食品氧化变质,最常用的办法是去除氧,如真空或充氮气包装、避光贮存等;油脂存放中的三种氧化机理如下。

(1)油的自氧化机理:不饱和油脂的自氧化遵循自由基反应历程,饱和脂肪的自氧化与不饱和脂肪不同,它无双键的 α-亚甲基,不易形成碳自由基,然而,由于饱和脂肪酸常与不饱和脂肪酸共存,它很容易受到不饱和酸产生的氢过氧化物的氧化而生成氢过氧化物,饱和酸的自氧化主要在羧基的邻位上。

$$RCH_2-COOR' \xrightarrow{R''OOH} \underset{\underset{OOH}{|}}{RCH}-COOR' + R''H$$

(2)氢过氧化物降解机理:氢过氧化物是油脂氧化的中间产物,不稳定,易进一步分解产生自由基,再进一步氧化生成各种化合物。如低分子量的醛、酮、酸,其具有难闻的臭味。

氢过氧化物在氧—氧键处均裂,产生烷氧自由基和羟基自由基:

$$R_1-CH-R_2-COOH \longrightarrow R_1-CH-R_2-COOH + \cdot OH$$
$$\quad\quad |\quad\quad\quad\quad\quad\quad\quad\quad\quad |$$
$$\quad O-OH\quad\quad\quad\quad\quad\quad\quad\quad O\cdot$$

烷氧自由基在与氧相连的碳原子两侧发生碳—碳键断裂,生成醛、酸、烃等化合物:

$$R_1-CH-R_2-COOH \begin{cases} R_1-CHO + \cdot R_2-COOH \longrightarrow 醛+酸 \\ R_1 + HC=O + R_2-COOH \longrightarrow 烃+含氧酸 \end{cases}$$

生成酮、醇:

$$R_1-CH-R_2-COOH \begin{cases} R_3O\cdot \rightarrow R_1-C(=O)-R_2-COOH + R_3-OH \\ R_4H \rightarrow R_1 + CH(OH)-R_2-COOH + \cdot R_4 \end{cases}$$

(3)不饱和油脂氧化聚合机理:不饱和油脂在氧化过程中,除形成低分子化合物外,同时也生成聚合物。如形成二聚体、三聚体或多聚体等,这种聚合一般是 —O—O— 交联,不是 —C—C— 结合。

$$RCH=CH \xrightarrow{O_2} \underset{O-O\cdot}{\overset{CH_2R'}{CH-CH}} \longrightarrow \underset{O\ -\ O\ -\ CH-CH_2R'}{\overset{R\quad CH_2R'\quad R}{CH-CH-CHR}}$$

6.1.3 蛋白质

蛋白质是生物体内一种极为重要的有机物高分子,占人体干重约54%。几乎所有的器官组织都含有蛋白质,与所有的生命活动密切联系。蛋白质主要由氨基酸组成,因氨基酸的组合排列不同而组成各种类型的蛋白质,人体中估计大约有10万种以上的蛋白质,生命的产生与消亡,都与蛋白有关。人体的神经、肌肉、骨骼、毛发以及各种酶、激素也是蛋白质,人体每天需要通过食物摄入一定量的蛋白质,用以满足机体生长、更新、修补以及各种生理功能。故蛋白质是生命的物质基础。

体重为 60 kg 的成年人每天供给蛋白质 40～60 g 可保证身体的基本需要,婴儿应高于成人的 3 倍,摄入不足可影响儿童发育,使人体质下降,易患疾病。富含蛋白质的食物包括豆类、肉类、蛋类、奶类、水产类等,一定意义上某种粮食中蛋白质的含量越高,其质量越好,蛋白质在胃中经多种蛋白酶的作用分解为多肽再到氨基酸,通过肠壁吸收。

6.1.3.1 蛋白质的组成与结构

蛋白质的元素组成为 50%～55%C、6%～7%H、19%～24%O、13%～19%N、0～4%S。有的蛋白质含有 P、I 以及少量含 Fe、Cu、Zn、Mn、Co、Mo 等元素。各种蛋白质的含氮量很接近,平均约16%,故只要测定生物样品中的含氮量,就可推算出蛋白质的大致含量。

蛋白质是由多种氨基酸通过肽键构成具有空间立体结构的大分子,在蛋白质分子中各氨基酸通过肽键及二硫键结合成具有一定顺序的肽链,称为一级结构;蛋白质的同一多肽链中的氨基和酰基之间可以形成氢键或肽链间形成氢键,使得多肽链的主链具有一定的有规则构象,这些构象称为二级结构;肽链在二级结构的基础上进一步盘曲折叠,形成一个完整的空间构象称为三级结构;多条肽链通过非共价键聚集而成的空间结构称为四级结构。

多肽是α-氨基酸以肽键连接在一起而形成的小分子化合物,它也是蛋白质水解的中间产物。但是蛋白质和多肽之间并没有明显的界线,通常将大于50个氨基酸残基的肽称为蛋白质,小于50的则称为肽,多肽易被人体吸收,还有多种医学意义。

6.1.3.2 蛋白质的种类

营养学上根据食物蛋白质所含氨基酸的种类和数量将食物蛋白质分为三类。

完全蛋白质:这是一类优质蛋白质。它们所含的必需氨基酸种类齐全,数量充足,彼此比例适当;这一类蛋白质不但可以维持人体健康,还可以促进生长发育。

半完全蛋白质:这类蛋白质所含氨基酸虽然种类齐全,但其中某些氨基酸的数量不能满足人体的需要;它们可以维持生命,但不能促进生长发育。

不完全蛋白质:这类蛋白质不能提供人体所需的氨基酸,单纯靠它们既不能促进生长发育,也不能维持生命。

6.1.3.3 蛋白质的变性失活

蛋白质的生物活性是指蛋白质所具有的酶、激素、毒素、抗原、抗体、血红蛋白的载氧能力等生物学功能。生物活性丧失是蛋白质变性的主要特征,蛋白质受物理或化学因素的影响,其二、三级结构的结合受到破坏,从而导致蛋白质在理化和生物性质上的改变。

重金属盐会导致蛋白质变性,是因为重金属离子可与蛋白质中游离的羧基形成不溶性的盐;在变性过程中也有化学键的断裂和生成;强酸、强碱可使蛋白质中的氢键断裂而导致蛋白质变性,也可以和游离的氨基或羧基形成盐而变性;加热、紫外线照射、剧烈振荡等物理方法也可使蛋白质变性,其主要是破坏了蛋白质分子中的氢键,强紫外线照射也会引起化学键断裂,因此蛋白质变性既有化学变化,也有物理变化。

6.1.3.4 人体必需氨基酸

氨基酸是构成肽和蛋白质的基础,根据人体对氨基酸的需求,大致可以分为三类:必需氨基酸、半必需氨基酸和非必需氨基酸。人体必需氨基酸共有8种,组氨酸为婴儿所必需,婴儿的必需氨基酸有9种,且这些氨基酸都非常重要,必须通过食物来摄取,称为必需氨基酸。此外,人体合成精氨酸、组氨酸的能力不足以满足自身需要,需从食物中摄取一部分,称之为半必需氨基酸。另外的10种氨基酸人体可以合成,不必靠食物补充,称为非必需氨基酸。人体必需氨基酸及功能见表6-1-2。

表 6-1-2 人体必需的氨基酸及功效

名称	氨基酸结构式	功效及作用
蛋氨酸		甲硫氨酸,可分解脂肪,预防脂肪肝、心血管和肾脏疾病,防止肌肉软弱无力,可用于铅等重金属解毒,治疗风湿热和怀孕时的毒血症,有抗氧化作用等
缬氨酸		可加快创伤愈合,治疗肝功能衰竭,提高血糖水平,增加生长激素等
赖氨酸		参与结缔组织、微血管上皮细胞间质的形成,能增加食欲,增强免疫能力,缺乏时会降低人的敏感性,造成贫血、头晕和恶心。赖氨酸还能提高钙的吸收,加速骨骼生长等
异亮氨酸		是血红蛋白形成的必需氨基,可调节糖和能量的水平;帮助修复肌肉组织。缺乏时会出现心力衰竭,昏迷等症状,能治疗神经障碍、食欲减退和贫血等
亮氨酸		可促进睡眠,降低对疼痛的敏感性,缓解偏头痛,缓和焦躁及紧张情绪,减轻因酒精而引起生化反应失调的症状,并有助于控制酒精中毒等
苯丙氨酸		可降低饥饿感,提高性欲,消除抑郁情绪,改善记忆及提高思维敏捷度等
色氨酸		可促进睡眠,减少对疼痛的敏感度,缓解偏头痛,缓和焦躁及紧张情绪等
苏氨酸		可促进蛋白吸收,防止肝脏脂肪的累积,增强免疫系统。对人体皮肤具有持水作用,保护细胞膜,能促进磷脂合成和脂肪酸氧化等
组氨酸		组氨酸对成人为非必需氨酸,但对幼儿却为必需氨基酸。是尿毒症患者的必需氨基酸,可用于防治贫血;是氨基酸输液、复合氨基酸制剂中的重要组成;可用于治疗胃溃疡等

6.1.4 维生素

维生素是膳食中需要量微少而作用很大的有机化合物,它也是维持人体正常代谢机能所必需的物质,具有预防疾病、增强体质的功能,被称生物催化剂。维生素也属于保健食品,例如,每年都有大量的维生素原料投入到饮料及其他食品生产中。

维生素依据其溶解性可分为脂溶性维生素及水溶性维生素两类。脂溶性维生素易溶于脂肪和大多数有机溶剂，不溶于水。水溶性维生素易溶于水，大多是辅酶的组成部分，通过辅酶而发挥作用，以维持人体的正常代谢和生理功能。人体中水溶性维生素的贮量不大，当组织贮存饱和后，多余的维生素可迅速自尿液排出。脂溶性维生素主要储存于肝脏，而由粪便排出，由于这些维生素代谢极慢，因此，超过剂量会产生毒性效应。

6.1.4.1 脂溶性维生素

1. 维生素 A

维生素 A 的化学名称为全反 3,7-二甲基-(2,6,6-三甲基环己-1-烯基-1-)2,4,6,8-壬四烯-1-醇乙酸酯，存在于以动物为来源的食物（如肝、奶、蛋黄、海洋鱼类的鱼肝油等）中。植物中仅在胡萝卜、番茄、绿叶蔬菜、玉米等中以胡萝卜素形式存在，在人体内可转化成维生素 A。维生素 A 能维持黏膜和上皮的正常机能，维生素 A 可降低夜盲症和防止视力减退，有助于多种眼疾（如眼球干燥与结膜炎等）的治疗，促进人体生长发育，强壮骨骼，维护头发、牙齿健康。有助于维持免疫系统功能正常，维生素 A 可保持皮肤湿润，防止皮肤黏膜干燥角质化。

2. 维生素 D

维生素 D 属甾醇的衍生物，包括维生素 D_2 和 D_3，均为白色结晶，不溶于水，极易溶于氯仿，微溶于植物油。维生素 D_2 又名麦角骨化醇，是由紫外线照射植物中的麦角固醇产生，在自然界的存量很少；维生素 D_3 又名骨化醇，是由人体表皮和真皮内含有的 7-脱氢胆固醇经日光中紫外线照射转变而成。维生素 D 能促进钙、磷在肠内的吸收，促进骨筋钙化，钙、磷代谢功能不全时可造成佝偻病、骨软化和手足痉挛。

维生素 A_1

维生素 D_2

维生素 D_3

3. 维生素 E

维生素 E 又称为生育酚。维生素 E 有四种结构形式，即 α、β、γ、δ，见表 6-1-3，其中 α 活性最强，δ 活性最弱，维生素 E 常存在于天然植物油（如棉籽油、黄豆油、玉米油）及谷类原粮中。维生素 E 的生物功能表现在有较强的还原性，有抗氧化、延迟衰老、防治习惯性流产、治疗不育症、促进皮肤血液循环和肉芽组织生长、促使毛发和皮肤光润等功能。

表 6-1-3 维生素 E 的四种结构式。

维生素 E 的结构式	四种结构名称	R_1	R_2
(结构图)	α-生育酚	CH_3	CH_3
	β-生育酚	CH_3	H
	γ-生育酚	H	CH_3
	δ-生育酚	H	H

4. 维生素 K

维生素 K 是一类有凝血作用的维生素总称,存在于深绿色蔬菜、水果和蛋黄中。

常见的维生素有 K_1、K_2、K_3、K_4,它们均是 2-甲萘醌的衍生物,其中维生素 K_1 为黄色黏稠状液体,不溶于水,溶于醇和醚,可被苛性碱和还原剂破坏,绿色蔬菜中含量较多。维生素 K 的生理作用主要有促进血液凝固和参与骨骼代谢。维生素 K 可改善因疲劳引起的黑眼圈,临床发现维生素 A 与维生素 K_1 复配后使用对黑眼圈有明显改善,大量使用抗生素会发生维生素 K 缺乏症,引起出血等。

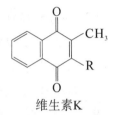

维生素K

6.1.4.2 水溶性维生素

水溶性维生素包括维生素 B 和维生素 C,B 族包括维生素 B_1、B_2、B_6、B_{12},烟酸、泛酸等。水溶性维生素广泛存在于食品中。

1. 维生素 B_1

维生素 B_1 又名硫胺,若饮食中缺乏会得脚气病、使肌肉萎缩、引起神经炎或引起功能失调等。维生素 B_1 存在于酵母、米糠、麦麸、瘦猪肉、杨梅、花生、车前子中。

2. 维生素 B_2

维生素 B_2 又称核黄素,其重要来源为酵母、肝、肾、肉类、乳类。维生素 B_2 缺乏时,易导致代谢发生障碍,口、眼部位的炎症等。

维生素B_1 维生素B_2

3. 维生素 B_6

维生素 B_6 又名吡多辛,包括吡多醇、吡多醛、吡多胺,三者可互相转化,维生素 B_6 能促进氨基酸的吸收与蛋白质的合成,为细胞生长所必需,对脂肪代谢也有影响,可用于治疗妊娠呕吐、异肼中毒、脂溢性皮炎和糙皮病。

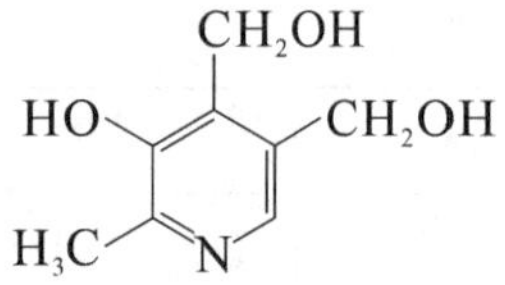

吡多醇 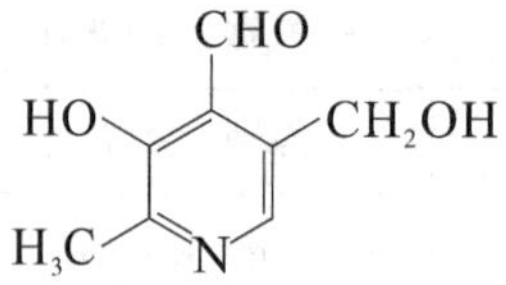　　　　　　　吡多醛 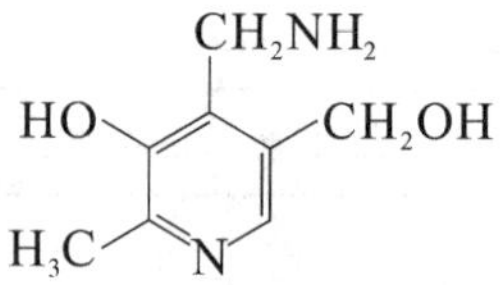　　　　　　　吡多胺

4. 维生素 C

维生素 C 又名抗坏血酸、VC,存在于新鲜蔬菜和水果(如橘子、橙子、西红柿、菠菜、枣)中,为白色结晶体,味酸,是强还原剂,易受光、热、氧气所破坏,尤其在碱液或有微量金属离子存在时分解更快。VC 是人体不能合成又必不可少的营养素之一,在体内参与糖的代谢和氧化还原过程,能促使组织产生细胞间质,减少毛细血管的通透性,加速血液凝固、刺激造血功能,阻止致癌物亚硝胺的生成,帮助人体抵抗衰老,增加人体的免疫力,VC 具有消除自由基的功能,对心血管病、糖尿病、癌症及白内障等都具有预防作用。

5. 维生素 B_{12}

维生素 B_{12} 又名氰钴胺,VB_{12},由微生物合成,自然界植物中不存在 VB_{12},一般存在于动物肝、鱼粉、蛋、乳中,为暗红色结晶,于 210~220 ℃色变暗,受光照射也易分解,易潮解。在中性、弱酸性中稳定,在碱性介质中可缓慢分解,不可与 VC 等配伍。

维生素 B_{12} 缺乏会引起恶性贫血、神经炎、神经萎缩、肝炎、白细胞减少等,它是造血过程中的生物催化剂。维生素 B_{12} 的化学结构与血红素、叶绿素有相似之处,都是类似的卟啉环中有一个中心离子,维生素 B_{12} 的中心原子是钴,它是磁力敏感物质。经过磁化的维生素 B_{12} 其活性增加,容易被胃肠吸收,可运用磁化技术直接利用维生素 B_{12} 开发食品饮料新产品等。

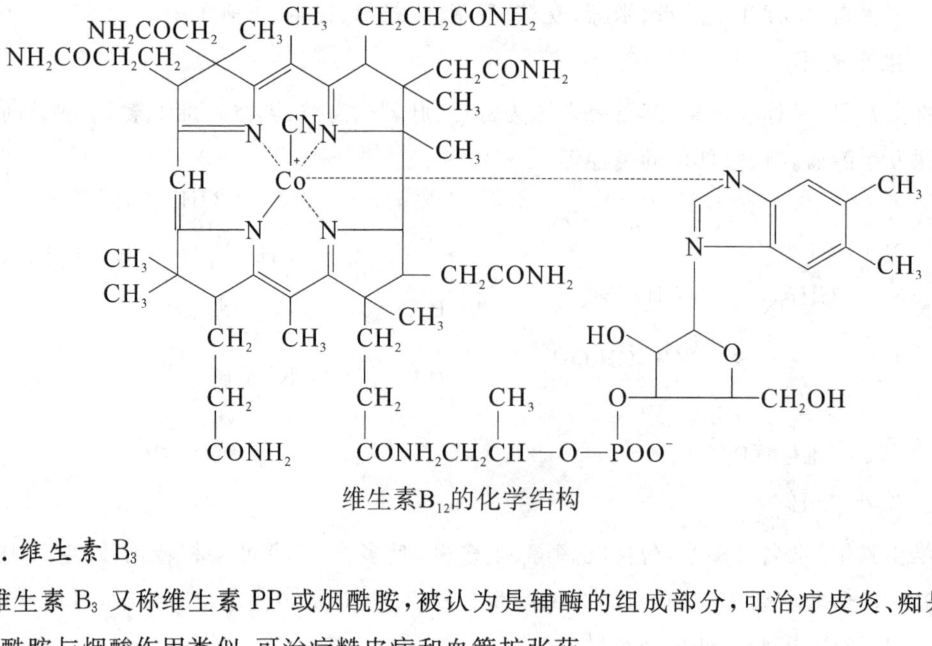

维生素 B_{12} 的化学结构

6. 维生素 B_3

维生素 B_3 又称维生素 PP 或烟酰胺,被认为是辅酶的组成部分,可治疗皮炎、痴呆、腹泻,烟酰胺与烟酸作用类似,可治疗糙皮病和血管扩张药。

7. 维生素 B_5

维生素 B_5 也叫泛酸,属于辅酶的一部分,存在于动植物组织中,尤其是肝脏、稻糠、蜂王浆中含量较高。

维生素C　　　　　　　泛酸　　　　　　　烟酰胺

6.1.5 矿物质

人体组织中几乎含有自然界存在的各种元素,而且与地球表层元素组成基本一致。已发现有多种元素是构成人体组织、生化代谢所必需的,其中除碳、氢、氧、氮主要以有机物形式存在,其余的统称为无机盐。矿物质分为三类:必需元素、有毒元素、未知作用元素。

1. 必需元素

必需元素参与人体的各种生理作用,是人体营养所不可缺少的成分。其含量比较恒定,缺乏时会导致组织、生理的异常,在补给后大多可以恢复正常。

常量元素:必需的常量元素中,碳、氢、氧、氮四种占人体总质量的96%,钠、钾、钙、镁、氯、硫、磷七种元素占人体总质量3.95%,以上11种元素占人体总质量的99.95%。

微量元素:在人体内含量低于0.01%的元素。必需的微量元素有铁、锌、铜、碘、锰、钼、钴、硒、铬、镍、锡、硅、氟、钒。

2. 有毒元素

有毒元素是指在人体正常代谢过程中有障碍并影响人体生理机能的元素。现已知的有镉、汞、砷、锑、锗、铍等十几种元素,机体对各种矿物质都有一个耐受剂量,即使是某些必需元素,当摄入过量时,也会对机体产生危害。

3. 未知效用元素

除上面提到的作用已经较为清楚的元素外,人体中还普遍存在有20~30种元素,它们的生物作用还未被认识,例如钡、硼、溴、锂、钛等。

目前人体必需的微量元素公认的有14种,其主要作用归纳见表6-1-4。

表6-1-4　人体必需的微量元素功能与平衡失调症表现

序号	元素	主要来源	主要生理功能	缺乏症	过量症
1	Fe	肝、肉、蛋、水果、绿叶蔬菜	造血、血红蛋白、输送氧气等	贫血、免疫力低下、无力、易感冒等	发育迟缓、肝硬化等
2	F	茶叶、肉、水果、谷物、土豆、胡萝卜	防龋齿、参与钙磷代谢等	龋齿、骨质疏松等	氟斑牙、骨质增生等

续表

序号	元素	主要来源	主要生理功能	缺乏症	过量症
3	Zn	肉、蛋、奶、谷物	参与代谢、激活酶、抗菌、抗炎等	侏儒、溃疡、炎症、不育、早衰等	头昏、高血压、冠心病等
4	Se	虾、蟹等海产品,日常饮水	抑制自由基、保护心脏、酶的重要组成等	心血管病、大骨节癌症等	头疼、肌肉萎缩、脱发等
5	Cu	干果、葡萄干、葵花籽、肝、茶	造血、合成酶、血红蛋白、提高免疫力等	贫血、冠心病等	肝硬化、皮肤病等
6	I	海产品、奶、蛋、水果	控制甲状腺和多种酶等	甲状腺肿大、动脉硬化等	甲状腺肿大,呆滞等
7	Mn	干果、粗谷物、桃仁、板栗、菇类	多种酶激活剂、增强蛋白代谢、合成维生素等	软骨、营养不良、神经紊乱等	无力、精神性疾病等
8	V	海产品	刺激骨造血、参与胆固醇和脂质、辅酶代谢等	胆固醇高、贫血、心肌无力等	结膜炎、鼻咽炎、心肾受损等
9	Sn	龙须菜、西红柿、橘子、苹果	促进蛋白质合成、核酸反应、促生长等	抑制生长、门齿色素不全等	贫血、胃肠炎等
10	Ni	蔬菜、谷物	参与细胞、激素合成、形成辅酶等	肝硬化、尿毒症、白血病、骨癌等	鼻咽癌、皮肤炎、癌等
11	Sr	蔬菜、豆类、海鱼、虾	长骨骼、维持血管通透性、维持组织弹性等	骨质疏松、抽搐症、白发、龋齿等	关节痛、大骨节、贫血、肌肉萎缩
12	Cr	啤酒、酵母、蘑菇、蜂蜜、肉蛋、面粉	调节胰岛素作用,胆固醇、糖、脂质代谢等	糖尿病、心血管病、高血脂胆结石等	伤肝肾、肺癌等
13	Mo	豆荚、卷心菜、大白菜、谷物、肝、酵母	原酶、催化尿酸、抗铜贮铁、维持动脉弹性等	冠心病、克山、食道癌、肾结石等	性欲减退、脱毛、贫血等
14	Co	肝、瘦肉、蛋奶鱼	造血、血管生长、促进核酸和蛋白质合成等	心血管病、贫血、骨髓炎、青光眼等	心肌病变、心力衰竭、高血脂等

6.2 食品加工及添加剂

食品天然具有的色、香、味已不能满足人们的需求,在食品加工中如何做到更为出色的色、香、味俱全,食品添加剂的合理应用至关重要。食品添加剂对人体健康的安全性具有非常重要的作用,不论从食品加工中保持原有色、香、味,还是运用食品添加剂实现色、香、味等更好,其相关的化学反应是最基础的,同时化学与食品加工又具有十分密切的关系。

6.2.1 食品贮藏和加工中的化学变化

食品在加工、贮藏过程中发生的许多化学和生物化学反应都会影响食品的品质和安全性,包括非酶褐变、酶促褐变、脂类水解和氧化、蛋白质变性、蛋白质水解、低聚糖和多糖的水解、多糖合成、维生素和天然色素的氧化与降解等,这些反应归纳见表6-2-1。

表6-2-1 改变食品品质的典型化学反应

反应类型	食品品质变化
非酶褐变	烘焙食品发生褐变
酶褐变	擦伤或切开的水果
氧化反应	脂肪产生异味,维生素降解、色素褐变、蛋白质失去营养
水解反应	脂类、蛋白、维生素、碳水化合物、色素水解变色
金属盐作用	络合反应(花色苷)、催化氧化作用
脂类异构化	顺式变反式异构、非共轭脂变共轭脂
脂类环化	产生单环脂肪酸
脂类聚合反应	深度油炸、油脂高温受热
蛋白质变性	蛋清凝结、酶失活
蛋白交联	碱性条件加工使蛋白质营养价值降低
多糖合成	采摘果蔬后期
糖分解反应	发生在宰杀后的动物组织、采收后的植物组织

表6-2-1中的反应类型一般取决于食品的种类、食品加工和贮藏的条件、反应底物、各反应之间的相互影响与竞争等。各类反应对食品质量与安全的影响一般是由一系列初级反应引起组分的变化,并导致肉眼可见或其他感官能感觉到的变化,从而引起食品品质变坏,出现食品安全性问题。但有的反应反而有助于食品品质的改良。例如多糖或蛋白质的化学修饰反应可改变其食品的特性,因此,在生产中可以根据实际需要来控制和利用上述各种反应。

6.2.2 食品的感官特征

食品的色、香、味、形是评价食品表现质量的几大主要参数;食品具有天然的色、香、味感官特征,在贮藏与加工过程中均会发生一定的变化,从而影响食品的外观甚至营养品质,所以在食品存放与加工中如何保持食品的色、香、味特质,或者加工出更好的食品,了解食品的色、香、味的产生原理,防护措施以及添加剂的使用都具有重要的实际意义。

6.2.2.1 食品的颜色

食品的颜色是表征食品质量的一个重要的感官因素,天然食品具有丰富多彩的颜色,能诱发人的食欲,因此,保持并赋予食品漂亮的色泽是食品加工中的重要目的之一。食品的颜色来源于天然色泽,也可用合成色素来赋予食品特殊的颜色。对于同一种蔬菜,其颜色越鲜艳,营养越丰富,营养价值越高。如深绿色蔬菜叶比浅绿色的含有更多的维生素;成熟的红辣椒的维生素 C 含量远高于绿辣椒。

食品在加工、贮藏过程中,褐变是一种非常普遍的变色现象。在一些食品中,特别是水果和蔬菜中,褐变是有害的,它不仅影响外观、风味,还降低营养价值,甚至腐败导致无法食用。但在另一些食品中,如面包、糕点、咖啡等食品在焙烤过程中生成的焦黄色和由此而引起的香气等,这种适当程度的褐变反而是有益的。褐变按其机理可分为酶促褐变和非酶褐变两大类,如何抑制有害的褐变是食品加工、贮存中应重点考虑的因素之一。

1. 食品的酶促褐变及抑制方法

酶促褐变,即酶引起的褐变,多发生在淡色的水果和蔬菜中,例如苹果、香蕉和土豆等,当它们被碰伤、切开、削皮后就很容易发生褐变,因为其组织暴露在空气中,在多酚酶的催化下,多酚类物质被氧化为醌类物质,醌再进一步氧化、聚合成褐色或黑色物质。

(1) 酶促褐变的机理:酶促褐变是指多酚酶催化酚类物质形成醌及其聚合成黑色素的过程。其反应较复杂,尤其是最终产物黑色素的分子结构至今还不十分清楚。如以水果的褐变为例,水果中含有儿茶酚,在多酚氧化酶作用下,首先氧化成邻苯醌,邻醌具有较强的氧化能力,可将三羟基化合物氧化成羟基醌,羟基醌易聚合成黑色素。其过程表示如下。

(2) 食品酶促褐变的抑制方法:食品发生酶促褐变,必须具备三个条件:多酚类食物、多酚氧化酶和氧,三个条件缺一不可。某些瓜果,如柠檬、橘子、香瓜、西瓜等由于不含多酚氧化酶,故它们不发生酶促褐变;食物中多酚类含量决定了酶促褐变的程度,而多酚氧化酶的活性强弱也有明显的影响,只要消除这三个条件中的任何一个,就可防止褐变现象,所以比较有效的办法是抑制多酚酶的活性,其次是防止与 O_2 接触。常用的处理方法如下。

钝化酶的活性:如热烫、加抑制剂等,热处理是控制酶促褐变的最普遍的方法,SO_2、抗坏血酸是多酚酶的抑制剂,使用方便,效果可靠。

改变酶作用的条件:如改变其 pH 值等,多酚酶作用最合适的 pH 值为 3~7,低于 3 时就失去活性,常利用加酸来抑制多酚酶的活力。

隔绝空气:可将去皮及切开的果蔬浸在清水、糖水或盐水中,也可浸泡在维生素 C 溶液中,还可用真空渗入法把糖水或盐水渗入果蔬组织内部,驱除空气等。

2. 非酶褐变及其作用

在食品贮藏及加工中,常发生与酶无关的褐变作用,这种褐变常伴随热加工及长期贮存而发生,非酶褐变主要有三种方式。

(1)羰氨基反应褐变：又称为美拉德反应（Malliard Reaction），由法国化学家马利亚德（Malliard）于1921年发现，当甘氨酸与葡萄糖的溶液共热时，会形成褐色色素，它包括胺基化合物和羰基化合物之间的类似反应，由于食品中都含有这两类物质（蛋白质及碳水化合物），所以食品都有可能发生此类反应。

(2)焦糖化脱水褐变：糖加热到其熔点以上时，也会变成黑褐色物质（焦糖或酱色），它是糖的脱水产物，此外，还有一些裂解产物（挥发性的醛、酮等），面食类在焙烤、油炸中，焦糖化控制得当，可使食品有更好的色泽及风味。

(3)抗坏血酸褐变作用：柑橘类果汁在贮藏中色泽变暗，释放 CO_2，抗坏血酸会自动氧化分解为糠醛和 CO_2，进一步糖醛与胺基化合物又可发生羰氨反应而产生褐变。

食品的褐变往往不是以一种方式进行的，非酶褐变一般可用降温、加 SO_2、改变 pH 值、降低成品浓度、使用较不易发生褐变的糖类（如蔗糖）等方法加以延缓及抑制。

3.食品加工中颜色变化及控制

(1)肉制品的颜色及其变化：肉加热变褐可能发生焦糖化作用和美拉德反应。冻肉在保藏过程中颜色逐渐变暗，主要是肌红蛋白的氧化 Fe^{2+} 变成 Fe^{3+} 以及肉表面水分蒸发，使色泽物质浓度增加。为保持肉制品鲜艳红色，通常会添加亚硝酸盐，使其与蛋白形成亚硝基肌红蛋白和亚硝肌蛋白，均显现鲜艳的红色。

(2)蔬菜的颜色及其变化：绿色蔬菜在加热时，由于与叶绿素共存的蛋白质受热凝固，使叶绿素游离于植物中，酸性条件加速了叶绿素转变为脱镁叶绿素，从而失去鲜绿色而变成褐色。蔬菜在贮存过程中，叶绿素受到水解酶、酸、氧的作用，逐渐降解为无色，绿色消失；同时，由于类胡萝卜素与叶绿素共存于叶绿体的叶绿板层中，反而让黄色的类胡萝卜素显露出来，使蔬菜显示为黄色，变黄是蔬菜出现衰老和食用品质降低的外观特征；叶绿素在干燥或低温下比较稳定，所以，低温贮存和脱水蔬菜都能较好地保持蔬菜的绿色。

6.2.2.2 食品的香气

食品的香气是由许多种挥发性的香味物质所组成的，人们通过鼻子能感受到的一类特殊物质；食品中某一种组分往往不能单独表现出食品的整个香气。食品中的香味物质虽是微量的，但人们已能鉴别出食品香味复杂组成中的部分特殊结构的物质。

1.蔬菜的香气

蔬菜的总体香气较弱，但气味多样。如十字花科蔬菜（卷心菜、芥菜、萝卜等）具有辛辣气味；葫芦科和茄科（黄瓜、青椒、番茄、马铃薯等）具有显著的青鲜气味；百合科蔬菜（葱、蒜、洋葱、韭菜、芦笋等）具有刺鼻的芳香；伞形花科蔬菜（胡萝卜、芹菜、香菜等）具有特殊芳香与清香。

十字花科蔬菜最重要的气味物质是含硫化合物。如卷心菜中的硫醚、硫醇和异硫氰酸酯及不饱和醇与醛，萝卜、芥菜中的异硫氰酸酯是主要的特征风味物。

百合科蔬菜最重要的风味物也是含硫化合物。如洋葱中的二丙烯基二硫醚、大蒜中的二烯丙基二硫醚、韭菜中的 2-丙烯基亚砜和硫醇等。

伞形花科的风味物中,萜烯类是主要物质,它们和醇类及羰化物共同形成特殊的清香,黄瓜和番茄具有青鲜气味,其特征气味物是 C_6 或 C_9 的不饱和醇和醛,如黄瓜的香气物有黄瓜醛($C_2H_5CH=CHCH_2CH_2CH=CHCHO$)和黄瓜醇($C_2H_5CH=CHCH_2CH_2OH$)。

青椒、莴苣和马铃薯也具有青鲜气味,它们的特征气味物包括吡嗪类,如青椒特征气味物主要是2-甲氧基-3-异丁基吡嗪,马铃薯特征气味物之一是3-乙基-2-甲氧基吡嗪,莴苣的主要香气成分包括2-异丙基-3-甲氧基吡嗪和2-仲丁基-3-甲氧基吡嗪。

鲜蘑菇中的香味物主要是3-辛烯-1-醇或庚烯醇。香菇中的香味物质主要是环状硫醚。

2. 水果的香气

水果香气浓郁,基本上都是芳香与清香的结合体,水果的香气物质类别比较单纯,主要包括萜、醇、醛、酯类及有机酸等。

红橘:特征香气物有长叶烯、薄荷二烯酮等。

苹果:特征香气物有异戊酸乙酯、乙醛和反-2-己烯醛等。

菠萝:特征香气物有酯类化合物,如己酸甲酯和己酸乙酯等。

桃子:特征香气物有桃醛、苯甲醛,以酯、醇、醛和萜烯类为主。

葡萄:特征香气物是邻氨基苯甲酸甲酯、庚醇等。

柠檬:特征香气成分主要是柠檬烯。

甜橙:特征香气成分主要有芳樟醇,柠檬烯、柠檬醛和甜橙醛。

草莓:特征香气成分主要是醛、酯和醇类。

柚子:特征香气物有圆柚酮等。

西瓜、甜瓜等葫芦科果实的气味则由顺式烯醇、烯醛以及酯类决定。

香蕉:特征香气物有酯、醇、芳香族化合物及羰基化合物,酯类有乙酸异戊酯,芳香族有丁香酚、丁香酚甲醚、榄香素和黄樟脑等。

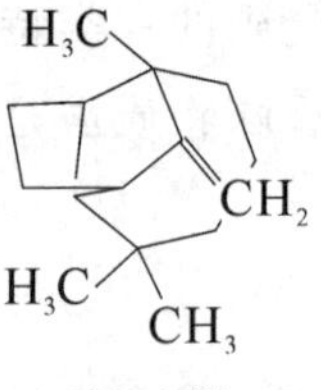

| 长叶烯 | 香芹二烯酮 | 丁香酚甲醚 | 榄香素 | 黄樟脑 |

| 芳樟醇 | 反-柠檬醛 | 顺-柠檬醛 | 甜橙醛 | 圆柚酮 |

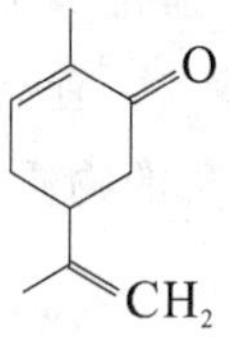

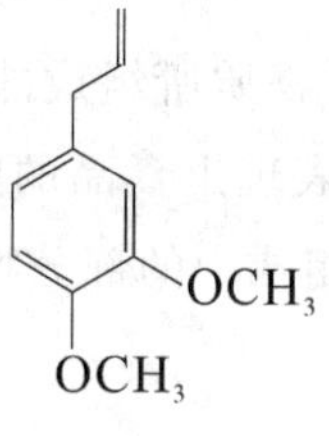

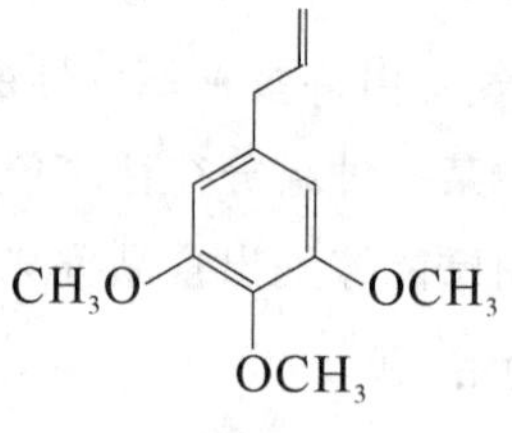

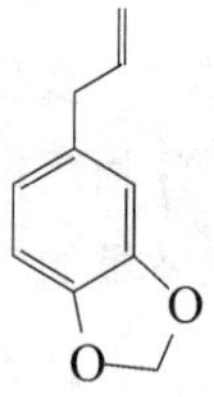

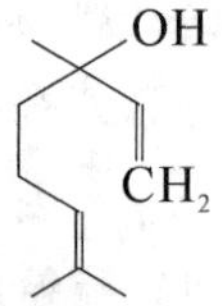

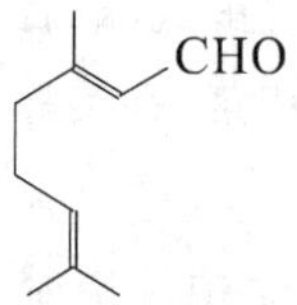

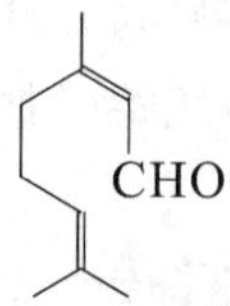

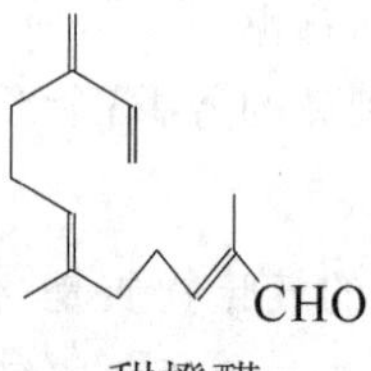

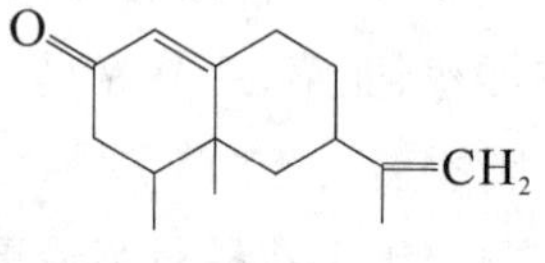

3. 肉的香气

生肉经过加工成熟肉后,香气十足,肉香根据其种属差异导致香气各具特色,如牛、羊、猪和鱼肉的香味差异主要由脂类成分差异决定,不同加工方式得到的熟肉香气也存在一定差别,如煮、炒、烤、炸、熏和腌肉的风味各不相同,各种熟肉中共同的三大风味成分为硫化物、呋喃类和含氮化合物,以及羰化物、脂肪醇、内酯、芳香族化合物等。

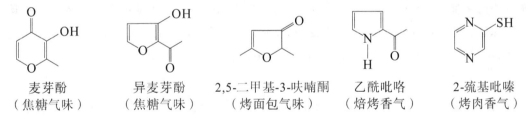

2,4,6-三甲基-S-三噻烷（牛肉香）　　N-辛基吡咯（鸡肉香）　　2,4-二甲基噻唑（猪肉香）

4. 乳品的香气

乳制食品种类较多,如鲜奶、稀奶油、黄油、奶粉、发酵黄油、酸奶和干酪,鲜奶、稀奶油和黄油的香气物质大多是乳中固有的挥发成分,鲜奶经离心分离时,脂溶性成分更多地随稀奶油而分出,由稀奶油转化为黄油时,被排出的水又把少量的水溶性风味物带去,因此中长链脂肪酸、羰化物(特别是甲基酮和烯醛)在稀奶油和黄油中就比在鲜奶中含量高。

奶粉和炼乳中固有的一些香气物质在加热过程会挥发而部分损失,同时又产生了一些新的香味物质。甲基酮和烯醛等气味成分也在奶粉与炼乳中增加,在加热过程中产生这些香味物质的反应主要包括美拉德反应、脂肪氧化等。

5. 谷物类食品烘烤后的香气

人们熟悉飘荡在焙烤或烘烤食品中的香气,如面包皮风味、爆玉米花气味、焦糖风味等都是这类风味。通常,当食品色泽从浅黄变为金黄时,这种风味达到最佳,当继续加热使色泽变褐时就出现了焦煳气味和苦辛味。吡嗪类、吡咯类、呋喃类和噻唑类中都发现有多种具有焙烤或烘烤类香气的物质。

麦芽酚
（焦糖气味）　　异麦芽酚
（焦糖气味）　　2,5-二甲基-3-呋喃酮
（烤面包气味）　　乙酰吡咯
（焙烤香气）　　2-巯基吡嗪
（烤肉香气）

目前还缺乏充分根据说明焙烤或烘烤食品时,产生的主要香气成分由哪几种挥发物组成,例如烘烤咖啡豆中已测出580种以上香气成分,炒花生中测出280种以上香气成分,烤面包皮中已测得70多种挥化物和25种呋喃类化合物。不同烘烤食品中多有相似之处,比如富含有呋喃类、羰基化合物、吡咯类及含硫的噻吩、噻唑等。

6. 发酵食品的香气

由于微生物作用于蛋白质、糖、脂肪及其他物质而使食品发酵,产生香味,其主要成分包括醇、醛、酮、酸、酯类等化合物,微生物的种类繁多、各种香味物质成分比例各异,从而使食品的风味各具特色,发酵食品包括酒类、酱类、发酵乳品等。

酱油的香气物质包括醇、酯、酸、羰基化合物、硫化物和酚类。

白酒已经分析鉴定出300多种挥发成分,其中主要有醇类、酯类、有机酸类、羰基化合物

等多种成分。此外还包括缩醛、有机含氮化合物、含硫化合物,酚、醚、乙醇和低碳醇是最主要的醇类,乳酸乙酯和乙酸乙酯是主要的酯类。

对啤酒分析也得出含有300种以上的挥发成分,但总体含量很低,主要的香气物质是醇、酯、羰基化合物、酸和硫化物。

葡萄酒中香气物质更多达350种以上,除了醇、酯、羰基化合物外,萜类和芳香族类化合物的含量也比较高。

7. 油脂的香气

多数油脂无挥发性物质,油脂的气味大多是由非脂肪的气味产生,如芝麻油的香味是由乙酰吡嗪引起的,椰子油的香味是由壬基甲酮引起的,而菜籽油受热时,黑芥子苷受热分解会产生刺激性气味。

乙酰吡嗪(芝麻香味)　　壬基甲酮(椰子油香味)　　黑芥子苷(菜油香味)

6.2.2.3 食品的味

每种食物都有其特有的风味,风味是一种感觉现象。从看到食品到食品进入口腔所引起的感觉就是味觉,食品除形状、色泽和光泽等心理味觉之外,还有物理味觉和化学味觉。

物理味觉:软硬度、黏度、冷热、口感。

化学味觉:酸、甜、苦、咸等。食品化学成分作用于味觉器官引起的感觉叫化学味觉。

食品的味是多种多样的,但都是由于食品中可溶性成分溶于唾液或食品的溶液刺激舌头表面的味蕾,再经过味觉神经纤维达到大脑的味觉中枢,经过大脑分析后,才能产生味觉。

味感有甜、酸、咸、苦、鲜、涩、碱、凉、辣及金属味十种,其中甜、酸、咸、苦为基本的味觉。物质结构与其味感有没有内在的关系,现在还不是很清楚。

1. 苦味及苦味物质

苦味在生理上能对味觉器官起到强烈的刺激作用,对消化有障碍、味觉出现衰退或减弱的状况有重要的调节功能。从味觉本身来说,如果调配得当,适量的苦味,能起到丰富和改进食品口味的作用,不但能去腥解腻,而且有清淡爽口的感觉。苦味物质根据化学属性可分为无机苦味物和有机苦味物。

无机苦味物质,例如 Ca^{2+}、Mg^{2+} 和 NH_4^+ 等离子。一般来说,凡质量与半径比值大的无机离子都有苦味,如做豆腐的盐卤等。

有机苦味物质种类多,氨基酸类,如常见 L-氨基酸中除甘氨酸、丙氨酸、丝氨酸、苏氨酸、谷氨酸外其余的都具有苦味;苦味肽类,如小分子肽中有许多具有苦味(精氨酸与脯氨酸形成的二肽、甘氨酸与苯丙氨酸形成的二肽等);生物碱类,如马钱子碱、奎宁和石榴皮碱等;糖苷类,如柚皮苷和新橙皮苷;尿素类和硝基化合物类,如苯基硫脲和苦味酸;大环内酯类,如异茴香芹内酯及银杏内酯等;葫芦素类,如苦瓜、黄瓜、丝瓜、苦瓜中的奎宁等;多酚类,如绿原酸、单宁等多酚也有苦味；此外还有动物的胆汁苦味成分，如胆酸、鹅胆酸及脱氧胆酸等。

(1)茶叶、咖啡中的苦味物质：茶叶中的苦味物质除了单宁外，还有茶碱，而可可和咖啡中的主要苦味成分分别是可可碱和咖啡碱。这3种生物碱易溶于热水，在冷水中微溶，化学性质都比较稳定，它们的结构母核是黄嘌呤，通常统称为咖啡因。

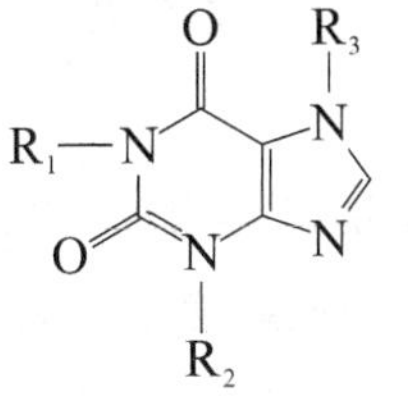

$R_1=R_2=CH_3$，$R_3=H$ 为茶碱
$R_1=H$，$R_2=R_3=CH_3$ 为可可碱
$R_1=R_2=R_3=CH_3$ 为咖啡碱

咖啡因系列结构

(2)啤酒中的苦味物质：主要来自啤酒花中，大约有30多种，其中主要有葎草酮类和蛇麻酮类，即啤酒行业所称的α-酸和β-酸。啤酒花的质量标准中要求葎草酮类的含量达7%左右。

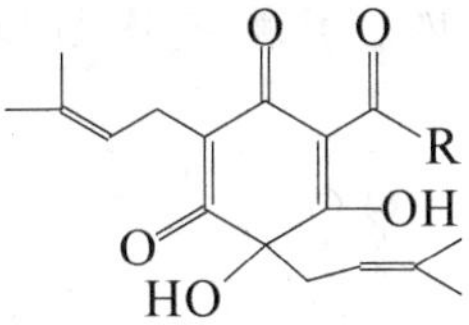

葎草酮类 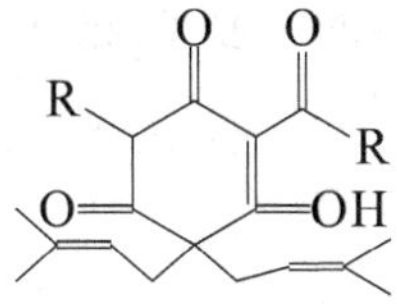　　蛇麻酮类

(3)柑橘中的苦味物质：柑橘果实中存在天然的苦味物质柚皮苷和新橙皮苷等黄烷酮糖苷类化合物，柚皮苷的纯品比苦味标准物奎宁还要苦，由于柑橘中苦味物质的存在，使得柑橘果汁在直接饮用时往往让人难以接受，因此在柑橘果汁的加工时，脱除苦味十分必要。

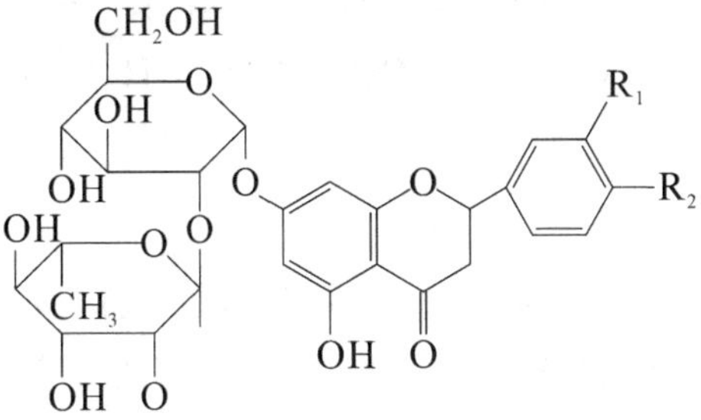

$R_1=H$，$R_2=OH$ 柚皮苷
$R_1=OH$，$R_2=OCH_3$ 新橙皮苷

柑橘中的苦味物质

(4)胆汁中的苦味物质：胆汁是动物肝脏分泌的一种液体，味极苦，在禽、畜、鱼类加工中稍不注意，破损胆囊就会导致无法去除的苦味，胆汁主要成分是胆酸、鹅胆酸及脱氧胆酸。

(5)苦杏仁的苦味物质：苦杏仁苷是由氯苯甲醇(苦杏仁素)与龙胆二糖合成的苷，存在于桃、李、杏、樱桃，苹果等蔷薇科的果核种仁及叶子中，本身无毒，但种仁中同时含有分解它的酶，生食杏仁、桃仁进入体内后在苦杏仁酶作用下，会产生苯甲醛及氢氰酸而引起中毒。

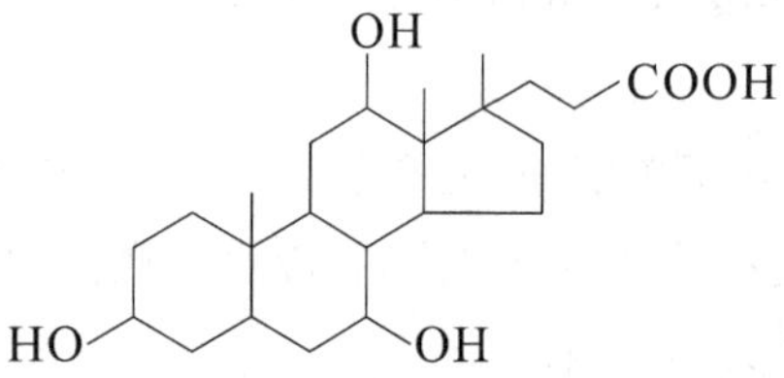

胆酸 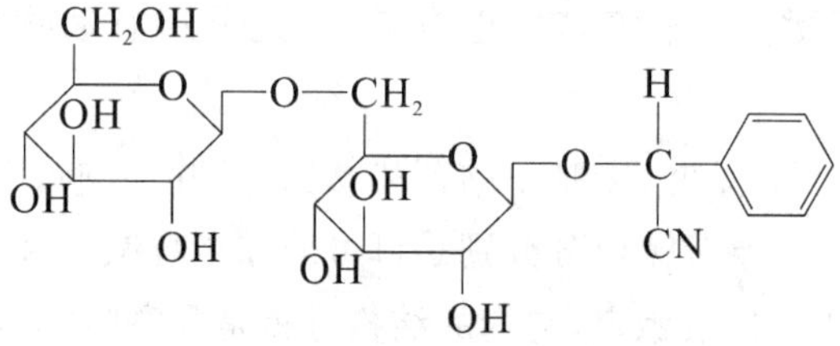　　　　　　　　　　　　苦杏仁苷

2. 辣味及辣味物质

辣味具有刺激舌和口腔的味觉神经,同时刺激鼻腔黏膜,产生刺激的感觉。辣味可以促进食欲,促进消化,具有杀菌作用。具有辣味的物质主要有辣椒、姜、葱、蒜等,其中的主要辣味物质有辣椒素、胡椒酰胺、姜酚、烯丙基二硫醚等。

辣椒:辣椒中的主要辛辣物质是辣椒碱类化合物,基本化学结构属于脂肪酸酰胺类,其中辣椒素的辣味最重,含量也最大,占所有脂肪酸酰胺的一半以上,一般可以通过辣椒素含量的测定来确定辣椒的辣度。

姜:姜酚是生姜中的主要辣味成分,姜酚受热后其侧链均断裂生成姜酮,姜酮的辣味淡。

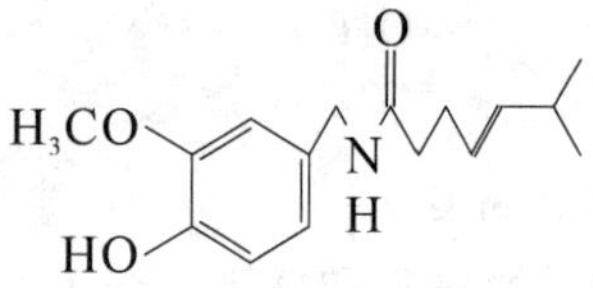

辣椒素 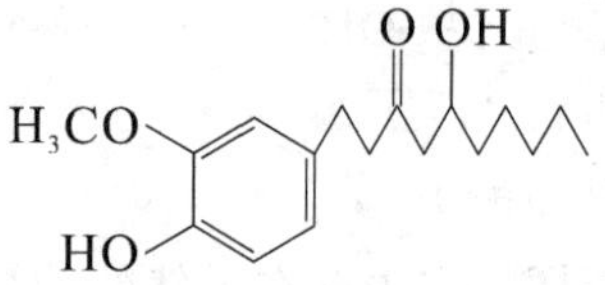　　　　　　　　　　姜酚 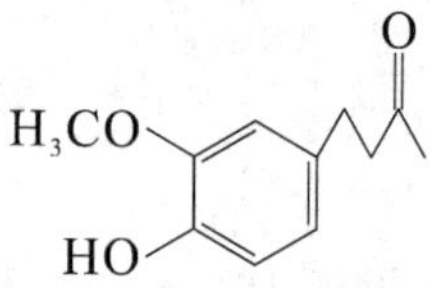　　　　　　　　　　姜酮

洋葱、大蒜、韭菜:洋葱、大蒜、韭菜中的辣味物质主要是以苷的形式存在,其基本化学结构属于巯基化合物类。洋葱中主要含有二丙基二硫醚($CH_3CH_2CH_2-S-S-CH_2CH_2CH_3$),大蒜中主要含有二烯丙基二硫醚($CH_2=CH-CH_2-S-S-CH_2-CH=CH_2$),韭菜中主要含有二甲基二硫醚和二丙基二硫醚。

3. 涩味和涩味物质

由于把舌头表面的蛋白质凝固、麻痹味觉神经而起收敛味的感觉,通常称为涩味。金属类、酸类、多元酚类等物质均为产生涩味的原因,单宁是最为典型的涩味物质。柿子的涩味为单宁的多酚类化合物,即通常所说的植物鞣质,鞣质有涩味,是食品中涩味的主要来源。柿子可用乙醇进行脱涩,由于乙醇变为乙醛后,再与单宁反应而变成不溶物的缘故,热水烫法和二氧化碳法则是在无氧状态下,把柿子内的糖变为醛,再与单宁作用生成不溶物而达到去除涩味,此外,制茶时的揉捻、柿饼去皮晾晒和揉捏都可以促进脱涩。

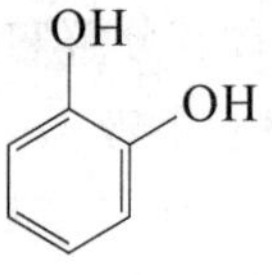

儿茶酚 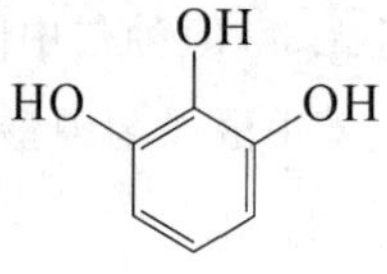　　　焦性没食子酸 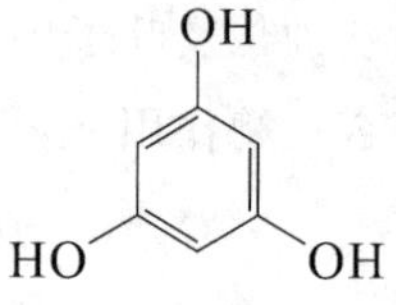　　　根皮酚 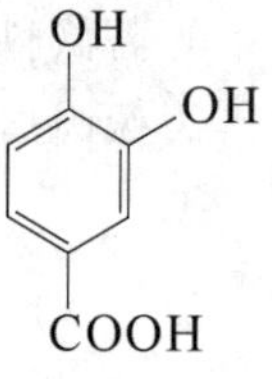　　　原儿茶酚 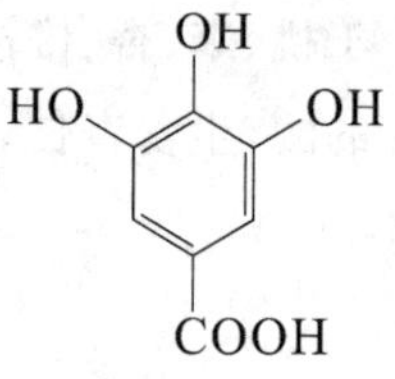　　　没食子酸

6.2.3 食品添加剂

6.2.3.1 概 述

1. 食品添加剂的概念

食品添加剂指为改善食品质量、感官特性以及为加工、贮存过程中需要而加入少量的化学物质,其意义有四点:①提高食品风味和营养价值;②改善食品质量和加工性能;③延长食品保存时间;④使食品更具感官吸引力。

2. 食品添加剂的要求

安全性是首要因素,主要包括:①应有严格的质量标准,其有害物质不得超过允许限量;②能参与人体正常的物质代谢,或能经过正常解毒过程或不被吸收而排出体外;③一般具备用量少,功效明显,能真正提高食品品质的作用;④使用方便,质量稳定;⑤必须经过严格的毒理鉴定,保证在规定使用量范围内对人体无毒;衡量物质毒性大小有一定的指标,常见的有日允许摄入量(简称 ADI)、半数致死量(简称 LD50)两个毒性指标,毒性级别参考见表 6-2-2。

日允许摄入量(ADI):是指人一天连续摄入而不影响健康的最大量,单位 mg/kg。

半数致死量(LD50):是指动物的半数致死量,表明添加剂的急性毒性大小。

表 6-2-2 毒性级别参考值

毒性级别	$LD_{50}/(mg/kg)$	毒性级别	$LD_{50}/(mg/kg)$
无毒	大于 15000	中等毒性	[50,500)
相对无毒	[5000,15000)	剧毒	[1,50)
低毒	[500,5000)	极毒	小于 1

3. 食品添加剂的分类

食品添加剂分类方法很多,其中按用途分类参考表 6-2-3。

表 6-2-3 按最终用途食品添加剂的分类

分类	品种	分类	品种
营养补充剂	维生素、矿物质、强化剂等	香料	麦芽酚、辛香料等
防腐剂	苯甲酸、山梨酸、双乙酸钠等	色素	天然色素、合成色素等
抗氧剂	抗坏血酸、叔丁基羟基甲苯等	漂白剂	亚硫酸钠、二氧化硫等
增稠剂	羧甲基纤维素、海藻酸钠、聚丙烯酸等	发酵剂	碳酸钠、酵母等
调味剂	谷氨酸钠、糖精、乙酸等	面粉改良剂	过氧苯甲酰
乳化剂	硬脂酸单甘油酯、Tween 系、卵磷脂等	保鲜剂	甲基环丙烯、VC、VE 等

6.2.3.2 食品腐败变质与抑制剂

1. 食品腐败变质现象

食品腐败变质是指食品受微生物污染,微生物会以食品为营养进行大量繁殖,导致食品的外观和内在品质发生变化,食品防腐剂是防止微生物引起的食品变质,延长保存期的一种食品添加剂,食品一般有三种变质现象。

(1)食品腐败现象:指细菌作用于各类食品使其原有的色泽丧失,并呈现各种颜色,严重的会发出腐臭气味,产生不良气味,如细菌作用于糖类食品,会分解出多种有机酸,小分子气体;作用于蛋白类食品产生腐胺、尸胺、粪臭素等;作用于脂肪类食品产生醛、酮、酸等。

(2)食品霉变现象:指霉菌在代谢过程中利用食品中的碳水化合物、蛋白质为碳源和氮源进行生长繁殖,同时使食品外层长霉或变色产生明显的霉味。其中会产生大量的毒霉菌如黄曲霉毒素等,有致癌作用,毒霉菌会对人的健康产生严重影响。

(3)食品发酵现象:指微生物代谢所产生的氧化还原酶使食品中的糖发生不完全氧化而引起的变质现象。常见的有酒精发酵、醋酸发酵、乳酸发酵、酪酸发酵。

酒精发酵:水果、蔬菜、果汁、果酱、果蔬罐头易产生酒精发酵;

醋酸发酵:低度酒、饮料、啤酒、果酒、黄酒等易发生醋酸发酵;

乳酸发酵:鲜奶和奶制品容易产生乳酸发酵;

酪酸发酵:鲜奶、奶酪、豌豆类食品易发生酸变。

2. 食品防腐剂

防腐剂是指防止微生物引起的食品变质、延长保存期的一种食品添加剂。防腐剂一般可分为无机和有机两种。其作用机理有四个方面:①能使微生物的蛋白质凝固或变性,干扰其生长和繁殖;②防腐剂对微生物细胞壁、细胞膜产生作用;③作用于遗传物质或遗传微粒结构,影响其复制、转录、蛋白质翻译等;④作用于微生物体内的酶,干扰其正常代谢。

无机防腐剂常用有硝酸盐、亚硝酸盐、二氧化硫等;有机防腐剂常用有苯甲酸盐、山梨酸盐,对羟基苯甲酸酯类、丙酸及盐、双乙酸钠、乳酸链球菌等。

3. 食品抗氧剂

食品抗氧剂指阻止或延迟食品氧化、延长储存期的一种食品添加剂。其机理有两方面:①通过自身的还原反应消耗食品内部及周围的氧气;②抗氧化剂可以消除并终止自由基链式反应过程,从而阻止氧化反应。抗氧化剂有两类,一类是水溶性抗坏血酸 VC 及盐、植酸、茶多酚、花青素等;另一类是油溶性的 VE、叔丁基酚醚类、没食子酸丙酯等。

BHA　　　　　TBHQ　　　　　PG　　　　　BHT

BHA、BHT、PG 对防止油脂氧化酸败有较好的效果,但耐热性差,熔点及沸点较低,特别是油炸等较高温度下容易被分解、挥发。叔丁基对苯二酚(TBHQ)对防止植物油和动物油脂的氧化具有良好效果,VC、VE 作为抗氧化剂一直深受人们的欢迎。

6.2.3.3 食品调味剂

调味剂是指能使食品产生特殊味道的一类添加剂,主要包括甜味剂、酸味剂、鲜味剂等。

1. 食品甜味剂

甜味剂是指不产生热量又能提供甜味的物质,甜味剂可分为营养型和非营养型两大类。

营养型甜味剂:蔗糖、葡萄糖、果糖、麦芽糖等糖类,包括木糖醇、山梨糖醇、甘露醇、乳糖醇、赤藓醇等多元糖醇。

非营养甜味剂:天然甜味剂如甜菊糖苷、甘草甜素、罗汉果糖苷、黄酮类糖苷、沙马丁等;化学合成甜味剂如糖精、环己基氨基磺酸钠(甜蜜素)、甜味素(阿斯巴甜)、安赛蜜(乙酰磺胺酸钾)、三氯蔗糖等。糖精的热稳定性差,用量大,其使用逐渐受限制。甜蜜素的甜度较蔗糖甜 50~80 倍,甜味纯正,可代替蔗糖或与蔗糖混合使用,能高度保持原有的食品风味,低热能使得它可以适合糖尿病人,作为甜味代用品而广泛用于饮料、糕点等中。

糖精　　甜蜜素(环己基氨基磺酸钠)　　甜味素(阿斯巴甜)

另外,功能性甜味剂如乳糖醇甜度是蔗糖的 1/3 左右,但具有促进肠道蠕动、通便作用,可改善糖和脂肪代谢、预防高血压、冠心病、胆结石等,广泛用于饮料、糕点、奶制品等中。

2. 食品鲜味剂

食品鲜味是一种较复杂的美味,当酸、甜、苦、咸四种基本味与香气协调时,可感觉到可口的鲜味,食品中本身就含有鲜味的物质如核苷酸类、氨基酸类、肽、有机酸等。

氨基酸:L-谷氨酸钠俗称味精。味精要在氯化钠存在下才有鲜味,味精不宜在高温下使用,210 ℃生成对人体有害的焦谷氨酸盐,不能在油炸或高温烧烤时加入。还有,天然酵母抽提物含有丰富氨基酸及多肽、维生素、微量元素等,滋味鲜美、肉香味浓郁,具有调味和营养双重作用,优于味精,广泛用于调味品、肉类、快餐、方便面、汤料等中。

核苷酸:在核苷酸中呈鲜味的有 $5'$-肌苷酸、$5'$-鸟苷酸和 $5'$-黄苷酸,它们单独在水中并无鲜味,但与谷氨酸钠共存时,则谷氨酸钠的鲜味增强达 6 倍。在动物肉中,鲜味核苷酸主要是由肌肉中的 ATP 降解而产生的。肉类在经过一段时间加热后方能变得美味可口,其原因就是 ATP 转变为 $5'$-肌苷酸需要时间。

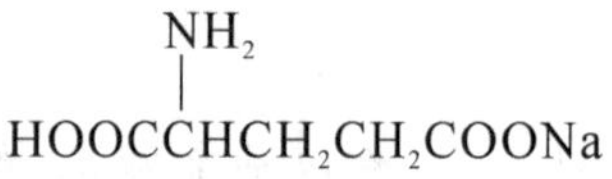

谷氨酸钠: HOOCCHCH₂CH₂COONa (NH₂)

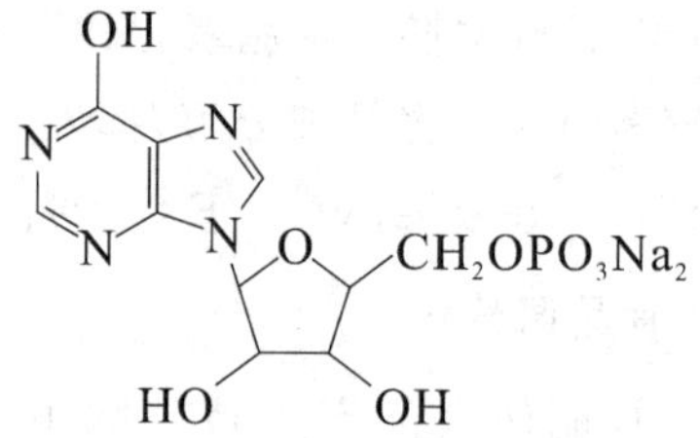

5'-肌苷酸二钠

3. 食品酸味剂

食品酸味剂是赋予食品酸味的添加剂,可增进食欲、防腐、促进消化,吸收纤维素、钙、磷等物质,见表6-2-3。

表6-2-3 酸味剂的主要品种

名称	用途	名称	用途
乙酸	调味品	琥珀酸	调酸味
乳酸	配置果汁、果酒	富马酸	饮料、果酱、冰淇淋、水果糖
柠檬酸	粉末、饮料、糖果、酒	苹果酸	汽水、果酱、果酒、口香糖、冰淇淋
葡萄糖	酒、醋、饮料	酒石酸	饮料、果酱、冰淇淋、水果糖

6.2.3.4 食品用色素

食品用色素是为食品着色的添加剂,包括天然色素和合成色素。合成色素具有色泽鲜艳、着色力强、坚牢度大、产品稳定性高、品质均一、成本低廉的特点,如有胭脂红、苋菜红、柠檬黄、日落黄、靛蓝等。其结构如表6-2-4所示。

表6-2-4 合成色素的结构、性状及用途

色素名称	结构式	性状	用途	最大用量 g/kg
胭脂红	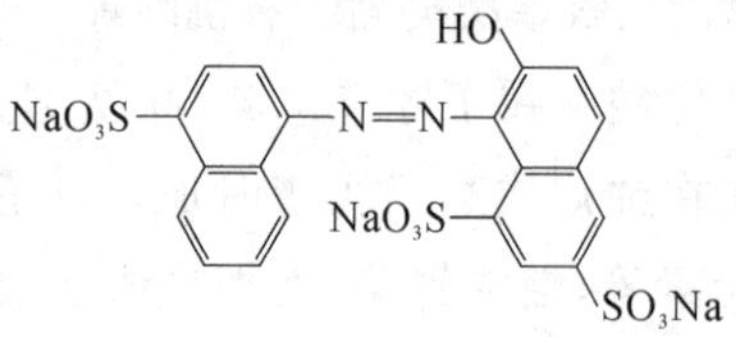 (偶氮萘酚磺酸钠结构)	深红色粉末,溶于水呈红色,微溶于乙醇,不溶于油脂,0.1%水溶液显红色	糕点、饮料、红肠肠衣、豆奶等	0.05
苋菜红	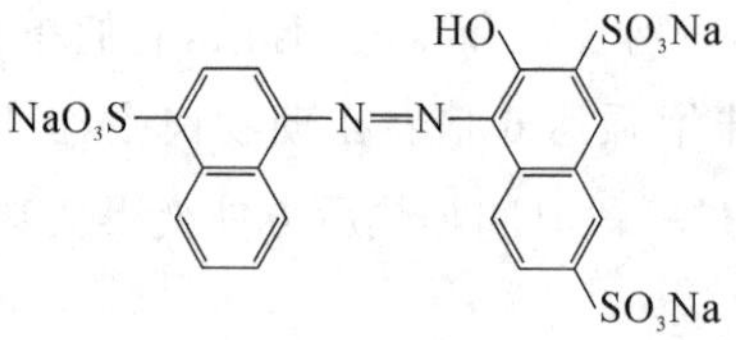 (偶氮萘酚二磺酸钠结构)	紫红色粉末,溶于水呈玫瑰红,微溶于乙醇、溶于水,对发光热稳定,0.1%水溶液显紫红色	糕点、饮料、酒类、医药、化妆品	0.05

续表

色素名称	结构式	性状	用途	最大用量 g/kg
柠檬黄	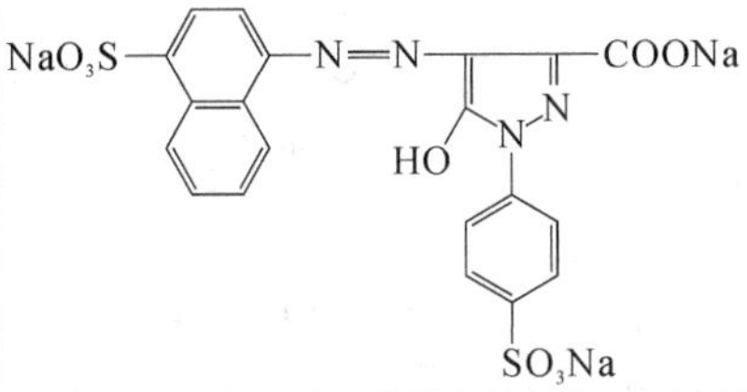 (结构式)	橙黄色粉末,溶于水,微溶于乙醇,不溶于油脂,对光热酸稳定。0.1%水溶液显黄色	糕点、饮料、农产品	0.10
日落黄	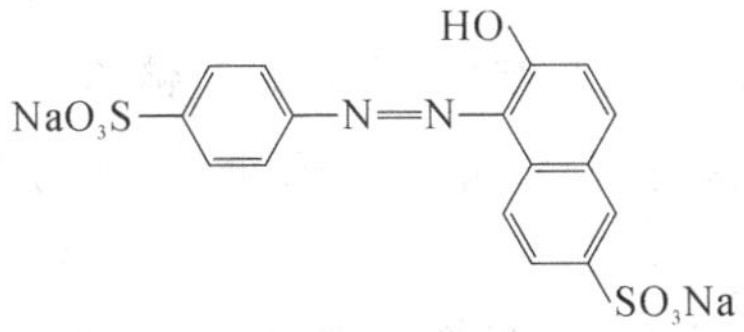 (结构式)	橙色粉末,溶于水,溶于甘油,难溶于乙醇,不溶于油脂,耐光热酸;0.1%水溶液显橙黄色	糕点、饮料、农产品	0.10
靛蓝	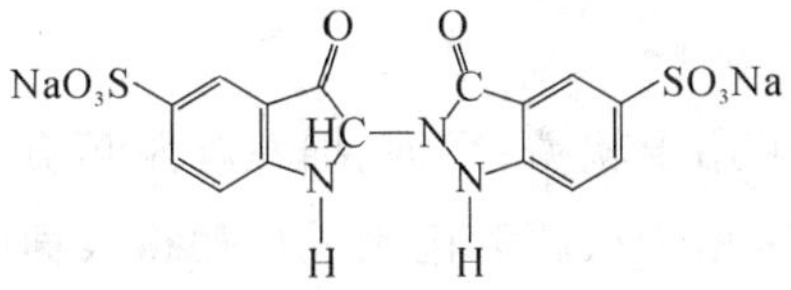 (结构式)	蓝色粉末,溶于水,难溶于乙醇和油脂,耐光差,着色好;0.1%水溶液呈蓝紫色	糕点、饮料、农产品	0.10

随着人们对健康的重视,天然色素以安全、无毒而备受青睐。天然色素有红花油、胡萝卜素、姜黄素、红曲色素、紫苏色素、甜菜红色素、辣椒红素、叶绿素等。

6.2.3.5 食品加工成型助剂

1. 食品乳化剂

食品乳化剂指能改善乳化体中各种构成相互之间的表面张力,使之形成均匀的分散体或乳化体,从而改进食品组织结构、口感、外观,以提高食品保存期的一类可食用的表面活性剂。食品乳化剂的作用主要有①降低油-水界面张力,促进乳化作用;②与淀粉和蛋白质作用改善食品的流变性;③改进脂肪和油的结晶。食品乳化剂可分为蛋白质和非蛋白质两大类。目前使用的乳化剂有脂肪酸甘油酯、脂肪酸蔗糖酯、山梨醇脂肪酸酯、磷脂类等。

脂肪酸酯类:主要有脂肪酸甘油单酯、脂肪酸蔗糖酯;脂肪酸蔗糖酯也是一种高效、安全乳化剂,在体内可消化成蔗糖和脂肪酸而被吸收,安全可降解。

大豆磷脂类:包括卵磷脂(磷酸酰胆碱)、脑磷脂(磷脂酰氨基乙醇)和肌醇磷脂。大豆磷脂作为天然提取乳化剂,广泛用在糖果、人造黄油中。既有营养又有乳化、抗氧化、脱模、持水降黏等作用,还有生化作用,可改善动脉血管的组成、补充人体营养,具有调节血脂、提高记忆、延缓衰老等特殊营养保健作用。

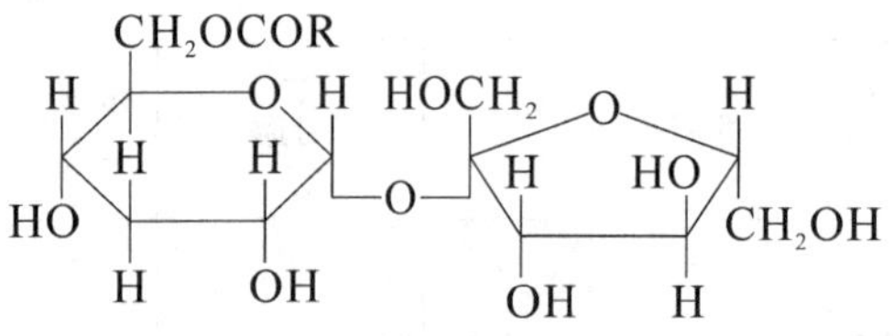

脂肪酸蔗糖酯 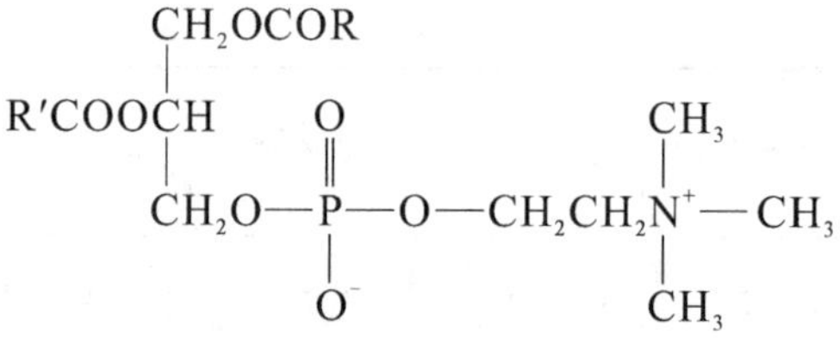　　　　　　　　　　　卵磷脂

2. 食品增稠剂

增稠剂是指可以提高食品黏度的一类水溶性高分子。增稠剂可以提高食品的黏稠度或形成凝胶，赋予食品黏稠、滑润，并兼有乳化稳定作用。天然提取类增稠剂有卡拉胶、果胶、明胶等，改性合成类有羧甲基纤维素、羧甲基淀粉、羟丙基淀粉、聚丙烯酸钠等。

海藻酸钠：一种天然多糖，无臭、无味，稳定性、溶解性、黏性和安全性好。用于馅饼、肉类沙司、肉汁、冷冻食品、巧克力、奶油等。

卡拉胶：又名角叉胶，白色或浅褐色颗粒或粉末，是一种天然的高分子，其分子量20万以上，有多种构型，主要用于生产果冻、肉制品等。

食用明胶：无色至淡黄色粉粒，无臭、无味，可用于软糖、奶糖、棉花糖及巧克力等，可使柔软的糖坯形态饱满、具有良好的稳定性和韧性，用于火腿等肉制品中使得表面光滑透明；还可作酱油增稠剂等。

变性淀粉：变性淀粉有多种，有羧甲基羧基、羟烷基淀粉等，例如羟丙基淀粉为白色粉末，糊化后作为食品增稠剂，适用于冷冻和方便食品，如肉汁、沙司、果酱、布丁，糊液浓稠透明、黏度稳定、口感平滑，稳定性及耐煮性好。

聚丙烯酸钠：一种水溶性高分子，白色粉末，无臭、无味。溶于水形成黏稠的透明溶液，黏度约为羧甲基纤维素钠、海藻酸钠的15～20倍。但遇高价金属离子易形成不溶性盐而凝胶化，黏度稳定，不易腐败。可用作增稠剂、稳定剂、澄清剂、保鲜剂等。

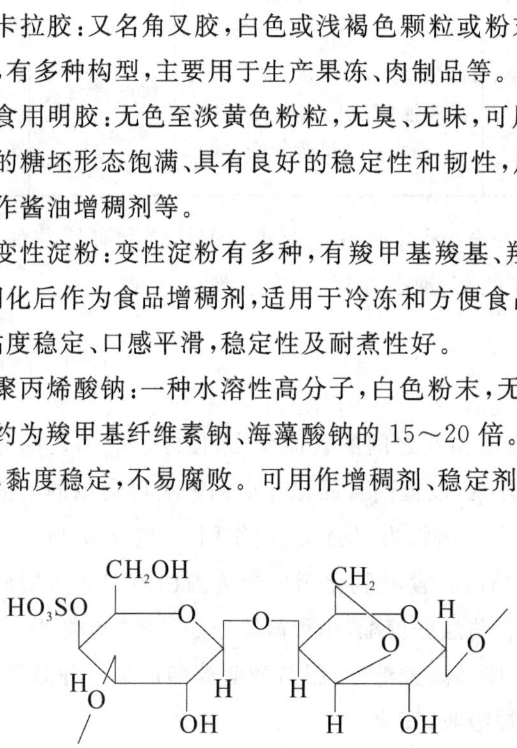

卡拉胶 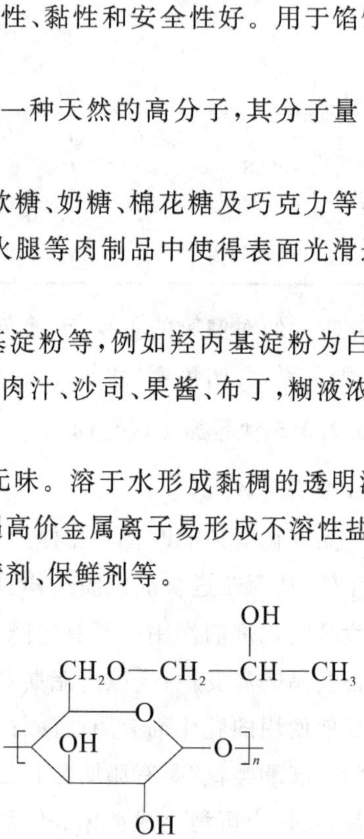　　　　　　　　　　　　　　羟丙基淀粉

3. 食品膨松剂

小麦为主的食品在做烘烤食品时会添加膨松剂，面团加工受热后接触气体，使其面团发泡，形成多孔组织，产生松软、蓬松、酥脆感，食品膨松剂主要有酵母以及无机盐类，如碳酸氢铵、碳酸氢钠、硫酸铝钾、硫酸铝铵等，近年来，人们发现铝的吸收对人体健康不利，应减少铝盐使用。

6.2.3.6 食品营养强化剂

营养强化剂是指为增加食品营养成分而加入食品中的天然的或者人工合成的属于营养

素范围的食品添加剂。其目的是弥补天然食物的缺陷、加工中的营养素损失以及特殊人群需要。食品营养强化剂其常规分为四大类。

(1)矿物质类:钙、铁、锌、硒、镁、钾、钠、铜、锰、铬、锶、钒等,如碳酸钙、碳酸氢钙、磷酸钙、磷酸氢钙、葡萄糖酸钙、乳酸钙、氯化铁、柠檬酸铁、柠檬酸铁铵、琥珀酸、乳酸亚铁、硫酸锌、葡萄糖酸锌、碘酸钾、亚硒酸钠、硫酸镁、硫酸铜、磷酸酯镁。

(2)维生素类:VC、VA、VD、VE、VB族、维生素K、肌醇、叶酸等。

(3)氨基酸类:牛磺酸等十八种必需氨基酸,如赖氨酸、天冬氨酸等。

(4)保健营养类:DHA、低聚糖、膳食纤维、益生元、卵磷脂、核苷酸、酪蛋白磷酸肽、胆碱、左旋肉碱等;这些添加剂有调整代谢、促进健康等作用,但不能代替药物。

二十二碳六烯酸(DHA):俗称脑黄金,一种对人体非常重要的不饱和脂肪酸,DHA是神经系统细胞生长及维持的主要成分之一,是大脑和视网膜的重要构成成分,在人体大脑皮层中含量达20%、视网膜中占比50%,对胎儿、婴儿智力和视力发育至关重要。可增强记忆与思维能力,降低老年痴呆症的风险。

OMEGA-3脂肪酸(ω-3):其成分主要为二十碳五烯酸(EPA)和二十二碳六烯酸(DHA),能促进甘油三酯的降低,有益心脏健康,对人体多种疾病有治疗效果。还有研究表明ω-3脂肪酸可有助于其他一些状况——类风湿关节炎、抑郁和其他病症。

酪蛋白磷酸肽(CPP):是以牛乳酪蛋白为原料,通过生物技术制得的具有生物活性的多肽。具有促进钙、锌、铁的吸收、抗蛀牙、提高动物受精能力,调节血压等功效。

6.3 化学与健康

人的生命过程与化学息息相关,人的体内有200多种酶通过催化作用促使人体内发生成千上万种化学反应,维持人体生理过程的正常运行,所以食品的选用、烹饪加工、科学饮食、避免有毒物摄入、疾病的科学预防与治疗等对人的健康生活具有重要的意义。

6.3.1 食品中的有毒物质

6.3.1.1 食物毒素

由于生物、加工、环境及人为等原因,一些食物中常含有一些无益有害的成分,即嫌忌成分,这些嫌忌成分的含量超过一定限度即可构成对人体健康的危害。

1. 植物性食物中的毒物

(1)凝集素:一些豆类和谷物种子含有一些毒性蛋白物质——凝集素及酶抑制剂,凝集素是一种能使红细胞凝集的蛋白质。蓖麻、大豆、豌豆、扁豆等籽实中都含有凝集素,当生食或烹调不当时会引起食者恶心、呕吐等症状,严重者甚至死亡,但经加热处理就可以实现去毒。

(2)酶抑制剂:在豆类、谷物及马铃薯等植物性食物中,还有另一类毒蛋白物质——胰蛋白酶抑制剂及淀粉酶抑制剂。生食上述食物,会引起营养吸收下降。

毒肽类：如毒蕈、或毒蘑菇、鹅膏毒肽和鬼笔毒肽是一类存在于蕈类中的重要毒素，其作用于肝脏、肾脏而使人中毒，一个 50 g 的毒蕈中所含的毒肽素足以毒死一个成年人，鹅膏毒肽是一类慢作用毒素，一般中毒后 2～5 d 死亡。鬼笔毒肽是一种快毒素，肠胃外注射小白鼠，一般 2～4 h 内死亡。所以，一定要慎食颜色鲜艳的野生蘑菇。

(3)毒苷类：广泛存在于各种豆类、果仁、蔬菜、菜籽油、棉籽油等中，主要包括生氰苷、硫苷、异硫氰酸酯、皂苷等。

生氰苷——存在于某些豆类、核果和仁果的种仁、木薯的块根等中，在酸或酶的作用下可水解产生氰氢酸。

硫苷——甘蓝、萝卜、芥菜等十字花科蔬菜及洋葱、大葱及大蒜等植物中的辛味成分是硫苷类物质，过多摄入这类物质有致甲状腺肿的生物效应。油菜、芥菜、萝卜等植株可食部分中致甲状腺肿原物质很少，而种子中则可达茎、叶部的 20 倍以上，在利用油菜籽饼粕开发植物蛋白新资源时，去除致甲状腺肿原物质是关键。

异硫氰酸酯——菜籽中含有的硫代葡萄糖苷在菜籽酶的作用下可转化为异硫氰酸酯、酚类及芥子碱，所以菜籽油一般要经过蒸馏脱毒才可以安全食用，可采用热处理、热水洗、碱处理、微生物降解等方法。

皂苷——皂苷广泛分布于植物界，溶于水能生成胶体溶液，具有表面活性剂的特质，因而称为皂苷，皂苷有破坏红细胞的溶血作用，对冷血动物有极大的毒性，但食物中的皂苷口服多数无毒，只有少数剧毒（如茄苷）。

茄碱——茄子、马铃薯等茄属植物中含有毒性茄苷，其配基为茄碱（又叫龙葵碱）。正常情况下在茄子、马铃薯中的茄苷含量不过 3～6 mg/100 g，但发芽马铃薯的芽眼附近及见光变绿后的表皮层中，含量极高，当茄苷达到 38～45 mg/100 g 时，足以致人死亡，茄碱即使在烹煮后也不能破坏，故不宜食用发芽、变绿的马铃薯。

棉酚——棉酚存在于棉籽油中，它能使人体组织红肿出血、精神失常、食欲不振、影响生育力，棉酚的毒性可用湿热法或溶剂萃取法除去。

2. 动物性食物中的毒物

动物性食物的有毒物几乎都限于水产物，如贝类毒素及鱼类毒素（如河脉毒素）等。

(1)过敏食物类：也称应变性食物，指人在摄食某些蛋白质时会发生程度不等的过敏现象或称变态反应现象。常见的致敏食物有谷物、乳、蛋、鱼、虾、番茄等；牛乳过敏主要症状是腹泻、呕吐，食物过敏的原因目前还不清楚，避免食物过敏的最好办法是忌食致敏性食物。

(2)微生物毒素：在气温高而潮湿的季节里，特别是我国南方地区，在粮食、水果、饲料以及生活用品表面经常发现长有白的、绿的、灰的、黑的各式各样的棉絮状、毛茸或粉末状的菌丝，人们称为发霉，此类微生物毒素对人体健康危害大，故应避免食用霉变的食物。

6.3.1.2 食品加工中形成的有害物

1. 稠环芳烃类

煤、烟草、木材等不完全燃烧后，产生较多的稠环芳烃，其中某些稠环芳烃具有致癌作用,如苯并芘类稠环芳烃,特别是 3,4-苯并芘有强烈的致癌作用。在煤烟和汽车尾气污染的空气以及吸烟产生的烟雾中都可检测出 3,4-苯并芘。测定空气中 3,4-苯并芘的含量是环境监测的重要指标之一。食品若用烟熏、烧烤及烘焦等方法加工时会被 3,4-苯并芘污染。此外,油脂高温下热解也会产生 3,4-苯并芘,食品最好不要直接用火焰烧烤。其他强致癌性的稠环芳烃还有二苯并蒽,3-甲基胆蒽等。

3,4-苯并芘　　　　二苯并蒽　　　　3-甲基胆蒽

2. 亚硝胺类

亚硝胺类化合物($R_2N—NO$)是一类强致癌物,可使正常的 DNA 产生突变。其致突变机制认为是亚硝胺在体内经 P-450 酶氧化,亚硝基旁边的碳原子上引入羟基,然后转变为重氮离子或正碳离子,正碳离子再对 DNA 进行烷基化,造成 DNA 单股链断裂;也可使鸟嘌呤的羟基烷基化,从而影响 DNA 的复制。由于亚硝胺不稳定,遇光、热可分解,这样使我们食入亚硝胺大为减少,仲胺和亚硝酸盐(可以看作是亚硝胺的前躯体)却广泛存在于自然界。如不新鲜的鱼、肉中仲胺含量较高,亚硝酸盐在各种腌菜和酱菜的汁液中含量也较高。动物实验表明,缺锌可明显增加亚硝胺引发癌变的可能性,人们发现 VC 对抑制亚硝胺的致癌较为明显;食物中的硝酸盐及亚硝酸盐的来源主要有两种途径:一是在肉制品中作为发色剂,二是施肥过量,由土壤中转移到蔬菜中,在生物化学条件下,硝酸盐很易还原为亚硝酸盐,亚硝酸盐会与食物中的胺类生成致癌物亚硝胺。

3. 黄曲霉毒素

粮食霉变有可能产生黄曲霉毒素,该毒素主要是由黄曲霉菌产生的,其他一些霉菌也可产生黄曲霉毒素。黄曲霉毒素具有强烈的致肝癌作用,其毒性为氰化钾的 10 倍、砒霜的 68 倍之多,已经分离出的黄曲霉毒素主要是两种,一种在紫外光下发出蓝色荧光的黄曲霉毒素 B(可分为 B1、B2),另一种在紫外光下发出绿色荧光叫黄曲霉毒素 G(G1、G2)。其化学结构略有不同,致癌作用最强的是 B1,它也是在体内经氧化酶氧化为环氧化物(见下面分子结构)以后与 DNA 作用而引起 DNA 突变的。

6.3.1.3 食品的污染

食品污染是指食品在生产、加工、包装、运输等过程中发生污染,可能对人身安全造成危

害,需要对这类产品进行销毁或回收。食品污染主要有生物性污染和化学性污染。

1. 生物性污染

生物性污染是指有害的病毒、细菌、真菌以及寄生虫、昆虫等污染食品。细菌、真菌是人的肉眼看不见的,鸡蛋变臭、蔬菜烂掉,主要是细菌、真菌引起的,细菌有许多种类,有些细菌如变形杆菌、黄色杆菌、肠杆菌等都可以直接污染食品。真菌的种类多达5万多种,其中百余种会产生毒素,毒性最强的是黄曲霉毒素。食品被这种毒素污染以后,会引起动物原发性肝癌。气候温湿的环境中黄曲霉毒素的污染比较普遍,主要污染在花生、玉米上,其次是大米等食品。污染食品的寄生虫主要有蛔虫、绦虫等,这些寄生虫一般都是通过病人、病畜的粪便污染水源、土壤,然后再使鱼类、水果、蔬菜受到污染,人吃了污染食品以后会感染寄生虫病;蝇、螨等昆虫也能污染食品,传染疾病。

2. 化学性污染

因化学物质对食品的污染造成的食品质量安全问题称为化学性污染。其中危害最大的是化学农药、有害金属及多环芳烃类,如苯并芘、亚硝基类化合物等。同时滥用食品添加剂、植物生长促进剂等也能引起食品化学污染。化学性污染可分为农药污染和工业有害污染。

(1)农药污染:目前全球化学农药基本品种有40余种。农药可造成人体的急性中毒,但绝大多数会隐形地对人体产生慢性危害,并且都是通过污染食品的途径。对食品污染的农药品种主要包括有机氯、有机磷、有机汞等农药,其主要途径有农药直接污染、植物根部吸收、水体污染、食物链富集、混放等。

(2)工业有害污染:工业有害物主要指金属毒物(如甲基汞、镉、铅、砷)、亚硝基化合物、多环芳烃化合物等。工业有害物污染食品的途径主要有生产环境污染,食品容器、包装材料和生产设备污染,还有运输过程污染、掺假造假等途径。

6.3.2 饮品及烟草

茶、咖啡、酒是人们非常喜欢的饮品,具有刺激神经、提高兴奋度的作用;适当饮用有一定的保健作用;烟草是一类成瘾物质,吸烟不利于人的身体健康。了解这些饮品和烟草的化学成分对我们正确选用、保存加工、控制摄入等都具有一定实际意义。

6.3.2.1 茶叶

我国是世界上最早种茶、制茶和饮茶的国家,茶叶最早起源于神农时代(炎帝时代)。实践证明,饮茶与健康长寿密切相关,其主要原因是茶叶内含有多种对人体健康有益的物质。

1. 茶叶的组成

目前已在茶叶中鉴定出450余种有机成分和30种以上的无机成分,如黄酮醇、黄酮甙、多酚、矿物质、咖啡因、氨基酸及多糖类等,其中茶多酚类物质是茶叶中最为重要的化学物质。茶多酚又名茶单宁、茶鞣质,是茶叶中30多种多酚类化合物的总称,研究还发现在茶多酚中有十多种儿茶素,占多酚物质总量的70%左右。

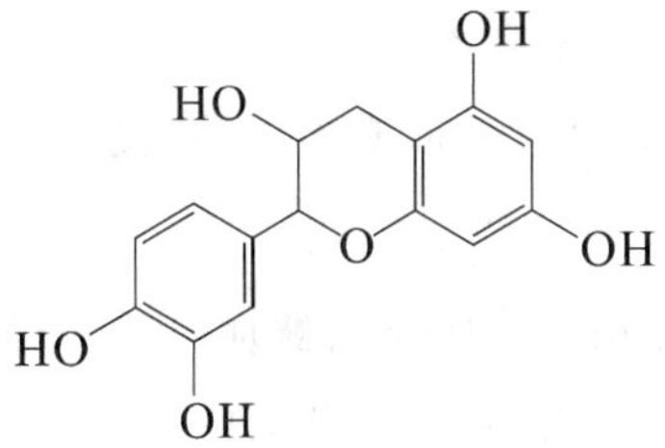

儿茶素 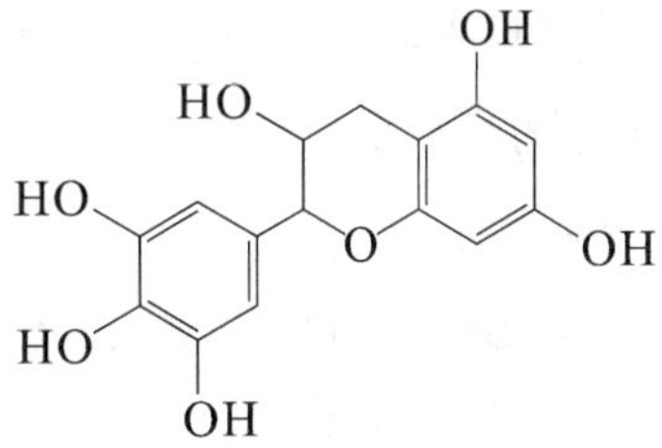　　　　　　　　　　　没食子儿茶素

茶多酚是多酚结构,有较强的还原性,可清除体内自由基,具有一定抗氧化、抗衰老作用,适当饮茶对身体具有积极的意义。茶多酚优异的抗氧化作用,可以用在食品的抗氧化方面,尤其是对油脂的抗氧化作用,当动植物油脂中的不饱和脂肪酸在自动氧化过程中产生过氧化物游离基时,茶多酚的还原作用使自由基反应中止或延缓,从而有效地抑制油脂的酸败变质。因此茶多酚是一种良好的天然抗氧化剂,广泛应用于食品、油脂、医药、化工等领域。

2．茶叶的功效

有人总结出饮茶具有兴奋(咖啡因)、利尿(茶碱)、抗菌(茶多酚)、强心解痉、抑制动脉硬化、防龋齿以及抗辐射等作用。

3．中国茶的典型品种

根据制作工艺(茶多酚的氧化程度),茶可分成以下几种。

绿茶:不发酵的茶,如龙井茶、碧螺春、汉中仙毫、信阳毛尖等;

黄茶:微发酵的茶,如君山银针等;

白茶:轻度发酵的茶,如白牡丹、白毫银针、安吉白茶等;

青茶:半发酵的茶,如武夷岩茶、铁观音、乌龙茶等;

红茶:全发酵的茶,如正山小种、祁红、川红、闽红、英红、滇红等;

黑茶:后发酵的茶,如普洱茶、六堡茶、茯茶等。

6.3.2.2 咖啡

咖啡是咖啡豆经 200～250 ℃烘烤和磨碎后制成的饮料。因产地不同其口味有很大差别,我国云南、海南、广东、广西也都有种植,其主要成分相似。

1．咖啡的主要成分

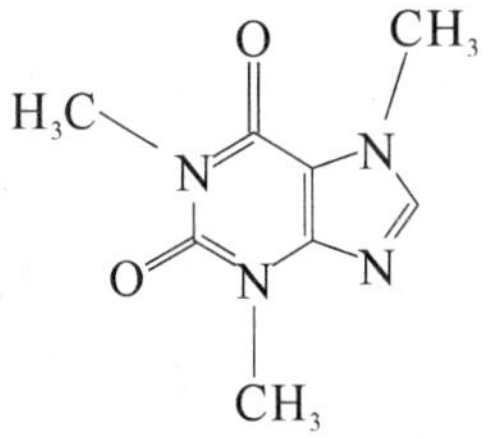

咖啡因:咖啡因是一种黄嘌呤生物碱化合物,也称为咖啡碱,具有强烈的苦味,能刺激中枢神经系统、心脏和呼吸系统;适量的咖啡因可减轻肌肉疲劳,促进消化液分泌;它会促进肾脏机能,有利尿作用,帮助体内将多余的钠离子排出,但摄取过多会导致咖啡因中毒。

咖啡碱的化学结构

矿物质:含有少量石灰、铁质、磷、碳酸钠等。

糖类:咖啡生豆所含的糖分约8%,经过烘焙后大部分糖分会转化成焦糖,使咖啡形成褐色,并与丹宁酸互相结合产生甜味。

丹宁酸:煮沸后的丹宁酸会分解成焦梧酸,所以冲泡过久的咖啡味道会变差。

脂肪类:其中挥发性脂肪是咖啡香气的主要来源,咖啡会散发出约四十种芳香物质。

蛋白质:少量,咖啡中的蛋白质在煮咖啡时,基本不会溶出的。

纤维素:生豆的纤维烘焙后会炭化,与焦糖互相结合便形成咖啡的色素。

2. 若干种咖啡简介

(1)蓝山咖啡:咖啡中的极品,产于牙买加的蓝山。这座小山被加勒比海环抱,每当太阳直射在蔚蓝的海水时,海水的颜色和阳光一起反射到山顶,发出璀璨的蓝色光芒,故而得名。蓝山咖啡有着所有好咖啡的特点,不仅口味浓郁香醇,而且其苦、酸、甘三味搭配完美,所以蓝山咖啡一般以单品饮用。产量极小,价格昂贵,市面上蓝山咖啡多以调制为主。

(2)哥伦比亚咖啡:产地为哥伦比亚,具有酸中带甘、苦味中平的特点,浓度合宜,常被用于高级混合咖啡之中。

(3)意大利咖啡:指瞬间提炼出来的浓缩咖啡,具有浓烈的香味和苦味,品尝时用小咖啡杯的表面浮现一层薄薄的咖啡油,是意大利咖啡诱人的香味来源。

(4)卡布其诺咖啡:在一杯五分满的偏浓意大利咖啡里,倒入打过奶泡的热鲜奶,最后还可以根据个人喜好撒上少许肉桂粉或巧克力粉,口感极为香馥柔和。其颜色就像卡布其诺教会的修士在深褐色外衣上覆上一层头巾,因此而得名。

(5)拿铁咖啡:意大利咖啡的另一种变化,冲泡步骤与卡布其诺一样,只是拿铁咖啡中牛奶比例比卡布其诺多一倍,即咖啡、牛奶、奶泡比例为 1∶2∶1。

(6)摩卡:指产地为埃塞俄比亚的咖啡豆,豆形小而香味浓,现在一般指由巧克力产地墨西哥人发明的咖啡饮法,即在拿铁咖啡里加入巧克力而调制成的饮品。

6.3.2.3 酒及其副作用

人类历史上酒文化源远流长。酒具有香、辣、甜混合的刺激性味道。我国酿酒历史悠久,在夏禹时代造酒技术就比较成熟了。中国白酒是世界著名的蒸馏酒之一,蒸馏酒最早产生于东汉时期,直到 19 世纪,中国的酿酒方法才传入欧洲。

酒是含乙醇的饮料,是用发酵的方法酿造出来的,即生物化学方法制造。酿酒的基本原料是含糖类物质,如谷物、麦类、白薯等,这些原料在淀粉酶作用下进行糖化,即高分子淀粉先转化为小分子麦芽糖,再水解为葡萄糖,然后在酒化酶的作用下生成乙醇和二氧化碳。将产物进行分馏,就可得含乙醇高达 95% 的馏分。在发酵的过程中还会产生乙酸乙酯等具有芳香味的有机化合物,形成了酒的特殊香味。可利用不同种类粮食、水果或野生植物酿造不同的酒。例如黄酒里含有 15% 的酒精,啤酒里约含 4% 的酒精,葡萄酒里含 10% 左右的酒精,蒸馏酒里含 40% 以上的酒精。酒精的含量常用"度"来表示,如酒精的含量为 2%~5%,即 2~5 度。按照制造工艺,目前的酒大都可归纳为酿造酒、蒸馏酒和调制酒三类。

1. 酿造酒

酿造酒是制酒原料经发酵后,并在一定容器内经过一定时间的窖藏而产生的含酒精饮品。这类酒品的酒精含量一般不高。这类酒主要包括米酒、啤酒和葡萄酒。

米酒:主要是以大米、糯米为原料,与酒曲混合发酵而制成的。其代表为我国的黄酒和日本的清酒。

啤酒：啤酒是用麦芽、啤酒花、水和酵母发酵而产生的含酒精的饮品的总称。啤酒按发酵工艺分为底部发酵啤酒和顶部发酵啤酒。底部发酵啤酒包括黑啤酒、干啤酒、淡啤酒、窖啤酒和慕尼黑啤酒等，顶部发酵啤酒包括淡色啤酒、苦啤酒、黑麦啤酒、苏格兰淡啤酒等。

葡萄酒：葡萄酒是指用纯葡萄汁发酵，经陈酿处理后生成的低酒精度饮料。依据制造过程的不同，可分成一般葡萄酒、气泡葡萄酒、酒精强化葡萄酒和混合葡萄酒等四种。全世界一般葡萄酒品种最多，按颜色分为红葡萄酒、白葡萄酒、粉红葡萄酒三大类，按含糖量分，有干葡萄酒、半干葡萄酒、甜葡萄酒等，酒内糖分依次递增。干葡萄酒的含糖量最少，残糖量在0.4%以下，口感无甜味，略带酸味，葡萄品种风味体现得最为充分；干葡萄酒是世界市场主要消费的葡萄酒品种。气泡葡萄酒以香槟酒最为著名，而且只有法国香槟地区所生产的气泡葡萄酒才可以称为香槟酒，世界上其他地区生产的就只能叫气泡葡萄酒；酒精强化葡萄酒的代表是雪利酒和波特酒；混合葡萄酒的代表如味美思等。

2. 蒸馏酒

蒸馏酒的制造过程一般包括原材料的粉碎、发酵、蒸馏及陈酿四个过程，这类酒因经过蒸馏提纯，故酒精含量较高。按制酒原材料的不同，主要有以下几种。

中国白酒：中国白酒一般以小麦、高粱、玉米等为原料经发酵、蒸馏、陈酿而制成，品种繁多，著名的有茅台、泸州老窖、五粮液、汾酒、西凤、洋河大曲、杜康等。

白兰地酒：白兰地酒是以水果为原材料制成的蒸馏酒。白兰地还特指以葡萄为原材料制成的蒸馏酒，其他白兰地酒还有苹果白兰地、樱桃白兰地等。

威士忌酒：威士忌酒是用预处理过的谷物制造的蒸馏酒，以大麦、玉米、黑麦、小麦为主，陈酿过程是在经烤焦过的橡木桶中完成的，发酵和陈酿的特殊工艺造就了威士忌酒的独特风味。威士忌酒以苏格兰、爱尔兰、加拿大和美国等四个地区的产品最具知名度。

伏特加酒：伏特加可以用任何可发酵的原料来酿造，如马铃薯、大麦、黑麦、小麦、玉米、甜菜、葡萄，甚至甘蔗。其最大的特点是不具有明显的特性、香气和味道。

3. 酒对人体的作用

酒对人体的主要作用是刺激作用，如加速血液循环，药用功效如减轻疼痛；调味作用，如去腥、赋香以及增进欢乐气氛等。酒精的毒性主要是乙醇对蛋白质具有变性作用，在生物体中存在极少，正常人血液中酒精的致死量是0.7%。当酒精到达胃部后会被快速吸收，很快转入血液分布于全身，0.5~3 h后血液中乙醇浓度达到最高。酒精被带到肝脏、心脏、肺，通过主动脉到达大脑和神经中枢。当过量时会出现酒精中毒的表现：出现暂时黑视或记忆力丧失；酒后兴奋、易激动、无法控制行为，出现头痛、失眠、恶心、呕吐等症状。

6.3.2.4 烟草及其危害

烟草制品在燃烧过程中，靠近燃芯的温度可高达700~800 ℃，由于燃烧而发生干馏作用和氧化分解等化学作用，使烟草中的各种化学成分都发生了不同程度的变化。研究表明，烟草经燃烧后所产生的烟气化学成分高达 4 万多种,目前已经鉴定出来的单体化学成分达 420 种,其中气相物质占烟气总量 90% 以上,颗粒物占 9% 左右,气相物质中主要是 N_2、O_2,其余为 CO、CO_2、NO、NO_2、NH_3、R_2N-NO、HCN 以及挥发性烯烃、醇、醛、酮和烟碱等物质,颗粒物中包括生物碱、焦油和水分,以及多种金属和放射性元素。

① 烟碱:又称尼古丁,作用于肾上腺,使分泌的肾上腺素增加,还刺激中枢神经系统,使血管收缩,导致心率加快,血压上升,使心肌需氧量增加,心脏负担加重,促使冠心病发作。尼古丁还可使胃平滑肌收缩而引起胃痛。有人认为长期吸烟的人发生慢性气管炎、心悸、心律不齐、冠心病、血管硬化、消化不良、视觉障碍等都与尼古丁有关。

烟碱的化学结构

② 一氧化碳:一氧化碳是烟草不完全燃烧的产物。烟气中一氧化碳吸入肺内,与血液中的血红蛋白迅速结合,形成碳氧血红蛋白(一氧化碳对血红蛋白的亲和力比氧对血红蛋白的亲和力大 200 倍),使血液携氧能力降低,从而加快心跳,甚至带来心脏功能的衰竭。一氧化碳与尼古丁协同作用,危害吸烟者的心血管系统,对冠心病、心绞痛、心肌梗死、缺血性心血管病、脑血管病以及血栓性闭塞性脉管炎都有直接影响。

③ 醛类物质:吸烟者的支气管受到烟气的慢性刺激,唾液分泌增多,丙烯醛抑制气管纤毛将分泌物从肺内排出,从而带来呼吸困难,发展成慢性支气管炎和肺气肿,甚至肺心病。

④ 放射物:美国马萨诸塞大学医学中心研究指出,香烟中含有大量的放射性物质,每天吸一包半香烟的人,肺部一年吸收的放射量相当于做了 300 次胸部 X 光透视量,烟草对土壤中所含的放射性元素有浓集作用,烟叶中放射性元素的含量,要比在同样土壤里种植的一般农作物高 100 倍以上,主要有铀、镭-226、钋-210、铅-210 等放射性物质。当香烟点燃以后,这些放射性物质就随着烟雾进入人的呼吸器官和消化系统,放射线能损害基因并导致其癌变。有学者认为,吸烟者中肺癌的半数是由放射性物质引起的。

6.3.3 化学药物

6.3.3.1 化学药物的相关概念

一般将天然提取以及经过化学合成而制得的药物,统称为化学药物,是具有结构明确且能诊断、预防和治疗疾病的一类特殊化学品。其中经典的药物有阿司匹林、青霉素、安定等。

1. 药物效应

药物效应主要研究药物对机体的作用及规律,阐明药物防治疾病的机制。药物与受体的结合方式主要有分子间作用力、离子键、氢键等,这种结合形成复合物可传递信号引起一系列的生理效应,从而进行刺激、治疗作用,达到治疗疾病、改善症状的目的。在治疗疾病的同时,是否对机体产生不利影响,包括副反应、毒性反应、变态反应、继发性反应、后遗反应、致畸反应等。理想药物的特点:高选择性、无毒副作用、长期服用无耐药性、最好为速效或长效;性状稳定、使用方便。

2. 药物的作用机理

药物与机体或病原体相互作用而产生药理效应，其作用机理或方式主要有以下六个方面：①改变细胞膜或细胞周围理化性质，如全身麻醉药、抗酸药、乙醇等；②干扰细胞物质代谢过程，如磺胺类药等；③影响酶的活性，如有机磷类农药；④影响细胞膜离子通道，如普尼拉明等；⑤影响神经末梢传递质的含量，如利血平、麻黄素等；⑥大多数药物通过与受体相结合而产生药理效应。

3. 药物的特异性分类

根据药物化学结构对生物活性的影响程度，可将药物分为非特异性药物和特异性药物两大类。非特异性药物主要与药物理化性质（如溶解度、解离度、表面张力等）有关，与具体结构无直接关系，如挥发性麻醉药、酒精等，其麻醉作用可能是体内积累达到某种饱和时，使神经细胞膜的通透性变化引起神经冲动传导障碍。特异性药物的生理活性与其化学结构密切相关，特别是具有药效的特殊官能团作用。

4. 按药物的作用分类

可以将药物分为心血管类药物、抗肿瘤药物、抗生素类药物、解热镇痛类药物、激素类药物、利尿药及降低血糖药物等。下面简要介绍心血管类、抗菌类、解热镇痛类以及激素类药的合成设计思想及方法。

6.3.3.2 心血管类药

心血管系统药物主要作用于心脏或心血管系统，可改进心脏功能、调节血液输出总量或改变循环系统各部分血液分配。

1. 有机硝酸酯

有机硝酸酯是典型的血管扩张药剂，包括有机硝酸酯、亚硝酸酯及亚硝酸硫醇酯类，主要有硝酸甘油酯、硝酸异山梨醇酯、硝酸异戊四醇酯、亚硝酸异戊醇酯等。主要用于改善心绞痛，吸收快、起效快。

$$\begin{array}{c} CH_2ONO_2 \\ CHONO_2 \\ CH_2ONO_2 \end{array} \qquad O_2NOCH_2-\underset{\underset{CH_2ONO_2}{|}}{\overset{\overset{CH_2ONO_2}{|}}{C}}-CH_2ONO_2 \qquad CH_3-\underset{\underset{H}{|}}{\overset{\overset{CH_3}{|}}{CH}}-CH_2-CH_2ONO$$

　　硝酸甘油酯　　　　　　　硝酸异戊四醇酯　　　　　　　亚硝酸异戊醇酯

2. 强心苷类

强心苷类药是目前治疗心衰的重要药物之一，大部分从植物中提取，是由糖或糖衍生物，如糖醛酸、氨基酸等与非糖物质通过糖的端基碳原子连接而成的化合物。其苷元主要由甾核和一个不饱和内酯环构成，是强心苷药理活性的主要物质。

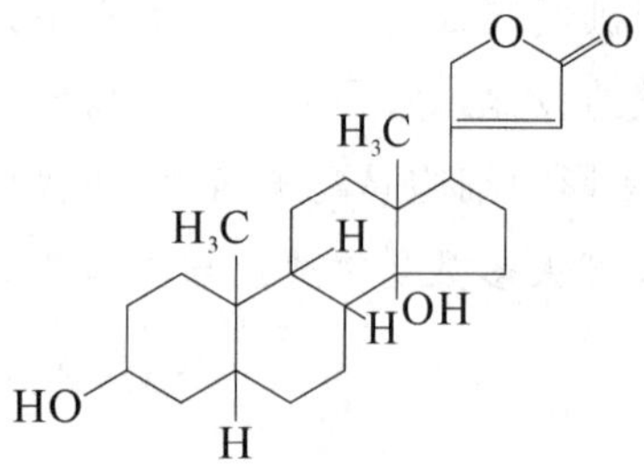

洋地黄毒苷元 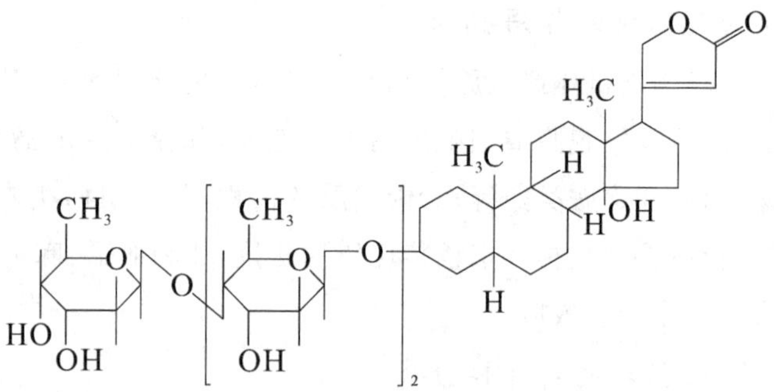　　　　　　　　　强心苷

3. 苯系衍生物

苯系衍生物是用于制备抗心律失常的药物,主要用于治疗心动过速型心律失常、急性心肌梗死等,主要有普鲁卡因胺、美西律。

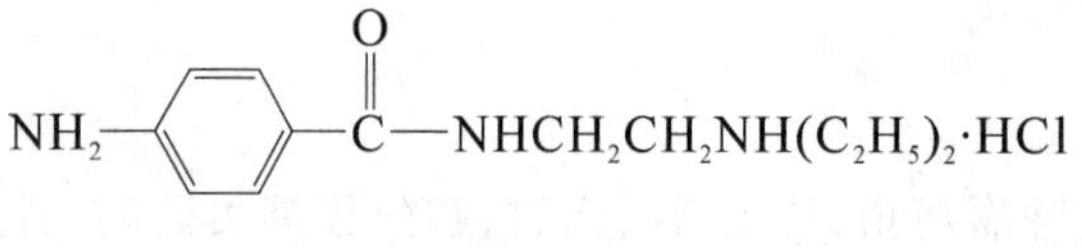

普鲁卡因胺 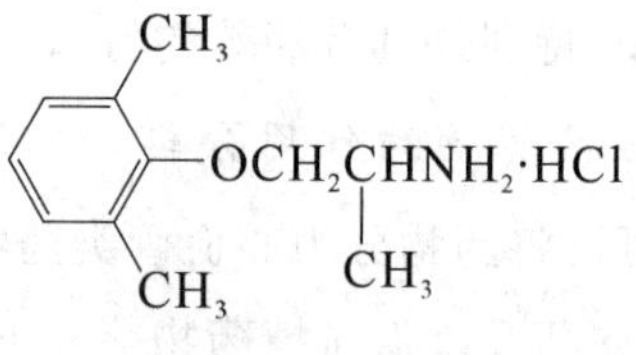　　　　　　　　　美西律

4. 苯氧乙酸

此类药物主要用于降血脂,又称抗动脉粥样硬化药,主要针对胆固醇和甘油三酯的合成与分解代谢而发挥作用,如氯贝丁酯,又名安妥明。

5. 胍类

胍类属于抗高血压药,降压机理为干扰交感神经末梢去甲肾上腺素的释放,耗竭去甲肾上腺素的贮存,有硫酸胍乙啶、胍甲啶等。

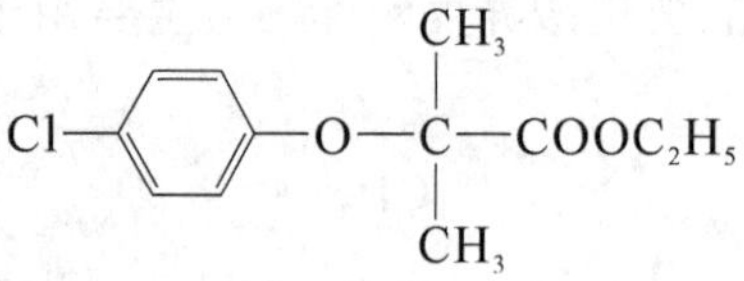

氯贝丁酯 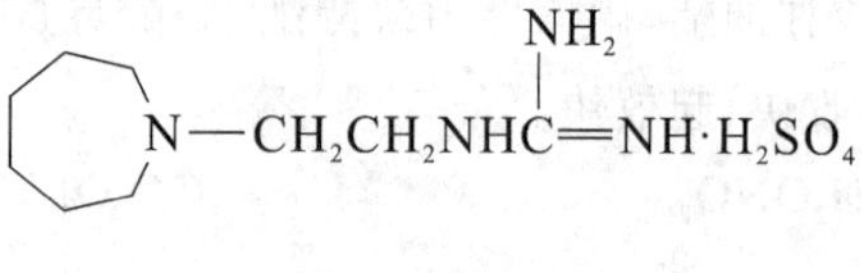　　　　　　　　　硫酸胍乙啶

6.3.3.3 抗菌药物

一般是指具有杀菌或抑菌活性的药物,包括各种抗生素、磺胺类、咪唑类、硝基咪唑类、喹诺酮类等化学合成药物,目前我国可供临床选用的各类抗菌药物达到200多种,占全球现有品种90%以上,可满足治疗各类微生物感染性疾病的需要。

1. β-内酰胺类抗生素

β-内酰胺类抗生素分子中含有由四个原子组成的β-内酰胺环,β-内酰胺类抗生素主要通过阻碍细胞壁肽聚糖的合成达到抗菌的效果。典型的代表有青霉素类、头孢菌素类以及非典型β-内酰胺类抗生素等,青霉素类常见有青霉素(G)、阿莫西林等。

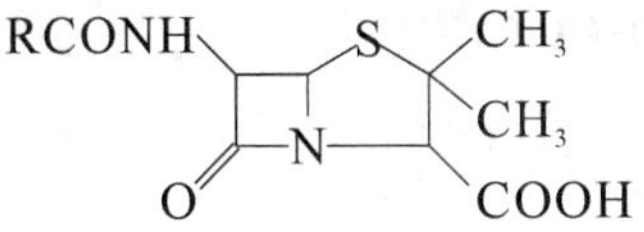

青霉素通式

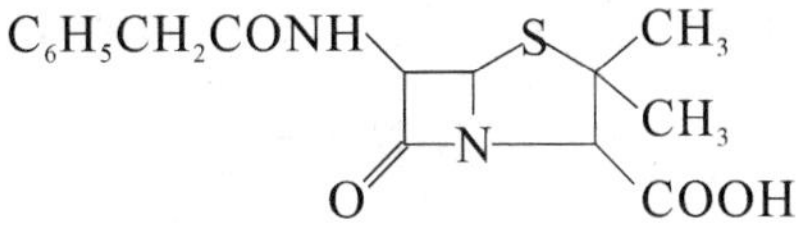

青霉素G（活性强）

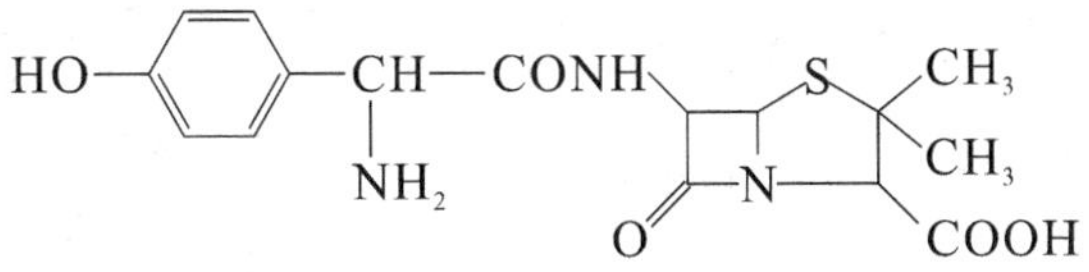

阿莫西林

2. 四环素类

四环素是由放线菌产生的一类口服广谱抗生素，主要通过抑制或干扰细菌细胞蛋白质合成达到抗菌的效果，对革兰氏阳性菌、阴性菌以及厌氧菌都有效。其结构具有十二氢化并四苯环基本结构。典型的有四环素、金霉素、土霉素等。

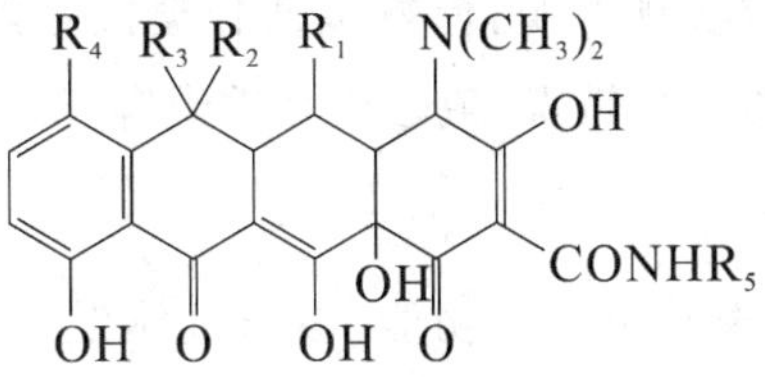

四环素类通式

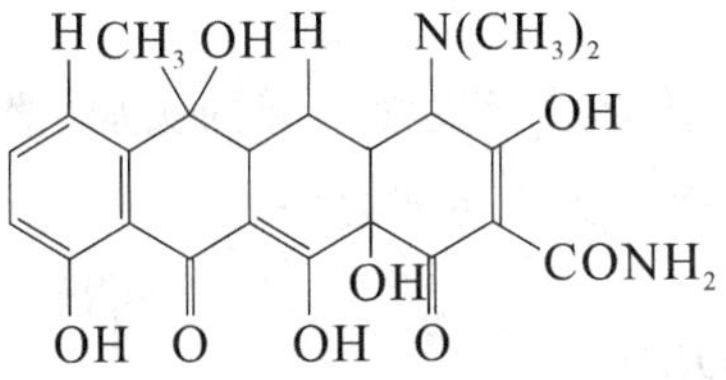

四环素

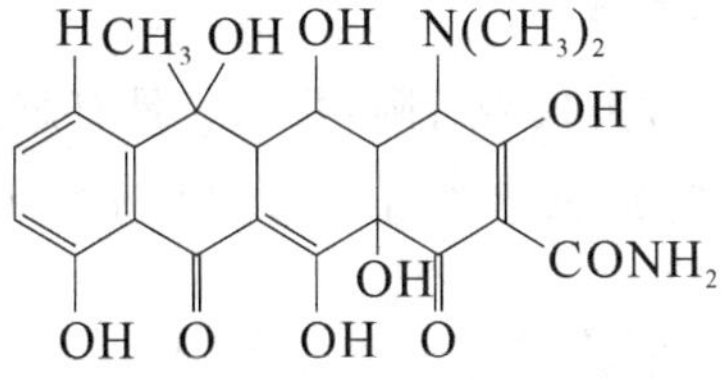

土霉素

3. 氯霉素及其衍生物

氯霉素通过抑制或干扰细菌的细胞蛋白质合成实现抗菌。毒性大、抑制骨髓造血，易引起再生障碍性贫血，但在治疗伤寒、斑疹等方面有很好的疗效，结构中有4个旋光异构体，其中 D-(-)苏阿糖型有抗菌活性，具有左旋光性。

4. 喹诺酮类抗菌药

喹诺酮类抗菌药是一类人工合成的抗生素类药，和磺胺类抗菌药一样，主要通过抑制核酸合成起到抗菌效果，其典型的代表有诺氟沙星、氧氟沙星等。

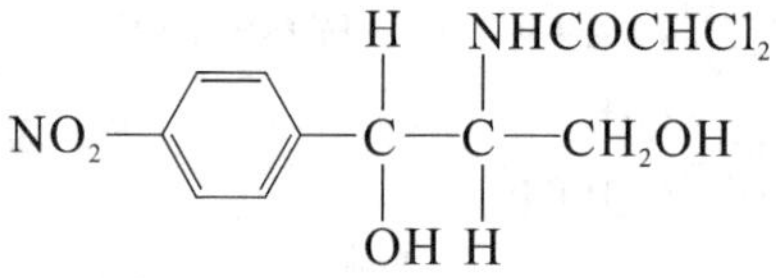

[化学结构图：氯霉素]

氯霉素

[化学结构图：氧氟沙星、诺氟沙星]

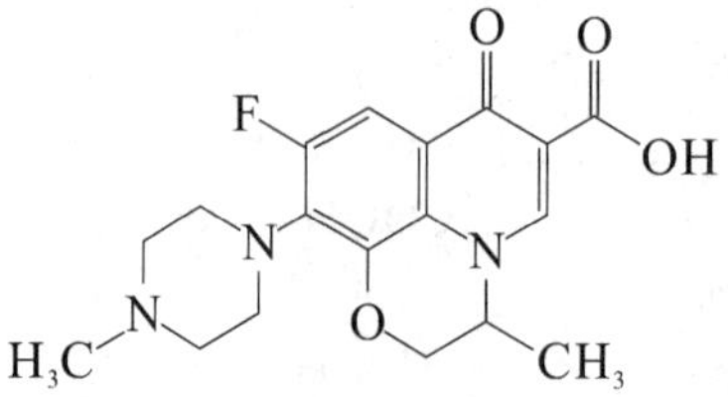

氧氟沙星 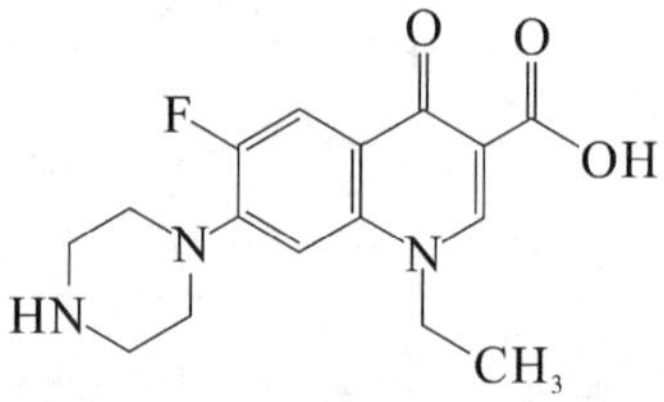　　　　　　　　诺氟沙星

5. 氨基糖苷类抗生素

氨基糖苷类抗生素是由氨基糖与氨基醇通过氧桥连接而成的苷类抗生素，主要通过抑制或干扰细菌细胞蛋白质合成实现抑菌，但氨基糖苷类抗生素还可起到杀菌作用。典型的氨基糖苷类广谱抗生素有硫酸卡那霉素、硫酸庆大霉素等。

6.3.3.4 解热镇痛药

解热镇痛药具有解热、抗炎和镇痛的功能，参与机体发热、疼痛、炎症等多种病理过程；最典型的是一位苏格兰医生发现的柳树皮提取物水杨酸。

1. 水杨酸类

水杨酸类代表有阿司匹林，具有解热、镇痛作用，治疗感冒发热引起的头痛、偏头痛、牙痛、关节痛等，该类药还具有抑制血凝等作用，是心血管病人常备药之一。

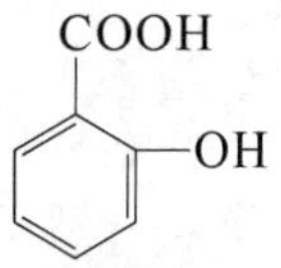

[化学结构图：水杨酸、阿司匹林、缓释型长效阿司匹林]

水杨酸 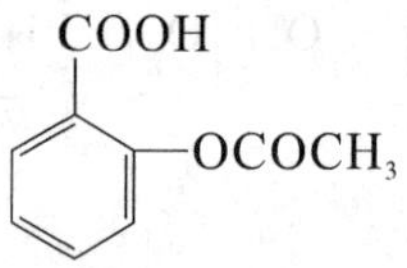　　　阿司匹林 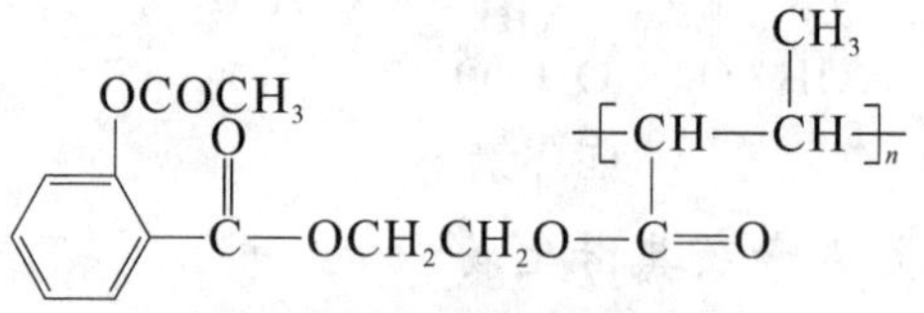　　　　　缓释型长效阿司匹林

2. 氨基苯类

氨基苯类代表有乙酰氨基酚，同时具有解热镇痛的作用，还有吲哚美辛等。

3. 丙酸基类

丙酸基类代表有布洛芬、保泰松、双氯芬酸等。布洛芬的镇痛、消炎作用机制尚未完全阐明，可能作用于炎症组织局部，通过抑制前列腺素或其他递质的合成而起作用，由于白细胞及溶酶体酶释放被抑制，使组织局部痛觉冲动减少，痛觉受体敏感性降低。

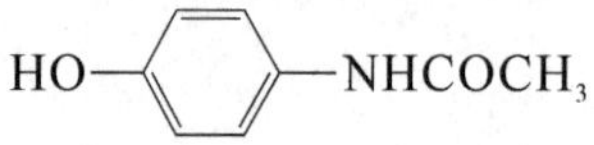

[化学结构图：乙酰氨基酚、对异丁基苯基丙酸（布洛芬）]

乙酰氨基酚（扑热息痛） 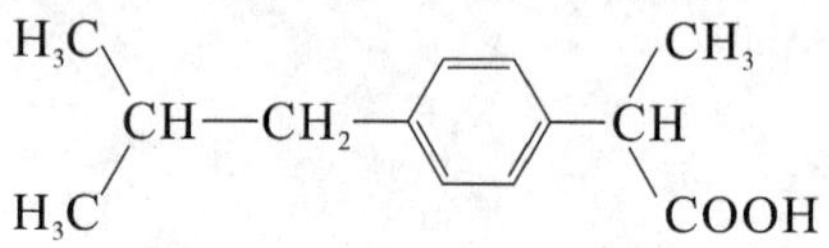　　　对异丁基苯基丙酸（布洛芬）

6.3.3.5 激素类药物

激素类药物是有效成分与人体或动物体的激素结构、作用原理相同的一类药物,有糖皮质激素、肾上腺皮质激素、孕激素、雌激素、雄激素、胰岛素、生长激素等,通常是指肾上腺糖皮质激素类药的简称。长期超量地服用激素药,可出现向心性肥胖、肌肉萎缩、浮肿、高血压、糖尿病、多毛、易感染、骨质疏松、儿童生长抑制等症状,以及继发性真菌或病毒感染等不良后果,所以要慎用激素类药物。糖皮质激素类是最常见的一类激素药,主要影响糖和蛋白质等代谢,且能对抗炎症反应,常用的药有短效的氢化可的松、中效的泼尼松,长效的地塞米松等。

氢化可的松　　　　　雌二醇　　　　　睾酮

▶ 习　题

1. 试述食品的褐变类型及机理。
2. 试述食品腐败类型及机理。
3. 试分析绿叶菜变黄的机理。
4. 讨论油脂存放过程的氧化机理。
5. 分析食品添加剂的 ADI 值越大,其安全性越高。
6. 试述食品乳化剂的作用及主要类别。
7. 试述食品增稠剂的作用及其种类。
8. 试述绿色食品中使用的食品添加剂应遵循的规定。

第 7 章 化学与农业

农业的发展历史,也是科技发展的历史。人类将一切科技成果都会尝试应用于农业的生产实践中,人们逐步从经验式的耕种,过渡到更科学地经营农业。

随着近代化学、化学生物学以及植物生理学等交叉学科的发展,人们逐渐掌握了农业生产过程中的一些知识和规律,而其中又有许多地方是和化学分不开的。化学的发展大大促进了农业的发展。传统农业的长周期、低产出、口味单一等不利因素日渐显得不能适应现代人类的生活。在这种形势下,出现了现代农业的生产模式,同传统农业相比,化学肥料、化学农药、生物技术等在现代农业中所起的作用就更为显著,成为农业发展史上的一个里程碑,甚至是一场革命。

农业化学学科的诞生与发展就是化学在农业领域应用的结果,农业化学是以土壤研究为基础,以植物营养研究为中心,以肥料施用为手段,综合研究三者之间的关系,最后达到使作物增产的目的。农业化学是研究包括植物营养、土壤养分、肥料管理、农药风险评估、农产品加工、作物成分与食品安全管理等项目的交叉学科,主要包括以下 4 个研究领域:即土壤养分研究,研究土壤中各种营养元素的含量、形态、转化和有效性,以及土壤供应养分的能力;植物营养研究,主要研究植物对其所必需的营养元素的吸收、利用及其在植物新陈代谢过程中所起的生理功能和植物生长发育的影响;肥料性质研究,研究各种肥料所含营养成分、物理化学性质以及植物吸收利用情况;肥料施用研究,研究各种肥料的合理施用及其对作物的增产效应。

农业的化学化是指农业中广泛使用化工制品和化学措施,是农业现代化的组成部分,是应用化学的一个重要的研究领域,主要研究内容涉及化学肥料、化学农药、除草剂、激素、塑料薄膜等化学制品在农业中的广泛使用,以及对农产品、种子进行化学加工和处理等。农业中广泛采用化学制品和化学措施,见效快、成本低、增产效益明显,但也有一些副作用,如化工制品和化学措施一般对人、畜有害,且多有后遗症。

农业的化学化始于 20 世纪初,到 20 世纪 40 年代,随着化学工业的进步,获得了迅速而又广泛的发展。在我国实现农业现代化的过程中,应遵循现代技术同传统优良技术相结合的原则,重视经济效果,根据土壤性质、肥力状况和农作物需肥情况,适时、适量施用,使用化学农药防治病虫害要同生物防治、物理防治相结合,并根据病虫害情况,适时适量使用。同时针对现代农业发展、生态环境,以及人民健康的需要,应发展新型的绿色的农业化学品。

农用化学品主要包括化肥、农药、农膜、饲料等。化肥是化学肥料的简称,指用化学方法合成的肥料,主要用于提高土壤肥力,增加单位面积农作物产量。农药是指为促进、保障农作物健康成长而使用的各种杀菌、杀虫、除草等药品。农膜主要用于覆盖栽培技术,对农业增产增收、生产反季节作物方面贡献巨大。

化学在现代农业中的作用日益重要,从分子层面研究植物生长学、植物营养学、植物光合作用、合成化肥、缓释气肥、无土栽培技术、植物生长调节剂、绿色杀虫剂、绿色除草剂、化学信息物质等,对现代农业的发展具有非常重要意义,前景广阔。

7.1 农 药

7.1.1 概 述

7.1.1.1 农药的概念

农药是防治农作物虫害、病害、草害的药剂。农药的药效是指农药防治农作物病虫草害的效果。农药的毒性是指农药对有机体的毒害作用,最常用的测量尺度是半致死剂量 LD_{50} 和半致死浓度 LC_{50}。慢性毒性是指药剂长期反复作用于有机体后,引起药剂在体内的蓄积,所造成体内机能损害的累积而引起的中毒现象。19 世纪 80 年代以来的百余年里,无机农药在病害防治中发挥了重要作用,至今部分品种仍在应用,无机农药主要包括无机硫、无机铜和无机汞杀菌剂。大部分农药因为毒性问题或被禁用或被有机合成农药取代。2020 年,中国化学农药原药(折有效成分 100%)产量达 215 万 t,成为全球第一大农药原药生产国,国内的农药原药主要品种包括草甘膦、麦草畏、草铵膦、菊酯、吡虫啉等,也涌现了的生物农药、低毒农药、植物生长调节剂等新型农药品种。

7.1.1.2 农药的分类

(1)按应用对象分类:可分为杀虫剂、昆虫生长调节剂、除草剂、植物生长调节剂、杀菌剂、杀鼠剂。

(2)按作用方式分类:胃毒剂、触杀剂、熏蒸剂、内吸剂、驱避剂、不育剂、拒食剂、粘捕剂、防腐剂、铲除剂、生长调节剂等。杀虫剂一般有胃毒剂、触杀剂、熏蒸剂、忌避剂、诱致剂、拒食剂、不育剂、粘捕剂等。杀菌剂一般有保护剂、治疗剂等。除草剂一般有触杀性除草剂和内吸性除草剂。

(3)按化学结构分类:分为无机农药、有机农药两大类。

无机农药:常见的杀菌剂有波尔多液、石硫合剂、砷酸钙、亚砷酸、氟化钠等。

有机农药:又可分为天然有机农药(如雷公藤碱、烟碱、除虫菊等)、生物农药(如链霉素、春雷霉素等)以及合成有机农药(如有机氯、有机磷等)。有机农药按具体结构细分为有机氯、有机磷、有机氟、氨基甲酸酯、拟除虫菊酯、酚类、季铵盐类等。

(4)按使用方法分类:土壤处理剂、叶面喷洒剂和种子处理剂。

7.1.1.3 农药的主要剂型

(1)粉剂:不易溶于水,喷粉施用,也可用作毒土、拌种和土壤处理等。

(2)可湿性粉剂:加水后能分散在水中,可作喷雾、毒饵和土壤处理等用。

(3)可溶性粉剂:可直接用水稀释后采用喷雾、浇灌等方法。

(4)乳剂:加水后为乳化液,可用于喷雾、拌种、浸种、毒土、涂茎等。

(5)油剂:直接用来喷雾,是超低容量喷雾的专门配套农药,使用时不能加水。

(6)颗粒剂:是用农药原药和填充剂制成颗粒的农药剂型,用于撒施、沟施等。

(7)烟熏剂:由原药、燃料、氧化剂、助燃剂等制成的细粉或锭状物,受热汽化后在空气中生成烟雾,主要用来防治森林、设施农业病虫及仓库害虫。

7.1.2 杀虫剂

7.1.2.1 有机氯杀虫剂

有机氯杀虫剂包括:①六六六;②DDT及其类似替代物;③环二烯类含氯杀虫剂。DDT是一种典型的致畸、致癌、致突变的持久性有机氯农药,曾于20世纪50至70年代被广泛用作杀虫剂和除草剂。DDT是由欧特马·勤德勒于1874年合成的普通化学品,直到1939年,瑞士化学家米勒发现了DDT的杀虫活性,同时还在防治疟疾、伤寒、霍乱等方面有很好的效果,曾挽救了很多人的生命,故米勒于1946年获得诺贝尔医学奖,DDT对温血动物的急性毒性很低,但容易在动物脂肪中积累,虽然已被禁用30年之久,但仍有大部分土壤、食物、水体中能检出其残留。

7.1.2.2 有机磷杀虫剂

有机磷杀虫剂是一类最常用的农用杀虫剂,多数属高毒或中等毒类,少数为低毒类。有机磷杀虫剂在世界范围内广泛用于防治植物病虫害。常用的有机磷杀虫剂有敌百虫、敌敌畏、乐果、毒死蜱、马拉硫磷等。

有机磷杀虫剂的作用靶标是乙酰胆碱水解酯酶,会导致其分解乙酰胆碱的能力丧失,从而使乙酰胆碱大量蓄积,导致神经处于过度兴奋状态,最后衰竭而死亡。乙酰胆碱是昆虫体内中枢神经系统中神经节突触中的传递介质,在神经末梢由胆碱及乙酰酶在胆碱乙酰化酶作用下合成,并存储于突触小泡中,在前后突触膜上均存在乙酰胆碱受体及乙酰胆碱酯酶,如图7-1-1所示。

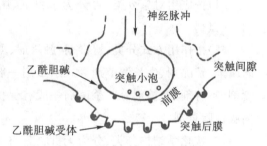

图7-1-1 神经突触与乙酰胆碱作用

在动作电流的刺激下,突触小泡移到前膜边缘破裂并释放出乙酰胆碱,其进入突触间隙,进而与后膜上的受体结合,迅即产生突触,使后膜兴奋,正常情况下,在下一个动作(电流刺激)来临之前,释放的乙酰胆碱很快会被乙酰胆碱酯酶水解成无活性的乙酸及胆碱,那么,如果只要突触间隙有乙酰胆碱滞留,突触后膜就会一直兴奋而无法停止,最终导致兴奋过度、痉挛而死亡。

其主要缺点是有些品种属剧毒药剂,容易造成人畜急性中毒以及农作物残留等问题。

7.1.2.3 氨基甲酸酯类杀虫剂

一般认为氨基甲酸酯类杀虫剂与有机磷杀虫剂具有相同的作用机制,即抑制乙酰胆碱酯酶生成。有机磷使乙酰胆碱酯酶发生磷酰化,氨基甲酸酯则使乙酰胆碱酯酶发生氨基甲酰化。实际上,氨基甲酸酯与有机磷一样,进入突触后即可与乙酰胆碱争夺酶上的活性部位,并与之形成稳定的结合,从而使酶抑制。

7.1.2.4 拟除虫菊酯类杀虫剂

拟除虫菊酯引起的中毒特征与 DDT 十分相似,且在低温时,毒性更高,击倒作用更为突出。拟除虫菊酯不但对周围神经系统有作用,对中枢神经系统,甚至对感觉器官也有作用,而 DDT 只对周围神经系统有作用。拟除虫菊酯的毒理作用比 DDT 复杂,具有驱逐、击倒及毒杀三种不同作用。由于药剂通常是通过表皮接触进入,因此,最先受影响的是感觉器官及感觉神经元,但靶标部位并非就是周围神经系统,其主要影响是轴突传导的改变与阻断,即其毒理机制为物理作用,抑制了离子通道,使膜渗透性不正常,因而使神经传导受抑制,最后到麻痹而死亡。常用的有机杀虫剂种类及品种见表 7-1-1。

表 7-1-1 常用的有机杀虫剂种类及品种

分类	名称	结构特点	性能特点
有机氯类	六六六(林丹)	(六氯环己烷结构图)	六六六(六氯环己烷)急性毒性较小。会在人及动物体内造成残留积累,有害而无益,现已禁用
有机氯类	滴滴涕(DDT)	(DDT结构图)	1,1-二对氯苯基三氯乙烷,毒性与六六六相同,属神经及实质脏器毒物,中等急性毒性,经皮肤吸收,接触中毒
有机膦类	敌百虫	敌百虫与敌敌畏结构式	有机磷农药中产量最大,高效低毒杀虫剂,具有触杀和胃毒作用,在生理 pH 条件下容易转变成敌敌畏
有机膦类	乐果	$CH_3O-\overset{S}{\underset{CH_3O}{P}}-SCH_2CONHCH_3$	高效低毒内吸杀虫剂,残留短,适用于蔬菜、瓜果
有机膦类	辛硫磷	$C_2H_5O-\overset{S}{\underset{C_2H_5O}{P}}-O-N=\overset{}{\underset{CN}{C}}-C_6H_5$	低毒杀虫剂,对多种病媒害虫及家畜体内外寄生虫有很好防治效果,对棉铃虫的毒杀作用较 DDT 高近 16 倍,对害虫的击倒速度很快

续表

分类	名称	结构特点	性能特点
拟除虫菊酯类	苯醚菊酯	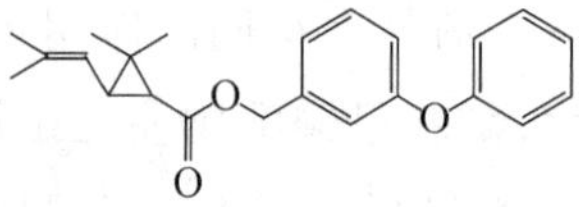 (结构式)	对重要的卫生害虫杀灭活性比天然除虫菊酯高,增效剂可使其增加活性
	溴氰菊酯	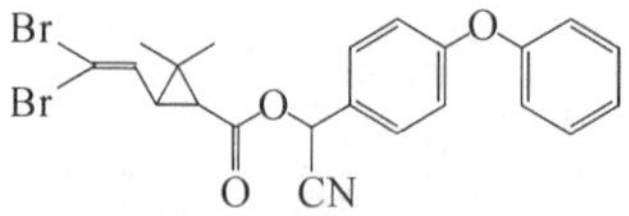 (结构式)	对鱼、蜜蜂的毒性大,是一种触杀、胃毒剂、作用迅速,击倒力强,可用于田间防治棉花害虫,高效杀虫剂
	醚菊酯	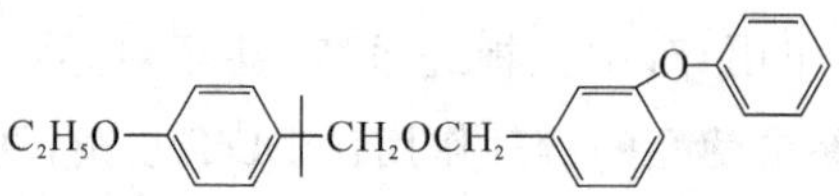 (结构式)	新型内吸广谱杀虫剂,具有触杀及胃毒作用,对鱼毒性低
氨基甲酸酯类	西维因	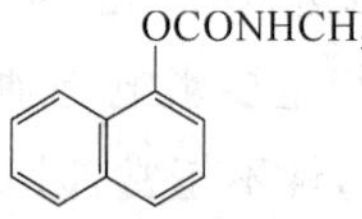 (结构式)	广谱触杀药剂,兼有胃毒作用,有轻微的内吸作用,残效较长
	呋喃丹	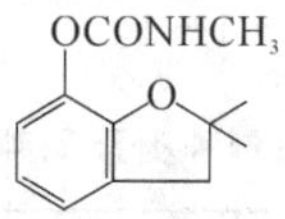 (结构式)	内吸广谱杀虫剂,具有触杀和胃毒作用,对刺吸口器及咀嚼口器害虫有效
	灭多威	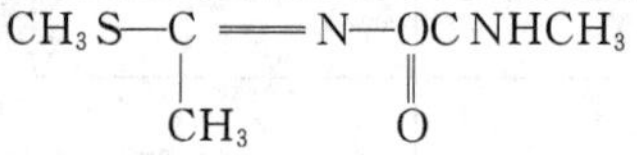 (结构式)	内吸广谱杀虫、线虫剂,具有触杀和胃毒作用,残效期短

7.1.3 昆虫生长调节剂

昆虫生长调节剂是一种以昆虫特有的生长发育系统为攻击目标,低毒、高效,与昆虫体内的激素作用类似,用于有抗性的害虫防治。昆虫生长调节剂主要有保幼激素、蜕皮激素和几丁质合成抑制剂等。常见的昆虫生长调节剂如表7-1-2所示。

表7-1-2 常见的昆虫生长调节剂

序号	名称	结构特点	性能特点
1	定虫隆	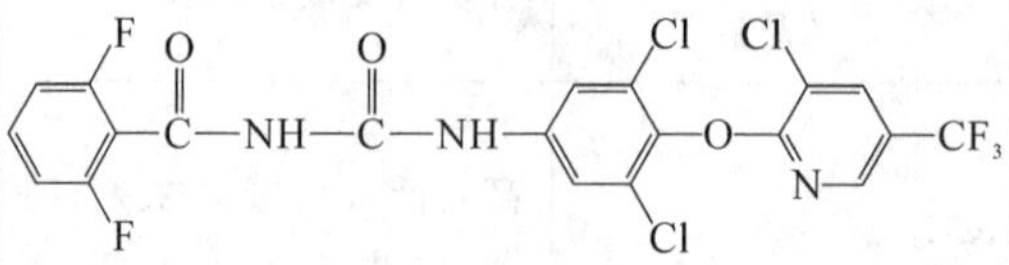 (结构式)	抑制昆虫几丁质合成,对有机磷、氨基甲酸酯、拟除虫菊酯产生抗性的蔬菜、棉花、果树、茶树等害虫有良好的防治效果
2	灭幼唑	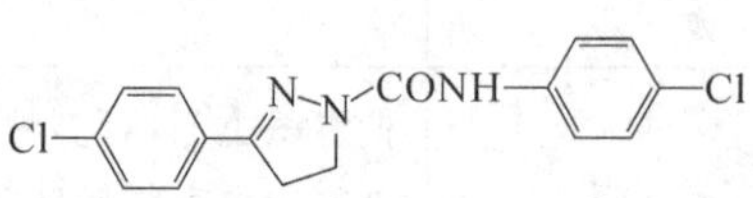 (结构式)	具有一定的触杀作用和很强的胃毒作用,对多种鳞翅目幼虫有很好的效果
3	优乐得	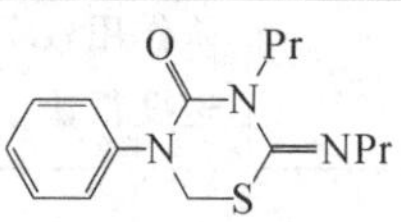 (结构式)	可抑制昆虫几丁质的合成和干扰新陈代谢,触杀作用强,也有胃毒作用,高效、低毒,药效长

续表

序号	名称	结构特点	性能特点
4	增丝素	（结构式图）	广泛用作跳蚤、苍蝇和蚊子的杀幼虫剂。可使蚕的幼虫期延长,产生较大的幼虫和蛹,提高蚕丝产量
5	抑食肼	（结构式图）	低毒、高效、速效,使害虫吸食后产生拒食作用而致死。对鳞翅目及某些同翅目和双翅目昆虫有高效,特别适用于防治抗性马铃薯甲虫、菜青虫等

7.1.4 除草剂

除草剂按其作用方式分为激素类除草剂、需光性除草剂及抑制氨基酸合成类除草剂三类。

7.1.4.1 激素类除草剂

植物激素调节着植物的生长、分化、开花和成熟等。有些除草剂可以作用于植物的内源激素,对植物体内的几乎所有生理生化过程产生广泛的影响。激素型除草剂的特点是低浓度时促进植物生长,高浓度时抑制生长,浓度更高时毒杀植物。施用后杂草症状为生长停滞,新生叶扭曲,节间缩短,最后死亡。激素类除草剂有苯氧羧酸类、苯甲酸类、喹啉羧酸类、噻唑羧酸类、吡啶氧乙酸类等。

7.1.4.2 需光性除草剂

需光性除草剂对植物的光合作用进行破坏是其主要特征,该类除草剂有取代脲、酰胺、均三氮苯类等作用,分子中含有—NH—基,容易和参与光合作用的酶(蛋白质)发生氢键作用,使其酶受到抑制。需光性除草剂一般有酚类、二苯醚类、取代脲类、三氮苯类、有机杂环类等。另外,联吡啶类除草剂并不阻碍电子回流,而是与电子反应后再形成过氧化物自由基,从而破坏光合作用。

7.1.4.3 阻止氨基酸合成类

磺酰脲类除草剂的作用特点:通过植物的叶根吸收,并迅速传导,在敏感植物体内能抑制某些氨基酸如缬氨酸、亮氨酸和异亮氨酸的生物合成而阻止细胞分裂,使敏感植物停止生长,而禾谷类作物都有很好的耐药性,照常生长。磺酰脲类除草剂一般可分为水田除草剂和旱地除草剂类。各类除草剂及其品种如表7-1-3所示。

表 7-1-3 各类除草剂及其品种

序号	名称	结构特点	性能特点
激素类	2,4-D	2,4-二氯苯氧乙酸结构（苯环上2,4位氯，连OCH$_2$COOH）	具有较强的内吸传导性，在低浓度时，抑制植物生长，使之发育出现畸形，直至死亡
	氟乐灵	CF$_3$取代苯环，2,6-二硝基，4-N(C$_3$H$_7$)$_2$结构	优良的旱地除草剂，可以除一年生禾本科和种子繁殖的多年生杂草和某些阔叶杂草
	2-甲-4-氯	4-氯-2-甲基苯氧乙酸（苯环连OCH$_2$COOH，2位CH$_3$，4位Cl）	适用于消灭禾本科作物，如谷物、水稻、豌豆，该品对棉花、黄豆、瓜菜等阔叶作物影响很大，喷药后会死亡
	乙草胺	2,6-二乙基苯基-N(CH$_2$OC$_2$H$_5$)(COCH$_2$Cl)	乙草胺是选择性芽前处理除草剂，主要通过阻碍蛋白质合成而抑制细胞生长，可用于旱地农作物
需光类	禾草灵	2,4-二氯苯氧基-苯氧基-CH(CH$_3$)COOCH$_3$	具有局部内吸性，但传导性差，其在单子叶与双子叶植物之间有良好的选择性，对后者安全
	绿麦隆	3-氯-4-甲基苯基-NHCON(CH$_3$)$_2$	内吸传导型除草剂，主要通过植物根系吸收，并有叶面触杀作用，属于广谱麦田除草剂
	百草枯	CH$_3$-N$^+$(吡啶)-(吡啶)N$^+$-CH$_3$	速效触杀灭生性除草剂，对单叶和双叶植物的绿色组织均有很强的破坏作用
阻止氨基酸合成类	绿磺隆	2-氯苯基-SO$_2$NHCONH-(4-甲氧基-6-甲基-1,3,5-三嗪)	高效、低毒，能防治绝大多数阔叶杂草，对禾本科杂草亦有抑制作用，在土壤中持效期最长
	农得时	2-COOCH$_3$苯基-CH$_2$SO$_2$NHCONH-(4,6-二甲氧基嘧啶)	高效、低毒，适用于水稻插秧田和直播田防除阔叶杂草
	阔叶散	2-COOCH$_3$噻吩基-3-SO$_2$NHCONH-(4-甲氧基-6-甲基-1,3,5-三嗪)	高效、低毒，适用于旱地防治阔叶杂草

7.1.5 植物生长调节剂

植物生长调节剂具有调控植物生长过程的性能,有的可提高植物蛋白质或糖的含量,有的可改变植物形态,有的可以增强植物抗寒、抗旱、抗盐碱或抗病的能力。优点是用量少,收效快。植物生长调节剂一般分为脂肪羧酸及其衍生物、芳羧酸及其衍生物、季铵盐及磷盐、杂环化合物和有机磷化合物。典型的植物生长调节剂如表 7-1-4 所示。

表 7-1-4 典型的植物生长调节剂

名称	结构特点	性能特点
矮壮素	$[(CH_3)_3N^+CH_2CH_2Cl]Cl^-$	抑制细胞分裂。因而能使植株矮化,茎秆变粗,叶色变深加厚,使作物增产,可提高植物抗旱、抗寒、抗盐及病虫害的能力
乙烯利	$ClCH_2CH_2—PO(OH)_2$	能在植物体内释放乙烯,可使休眠的辅芽生长和降低株高及增产量、催熟
抑芽丹	(结构式:马来酰肼 HN—NH 环)	能抑制烟草顶芽生长和抑制贮存期洋葱、马铃薯的发芽
多效唑 (Paclobatrazol)	(结构式:氯苯基-CH₂-CH(三唑基)-CH(OH)-C(CH₃)₃)	内源赤霉素合成抑制剂,对作物生长具有控制作用,促使叶绿厚、根系发达,此外还具有一定的抑菌作用

7.1.6 杀菌剂

杀菌剂是指对病原菌起抑菌或杀菌作用的化学物质。杀菌剂一般包括:非内吸杀菌剂、内吸性杀菌剂、杀线虫剂。

7.1.6.1 非内吸性杀菌剂

非内吸性杀菌剂一般包括:①早期无机杀菌剂;②有机脂肪族硫化物类;④二甲酰亚苯胺类;⑤多氯烷硫基二甲酰亚胺类;⑥含氯苯衍生物类;⑦有机磷类。非内吸性杀菌剂如表 7-1-5所示。

表 7-1-5 非内吸性杀菌剂

名称	结构特点	性能特点
代森锰	(乙撑双二硫代氨基甲酸锰聚合物结构式)	广谱性杀菌剂,对病害的防治效果等于或优于代森锌,主要用于蔬菜和果树,可防治炭疽病、黑星病、疫病及斑点病等
福美双	(四甲基二硫化秋兰姆结构式)	主要用于种子和土壤处理,防治禾谷类白粉病、黑穗病及蔬菜害虫。对蛔虫有驱避作用。与多菌灵混用,是良好的种子处理剂

续表

名称	结构特点	性能特点
克菌丹	(环己烯并邻苯二甲酰亚胺-N-S-CCl₃结构)	广谱,非内吸性杀菌剂,适应性好。安全,无药害,且有明显刺激植物生长作用,对小麦赤霉病、稻瘟病、水稻纹枯病均有良好防治效果
腐霉利	(3,5-二氯苯基-二甲基琥珀酰亚胺结构)	低毒杀菌剂,对油菜、黄瓜的菌核病,果蔬的褐腐病,玉米的大、小斑病均有很好防治效果

7.1.6.2 内吸性杀菌剂

(1)内吸性杀菌剂的作用机理。大多数内吸性杀菌剂对生物合成抑制作用的方式主要包括以下几种。

①阻碍核酸合成:核酸是生物体遗传的物质基础,并能储存、复制和传递庞大的遗传信息,若破坏核酸的正常生成,就破坏了菌体本身的生长与繁殖。如苯并咪唑类杀菌剂,其结构与核酸的主要组成物之一的嘌呤环有相似之处,通过竞争干扰了菌体内 DNA 的合成,导致该菌体 DNA 传递错误的遗传信息,使子代细胞不能正常地繁殖,最终达到抑菌的目的。

②抑制蛋白合成:通过破坏酶蛋白的形成抑制蛋白合成。

③阻碍几丁质合成:真菌的细胞壁是一层多糖结构的几丁质,几丁质仅存在于某些菌体和低级动物体内,此为细胞同外界进行新陈代谢,保持内部环境恒定的屏障。

(2)内吸性杀菌剂分类。内吸性杀菌剂一般分为丁烯酰胺类;苯并咪唑类;三氯乙基酰胺类;苯酰胺类;唑类;有机磷类杀菌剂;噻唑、恶唑类杀菌剂等。内吸性杀菌剂如表 7-1-6 所示。

表 7-1-6 内吸性杀菌剂

名称	结构特点	性能特点
萎锈灵	(2-甲基-5,6-二氢-1,4-氧硫杂环己烯-3-甲酰苯胺结构)	选择性内吸杀菌剂,主要防治内锈菌和黑粉菌在多种作物上引起的锈病和黑粉病,此外对植物生长有刺激作用并能使小麦增产
多菌灵	(苯并咪唑-2-氨基甲酸甲酯结构,NHCOOCH₃)	对病害均有很好的防治效果。
三唑酮(粉锈宁)	(对氯苯氧基-三唑基-叔丁基酮结构,Cl—C₆H₄—O—CH—COC(CH₃)₃)	高效、低毒低残留,持效期久,内吸性强的杀菌剂,对锈病、白粉病具有预防、铲除、治疗、熏蒸等作用

· 232 ·

续表

名称	结构特点	性能特点
嘧菌醇	(结构式：含嘧啶环、羟基、二氯苯基及苯基的化合物)	杀菌谱广，高效，可防治多种植物病害
托布津	(结构式：苯环上两个 —NH—C(=S)—NHCOOC$_2$H$_5$ 基团)	高效、低毒杀菌剂，能用于三麦赤霉病、黑穗病、白粉病、水稻纹枯病、稻瘟病、油菜卤核病，以及果树、蔬菜的多种病害，亦可用作水果、蔬菜等贮藏的防雾剂

7.2 化学肥料

7.2.1 概述

化学肥料是指用化学方法制成的含有一种或几种农作物生长需要的营养元素的肥料。只含有一种可标明含量的营养元素的化肥称为单元肥料，如氮肥、磷肥、钾肥以及次要常量元素肥和微量元素肥。含有氮、磷、钾三种营养元素中的两种或三种且可标明其含量的化肥，称为复合肥。磷肥、氮肥、钾肥是植物需求量较大的化学肥料。

肥料的品位是化肥质量的主要指标，是指化肥中有效营养元素或其氧化物的含量百分率，如氮、磷、钾、钙、钠、锰、硫、硼、铜、铁、钼、锌的百分含量。

肥料的分类有多种，按化学成分可分为氮肥、磷肥、钾肥、复合肥、微量元素肥、有机肥等；按用途可分为基肥、追肥、叶面肥等；按时效可分为速效肥、缓效肥、长效肥等；按化学性质可分为酸性、碱性和中性肥，其中酸性肥料是指植物吸收阳离子营养素快，剩余阴离子促使土壤变酸性，如铵盐和钾盐类肥料，碱性肥料是指植物吸收阴离子营养素快，剩余阳离子会促使土壤变碱性，如硝酸盐类肥料，中性肥料是指植物吸收阴阳离子营养素速度大致相等，土壤保持中性，如硝酸铵、尿素等。

7.2.2 氮肥

主要氮肥品种有碳酸氢铵（碳铵）、氯化铵、硫酸铵、液态氨、氨水（以上统称为铵态氮肥）；硝酸铵、硝酸钙、硝酸钠（以上称为硝态氮肥），尿素（称为酰胺态氮肥）。

7.2.2.1 铵态氮肥

铵态氮肥主要是指液态氨、氨水以及氨跟酸作用生成的铵盐，如氯化铵、碳酸氢铵、硫酸铵、硝酸铵等。

碳酸氢铵：白色结晶体，在我国主要用作氮肥，其优点是适用于各种土壤，长期使用土壤不板结,作物可同时吸收铵态氮和二氧化碳,缺点是含氮量低、结块严重、易分解损失。室温含水 5% 的碳酸氢铵第 1 天分解约 12%,10 天后分解达 93%。

硫酸铵:白色结晶体,水解后的溶液呈酸性,属酸性氮肥。长期施用于土壤中会形成较多硫酸钙,发生板结,但葱、蒜、马铃薯、油菜等喜硫忌氯的作物仍要施用硫酸铵。

氯化铵:白色晶体,容易水解,水解后的溶液呈酸性,长期使用虽然有氯离子积累,在盐碱地、年降雨量少以及温室大棚内少用或不用,以防止氯离子积累而加重盐害。

7.2.2.2 硝态氮肥

硝酸铵:白色结晶体,极易溶于水,是一种良好的氮肥,其含氮量仅次于液氨和尿素,可单独使用,也可与磷肥、钾肥混施用。

硝酸钠:白色晶体,水溶液呈中性,施入土壤后,作物选择性吸收导致土壤呈碱性。

硝酸钙:碱性氮肥,与硝酸钠作用相似,适用于在缺钙的酸性土壤中施用。

7.2.2.3 酰胺态氮肥

酰胺态氮肥主要品种为尿素,尿素也叫碳酰二胺,是由氨和二氧化碳在高温、高压下反应生成的,为白色晶体,是目前含氮量最高的固态氮肥,易溶于水,水溶液呈中性。尿素的肥效比铵态氮肥和硝态氮肥稍慢,尿素要经尿酶作用才能分解成氨和二氧化碳或碳酸铵,转化为铵态氮后才能被作物吸收,尿素会吸收空气中的水分而潮解,常温时尿素在水中缓慢地水解,转化为氨基甲酸铵,然后形成碳酸铵,最后分解为氨和二氧化碳。

尿素属于中性固体氮肥,其含氮量为硝酸铵的 1.3 倍、硫酸铵的 2.2 倍、碳酸氢铵的 2.6 倍。施用尿素后,土壤中无残存物,土壤不板结,世界上 80%~90% 的尿素用作肥料,利用尿素也可制得混合肥料和复合肥料。

7.2.3 磷 肥

磷肥的主要品种有过磷酸钙、重过磷酸钙、钙镁磷肥,此外,磷矿粉、钢渣磷肥、脱氟磷肥、骨粉等也属于磷肥。磷矿石主要成分为氟磷酸钙[$Ca_5F(PO_4)_3$],其中的磷不能被作物直接吸收,需经化学处理,磷酸盐按其溶解性分为水溶性、弱酸溶性和微溶性磷肥三种,前两者在磷肥中称之为有效磷。水溶性磷肥主要成分为磷酸二氢钙,弱酸溶性磷肥磷酸一氢钙难溶或不溶于水,但可溶于 2% 柠檬酸的溶液,难溶性的如磷酸钙一般不计入有效磷。

过磷酸钙:过磷酸钙是水溶性磷肥,由硫酸处理磷矿石制得。一般为灰白色粉末,P_2O_5 的含量在 14%~20%。它的主要成分是水溶性的磷酸二氢钙和微溶性的硫酸钙,还含有少量的磷酸氢钙以及 2%~4% 的游离酸和铁、铝、钙盐等杂质,属酸性磷肥。土壤里的铁、铝离子在水存在下跟过磷酸钙作用,生成不溶性的铁、铝磷酸盐,因此产品必须控制水分,游离酸不能超过 5.5%,过磷酸钙目前仍是我国生产和施用最多的磷肥。

重过磷酸钙:重过磷酸钙是水溶性的高浓度磷肥,主要成分是 $Ca(H_2PO_4)_2 \cdot H_2O$。产品是深灰色的粉末或颗粒,含 P_2O_5 40%~52%,游离酸 4%~8%。它也是酸性磷肥,不含铁、铝等杂质,也不含石膏,吸湿后不发生退化现象。但它对喜硫农作物的效果不如过磷酸钙。

钙镁磷肥：钙镁磷肥是能被微酸性溶液溶解的磷肥，也叫弱酸溶性磷肥，它的主要成分是磷酸钙和钙、镁、硅的氧化物，含 P_2O_5 14%～20%。质量好的钙镁磷肥在2%柠檬酸中能溶解95%以上。它微溶于水，水溶液的pH值为8左右，适用于酸性土壤。

7.2.4 钾 肥

钾肥的主要品种有钾矿石、氯化钾、硫酸钾和草木灰等。

钾矿石：钾矿石经粉碎后加热煅烧，再用水或硫酸萃取，经蒸发、过滤冷却后可得硫酸钾铝的复盐。也可用氨水萃取制备成硫酸铵和硫酸钾复合肥。其中含氮量为14%，含钾为15%。

氯化钾：氯化钾（含 K_2O 50%～60%）来源于海水、盐湖中，由光卤石制得或从海水的苦卤中提取；也有钾岩矿为较纯的氯化钾晶体，经适当处理后即可作为肥料使用。

硫酸钾：硫酸钾（含 K_2O 50%左右）由明矾制得，通常是铝厂的副产品。

草木灰：长期以来在农业中普遍使用草木灰作为肥料。它是柴、草燃烧后所留下的灰分，含有碳酸钾、硫酸钾、氯化钾、磷、钙和多种微量元素，其中 K_2O 的含量因柴草的品种不同，差异较大，如向日葵秆灰含 K_2O 36%左右，木灰一般含 K_2O 6%～12%。草木灰的钾盐是水溶性的，是速效肥料。钾盐中以 K_2CO_3 为主，草木灰的水溶液呈碱性，是碱性钾肥。植物吸收钾肥是以 K^+ 形式进行的，使用钾肥也必须科学化。

7.2.5 复合肥

含有氮、磷、钾三营养组分元素中的两种以上的肥料统称为复合肥料，其含养分种类多、含量高，甚至多种养分间还有相互促进肥效的作用。如磷酸铵中的磷和氮都能被农作物吸收。

复合肥料一般具有包装运输方便、有利于机械化施肥等优点，但养分是固定的，对不同的土壤或农作物，有时不能满足需要，还要用单元肥料来补充。常用的复合肥料有磷酸氢二铵、磷酸二氢钾和硝酸钾等。

磷酸氢二铵：一般是磷酸一铵（安福粉）和磷酸二铵（重安福粉）的混合物，易溶于水的白色或灰白色固体，易吸湿，在潮湿的空气中能分解而放出氨，其不能跟碱性肥料并施，否则会因氨挥发而损失肥效。

磷酸二氢钾：易溶于水，属于酸性肥料。其吸湿性小、易保存，但价格较贵。一般用0.1%～0.2%的溶液喷施或0.2%的溶液浸种。

硝酸钾：易溶于水的白色晶体，水溶液呈中性。由氯化钾和硝酸钠溶液混合后结晶而成，也可由浓硝酸和氯化钾制得。

7.2.6 微量元素肥

土壤中需要的微量元素是指铁、锰、锌、硼、铜、钼等，这些元素在植物中的含量很低，但不可缺失。这些元素对农作物的生长有特殊的功能,不能被其他元素替代。因为它们大多是酶的组成成分或能提高酶的活性。

硼肥:常用的有硼酸和硼砂,易溶于水,通常把0.05%～0.25%的硼砂溶液施入土壤里。

锌肥:常用的有硫酸锌和氯化锌,均为易溶于水的白色晶体,施用时应防止锌盐被磷固定,通常用0.02%～0.05%的$ZnSO_4 \cdot 7H_2O$溶液浸种或用0.01%～0.05%的$ZnSO_4 \cdot 7H_2O$溶液作叶面肥。

钼肥:常用的有钼酸铵,含钼约50%,并含有6%的氮,易溶于水。常用0.02%～0.1%的钼酸铵溶液喷洒。它对豆科作物和蔬菜的效果较好,对禾科作物肥效不大。

锰肥:常用的有硫酸锰,易溶于水,一般用含锰肥0.05%～0.1%的水溶液喷施。

铜肥:常用的有硫酸铜,易溶于水,一般用0.02%～0.04%溶液喷施或浸种。

铁肥:常用的有绿矾,把绿矾配制成0.1%～0.2%的溶液施用。

微量元素肥料的肥效跟土壤的性质有关。在碱性土壤中,上述六种微量元素,除钼肥的有效性增大以外,其他肥效都降低。对变价元素来说,还原态盐的溶解度一般比氧化态盐大,所以土壤具有还原性,可使铁、锰、铜这些元素的肥效增大。土壤有机酸对有些元素有配合作用,如跟铁形成的配合物能增大铁的肥效,但有些微量元素与有机酸形成配合物后,其肥效会受到影响,如铜、锌等。

7.2.7 有机肥

以有机物质作为肥料的均称为有机肥料,包括动物粪尿、厩肥、堆肥、绿肥、沼气肥、腐殖酸等。农作物难以直接利用有机肥,需要经微生物降解缓慢释放出营养元素。施用有机肥料可改善土壤结构,有效提高土壤肥力和土地生产力。单纯有机肥料很难满足农作物需要,必须结合化学肥料施用,才能实现高产、稳产的农业发展。

农业废弃物:秸秆、豆粕、棉粕等,畜禽粪便,工业废弃的酒糟、醋糟、木薯渣、糖渣、糠醛渣等。

腐殖酸类肥料:该类肥料以泥炭、褐煤、风化煤等为主要原料,经不同处理并掺入一定量无机肥料而成,腐殖酸是一组黑色或棕色胶状无定形高分子有机化合物,含碳、氢、氧、氮、硫等元素。腐殖酸结构中的活性基团如羧基、酚羟基等使其具有酸性、亲水性和吸附性,并能与某些金属离子生成螯合物,腐殖酸类肥料主要有腐殖酸铵、腐殖酸钾、腐殖酸钠及腐殖酸复合肥等。腐殖酸较能抗微生物分解,是一种缓效肥,可用于制备微量元素肥。

7.2.8 缓释肥料

缓释肥料又称缓效肥料或控释肥料。其肥料中含有养分的化合物在土壤中释放速度缓慢或者养分释放速度可以得到一定程度的控制以供作物持续吸收利用。使用缓释肥料的目的主要有减少肥料养分特别是氮素在土壤中的损失;减少施肥作业次数,节省劳力和费用;避免发生由于过量施肥而引起的对种子或幼苗的伤害。

缓效肥料可分为微溶肥料、包膜肥料和载体肥料三种,微溶肥料是利用了肥料本身的缓慢溶解特性,包膜肥料是利用聚合物、硫、石蜡等已成膜物质包膜成微孔状实现缓释,载体肥料是利用肥料养分与天然或合成物质化学键合实现缓释。其中最重要的是缓释氮肥,主要的类型是载体氮肥和包膜氮肥。载体缓释氮肥主要有脲甲醛、亚异丁基二脲、亚丁烯基二脲、草酰胺等,以及天然有机质氨化氮肥,如腐殖酸氨化氮肥也属于此类。包膜缓释氮肥主要有硫包尿素、树脂包尿素、石蜡包尿素等;微溶缓释氮肥主要有磷酸镁铵等。

7.2.9 气体肥料

通常呈气体状态的肥料称为气体肥料。由于气体的扩散性强,因此气体肥料主要是用在温室和塑料大棚中。CO_2是一种常用的气肥。在温室中施用CO_2可提高作物光合作用的强度和效率,促进根系发育,提高产品品质,并大幅度提高作物产量。CO_2是植物进行光合作用所必需的原料之一。

在一定范围内,二氧化碳的浓度越高,植物的光合作用也越强。美国科学家在新泽西州一家农场的研究发现,二氧化碳在农作物的生长旺盛期和成熟期使用,效果最显著。

气肥前途广阔,但目前科学家还难以确定每种作物究竟吸收多少二氧化碳后效果最好。此外,其他类型的气体肥料还在探索中。例如德国地质学家发现甲烷可帮助土壤微生物繁殖,而这些微生物可以改善土壤结构,帮助植物充分地吸收营养物质。

7.3 饲料添加剂

7.3.1 概　述

饲料是养殖业的物质基础,对增加动物性食品的产量,提高肉、蛋、乳质量具有重要作用。饲料添加剂是指能防止饲料质量下降、补充饲料营养成分和促进动物健康生长的一类化学物质。饲料添加剂是配合饲料的核心,是发展养殖业的关键技术之一。饲料添加剂一般可分为以下三大类:第一类是防止饲料变质的防霉剂和抗氧剂等;第二类是补充饲料营养成分的氨基酸、非蛋白氮、单细胞蛋白、维生素、矿物质及微量元素等;第三类是促进畜禽健康生长的抗生素、激素、酶、调味剂等。

7.3.2 营养性添加剂

7.3.2.1 氨基酸

氨基酸是组成蛋白质的基本单位,蛋白质水解可生成二十多种氨基酸,其中有十三种是生长发育必需的氨基酸,即蛋氨酸、赖氨酸、色氨酸、苏氨酸、甘氨酸、缬氨酸、亮氨酸、异亮氨酸、酪氨酸、谷氨酸、精氨酸、组氨酸和苯丙氨酸,以蛋氨酸和赖氨酸最为重要,氨基酸能显著提高饲料的营养价值,减少蛋白质的用量,促进动物健康生长,提高肉、奶、蛋的产量。

(1)蛋氨酸:甲硫基丁氨酸,蛋氨酸能维持机体生长发育,对肾上腺素合成胆碱和抗脂肪肝有一定作用。畜禽缺乏后会出现发育不良、肌肉萎缩、体重减轻、皮毛变质、肝肾机能减弱等症状。用含蛋氨酸约0.2%的配合饲料喂产蛋鸡,可明显提高产量,延长产蛋期。

(2)赖氨酸:2,6-二氨基己酸,饲料一般用左旋体(L-体)赖氨酸。赖氨酸能增强食欲、提高抗病力、提高瘦肉率。赖氨酸不足时,氮平衡失调,幼畜生长缓慢,会出现脂肪肝、骨齿钙化等症状。其多添加于植物性谷类饲料中,配合饲料中添加量为0.1%~0.2%。

(3)甜菜碱:又名三甲基甘氨酸,具有促进动物脂肪代谢、缓和应激、调节渗透压、增进食欲、稳定维生素、预防球虫病、提高饲料利用率等多种功效,在饲料领域逐渐引起重视。甜菜碱可在家禽日粮中取代蛋氨酸和氯化胆碱(可代替蛋氨酸和胆碱的甲基供体作用),可提高饲料的吸收转化率以及家禽的体重。

7.3.2.2 非蛋白氮和单细胞蛋白

(1)非蛋白氮:非蛋白氮一般指非蛋白质又非肽的含氮化合物类。由于非蛋白氮可被反刍类动物吸收,故非蛋白氮是鱼粉和豆饼等饲料粗蛋白质的替代品。其主要作用有补充粗蛋白质的不足,提高采食量和生产性能;适量替代高价格的蛋白质饲料,降低成本。非蛋白氮化合物如表7-3-1所示。

表7-3-1 常用非蛋白氮化合物

非蛋白氮化合物	含氮量/%	非蛋白氮化合物	含氮量/%
乳酸铵	13	氨基甲酸胺	36
醋酸铵	18	二缩脲	35
碳酸氢铵	18	饲料尿素	42~45

(2)单细胞蛋白:用各种培养基培养藻类、细菌、酵母和丝状真菌等单细胞生物的群体制品(单细胞蛋白质)称为单细胞蛋白,培养单细胞蛋白的碳源有藻类用二氧化碳,细菌、酵母和真菌用淀粉、糖蜜等副产品,可用甲醇发酵法制取。还可以甲醇、氨、空气和少量无机营养物为原料,所得产品蛋白质含量超70%。酒糟通过生物工程技术进行深加工,可成为优质活性单细胞蛋白饲料。

7.3.2.3 维生素类

维生素是维持生物生长和代谢所必需的营养素。和食品营养强化剂一样,已知的重要维生素类有30多种。大多数维生素不能在体内自行合成,必须从外界摄取。维生素不足可导致动物不能正常生长,并产生特异性病变等问题,维生素是饲料添加剂中最重要的部分。

(1)维生素A:可促进表皮细胞代谢等功能。畜、禽缺乏可导致夜盲症、眼炎、表皮角质化和鸡产卵减少,牛的繁殖力降低。维生素A存在于绿色植物,胡萝卜、玉米等中。

(2)维生素B:维生素B包括有维生素B_1、维生素B_2、维生素B_6和维生素B_{12}。维生素B_1具有抗多发性神经炎,促进糖的代谢,补充酶等功能。维生素B_1缺乏时,可使畜禽食欲减退,产生消化器官和心脏障碍,神经炎等,维生素B_1主要存于谷类和酵母中,可由α-甲基

呋喃和丁烯腈或由 β-乙氧基丙酸乙酯和甲酸乙酯合成。维生素 B_2 具有促进呼吸和生长,抗口角炎、舌炎、眼炎,消除疲劳,增进生殖功能。缺乏时可使畜、禽生长率降低,雏鸡易患脚气病,猪易染脚麻痹症、皮肤炎、白内障。其广泛存于干草、绿草、油粕中,可由麦类发酵提取或工业合成。维生素 B_6 具有辅酶和抗皮炎的作用,缺乏时雏禽生长慢、食欲低;禽类异常兴奋,有痉挛表现;幼畜出现贫血、神经系统障碍;反刍动物体内合成能力降低。维生素 B_{12} 对畜、禽具有催肥、治疗恶性贫血、增加产卵等功效,存在于鱼粉、肉类饲料和发酵饲料中。

(3)泛酸:又称维生素 B_5,是畜禽必需维生素,可促进脂肪酸代谢等,缺乏时禽生长慢、羽毛差、肝脏异常、产卵少等;猪鬃及猪毛稀少;存于干酵母、蛋黄中。

(4)维生素 D:有促进肠内钙、磷吸收,增加代谢作用,缺乏时会引起软骨病。但量过多,又可引起动物骨骼脆化,存在于干草、鱼粉中。

(5)维生素 E:具有促进生长、抗贫血症等功效,缺少时可引起睾丸组织损伤;肌肉萎缩;可导致生殖能力下降和患营养性脑软化症。在谷类中,以小麦胚芽油中含量最高。

(6)维生素 K:参与肝脏内凝血酶原的合成。缺少时可引起血小板下降,血凝时间长。存于鱼粉、肝脏、绿草中,可由二甲基萘缓慢氧化而得到。

(7)叶酸:具有抗贫血作用,参与辅酶及核苷的代谢,缺乏时一般为贫血,猪生长慢、鬃毛差,反刍动物第一胃合成能力下降等。

(8)烟酸:参与组织氧化还原过程,具有促进细胞新陈代谢的机能。缺少时,可使幼畜禽患口腔炎、皮炎,羽毛生长缓慢,猪不长肉,下痢,呕吐;反刍动物第一胃内胃液减少。

(9)氯化胆碱:在畜禽生长代谢中,胆碱是甲基的供体,是生物组织中重要的活性物质,如乙酰胆碱、卵磷脂、神经酰胺等的重要组成部分,它能提高畜禽体内氨基酸的利用率,调节脂肪代谢,增强畜禽抗病能力,促进畜禽生长,属于廉价的饲料添加剂。

(10)左旋肉碱:一种能在畜禽体内合成的类维生素。其在动物脂肪代谢中发挥着重要作用,能提高动物免疫力。在家禽饲料中添加后,可提高饲料转化效率,降低死亡率。

7.3.2.4 矿物质类

在生物体内,矿物质的作用有促进动物骨架坚硬,调节肌体的酸度,与维生素协同活化酶体系,构成肌肉、器官、血细胞和软组织,控制体液平衡等作用。

矿物质是饲料的重要组分之一,品种多、用量大,约占饲料添加剂的60%以上。其中以磷酸盐用量最多,有磷酸氢钙、磷酸二钙、磷酸三钙、磷酸二氢钠、磷酸二氢钾等。微量元素以硫酸盐为主,如硫酸铜、硫酸亚铁、硫酸锰、硫酸锌、硫酸钴等,其次有碳酸盐、氧化物、碘化物以及亚硒酸钠、硅酸钠等,此外,还有以蛋白盐的形式(铜蛋白盐,锌蛋白盐)和硒酵母、铬酵母形式。

7.3.3 防止质变助剂

7.3.3.1 防霉剂

饲料的含湿量过高会产生霉菌使饲料质变,饲料含水量一般规定要小于14%。霉变饲料对畜、禽的危害大,影响采食量,某些霉菌还产生黄曲霉毒素,可以使畜、禽致癌等。

防霉剂:有苯甲酸、山梨酸、丙酸、丙二酸及其盐类,对羟基苯甲酸酯、尼泊金酯类等。苯甲酸等酸性防霉剂在pH值大于5时会电离成无抗菌活性的离子状态,防霉作用消失。富马酸二甲酯具有低毒、广谱等特点,对多种霉菌、酵母菌、细菌、产毒菌有抑制效果,其抗菌性不受pH值影响,用量小,成本低。

7.3.3.2 抗氧剂

复合饲料添加的脂肪往往会自动氧化引起酸败,酸败的饲料畜禽通常会拒食。为了防止饲料中维生素、脂肪、鱼粉、肉粉等营养成分氧化,必须添加抗氧化剂。

常用的抗氧剂有酚类和酮胺类两种;酚类有BHT(2,6-二特丁基对甲苯酚)和BHA(2-特丁基-4-羟基苯甲醚)等,酮胺类有抗氧喹(6-乙氧基-2,2,4-三甲基-1,2-二氢化喹啉),具有较强的抗氧化性,对油溶性维生素有保护作用,防腐性能优于丙酸盐,其他还有维生素E、茶多酚等。

7.3.4 药物添加剂

7.3.4.1 抗生素

抗生素是用于防治畜、禽疾病,促进幼龄畜、禽生长的兽药,可以提高农牧渔业的产肉量、节省饲料。主要的兽用抗生素从化学结构上分为下述几类。

①青霉素族:易吸收,但易残留在畜、禽产品中,部分国家已禁用。

②四环素族:土霉素、金霉素等,易被吸收,但易残留在畜禽产品中,金霉素已禁用。

③大环内酯族:红霉素、螺旋霉素、林可霉素等在饲料添加剂中用量最多,效果好。

④多肽族:包括杆菌肽、恩拉霉素、硫肽霉素、黏菌素等,安全性高,毒性低。

7.3.4.2 驱虫药

驱线虫药:阿维霉素、伊维菌素、多拉菌素、噻咪唑、左旋咪唑、四氢嘧啶、苯丙咪唑、阿苯达唑、敌百虫、驱蛔灵等。

驱绦虫药:阿苯达唑、硫氯酚和吡喹酮外,常用的药物还有氯硝柳胺、槟榔碱、双氯酚等;疗效高、毒性小、使用安全的首选药应是氯硝柳胺和硫氯酚。

驱吸虫药:硝氯酚、碘醚柳胺、双酰胺氧醚、海托林等。

7.3.4.3 酶制剂

酶是活细胞所产生的一类有特殊催化能力的蛋白质,将生物体产生的酶经过加工后的产品称为酶制剂。添加酶制剂可强化消化力,特别是对幼龄畜禽,可提高饲料营养成分的吸收率。目前大约有20多种酶可用于饲料,饲料添加剂的酶制剂见表7-3-3。

表 7-3-3　常用于饲料添加剂的酶制剂

酶制剂	用途
α-淀粉酶、β-淀粉酶	作用于1,4、1,6糖苷键,将淀粉水解为双糖、寡糖、糊精
半纤维素酶	将植物半纤维素酶解为五碳糖、降低半纤维素溶于水的黏度
纤维素酶	将纤维素分解为低聚糖、二糖及纤维寡糖
糖化酶	将各种低聚糖水解为葡萄糖
蛋白酶	添加酸性、中性蛋白酶,将饲料蛋白质分解为氨基酸
脂肪酶	将脂肪水解为脂肪酸
果胶酶	裂解单糖间的糖苷键,分解植物皮中的果胶、促进组织分解
植酸酶	水解植酸,释放有效磷,促进单胃动物充分利用植酸盐中的磷
β-葡聚糖酶为主复合酶	大麦饲料中使用较多
蛋白酶、淀粉酶复合酶	补充动物内源酶的不足
纤维素酶、果胶酶复合酶	破坏植物细胞壁,释放营养,利于消化吸收;促进化吸收

▶ 习　题

1. 分析农药的作用及其对农业生产的重要意义。
2. 讨论农药种类及其剂型。
3. 分析有机磷农药的作用原理。
4. 分析需光性除草剂的作用机理。
5. 试分析氯化铵使用时间过长会导致土壤的酸化。
6. 试分析非蛋白蛋白和单细胞蛋白及其作用。
7. 简述甜菜碱、氯化胆碱在动物饲料中的意义。

第8章 化学与环境

人们利用天然资源制取化肥、农药、农膜、钢铁、水泥等产品或材料,或者生产大量的合成纤维、塑料和橡胶等以弥补工业、农业、林业的不足。化学在上述领域中直接或间接地发挥着决定性的作用。然而,化学在给人类带来巨额的社会价值的同时,由此引起的环境问题,也成为全人类社会关注的重大问题。

环境污染源可分为化学、物理和生物三大污染源:化学污染物是指一些有机、无机的化学物质;物理污染是指一些能量性因素,如放射性、噪声、振动、热能、电磁波等;生物污染物包括细菌、病毒、水中反常生长的藻类等。

人们也在探索化学与环境的协同发展方式,同时也提出了环境友好化学的理念,并促使其成为一门学科,为化学与环境的协同发展指明了方向。传统的环境保护方法是治理污染,即污染的末端治理方案,研究治理这些已经产生的污染物的原理和方法,只是一种治标的方法,而环境友好化学的目标是化学过程不产生污染,即将污染消除于其产生之前,实现这一目标后就不需要治理污染,是一种从源头上治理污染的方法,是一种治本的方法。

8.1 化学污染物对环境的影响

8.1.1 化学污染物引起的环境效应

环境污染是指由于各种人为或自然的原因,造成环境质量恶化,对人类健康造成直接的、间接的或潜在的有害影响。目前,已经威胁人类生存并已被人类认识到的环境问题主要有全球变暖、臭氧层破坏、酸雨、淡水资源危机、能源短缺、森林资源锐减、土地荒漠化、物种加速灭绝、垃圾成灾、有毒化学品污染等多个方面,其中臭氧层破坏、酸雨、有毒化学品污染等多个问题都与化学污染有直接或间接的关系。

化学工业污染广泛存在于空气、土壤、水、植物、动物甚至人体中;导致土地退化、空气污染、臭氧层破坏、水体污染,还有化石燃料带来的温室效应、酸雨、光化学烟雾、二噁英、赤潮、白色污染等,以上这些大多与化学工业的发展有关,所以化学与环境问题密切相关,化学品的生产、使用过程中的低效率对环境造成了不同程度的污染与破坏。

(1)温室效应:排放到大气中的 CO_2、CO、CH_4、氟氯烃等吸收了地面的长波辐射,使地球变暖,海平面上升,严重威胁全球经济发达的沿海城市与地区。

(2)酸雨效应:各种工业产生的有害气体,特别是排放的 SO_2、NO、氯化物等与大气水相结合，以雨、雪、雾等形式沉降到地面，形成酸雨，对农作物、建筑等设施造成严重腐蚀。

(3) 臭氧层破坏：氟氯烃类作为制冷剂、碳氢化合物作为溶剂排放至大气中，在平流层中分解臭氧形成臭氧空洞，引起人体各种疾病、生物变异等。

(4) 水体富营养化：含 N、P 的化肥和洗涤剂等物质进入湖泊、水库、河口、内海等水流缓慢的水体，使植物营养物质增多，导致各种藻类大量繁殖从而使水中溶解氧大量减少，危害水生生物的生存。

8.1.2 化学污染物引起的大型突发环境事件

化学污染物是引起环境公害的主要因素，从 18 世纪末到 20 世纪初的产业革命开始随之产生，20 世纪最典型的化学污染物导致的环境公害事件见表 8-1-1。

表 8-1-1 20 世纪化学污染导致的环境公害事件

公害名称	发生时间地点	主要污染及成因	主要后果
马斯河谷烟雾事件	1930 年 12 月，比利时马斯河谷	SO_2、烟尘、氟化物，山谷中化工厂污染积聚遇雾及逆温天气	心肺病、呼吸道疾病，一周内 60 多人死亡，许多牲畜也死亡
多诺拉烟雾事件	1948 年 10 月，美国多诺拉镇	SO_2 烟尘工厂多，遇大雾逆温天气	4 天患病 5911 人，占全镇总人口 43%，死亡 20 人
伦敦烟雾事件	1952 年 12 月，英国伦敦	大量的 SO_2 及烟尘作用，遇到大雾、低温天气	胸闷气促、喉痛、呕吐，5 天约 4000 人死亡，事后 2 月又死了 8000 余人
洛杉矶光化学烟雾事件	1943 年 5 月至 12 月，美国洛杉矶	NO_2、烃及其氧化物等，石油工业及大量汽车废气在（阳光）紫外线作用下生成光化学烟雾	刺激眼睛、喉痛、呼吸困难、头痛等，到 1952 年 12 月烟雾中，65 岁以上人死亡 400 人
日本水俣病事件	1953—1956 年，日本熊本县水俣湾	甲基汞，含汞催化剂和含汞废水中的汞与会与水体生物作用转化为甲基汞，被人食用	口齿不清、面部痴呆、耳聋眼睛、驼背、最后精神失常，患病 283 人，死亡 60 人
日本富山骨痛病事件	1955—1972 年，日本高山等地	镉中毒，炼锌厂未经处理净化的含镉废水排入河中，污染土壤转移至稻米，食用引起	关节、神经、骨骼痛病、骨骼软化萎缩，骨痛病在当地流行 20 多年，造成 200 多人死亡
日本四日市事件	1961—1973 年，日本四日市	含有铝、锰、钛等重金属粉尘和 SO_2，污染的空气进入人的呼吸系统	引起支气管炎，支气管哮喘、肺气肿，2000 多人患哮喘，10 余人死亡，蔓延至全国
日本米糠油事件	1968 年 3 月，九州、爱知等地	多氯联苯，在生产中多氯联苯进入米糠油	食用污染米糠油，全身起红疙瘩、呕吐恶心、肌肉痛，患病 1 万余人，死亡 30 人

续表

公害名称	发生时间地点	主要污染及成因	主要后果
博帕尔毒气事件	1984年12月3日，印度博帕尔市	美国联合碳化物公司印度分公司光气贮罐高温泄露达40分钟之久	32万人中毒，其中死亡2500人，6万人严重中毒，农田、水源食品污染，几十万人逃离家园
瑞士剧毒物污染莱茵河事件	1986年11月1日，瑞士巴塞尔市	瑞士巴塞尔市桑多兹化工厂失火，近30 t剧毒的硫化物、磷化物与含有汞的化工产品流入莱茵河	60万条鱼被毒死，500 km以内河岸两侧的井水不能饮用，有毒物沉积在河底，长达20年之久
切尔诺贝利核泄漏事件	1986年4月26日，乌克兰基辅市郊	切尔诺贝利核电站4号反应堆爆炸起火，致使大量放射性物质泄漏	31人死亡，20年内有3万人患癌与此有关。7 km内树木全部死亡，100 km内作物不能食用

8.1.3 化学污染物对人体健康的影响

随着各种新化合物的大量使用，造成了大气、水体、土壤的污染。这些化学污染物不断扩散和积累，使人类的生存环境不断恶化。环境污染日益严重地危及人类的健康，甚至危及人类的生存；大气、水、土壤及食物中主要有毒有害化合物对人体健康的影响见表8-1-2。

表8-1-2 环境中的有害有毒化合物对人体健康影响

污染物名称	污染源	环境中分布	对人体的主要影响
硫氧化物(SO_x)	油等、含硫燃料燃烧	大气和水	心肺、呼吸系统疾病
氮氧化物(NO_x)	煤、油燃烧等	局部空气	急性呼吸道疾病
一氧化碳(CO)	燃烧不完全	局部空气	中毒、眩晕，甚至危及生命
臭氧(O_3)	汽车尾气、光化反应	局部大气	刺激眼睛、哮喘病
硫化氢(H_2S)	工业过程、化学工厂	局部空气	呼吸中枢、烦恼、疲劳
粉尘、PM2.5	燃煤、工业过程、焚烧、运输	局部空气	肺、气管、生殖、血液等
氟化物	冶金、制磷肥、氟化烃	空气、水、土壤、食物	骨骼造血、神经、牙齿等
汞(Hg)	氯碱工业、汞催化剂	食物、水、土壤、大气	影响神经系统、脑、肠
铅(Pb)	汽车尾气、冶炼、化工、农药	空气、水、食物	影响神经系统、红细胞
镉(Cd)	有色冶炼、化学电镀	空气、水、土壤、食物	骨痛病、心血管病等
酚类化合物	炼焦、炼油、煤气业	水	神经中枢、刺激骨骼
亚硝酸盐	污水、石棉燃料、肥料	水、食物	可在体内合成致癌物
有机氯	农药、工业废弃物	土壤、食物、水、大气	脂肪组织、肝等

续表

污染物名称	污染源	环境中分布	对人体的主要影响
多氯联苯	电力、塑料生产等	空气、水、土壤、食物	皮肤、肝脏、致畸、致癌
二噁英	垃圾焚烧、森林火灾等	空气、土壤、水、食物	癌症、神经、免疫损害
石棉	采矿、水泥、汽车制动	空气、水	慢性尘肺病、肺癌
真菌霉素	食物、动物饲料	霉变食物	损害肝脏的致癌物
多环芳香烃	化石燃料、香烟、化工厂等	空气、水、食物	引起皮肤癌、肺癌、胃癌
致病菌	动物排泄物	水、土壤	引起霍乱、伤寒、痢疾、肝炎
有机磷类	农药、水处理	土壤、水	神经功能紊乱、致癌、致畸

8.1.4 化学污染物对人类可持续生存的影响

有一类化学品污染会引起人类生殖系统问题,会对物种繁衍造成很大威胁,这类化学品一般形象地被称为环境激素,又称环境荷尔蒙,其严格的定义是指外因性干扰生物体内分泌的化学物质,这些物质可模拟体内的天然荷尔蒙,与荷尔蒙的受体结合,影响本来身体内荷尔蒙的量,以及使身体产生对体内荷尔蒙的过度作用,使内分泌系统失调。进而阻碍生殖、发育等机能,甚至有引发恶性肿瘤与生物绝种的危害。

近些年来,人们为了使牛、羊多长肉,多产奶,给其体内注射了大量雌激素;为了促使蔬菜、瓜果生长快,菜农和果农们不惜喷洒或注射一定浓度的乙烯利等催熟剂,这种具有与人和生物内分泌激素作用类似的物质,被学术界称之为环境激素,其主要有以下三类。

(1)雌激素活性的环境污染物:许多人工合成的化学物质均具有激素活性,这类污染物主要包括杀虫剂,如 DDT、氯丹等;多氯联苯和多环芳烃;非离子表面活性剂中烷基酚类化合物;塑料添加剂,如塑化剂;食品添加剂,如抗氧化剂等。

(2)动物雌激素和合成雌激素:动物雌激素是从动物和人尿中释放出来的一些性激素,如孕酮、睾酮等;合成激素包括与雌二醇结构相似的类固醇衍生物,这些物质主要来自口服避孕药和家畜生长激素。

(3)植物雌激素:这类物质是某些植物产生的,并具有弱激素活性化合物,以非甾体结构为主,这些化合物主要有异酮类、木质素和拟雌内醇。

8.2 大气化学污染物及治理

8.2.1 大气化学污染源

大气是多种气体的混合物,其成分可分为恒定的、可变的和不定的组分。大气的恒定组分是指大气中含有的氮、氧、氩、氖、氦、氪、氙等。在近地层大气中,这些气体组分的含量几乎可以看作是不变的。大气中除去水汽、液体和固体杂质外的整个混合气体称为干洁空气,其中氮、氧、氩气三种组分占干洁空气总量的99.96%。

大气的可变组分是指大气中的二氧化碳和水蒸气。大气中水汽含量变化较大,按其所占容积,变化范围在0～4%,水汽含量一般随海拔的增加而减少。二氧化碳的含量近年来已达到0.033%。大气中的不定组分,有自然界的火山喷发、森林火灾、海啸、地震等暂时性灾难所引发而形成的污染物,如尘埃、硫、硫化氢、硫氧化物、盐类及恶臭气体等。一般来说,大气污染是指人为因素引起的污染。人为因素的大气污染源主要有三种。

(1) 生活污染源:人们生活中燃烧化石燃料而向大气排放煤烟等污染源;

(2) 工业污染源:火力发电厂、钢铁厂、化工厂及水泥厂等工矿企业在生产过程中和燃料燃烧过程中所排放的煤烟、粉尘及其他无机或有机化合物等污染源;

(3) 交通污染源:汽车、飞机、火车和船舶等交通工具排放污染源。

从上述三种大气污染源来看,生活污染源和工业污染源应称作固定污染源,其中燃料燃烧是造成大气污染的最主要原因。

8.2.2 大气化学污染物

目前,人们确认的对环境产生危害的大气污染物有100种左右。其中对我国环境影响较大的主要有硫氧化物、氮氧化物、碳氧化物、二次污染物、光化学烟雾、漂浮颗粒物等,这些污染物对人体和环境均能造成很大影响。

8.2.2.1 硫氧化物

硫氧化物(SO_x)包括二氧化硫(SO_2)和三氧化硫(SO_3)。由于硫化氢(H_2S)不稳定,会迅速被氧化成二氧化硫。大气中的SO_3大约有50%是人为污染所致,而其中95%以上来源于硫化物矿石的焙烧、燃煤和金属冶炼。大气中50%硫化物来自天然源,其中以细菌产生的硫化氢最为重要,但这部分对环境的影响较小。

二氧化硫是一种无色、有刺激性气味的不可燃气体。它对眼、鼻、咽喉、肺部器官有强刺激作用,能引起黏膜炎和嗅觉、味觉障碍等疾患。当空气中SO_2浓度达5 mg/L时,接触半小时即具危险性。SO_2在大气中不稳定,最多只能存在1～2天。SO_2在洁净、干燥的大气中被氧化成SO_3是很慢的,而在相对湿度较大或有催化剂存在时则容易生成SO_3,进而生成硫酸(H_2SO_4)或硫酸盐。

$$SO_2 + O_2 \xrightarrow{[O]} SO_3 \xrightarrow{H_2O} H_2SO_4 \xrightarrow{MO} MSO_4 + H_2O$$

近年来,人们还发现SO_2等气态污染物在大气中会形成的二次微细粒子,如PM2.5,影响人类健康、大气能见度等。

8.2.2.2 氮氧化物

大气污染物中的氮氧化物(NO_x)主要是NO和NO_2。大气中氮氧化物的含量主要来自土壤和海洋中有机物的分解,这些是自然界的氮循环过程。但人为原因排放的NO_x主要集中于局部地区,特别是NO_2能吸收太阳辐射形成光化学反应,是光化学烟雾的重要组成部分,对环境的影响较大。

人为排放的 NO_x 的主要来源是矿物燃料的燃烧,以及硝酸厂、氮肥厂、有机中间体厂等排放的尾气。在高温燃烧条件下,NO_x 主要以 NO 的形式存在,一旦 NO 进入大气的就会迅速与空气中的氧发生反应生成 NO_2,故大气中的 NO_x 主要以 NO_2 形式存在,其进一步与大气中的水、尘埃等作用,最终转化为硝酸和硝酸盐微粒,这是引起酸雨的另一原因。当有催化剂时,NO_2 与 SO_3 可互相催化使形成硝酸的速度加快。

$$N_2 + O_2 \longrightarrow 2NO$$
$$2NO + O_2 \longrightarrow 2NO_2$$

NO_x 浓度在 5 mg/L 时会引起人的头晕、头痛、咳嗽、心悸等症状,在低浓度长时间也会诱发儿童支气管炎。空气中大于 10 mg/L 浓度的 NO_2 会使植物叶片上产生斑点,损伤植物组织。

8.2.2.3 碳氧化物

大气中的碳氧化物(CO_x)主要以 CO_2 和 CO 的形式存在。CO_2 是大气中的正常成分,是一种无毒的气体。但工业化以来人类活动导致大量排放 CO_2 而产生温室效应进而影响环境。

CO 属于有毒气体,无色、无味的特性使其更具有危险性。碳基燃料不完全燃烧可产生 CO,这是城市大气中 CO 的主要来源,其中 80% 左右是汽车排放的:

$$2C + O_2 \longrightarrow 2CO$$
$$2CO + O_2 \longrightarrow 2CO_2$$

碳与氧燃烧速度比 CO 与 O_2 反应快 10 倍,如氧气充足则最终可以生成 CO_2,故各种情况下的燃烧条件对 CO 的生成量具有决定性作用。自然界如森林火灾、有机物腐蚀生成的甲烷被氧化、动植物代谢及其残骸的降解过程等都会释放 CO。

CO 的化学性质较为稳定。它不溶于水,故不会被雨水所清洗,大气中 90% CO 的清除主要依靠羟基自由基将其氧化成 CO_2,少部分通过土壤中微生物的代谢过程吸收。CO 能与血液中携带氧的血红蛋白结合形成稳定的配合物,使得血红蛋白丧失了输氧能力,故 CO 中毒就会导致人体组织缺氧,若将 CO 中毒者送入高压氧舱吸氧,可逐渐排除体内的 CO。

8.2.2.4 二次污染物

一般将直接排放的各种气体和颗粒物,如 SO_x、NO_x、CO_x、碳氢化合物和颗粒物等称为一次污染物。由于光化学反应,使得碳氢化合物等一次污染物发生反应而生成的臭氧、醛类、酮类、过氧乙酰等产物称为二次污染物。这些污染物数量巨大,种类繁多,如各种有机污染物和多种重金属污染物;其中许多是原本自然界不存在的。这些有机物通过各种途径释放,而许多有机物(如烃类)在大气中难以自净化,可存留大气中上百年。

二次污染物中有些有机物则直接具有严重的毒理作用,如多环芳烃类是引起癌症的主要物质,多氯联苯则可通过呼吸道或通过食物链进入人体,容易蓄积在人体各种组织尤其脂肪组织中产生毒理作用或造成组织病变,重则引起死亡。

8.2.2.5 光化学烟雾

光化学烟雾是指由光化学反应中的反应物和生成物形成的特殊混合物。光化学烟雾的形成是由一系列复杂的链式反应组成的。一般认为以 NO_x 光解生成氧自由基,进一步与碳氢化合物反应生成醛、臭氧、过氧化乙酰硝酸酯为最终的污染物等。

光化学烟雾一般发生在相对湿度低的夏季晴天,高峰出现在中午或中午刚过,夜间消失。当日光照射在废气多的地方,会使晴朗的天空渐渐昏暗,能嗅到臭氧的臭味及强烈的刺激气味,引起人流泪、眼红、呼吸困难,城市上空笼罩着白色烟雾(有时带紫色或黄色),能见度降低,这即为光化学烟雾。光化学烟雾不仅危及人类健康,由于其含有大量强氧化剂,还可直接危害各类植物及各种户外设施等。

8.2.2.6 漂浮颗粒物

颗粒物质指悬浮在大气中的各种各样的液体微粒、固体微粒和气溶胶的总称。例如固体的灰尘、烟尘和烟雾,液体的云雾和雾滴等,其粒径一般在 $0.1\sim200~\mu m$。

大气中颗粒物质的危害以飘尘为最大。由于飘尘的粒径小(小于 $10~\mu m$),在空中飘浮时间可长至几年,并能吸附水汽和各种有害气体,形成尘雾和酸雨。飘尘可吸附煤烟中排出的 3,4-苯并芘等强致癌碳氢化合物,其与肺癌的发病率有关。飘尘中尤以 $0.1\sim1~\mu m$ 微细粒子危害最甚,它直接被吸入肺泡而沉积于肺内,从而引起呼吸道疾病及癌症。

PM2.5 是指粒径小于 $2.5~\mu m$ 的空气中的悬浮物。微小的可溶性固体、可溶性气体是形成 PM2.5 的主要因素。例如 SO_x、NO_x、氨气、卤素气体、烃类等物质形成的微小液滴,微小液滴和微小颗粒是形成灰霾的主要物质。

人们越来越关注 PM2.5 的危害,空气中颗粒物很多,稍大的颗粒物能被人体器官中的某些物质挡住,如鼻毛能挡住 PM75 至 PM100,鼻腔黏膜细胞的细密纤毛能挡住 PM50,吸入 PM10 的颗粒物也能被咽喉分泌的黏液粘住,但整个上呼吸道系统完全挡不住 PM2.5,导致它可以一路下行进入细支气管、肺泡,再通过肺泡进入毛细血管,通过毛细血管进入整个血液循环系统,同时 PM2.5 还携带了许多无机和有机小分子有害物质,众所周知,细菌是很多疾病的致病之源,细菌大部分与 PM2.5 处于同一数量级,细菌进入血液后血液中的巨噬细胞(免疫细胞的一种)会像"老虎吃鸡"一样立即把它吞下,使其不能令人生病,但当 PM2.5 进入血液后,血液中的巨噬细胞会以为它是细菌,也会立即把它吞下,细菌是生命体,巨噬细胞吞下 PM2.5 会导致巨噬细胞大量死亡,使人的免疫力显著下降。并且死掉的巨噬细胞还会释放出有害物质,导致细胞及组织的炎症。因此,PM2.5 对人体危害非常大。

PM2.5 的一个污染源就是燃油汽车尾气,特别是冬季和初春,这时的北方植物的自净化作用几乎为零,水面结冰也会导致水的自净化能力降低。另一个污染源则是燃煤;霾主要集中于相对湿度较低的天气,特别是冬春季,大风、雨后和潮湿的天气则会大幅缓解。

8.2.3 大气化学污染效应

8.2.3.1 形成酸雨

酸雨是指大气降水时因大气污染而使雨水 pH 值偏低的现象。由于大气中的 CO_2(浓度一般为 316 mg/L)溶解于纯水后,根据解离平衡常数可计算出 $C_H=10^{-5.65}$ mol/L,即 pH=5.65,所以,一般 pH<5.6 降水才被称为酸雨。统计认为酸雨中硫酸占比为 60%~70%,硝酸约为 30%,盐酸约为 5%,有机酸约为 2%。

酸雨不但影响人体健康,还会造成水体的酸化,对农作物、生物、土壤、户外设施等造成很大危害,加上它在空中的大范围和移动性,有人称其为"空中死神"。

酸雨还可造成土壤酸化,使土壤养分流失并失去活性;水资源酸化,使鱼类减少甚至灭绝;侵蚀桥梁等建筑物;侵蚀国家保护文物,等等。

例如,1982 年 6 月 18 日我国重庆市郊区一场雨后,两万亩水稻突然呈现赤褐色斑点,纷纷枯死;贵阳市降水的 pH 值曾低于 3.1。

酸雨形成的主要原因是化石燃料的燃烧以及冶炼过程释放到空气中的 SO_2、NO 和 NO_2。在潮湿大气中,SO_2 先与水汽形成亚硫酸,亚硫酸再在 Fe、Mn 等金属盐杂质的催化作用下,进一步被氧迅速氧化为硫酸。其反应式为

$$SO_2 + H_2O \longrightarrow H_2SO_3$$
$$2H_2SO_3 + O_2 \longrightarrow 2H_2SO_4$$

NO 在进入大气后大部分转化为 NO_2,遇水即生成硝酸和亚硝酸。其反应式为

$$2NO + O_2 \longrightarrow 2NO_2$$
$$2NO_2 + H_2O \longrightarrow HNO_3 + HNO_2$$

8.2.3.2 温室气体效应

温室效应是借用温室大棚一词来形象地说明大气包裹地球表面而起的聚热升温、保暖作用。大气对地球具有类似温室的作用。

大气中的某些气体如水汽、二氧化碳、甲烷、一氧化二氮等具有对辐射能选择吸收的特征,即能够近似无阻挡地透过太阳短波辐射,而对地面反射出来的长波辐射却能相当大的吸收。对地表保持较适宜生物生存的温度并使温度比较稳定(如昼夜温差)起到了极其重要的作用。有关研究表明:如果没有大气层,地表温度将比现在低约 33 ℃以上。

随着工业进步,人类活动越来越显著影响大气层。由于二氧化碳、甲烷、臭氧、一氧化二氮、氟氯烃类等温室气体的作用,特别是有些温室气体的增加,使地面反射的长波辐射能大量截留在大气层内,导致大气层温度上升,气候变暖,即所谓"温室效应"。

二氧化碳、甲烷、臭氧、氮氧化物、氟氯烃类等温室气体在大气层中的存留时间都很长,最稳定的 CO_2 寿命可能长达 200 年。以一个 CO_2 分子在 20 年内形成增暖效果为一个单位作比照,则一个甲烷分子将造成 63 个单位的增暖效果,氟氯烃增暖效果是 CO_2 的 7100 倍。实验表明若 CO_2 浓度增加一倍,地球的气温将增加 2~4 ℃,同时还会造成海平面上升,直接

威胁低海拔的沿海城市。

8.2.3.3 臭氧层破坏

自然界中的臭氧层大多分布在离地 20 km～50 km 的高空。臭氧层能够吸收太阳光中的波长 300 nm 以下的紫外线,主要是一部分 UVB(波长 290～300 nm)和全部的 UVC(波长小于 290 nm),以保护地球上的人类和动植物免遭短波紫外线的伤害,臭氧层是地球避免紫外线的一个天然屏障。据估计总臭氧量每减少 1%,皮肤病的发病率将增加 5%～7%。紫外线还会引起海洋浮游生物及虾、贝类的死亡,还会阻碍农作物和树木正常生长等。

导致大气中臭氧减少和耗竭的物质中,主要的一类是人类大量生产与使用的氯氟烃化合物(CFCs 俗称氟利昂)。它包括多种化合物,但其中只有三氯氟甲烷(CFC-11,即氟利昂-11)和二氯二氟甲烷 CF_2Cl_2(CFC-12,氟利昂-12)是最常用的。1986 年,全球 CFCs 产量达 114 万吨,氟利昂广泛被用作制冷剂、喷雾剂、发泡剂及清洁剂。氟利昂可在低层大气中长期存在,一般为几十甚至上百年,因而它们有充足的机会进入平流层对臭氧层产生破坏。

氟利昂及一氧化二氮等物质在平流层中经短波紫外线照射后可分解产生多种活性自由基,如 H·、OH·、NO·、Cl·、Br· 等,这些自由基与 O_3 反应,可促进臭氧分解,造成臭氧减少。由于其是以连锁反应方式进行的,即一个污染物分子可以破坏很多个臭氧分子。例如,活性氯自由基(Cl·)与 O_3 的反应大致如下:

$$CF_2Cl_2 + h\nu \longrightarrow Cl\cdot + CF_2Cl\cdot$$
$$Cl\cdot + O_3 \longrightarrow ClO\cdot + O_2$$
$$ClO\cdot + O\cdot \longrightarrow Cl\cdot + O_2$$

从上式可以看出,氯不断重复着上述反应,因此,对臭氧具有很强的破坏性。臭氧的另一个破坏因素就是人类活动产生的大量 NO_x,NO_x 对臭氧的催化消除作用如下

$$NO + O_3 \longrightarrow NO_2 + O_2$$
$$NO_2 + O \longrightarrow NO + O_2$$

8.2.4 大气化学污染的防治方法

大气污染物的治理方法主要有吸收、吸附、冷凝、燃烧以及催化还原、催化氧化等。其中颗粒污染治理即除尘技术,其基本方法有机械除尘、洗涤除尘、过滤除尘和静电除尘等。下面重点介绍 SO_x 和 NO_x 的若干典型处理。

8.2.4.1 SO_x 的治理方法

二氧化硫的治理技术主要有原料脱硫和排放脱硫,排放物脱硫以烟气排放脱硫为主要对象,一般均采用化学法脱硫,烟气脱硫技术是大型燃煤、燃油、焚烧炉等工业过程使用的主要脱硫方式。对于高浓度的 SO_2 烟气,一般采用将 SO_2 经催化氧化生成三氧化硫再用水吸收生成硫酸来回收利用。对于低浓度 SO_2 烟气,通常利用 SO_2 的酸性和还原性进行脱除与回收利用。

烟气脱硫的技术方法种类繁多。吸收剂的种类主要可以分为钙盐吸收法(以石灰石/石

灰-石膏为主)、氨吸收法(氨或碳酸氢铵)、镁法(氧化镁)、钠法(碳酸钠、氢氧化钠、双碱)、有机碱吸收法、活性炭吸附法、海水吸收法等。目前使用最多的是钙盐吸收法,氨吸收法次之。钙盐吸收法有石灰石/石灰-石膏、喷雾干燥法、炉内喷石灰浆法、循环流化床法、悬浮吸收法等,其中应用最多的是石灰石/石灰-石膏法。

1. 石灰脱硫法

当采用石灰为吸收剂时,将石灰粉加水搅拌制成吸收浆液。在吸收塔内吸收浆液与烟气接触混合,烟气中的 SO_2 与浆液中的氢氧化钙以及鼓入的空气发生化学反应,最终的反应产物为石膏。同时,还能够去除烟气中的其他杂质。脱硫后的烟气经过除雾器去除带出的细小液滴,经过热交换器加热升温后排入烟囱。脱硫石膏经过脱水装置脱水后回收。

石灰脱硫法烟气脱硫工艺化学反应原理一般分为两步法,首先用石灰石(或石灰浆液)吸收烟气中的 SO_2 生成亚硫酸钙($CaSO_3$),亚硫酸钙进一步被氧化生成硫酸钙,然后将硫酸盐加工为所需产品。因此,任何脱硫方法都是一个化工过程。

其反应原理如下

石灰石:$CaCO_3 + SO_2 + 1/2H_2O \longrightarrow CaSO_3 \cdot 1/2H_2O + CO_2 \uparrow$

石灰:$CaO + SO_2 + 1/2H_2O \longrightarrow CaSO_3 \cdot 1/2H_2O$

氧化:$CaSO_3 \cdot 1/2H_2O + 1/2O_2 + 3/2H_2O \longrightarrow CaSO_4 \cdot 2H_2O \downarrow$

石灰脱硫法烟气脱硫装置由吸收剂制备系统、烟气吸收及氧化系统、脱硫副产物处理系统、脱硫废水处理系统、烟气系统、自控和在线监测系统等组成。该工艺的脱硫效率很高,大于95%。但设备存在一定的结垢、腐蚀问题,有待进一步改进。

2. 双碱脱硫法

与石灰脱硫法相比,双碱脱硫法有以下优点:①用 NaOH 脱硫,循环水基本上是 NaOH 的水溶液,在循环过程中对水泵、管道、设备均无腐蚀作用,也无堵塞现象,便于设备运行与保养。②吸收剂的再生和脱硫渣的沉淀发生在塔外,这样避免了塔内堵塞和磨损,提高了运行的可靠性,降低了操作费用;同时可以用高效的板式塔或填料塔代替空塔,使系统更紧凑,且可提高脱硫效率。③钠基吸收液吸收 SO_2 速度快,故可用较小的液气比,达到较高的脱硫效率,一般在90%以上。

第一步,脱硫过程:$Na_2CO_3 + SO_2 \longrightarrow Na_2SO_3 + CO_2 \uparrow$

$2NaOH + SO_2 \longrightarrow Na_2SO_3 + H_2O$

$Na_2SO_3 + SO_2 + H_2O \longrightarrow 2NaHSO_3$

第二步,用石灰乳再生:$2NaHSO_3 + Ca(OH)_2 \longrightarrow Na_2SO_3 + CaSO_3$

$Na_2SO_3 + Ca(OH)_2 \longrightarrow 2NaOH + CaSO_3$

3. 电子束烟气脱硫法

电子束烟气脱硫法(EBA)是一种利用高能物理原理,采用电子束辐照烟气的脱硫方法。是由排烟预除尘、烟气冷却、氨的冲入、电子束照射和副产品捕集工序组成。锅炉所排出的烟气,经过集尘器的粗滤处理之后进入冷却塔,在冷却塔内喷射冷却水,将烟气冷却到适合于脱硫、脱硝处理的温度(约 70 ℃)。烟气的露点通常约为 50 ℃,被喷射呈雾状的冷却水在冷却塔内完全得到蒸发,因此,不产生任何废水。通过冷却塔后的烟气流进反应器,在反应器进口处将一定的氨气、压缩空气和软水混合喷入,加入氨的量取决于 SO_x 和 NO_x 的浓度,经过电子束照射后,SO_x 和 NO_x 在自由基的作用下生成中间物硫酸和硝酸。然后硫酸和硝酸与共存的氨进行中和反应,生成粉状颗粒硫酸铵和硝酸铵。电子束脱硫反应机理:

$$SO_2 + HO \cdot \longrightarrow HOSO_2 \cdot \qquad HOSO_2 \cdot + HO \cdot \longrightarrow H_2SO_4$$

$$SO_2 + O \cdot \longrightarrow SO_3 \qquad SO_3 + H_2O \longrightarrow H_2SO_4$$

8.2.4.2 NO_x 的治理方法

NO_x 的治理方法主要是指烟气脱硝方法,即把已生成的 NO_x 还原为 N_2,从而脱除烟气中的 NO_x。

从烟气中去除 NO_x 的方法主要有湿法氧化吸收法和干法还原脱硝法两类。其中干法还原脱硝有选择性催化还原烟气脱硝、选择性非催化还原法脱硝两种方法,与湿法氧化烟气脱硝方法相比,干法的主要优点是投资小,设备工艺及操作简单,脱除 NO_x 的效率较高,无废水和废弃物处理,不易造成二次污染。

1. 选择性催化还原脱硝方法(SCR 法)

选择性催化还原法脱硝是在催化剂存在的条件下,采用氨、CO 或碳氢化合物等作为还原剂,在氧气存在的条件下将烟气中的 NO 还原为 N_2。可以作为 SCR 反应还原剂的有 NH_3、CO、H_2,还有甲烷、乙烯、丙烷、丙烯等。以氨作为还原气的时候能够得到的 NO 的脱除效率最高。SCR 反应是氧化还原反应,因此遵循氧化还原机理。目前,学者普遍认为 SCR 反应的反应物是 NO,而不是 NO_2,且 O_2 参与了反应。SCR 的催化剂一般有三类:

第一类是 Pt-Rh 和 Pd 等贵金属类催化剂,其通常以氧化铝等整体式陶瓷作为载体,活性较高且反应温度低,缺点是对 NH_3 有一定的氧化作用,随后逐渐被金属氧化物类所取代,目前仅应用于低温条件下以及天然气燃烧后尾气中 NO_x 的脱除。

第二类是金属氧化物类催化剂,主要有 $V_2O_5(WO_3)$、Fe_2O_3、CuO、CrO_x、MnO_x、MgO、MoO_3、NiO 等金属氧化物,通常以氨或尿素作为还原剂。一般将其催化剂负载在大比表面积的微孔结构材料上。其机理是利用了氨气在催化剂表面的吸附能力强于 NO。

第三类是沸石分子筛型,主要是采用离子交换方法制成的金属离子交换沸石,通常采用碳氢化合物作为还原剂,沸石类型包括 Y-沸石、ZSM 系列、MFI、MOR 等,该催化剂的特点是具有活性的温度区间较高,最高可达 600 ℃。

2. 选择性非催化还原法脱硝方法(SNCR)

SNCR 是一种成熟的低成本脱硝技术。该技术以炉膛或者水泥行业的预分解炉为反应器,将含有氨基的还原剂喷入炉膛,还原剂与烟气中 NO_x 反应生成氮和水。

在选择性非催化还原法脱硝工艺中,尿素或氨基化合物在较高的反应温度(930~1100 ℃)注入烟气,将 NO_x 还原为 N_2。还原剂通常注进炉膛或者紧靠炉膛出口的烟道。SNCR 工艺的 NO_x 的脱除效率主要取决于反应温度、NH_3 与 NO_x 的配比、混合程度和反应时间等。研究表明,SNCR 工艺的温度控制至关重要。若温度过低,NH_3 的反应不完全。容易造成 NH_3 泄漏,而温度过高,NH_3 容易被氧化为 NO_x,从而抵消了 NH_3 的脱除效果。温度过高或过低都会导致还原剂损失和 NO_x 脱除率下降。一般合理的 SNCR 工艺能达到 30%～50%的脱除效率。

3. 湿法氧化吸收烟气脱硝方法

湿法烟气脱硝是利用液体吸收剂将 NO_x 吸收的原理来净化燃煤烟气。其最大问题是 NO 很难溶于水,所以一般先将 NO 氧化为 NO_2,然后 NO_2 被水或碱性溶液吸收,实现烟气脱硝。氧化剂一般使用 O_3、ClO_2 或 $KMnO_4$。吸收方法一般采用稀硝酸和碱性溶液两种吸收方法。

稀硝酸吸收法:由于 NO 和 NO_2 在硝酸中的溶解度比在水中大得多(如 NO 在 12%的硝酸中的溶解度比水中的溶解度大 12 倍),故采用稀硝酸吸收法以提高 NO_x 去除率得到广泛应用。考虑成本等因素,实际所用的硝酸浓度一般控制在 15%～20%。吸收效率还与吸收温度和压力有关,低温高压有利于 NO_x 吸收。

碱性溶液吸收法:该法是采用 NaOH、KOH、Na_2CO_3、$NH_3 \cdot H_2O$ 等碱性溶液作为吸收剂对 NO_x 进行吸收,其中氨水吸收率最高。后来人们又开发了氨-碱溶液两级吸收法,首先氨与 NO_x 和水蒸气进行完全气相反应,生成硝酸铵白烟雾,然后用碱性溶液进一步吸收未反应的 NO_x。生成的硝酸铵和亚硝酸铵也将溶解于碱性溶液中。吸收液经过多次循环,碱液耗尽之后,将含有硝酸铵和亚硝酸铵盐的溶液浓缩结晶,可作肥料使用。

8.2.4.3 CO_2 处理方法

人类在能源系统中产生了大量 CO_2 并直接排放到大气中,从而造成了大气中 CO_2 浓度的升高。CO_2 的产生主要有①凡是有机物(包括动植物)在分解、发酵、腐烂、变质的过程中都可释放出 CO_2;②石油、石蜡、煤炭、天然气燃烧也要释放出 CO_2;③石油、煤炭在生产化工产品过程中,也会释放出 CO_2;④所有粪便、腐殖酸在发酵,熟化的过程中也能释放出 CO_2;⑤所有动物在呼吸过程中,都要吸氧气吐出 CO_2。

如何处理和利用大量的 CO_2 以及如何应对气候变化,是全人类需要面对的问题。特别是要实现我国首次提出的"碳达峰,碳中和"的目标,CO_2 的处理也是非常重要的措施之一。CO_2 的处理一般可分为从大气中分离固定和从燃放气中分离回收两大类。从燃放气中分离回收 CO_2 技术主要有物理法、化学法和物理-化学法等。

1. 物理吸收法

物理吸收法的关键在于确定优良的吸收剂。吸收剂的要求:对二氧化碳的溶解度大、选择性好、沸点高、无腐蚀、无毒性、化学性能稳定。常见吸收剂有丙烯酸酯、N-甲基-2-D 吡咯烷酮、甲醇、乙醇、聚乙二醇及噻吩烷等高沸点有机溶剂。

2. 地下封存法

将从燃气中分离出的二氧化碳压入枯竭的油田、天然气田或是带水层,从而达到与大气隔离的目的。估算表明,地下蓄水层储存二氧化碳的容量为 870 亿 t,而废油气田的储存容量为1250亿t。

3. 化学吸收法

化学吸收法有热 K_2CO_3 吸收法、改良热 K_2CO_3 吸收法（K_2CO_3＋乙醇胺盐、V_2O_5 催化剂），以及乙醇胺类吸收法 MEA 法[(一乙醇胺)、DEA 法(二乙醇胺)及 MDEA 法(甲基二乙醇胺)等]。

4. 化学转化法

化学转化法是在催化剂作用下，将二氧化碳转化为甲烷、丙烷、一氧化碳、甲醇及乙醇等基本化工原料的方法。另外还有碳氢化合物转化法，目前还处于实验室研究阶段。

8.3 水体化学污染物及治理

8.3.1 水体污染源

水体的主要污染源大致分为两大类：一类是天然污染源，另一类是人为污染源。水体天然污染源是指自然界自行向水体释放有害物质或造成有害影响的场所。如岩石和矿物的风化和水解、火山喷发、水流冲蚀地表、生物在循环中释放各种化学物质等，都属于天然污染物的来源。人类活动造成水体污染的主要污染源又可分为以下3类。

(1)工业污染：工业引起的水体污染最严重，工业生产所产生的固体废弃物和废气也会污染水体，如工业残渣和废料露天堆放，被雨水淋溶冲刷而进入水体。

(2)农业污染：农业生产产生污染，如化肥和农药在土壤中经雨水浸渍作用汇聚而污染水体；由于牧场、养殖场、农副产品加工厂的各种废弃物的排放造成河流的水体受到污染，特别是养殖场的重金属盐、氨氮等污染水体与土壤。

(3)生活污染：人类消费活动产生的污水，城市与人口密集居住区是主要生活污染源。

8.3.2 水体化学污染物及其危害

8.3.2.1 酸碱盐污染物

冶金、金属加工、合成纤维、化学制药、石油化工等工业废水都是污染的重要来源。酸、碱、盐污染水体使水体的 pH 值发生变化，从而破坏了水体本身的缓冲作用，妨碍了水体自净化能力，还增强了水对桥梁、船舶等水下设备的腐蚀性。各种无机盐类以离子形态溶于水体中会造成水体含盐量增高，硬度变大。含盐量的增加会导致工业用水过程中结垢及腐蚀作用，也增加了水处理的难度与成本，高盐水进入农田灌溉还会使土壤盐化，造成减产甚至绝收；饮用水体中盐类的数量与种类会严重影响人体健康，高盐水进入河流影响更大，会对水产养殖、农业灌溉、人们生活健康等造成严重的危害。

8.3.2.2 重金属污染物

许多重金属对生物体有很大的毒理作用。重金属污染物通过食物或饮水进入人体，在人体积累且不易排出，会造成人的慢性中毒。

汞(Hg)：重金属污染中汞化合物的毒性最大，有机汞化合物的毒性又大于无机汞。由于 $HgCl_2$、HgO 等无机汞溶解性差，不易被生物体吸收，而有机汞如烷基汞（CH_3Hg-、C_2H_5Hg-）、苯基汞（C_6H_5Hg-）等都有很强的脂溶性，容易进入生物组织并有很高的蓄积作用。沉积于水体底部的淤泥中的无机汞可在微生物作用下转化为有机汞从而侵害生物体。汞在无脊椎动物体内的富集可以达 10 万倍之多，汞对含硫化合物有很强的配合能力，会破坏生物体内酶和蛋白质的功能，危及生命，日本的水俣病就是人长期吃富集了甲基汞的鱼类而造成的。

镉(Cd)：镉化合物的毒性很大，镉与许多有机化合物组成较稳定的配合物，镉类化合物具有较大的脂溶活性和生物富集性，能在动植物或水生生物体内蓄积。日本的"骨痛病"就是吃了镉污染河水灌溉的农田生产的稻米所致。镉进入人体后，主要储存在肝、肾组织中，不易排出体外。镉的慢性毒理作用主要是使肾腔吸收能力不全，降低机体免疫力并导致骨质疏松、软化，使中毒者出现骨萎缩、变形、骨折等一系列病症。

铬(Cr)：铬化合物的毒性很大，铬的无机化合物有二价、三价、六价三种，其中以六价铬化合物毒性最大，六价铬对人类有致畸、致突变与致癌等作用。

铅(Pd)：铅能危害人体健康和影响儿童智力。据权威调查，现代人体内的平均含铅量已大大超过 1000 年前古人的很多。铅及其化合物的侵入途径主要是呼吸道，其次是消化道。儿童体内有 80%～90%的铅是从消化道摄入的。水体中的铅主要来自人为排放源，如采矿、冶炼、电镀、油漆、涂料、废旧电池等。

砷(As)：砷的毒害作用人们知道的较少，但砒霜和其他的砷化合物都是剧毒，某些无机砷化合物可引起人体皮肤癌和肺癌，三价砷化合物比五价砷化合物毒性高，砷的氧化物和盐类大部分为剧毒，砷中毒机制是砷与细胞中含巯基（—SH）的酶结合成稳定的络合物，使酶失去活性，阻碍细胞呼吸作用，引起细胞死亡。水体污染引起的砷中毒多是蓄积性慢性中毒，表现为神经衰竭、多发性神经炎、肝痛、肝大、皮肤色素沉着和皮肤的角质化以及周围血管疾病。

8.3.2.3 氮、磷污染物

水中氮的存在形式主要有氨态氮（氨及铵盐）、有机氮（蛋白质、尿素、氨基酸、胺类、氰化物、硝基化合物等）、硝态氮（硝酸盐、亚硝酸盐）等。饮用水源中硝酸盐氮是主要形式，主要来源于生活污水、农田灌溉排水、工业污水、焦化污水等。水体污染一般指非正常原因导致水体中氨态氮、硝态氮、有机氮含量过高。

水体中磷污染主要来源于人为因素，据统计，湖泊、水库中的磷 80%来自污水排放，而磷的主要来源是家庭洗涤剂的使用，其磷的污染强度占总磷污染负荷的 50%以上。

水源水和饮用水中氮磷含量过高，对人体健康、水生物、环境都有很大的毒害作用。

8.3.2.4 耗氧有机污染物

水体中有机物组成很复杂，一般不可能分别具体测量每一种化合物的含量，故通常用 COD 和 BOD 来表示其含量。

(1)化学耗氧量(COD),表示用化学氧化剂氧化水中有机污染物时所耗氧的量,以每升水消耗氧的毫克数表示 mg/L,COD 越大反映水中有机污染越重。常用的氧化剂主要为高锰酸钾、重铬酸钾等。

(2)生物化学需氧量(BOD),表示水中的有机污染物经微生物分解所需的氧量,也可以间接地反映出有机物的含量,以每升水消耗溶解氧的毫克数表示 mg/L,BOD 越高表示水中可生物降解的有机物越多。

8.3.2.5 有毒有机污染物

水体环境中有机污染物种类繁多,而其中许多有毒、难降解的有机物,通过迁移、转化、富集或者食物链循环,进入人类的生活圈,危及水生生物和人类生存。

(1)有机农药:有机农药包括杀虫剂、杀菌剂和除草剂等类别。其主要有有机氯和有机磷类农药。有机氯农药难以被化学降解和生物降解,因此会长期滞留在环境中,有机氯农药易溶于有机溶剂和脂肪而不溶于水,导致其在环境中长期滞留积累,并通过食物链转移到动植物最后到达人体,造成人体中毒危害等。有机磷农药相对较易被生物降解,因而在环境中的滞留时间较短,但其毒性剧烈,在使用时和有效期内对人畜威胁会更大,目前有机氯和有机磷农药在世界范围内大多数国家都在逐步禁止使用。

(2)酚类化合物:酚类化合物能使细胞蛋白质发生变性和沉淀。由于其水溶性较好,会残留于水中,人们长期饮用含酚的水,会导致头昏、贫血及各种神经系统症状。

(3)有机氯化物:包括有多氯联苯、二噁英和有机氯农药,如滴滴涕,被认为是最主要的一类"环境荷尔蒙物质"。目前,国际上已经研究确认的环境荷尔蒙物质有 70 种,这些物质可能通过干扰生殖系统和内分泌系统的激素分泌,影响人类和动物的生殖和物种的繁衍,并引起多种严重疾病甚至死亡。多氯联苯类是指在联苯中多个不同位置的氢原子被氯取代的衍生物,故多氯联苯通常为混合物,多氯联苯被广泛用于变压器、冷却剂、绝缘材料、耐腐蚀涂料等。多氯联苯极难溶于水,而易溶于有机溶剂,不易降解,故一旦进入人体不易排出,多分布于脂肪组织、肝、肺中,引起皮肤、肝脏等脏器的损害。二噁英是指两个苯核由两个氧原子结合,而苯核中的一部分氢原子被氯原子取代,根据氯原子的数量和位置不同,大约共 75 种,如果包含 135 种共生的二苯呋喃氯化物,这样二噁英的异构体总数就多达 210 余种。

8.3.3 污染水体的净化方法

污染水体的净化方式包括水体的自净化和人工净化。人工净化一般可分为物理机械法、微生物处理法、物理化学法和化学法等。

8.3.3.1 酸碱中和法

采用酸、碱中和方法调节废水的 pH 值,是工业废水处理中比较简单而重要的方法。工业上一般会将酸性废水与碱性废水直接中和调节。若只有酸性废水可用石灰、石灰石、电石渣等处理;碱性废水则可加废酸中和、通入酸性气体如 CO_2 中和处理。

8.3.3.2 化学凝聚法

天然水中含有大量的胶体物质,一般带有同种负电荷而不易解稳、沉淀。在给水预处理工艺中,通常采用"混凝"的方法,即向水体加入能产生正电胶体的混凝剂如硫酸铝或硫酸铁等,通过"混凝"工艺使水中胶体失稳。实际这些高价金属盐的水解产物更为复杂,可生成较高分子量的胶体,依靠电中和、吸附甚至长链桥连作用凝聚水中原有胶体粒子,形成大量絮状物并夹带悬浮物共沉降,从而使被处理水澄清。絮凝过程中控制 pH 值是关键,铝盐混凝时最优 pH 值为 6.5～7.5。

也可使用高分子絮凝剂,利用架桥原理,即在高分子长链的两端或分支链上吸附胶体微粒,使足够多的胶体微粒聚集成絮状物而使胶体失稳并沉淀,称"絮凝"。大范围的失稳胶体夹裹悬浮物共沉淀而显著增强了沉淀作用,因此即使使用极少量的絮凝剂也可使绝大部分胶体和悬浮物除去,是水处理中一种价廉高效的净水方法。

8.3.3.3 氧化还原法

该法是利用溶解于水中的毒性物质的氧化还原性质,将其转化成为毒性较小的新物质或者无毒物质,从而达到阶段性效果或达到排放标准。

氧化法常用的氧化剂有空气、漂白粉、氯气、高锰酸钾和臭氧等。由于空气氧化能力弱,主要用于含还原性较强物质的废水处理,如含硫废水(H_2S、S^{2-} 等),其优点是经济简便。向废水中注入空气,硫化物能被氧化成无毒或微毒的硫代硫酸盐或硫酸盐,氯是最常用的氧化剂,一般用于水体消毒,可用于处理含氰、含酚、含硫化物的废水以及有机染料废水处理,氯具有脱色、除臭和杀菌作用。臭氧的氧化能力比氯气更强,通常用于处理无机物和有机物废水,其特点是不产生二次污染,能使用生物法进一步处理。

还原法是以固体金属为还原剂,用于还原废水中的污染物,特别是 Hg^{2+}、Cd^{2+}、Cr^{3+} 等金属离子。如含 Hg^{2+} 废水可用 Fe、Zn、Cu 等金属作为还原剂,将废水中的 Hg^{2+} 置换出来,效果较好,实用的是 Fe、Zn,例如铁屑还原法,含 Hg^{2+} 废水通过铁屑过滤器,析出的金属汞可过滤收集,废水中的 Fe^{2+} 再氧化成 Fe^{3+},再用沉淀法除去。

8.3.3.4 化学沉淀法

即通过化学反应生成沉淀而除去水中的有害金属离子。使用石灰可除去 Ca^{2+}、Mg^{2+} 等硬度成分,从而获得较少结垢倾向的软水。在废水处理中,如废水中 Al^{3+}、As^{3+}、Cr^{3+}、Fe^{3+}、Hg^{2+}、Pb^{2+}、Zn^{2+} 等离子与石灰作用后均能形成不溶或微溶于水的沉淀物。

含 Cu^{2+}、Zn^{2+}、Pb^{2+} 的废水加入碳酸盐后,均生成碳酸盐沉淀;例如将碳酸钡中加入含铬废水中,形成铬酸钡沉淀,由此可除去废水中的铬。

8.3.4 水处理药剂

水处理药剂是为改善水质、节约用水、保护设备与环境等而应用于水处理的化学药品。用于防止设备腐蚀,结垢等而应用的水处理剂称为水质稳定剂。

(1)水质稳定剂:一般用于生产与生活用水处理;主要包括有水质软化剂、除氧剂、预膜剂、缓蚀剂、阻垢剂、除垢剂、杀菌灭藻剂等。

(2)絮凝剂：主要用于除去水中胶体悬浮物等，分为无机絮凝剂和有机絮凝剂。

无机絮凝剂有聚合氯化铝(PAC)、聚合硫酸铝(PAS)、铝钾矾、氯化铝、硫酸铝等，具有价格便宜，絮凝能力强、絮体较轻等优点。此外，无机絮凝剂还有聚合氯化铁(PFC)、聚合硫酸铁(PFS)、氯化铁、硫酸铁和硫酸亚铁、硫酸锌、氯化锌、聚硅酸盐等。

有机絮凝剂有表面活性剂类和高分子絮凝剂类。

表面活性剂类：主要有阴离子表面活性剂和阳离子表面活性剂。

天然高分子类：如苛化淀粉、牛血粉、海藻酸钠、羧甲基纤维素(CMC)、羧甲基淀粉(CMS)等；阳离子淀粉(CS)、羟乙基纤维素、羟乙基淀粉等。

合成的高分子类：阴离子型有聚丙烯酰胺、聚丙烯酸、聚苯乙烯磺酸钠等；阳离子型絮凝剂有聚乙烯吡啶盐、阳离子聚丙烯酰胺、聚乙烯亚胺等。非离子型絮凝剂有聚氧乙烯(POE)、聚丙烯酰胺(PAM)；两性离子型有两性聚丙烯酰胺等。

(3)助凝剂：大多数属于碱性物质，如 CaO、Na_2CO_3、MgO；氧化剂如 Cl_2 可除去干扰有机物，使 $Fe^{2+} \longrightarrow Fe^{3+}$；絮凝体结构调节剂有活性硅酸、活性炭、黏土、PAM等。

8.4 土壤化学污染物及治理

土壤是微生物、动植物等各类生命活动的空间，土壤也提供了生命营养物质，人类和各种生物的营养物质都是直接或间接来源于土壤。由于近年来人类的生产和生活活动，对人类赖以生存的环境产生了非常大的破坏性影响，土壤也不断受到污染，导致土壤出现了持久的、难以恢复的，甚至灾难性的破坏。

8.4.1 土壤的化学污染源

8.4.1.1 工业污染

(1)工业废水：废水流失和污水排放均可以造成土壤污染。如重金属、酚类、氰化物以及其他有害污染物随同污染水一起进入农田，这些重金属、小分子有机物都会长期沉积于土壤中，慢慢被农作物吸收，迁移至食物中，对人体产生毒害，同时，各种黏稠的油类物质会附着在作物叶茎表面，阻止了其光合作用，并影响其生长。

(2)工业废渣：固体废渣中的有害物质，特别是重金属离子、可溶性有害物，随着雨水冲淋等进入地层造成大面积的土壤污染。这些有害物质又容易被作物所吸收并富集进入食物链，潜在威胁人类健康。如在铅、锌元素污染土壤上生长的植物体内铅、锌等重金属含量是其他地方植物中含量的几十倍乃至几百倍。凡是含有氟化物、汞及其汞盐、砷化物、六价铬、铅、氰化物、酚类等常见污染物的废渣，会大量杀灭细菌等微生物，使土壤失去分解有机质的能力，土壤变得更加贫瘠。

(3)工业废气：工业排出废气中的有害气体，会吸附在细小粉尘和液滴上，随空气飘浮，大部分最终会落到工矿附近的地面，经雨水淋洗，降落在土壤表面污染土壤，如大气中二氧化硫,在大气氧化和雨水溶解作用下,降落到地面,影响作物的生长。

8.4.1.2 农业污染

(1)农药污染:大量农药的使用会污染土壤。农药在喷洒过程中,粉剂和液剂只有10%～20%附着在农作物上,而40%～60%的药剂将降落在土壤上,漂浮在空气中的药剂最后也会降落在土壤和水体表面。

(2)化肥污染:化肥施用不当可引起土壤污染。例如大量施用氮肥,可能生成双氰胺、氰酸、氰化氢等有毒物质,损害作物,继而毒害人畜。另外,家禽家畜养殖中被动物吸收利用的微量元素饲料随粪便排出,作为农家肥施用也是一个污染源。

8.4.2 土壤化学污染的防治技术

对于土壤污染,既考虑土壤具有很强的自我净化功能并充分加以利用,也应考虑土壤污染的潜伏性、不可逆性、长期性的特点,应立足于防重于治,防治结合的基本方针。

8.4.1.1 预防措施

(1)减少工业污染的排放。大力推广循环经济、零排放工艺、绿色工艺,从而减少或消除污染物排放。

(2)减量化使用化肥和农药。防止或限制使用剧毒农药、高残留性农药,大力发展高效、低毒、低残留农药,推广生物农药的使用,以及利用高新技术实现减量化施药原则。

(3)土壤改良措施的利用。提倡增加施用有机肥比例,增加土壤的有机质含量,改善土壤微生物环境,增加土壤中微生物的降解能力,充分利用腐殖质对重金属离子的络合与固定作用,减少作物对重金属离子的吸收。

8.4.1.2 治理方法

(1)化学措施:施用改良剂、抑制剂等降低土壤污染物的扩散性或生物有效性。一旦土壤被重金属元素污染后,多施用有机肥料,特别是腐殖酸肥,可以与重金属离子络合,形成不易溶解的配合物,也可加入专用的土壤处理剂如高分子类螯合剂,与重金属离子形成螯合物,不易降解,这样可避免和减少农作物对重金属离子的吸收。此外,控制并调节土壤的pH值,也是降低重金属元素的有效措施。对于酸性土壤,当使用石灰提高土壤的pH值至6.5以上时,可以显著减少铬、铜、锰、铅、锌和镍等金属离子被农作物吸收。

(2)生物措施:利用特定的动植物和微生物吸收或降解土壤中的污染物。植物对污染的治理主要有钝化方式和提取方式:植物钝化方式是指植物通过根系过滤、固定、钝化使重金属吸附于土壤表面,从而降低重金属在土壤中的有效价态;植物提取方式是利用超积累植物对重金属的吸收作用,以降低土壤中重金属的含量,目前人们已发现了400多种植物具有超积累各种重金属的功能。

8.5 环境友好化学

8.5.1 概述

8.5.1.1 环境友好化学的概念

环境友好化学(Environmentally Friendly Chemistry),又称清洁化学(Clean Chemistry)、绿色化学(Green Chemistry)等,人们通常使用"绿色化学"的称呼更多一些,其就是利用化学原理和方法来减少或消除对人类健康、社会安全、生态环境有害的反应原料、催化剂、溶剂和试剂、产物、副产物的一门新兴学科,是从源头上减少或消除污染的化学。环境友好化学的目标是化学过程不产生污染,是一种治本的方法。

化学家长期以来更看重化学反应的高选择性和高产率,而常常忽视反应物分子中原子的有效利用率的问题,其实际是反应物分子中的原子很难全部进入最终产品中而产生了大量废物,对水、土壤、环境、生物、人体健康造成危害。精细化工和制药工业生产废弃物最为严重,这就向化学工作者提出如何更有效地利用原料分子中的原子,使反应实现废物"零排放"或尽可能少地排放废弃物。环境友好化工的研究目标就是从源头上减少或消除化学工业对环境的污染,从根本上实现化学工业的"绿色化",走经济和社会可持续发展的道路。

8.5.1.2 化学反应的原子经济性

美国斯坦福大学的特罗斯特教授在 1991 年首次提出了反应的"原子经济性"概念。他认为化学合成应考虑原料分子中的原子进入最终所希望产品中的数量,原子经济性的目标是在设计化学合成时使原料分子中的原子更多或全部变成最终希望的产品中的原子。假如 C 是人们所要合成的化合物,若以 A 和 B 为起始原料,既有 C 生成又有 D 生成,且许多情况下 D 是对环境有害或无应用价值。

化学反应:A+B ⟶ C+D(一般情况,即使转化率 100%,但有废物产生);

化学反应:E+F ⟶ C(原子经济性反应,反应物全部变为产品)

原子利用率=(被利用的原子质量/反应物中全部原子质量)×100%

可看出,原子经济性与产率或收率是两个不同的概念,前者是从原子水平来看化学反应,后者则从宏观上看化学反应。下面从原子经济学分析有机合成中的常见反应的经济属性。

1. 重排反应

像这类重排反应以人名来命名的就有 30 种之多,如 Beckmann 重排、Claisen 重排、Fischer-Hepp 重排、Fries 重排、Wolff 重排,等等,有些应用于合成染料中,有些应用于合成药物中,它们都是非常重要的有机合成反应,也是理想的原子经济反应。

2. 加成反应

这类反应包括双键加水、加醇、加酸、加卤素、氰乙基化和羟乙基化等;不饱和化合物与共轭双键化合物的1,4加成反应;乙炔与含活性氢化合物及羰基化合物的加成反应;烷基卤化镁(Grignard试剂)或二烷基锌与羰基化合物加成;醛或酮类与HCN、与NH_3及衍生物加成等都是常用的有机反应,其绝大部分属于原子经济反应。

3. 取代反应

取代反应包括苯环上的亲电取代反应(烷基化、酰化、硝化反应、磺化反应);卤代烃的亲核取代反应(水解、醇解、氨解、腈解、酸解,卤素交换及与硝酸银的反应等);自由基取代反应(α-氢卤代等)等。例如丙酸乙酯与甲胺的取代反应生成丙酰甲胺和乙醇,由于部分原子未进入目的产品丙酰甲胺中而生成副产乙醇,原子利用率仅为65.41%。

4. 消除或降解反应

由于消除或降解反应生成了其他小分子,因此其原子经济性不十分理想。例如,三甲基丙基氢氧化铵的热分解反应生成丙烯、三甲胺和水,如以丙烯为目的产物,其原子利用率仅为35.30%。

8.5.2 环境友好化学的原理

环境友好化学是一种化学理念,人们已经总结出了环境友好化学的一些理论与原则,为化学化工今后发展指明了方向。阿纳斯塔斯和万格曾提出环境友好化学的12条原则(见表8-5-1所示)。它标志着环境友好化学与技术已成为国际化学科学研究的前沿和重要发展方向。

表8-5-1 环境友好化学的12条原则

序号	原则内容	序号	原则内容
1	防止污染优于污染治理	7	尽量使用再生资源为原料
2	强化原子反应的经济性	8	应避免衍生反应;减少废物
3	采用绿色合成技术	9	尽可能使用性能优异的催化剂
4	功效显著环境安全的化学品	10	功能终结后可无害降解的化学品
5	采用无毒无害的溶剂和助剂	11	防止污染的快速检测与及时控制
6	环境和经济协同,能耗最低	12	尽可能减少化学事故

8.5.3 实现环境友好化学反应的途径

根据以上12条原则,具体实现环境友好化学的可行性途径可总结为图8-5-2所示。可归纳出如下几条重点研究内容。

(1)原子经济性反应和零排放:最大限度地利用原材料、最大限度地减少副产物,从原子的角度讲,使原料中的原子100%参与目标产物的形成,从而达到原子经济性。

(2)化学反应原料的绿色化:传统化学反应很多采用不可再生资源,如石油、煤,或者是对环境有害的物质,如氢氰酸、光气(碳酰氯)、苯、甲苯等作原料,而环境友好化学则致力于采用无毒、无害原料和可再生资源作原料,替代有毒的、有害的原料来生产化品。

(3)催化剂的绿色化:传统化学反应中催化剂是一些酸、碱或含重金属的催化剂。应该寻找对环境无害的绿色催化剂取代那些对环境有害的催化剂,例如,各种生物酶催化剂。

(4)溶剂的绿色化:目前,广泛使用的有机溶剂如苯、甲苯等都是有害的、易挥发的、易燃的物质。环境友好化学要求抛弃这些对环境有害的溶剂,采用具有环境友好性的绿色溶剂。

(5)产品的绿色化:环境友好化学要求我们生产的产品是绿色的,不应对环境造成损害。如生产的塑料应该是能降解的绿色塑料;生产的农药应该是低残毒的绿色农药;生产的制冷剂不应对大气臭氧层造成破坏。

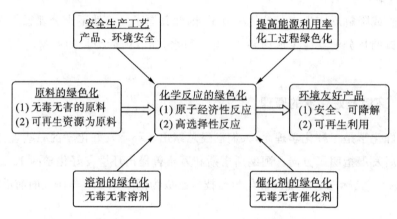

图8-5-2 环境友好化学的实现途径

▶ 习 题

1. 试分析大气污染的主要途径。
2. 简述PM2.5对人体的危害。
3. 简述环境激素的概念及其危害。
4. 试分析大气中二氧化碳、二氧化硫的来源及其治理方法。
5. 试分析土壤中重金属污染的来源及其治理方法。
6. 阐述绿色化学原理与原子反应经济学的概念。
7. 分析化学反应绿色化的途径。

参考文献

[1] 李临生. 应用化学的历史及其意义[J]. 大学化学,1999.14.6.
[2] 邹宗柏,乔冠儒. 工程化学导论[M]. 南京:东南大学出版社,2002.9.
[3] 江家发. 现代生活化学[M]. 合肥:安徽人民出版社,2006.09.
[4] 周为群,杨文. 现代生活与化学[M]. 苏州:苏州大学出版社,2016.
[5] 黄肖容,徐卡秋. 精细化工导论[M]. 北京:化学工业出版社,2018.
[6] 邹建,徐宝成. 食品化学[M]. 北京:中国农业大学出版社,2019.
[7] 胡卓炎,梁建芬. 食品加工与保藏原理[M]. 北京:中国农业大学出版社,2020.
[8] 石碧主编. 轻化工程导论[M]. 北京:化学工业出版社,2010.
[9] 赵景联,史小妹主编. 环境科学导论[M]. 北京:机械工业出版社,2017.
[10] 刘邻渭. 食品化学[M]. 北京:中国农业出版社,2000.
[11] 金龙飞. 食品与营养学[M]. 北京:中国轻工业出版社,1999.
[12] 李红主编. 食品化学[M]. 北京:中国纺织出版社,2015.
[13] 钱旭红. 精细化工概论[M]. 北京:化学工业出版社,2000.
[14] 黄春辉,李富友,黄维. 有机电致发光材料与器件导论[M]. 上海:复旦大学出版社,2005.
[15] 李祥高、王世荣. 有机光电功能材料[M]. 北京:化学工业出版社,2012.
[16] 关伯仁. 环境科学基础教程[M]. 北京:中国环境科学出版社,1997.
[17] 周立国. 精细化学品化学[M]. 北京:化学工业出版社. 2012.
[18] 沈一丁. 轻化工助剂[M]. 北京:中国轻工业出版社,2004.
[19] 李广平. 皮革化工材料化学与应用原理[M]. 北京:中国轻工业出版社,1997.
[20] 邓舜扬. 纺织化学品[M]. 北京:中国石化出版社,2001.
[21] 罗巨涛,姜维利. . 纺织品有机硅及有机氟整理[M]. 北京:中国纺织出版社,1999.
[22] 梅自强,屠仁溥,林其棱. 纺织工业中的表面活性剂[M]. 北京:中国石化出版社,2001.
[23] 邹宗柏. 工程化学导论[M]. 南京:东南大学出版社,2002.
[24] 牟涛,赫丽杰,汪建江著. 绿色化学[M]. 天津:天津科学技术出版社,2018.
[25] 王明慧. 精细化学品化学[M]. 北京:化学工业出版社,2009.
[26] 张光华编著. 精细化学品配方技术[M]. 北京:中国石化出版社,2000.
[27] 高晓明编著. 能源与化工技术概论[M]. 西安:陕西科学技术出版社,2017.
[28] 符德学主编. 实用无机化工工艺学[M]. 西安:西安交通大学出版社,1999.
[29] 吴范宏,徐虎主编. 应用化学[M]. 上海:华东理工大学出版社,2016.